建筑施工现场力学知识 100 例
（第二版）

邓学才　主编

中国建筑工业出版社

图书在版编目（CIP）数据

建筑施工现场力学知识 100 例/邓学才主编. —2 版.
北京：中国建筑工业出版社，2014.8
ISBN 978-7-112-17208-5

Ⅰ.①建…　Ⅱ.①邓…　Ⅲ.①建筑力学　Ⅳ.①
TU311

中国版本图书馆 CIP 数据核字（2014）第 196054 号

建筑施工现场力学知识 100 例
（第二版）
邓学才　主编
*
中国建筑工业出版社出版、发行（北京西郊百万庄）
各地新华书店、建筑书店经销
北京科地亚盟排版公司制版
北京圣夫亚美印刷有限公司印刷
*
开本：850×1168 毫米　1/32　印张：15⅝　字数：402 千字
2015 年 1 月第二版　　2015 年 1 月第二次印刷
定价：38.00 元
ISBN 978 - 7 - 112 - 17208 - 5
（25976）

本书主要介绍建筑施工现场的力学知识。在建筑工地上，建筑施工各工种，建筑施工全过程，处处都有十分丰富的力学知识。书中的这些力学知识绝大部分是从质量和安全事故中总结出来的经验教训。全书分两部分内容，第一部分为建筑力学基本知识，介绍了力学基础知识和建筑结构基础知识；第二部分介绍了建筑施工现场力学知识实例175例按分部分项工程进行编排。该书特点是内容通俗易懂、文图并茂、实用性很强，有较强的借鉴作用。

本书可供施工现场施工人员、工长和操作工人学习参考，也可作为培训教材使用。

* * *

责任编辑：余永祯
责任设计：张　虹
责任校对：李美娜　刘　钰

第二版前言

《建筑施工现场力学知识 100 例》自 2011 年出版以来，由于内容通俗易懂，贴近施工现场实际情况，受到很多施工企业和广大施工现场技术人员的欢迎，很多施工企业将其作为职工业余学习材料或辅助读物资料。

今天，本书第二版又与读者见面了，与第一版相比，第二版增加了 50％的篇幅，使本书内容更为丰满、可读性更强。

建筑物在施工过程中，空间结构从无到有，从单根杆件到局部形成再到完整结构，整个系统的形态、荷载、边界条件不断发生变化，呈现出结构时变、材料时变和边界时变的特性，因此，重视并正确处理好施工过程中的力学问题，将能有效避免和减少很多工程事故的发生。据有关部门的不完全统计，我国有大约三分之二以上的工程结构倒塌事故发生在施工期间，究其原因主要是未考虑施工过程的复杂性和未进行施工过程的力学分析所致。

第二版在内容编排上按分部分项工程作了归类调整，有利于提高阅读效果。第二版由邓学才同志执笔，编写中参考应用了很多技术资料，得到了很多同志的帮助，在此一并表示感谢。

限于作者水平，文中不妥和错误之处，恳请读者多加批评指正。

作者　2014 年劳动节于江苏镇江

第一版前言

建筑工地有句口头语："建筑工地，黄金遍地。"这是从经济角度讲的，是说建筑工地到处都有浪费现象和节约的潜力。从技术角度讲，也有句口头语："建筑工地，力学遍地。"是说在建筑施工活动中的各个工种、各道工序都有很多丰富的力学知识。这些力学知识，有的是明显的，而有的是隐含的。懂得和掌握这些力学知识并能正确应用，就能顺利、安全地进行建筑施工活动，工程进度和工程质量也有保证。反之，无视这些力学知识，将造成不该发生的工程事故，造成人员伤亡和财产损失。

很多工程事故让我们痛心，也让我们深思。多年之前就想把在施工活动中常见的力学知识整理出来，编成小册子，供现场施工人员和操作工人学习、参考。本书编写的内容只是建筑施工现场力学知识海洋中的几朵浪花，很是粗糙简陋，但愿它能起到抛砖引玉的作用，大家都来总结提高，为避免和减少工程事故献计献策，尽一份绵薄之力。

本书内容分两部分，第一部分介绍了建筑力学方面的基本知识，这是从事建筑施工活动人员必须懂得的基础知识；第二部分介绍了建筑施工活动中常见的 112 例力学知识，这些力学知识绝大部分是从质量和安全事故中总结出来的经验和教训，具有较强的借鉴作用。

本书由邓学才同志担任主编，严尊湘、孙苏、范延证、刘晓瑞、黄康南等同志参加了编写工作。编写过程中参考、引用了很多技术资料，得到了很多同志的帮助，在此，一并表示衷心感谢！

　　限于作者水平，文中不妥和错误之处，恳请读者多加批评和指正。

作者　2011 年劳动节于江苏镇江

目　　录

一、建筑力学基本知识

建筑力学是研究和解决房屋建筑物或构筑物在受到外力作用之后产生的内力和变形，以及解决如何合理抵抗这些外力的作用，保证建筑物安全的学科。

（一）力学基础知识

1. 什 么 是 力

力是人们在反复的社会实践中形成的一个抽象概念，它是物体之间相互的机械作用，这种作用的结果将引起物体的运动状态发生变化（外效应）或使物体产生变形（内效应），因此，力是不能离开物体而单独存在的。在研究物体之间的受力问题时，应弄清哪个是施力物体，哪个是受力物体。

在建筑工地上，人们挖土、推车、挑担、砌砖、抹灰等都要用力，而且能十分清楚地感受到力的存在和作用，这种情况又使力的抽象概念具体化了。

2. 刚体和变形体

任何物体在外力作用下，都会发生大小和形状的改变，亦即俗称变形。在正常情况下，在工程建设中许多物体的变形都是非常微小的，对研究物体的平衡问题影响很小，可以忽略不计。这样就可以把物体看成不变形的。

在外力的作用下，大小和形状保持不变的物体，称为刚体。

在建筑力学中，静力学把研究的物体都看作是刚体。而材料力学则把研究的物体看作是变形体，在力的作用下所产生的内效应将使物体产生相应的变形。

2

3. 力的三要素

人们在生产实践中逐渐认识到，力对物体的作用效应取决于以下三个要素，即力的大小、力的方向和力的作用点。

（1）力的大小

力的大小是指物体间相互作用的强烈程度，为了度量力的大小，必须确定力的单位，现国际上通用的力的国际单位制是牛顿，用符号"牛"或"N"表示，也常用"千牛"或"kN"表示。

$$1kN = 1000N$$

采用工程单位制时，力的单位用千克力（kgf）或吨力（tf）。牛顿和千克力的换算关系为：

$$1kgf = 9.8N \approx 10N$$

（2）力的方向

力是有方向性的，因此是一个矢量。通过力的作用点而沿力的方向的直线称为力的作用线。在力作用线的端部通常用箭头表示力的作用方向。

（3）力的作用点

力的作用点是指力在物体上的作用位置。力的作用位置，通常并不是一个点，往往是有一定范围的，但当力的作用范围与物体相比很小时，就可以近似看成是一个点，而认为力集中作用在这个点上。作用在一个点上的力称为集中力，工程上也称为集中荷载。

图 1-1 是力的三要素图示。有一个力 F 作用于一物体上，

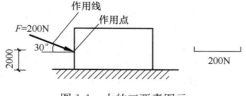

图 1-1　力的三要素图示

其大小为 200N，方向为水平偏上 30°，作用点离地面 2000mm 处。当作用力 F 的值大于物体与地面的摩擦力时，物体将在 F 力的作用下向右边移动。

4. 力　系

通常一个物体所受的力不止一个而是若干个。我们把作用于物体上的多个力称为力系。按各力作用线的不同分布情况，力系可分为平面力系和空间力系。凡是各力的作用线在同一平面内的力系称为平面力系，各力的作用线不在同一平面内的力系称为空间力系。

普通结构构件的分析计算，主要以平面力系为主，只有比较复杂的建筑结构构件，如各类网架结构等，须进行空间力系的分析计算。

如果物体在力系作用下处于平衡状态，则该力系称为平衡力系。作用于物体上的力系所满足的条件，称为力系的平衡条件。建筑结构构件的设计计算以及在使用过程中，主要应满足力系的平衡，以达到安全使用的目的。

5. 力 的 平 衡

当物体上作用两个力，且这两个力的值大小相等，方向又相反，作用线又在同一直线上时，则这两个力使物体处于平衡状态，这是静力学中的两力平衡公理。此两力亦称为一对平衡力系。

此公理说明了作用在同一物体上的两个力的平衡条件，如图 1-2 所示。处于静止（平衡）状态的小球，受到向下的重力 G 和绳子向上的拉力

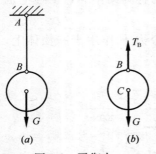

图 1-2　平衡力

T_B 的作用，则 G 和 T_B 两力大小值相等，方向相反且作用在同一直线上，这是竖向力的平衡。

图 1-3 为两个人以相等的力对拉一根绳子，则绳子不会移动，因为绳子处于平衡状态。这是水平力的平衡。但是如果其中一个人用的力比另一个人大，他就会把他对面的一个人从其位置上拉过来，两个人和绳子都会移动，这时就失去了平衡。

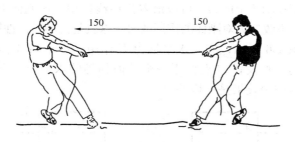

图 1-3　水平力的平衡

只在两个点上受力，且又处于平衡状态的构件称为二力构件，如图 1-4 所示。如果构件是一个直杆，则称为二力杆，如图 1-5 所示。

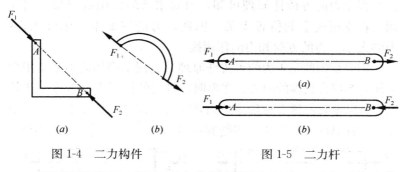

图 1-4　二力构件　　　　　　图 1-5　二力杆

需要注意的是，只有当力作用在刚体上时，两力平衡才能成立。如果两力作用在一个易变形的物体上，例如一根绳子，当两力使绳子受拉时，可以使其平衡，反之当两力使绳子受压时，就不可能平衡。

5

在已有力系作用的刚体上，如果增加一对平衡力系或减去一对平衡力系，则不会改变原有力系对刚体的作用效应，即原来静止的仍将保持静止，原来运动的仍将继续运动。

6. 力的可传性原理

作用在刚体上的力，可以沿着作用线移动到该刚体上的任意一点，而不改变力对刚体的作用效果。这就是力的可传性原理。

如图 1-6 所示，有一水平推力 F 作用于小车的 A 点，也可看作沿同一直线在 B 点作用一个其值相等的水平拉力 F，两力对小车的作用效果是一样的。

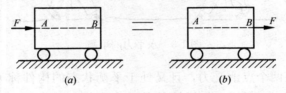

(a)　　　　　(b)

图 1-6　刚体上力的可传性

根据力的可传性原理可知，力对刚体的作用效应与力的作用点在作用线上的位置无关。因此，力的三要素，亦可称为：力的大小、力的方向和力的作用线。

需要指出的是，力的可传性原理只适用于刚体而不适用于变形体，当研究物体的内力、变形时，将力的作用点沿着作用线移动，其结果将使该力对物体的内效应发生改变。如图 1-7 (a) 所示，直杆 AB 为变形体，当受到一对拉力（F_1、F_2）的作用时，

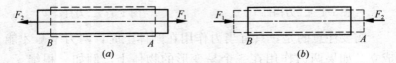

(a)　　　　　　　　　(b)

图 1-7　力在变形体上沿作用线移动
(a) 变形体受拉伸长；(b) 变形体受压缩短

6

杆件就伸长，若将两力分别沿作用线移到杆件的另一端时，如图 1-7 (b) 所示，则杆件将被压缩。

7. 作用力与反作用力

当物体甲给物体乙作用一个力时，物体甲总会同时得到一个大小相等、方向相反、并在同一直线上的一个力，这在力学上称为作用力与反作用力。如船工用篙撑河岸边，篙给河岸一个推力，反过来河岸也给篙一个反方向的力把船推离河岸。当我们提水时，手给水桶提环一个向上的力，反过来也会感到提环给手一个向下的力。

8. 力的合成与分解

当物体上作用两个力或两个以上的力时，为了便于计算其力的大小，常常合并成一个力来代替，这就称为力的合成。如图 1-8 所示，在小车前后分别作用一个拉力 F_1 和一个推力 F_2，两力方向相同，又作用在同一直线上，使小车向前移动。这时也可以用一个力 R 来代替，则 R 就是力 F_1 和力 F_2 的合力，两力 F_1 和 F_2 则称为分力。此时合力 R 对小车的作用效果不变。反之，如果小车上作用一个力 R 时，也可以将力 R 分解成一前一后两个力 F_1 和 F_2，但两个力作用的方向应相同，并在同一直线上，这就称为力的分解，这时两个分力 F_1 和 F_2 对小车的作用效果也不变。

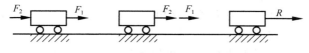

图 1-8 力的合成

上面说的仅是在同一作用线上力的合成与分解，如果两个力不在同一作用线上，那能否进行力的合成或分解呢？还是可以的，只是比较复杂一点了，可以用下面讲的力的平行四边形原理来进行力的合成与分解。

9. 力的平行四边形原理

作用于刚体上同一点的两个力可以合成一个合力，合力也作用于该点，合力的大小和方向由这两个力为邻边所组成的平行四边形的对角线（通过两边的汇交点）确定。

如图 1-9 (a) 所示，两力 F_1 和 F_2 汇交于 A 点，用平行四边形原理可求出它们的合力，其方法为：以 F_1 和 F_2 两力的值为平行四边形的两个邻边作一平行四边形 $ABCD$，则对角线 AC 即为合力的大小和方向。合力的大小可以在图上直接按比例量得，也可以用三角公式计算求得，只是后者更精确些。

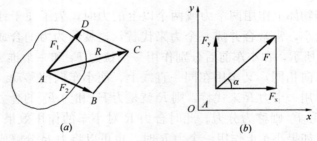

图 1-9　力的合成和分解
(a) 力的合成；(b) 力的分解

例如，现有两力 F_1（其值 4 个单位）和 F_2（其值 2 个单位）汇交于 A 点，两力夹角为 65°，如图 1-10 (a) 所示，求其合力大小及其与两力之间的夹角。

（1）用作图法

以两力的大小值分别为两邻边作一平行四边形，如图 1-10 (b) 所示，用比例尺可量得合力 AC 的值为 5.15 个单位，量得 AC 与 AB 的夹角为 20°，AC 与 AD 的夹角为 45°。

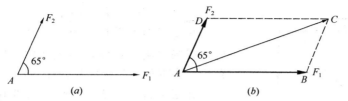

图 1-10 用平行四边形法求力的合成

（a）两力汇交于 A 点；（b）用平行四边形法求作合力

（2）用计算法

用三角公式中的余弦定理计算合力 AC 的值。

$$AC^2 = AB^2 + BC^2 - 2AB \times BC \times \cos\angle ABC$$

已知：$AB=4$，$BC=2$

∵   三角形三内角之和为 $180°$

$$\angle ACB = \angle CAD，\quad \angle CAD + \angle CAB = 65°$$

∴ $\angle ABC = 180° - 65° = 115°$

$$\cos115° = \cos(90° + 25°) = -\sin25° = -0.4226$$

$$AC = \sqrt{AB^2 + BC^2 - 2AB \times BC\cos\angle ABC}$$

$$= \sqrt{4^2 + 2^2 - 2 \times 4 \times 2 \times (-0.4226)} = 5.173 \approx 5.17$$

用三角公式中的正弦定理求出合力 AC 与 AB、AD 之间的夹角。

$$\frac{5.173}{\sin115°} = \frac{4}{X_1} = \frac{2}{X_2}$$

经计算可得：AC 与 AB 的夹角 $X_2 = 20°30'$

AC 与 AD 的夹角 $X_1 = 44°30'$

同样情况作用在刚体上的一个力，可以用力的平行四边形原理，分解成两个分力。在工程实际中，最常用的分解方法是将已知力 F 沿两个坐标轴方向进行分解，此时，力的平行四边形变成了矩形，如图 1-9（b）所示。矩形的两个力分别为两坐标轴方向的分力，即水平方向分力 F_x 和垂直方向分力 F_y。其分力值的大小，可以用作图法直接用比例尺量得，也可用三角公式计算求得：

$$F_x = F \times \cos\alpha$$

9

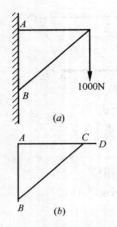

$$F_y = F \times \sin\alpha$$

在运用力的平行四边形原理进行力的合成与分解时，亦常简化成用力的三角形方法进行力的合成与分解。

如图 1-11（a）所示为一三角形附墙架，在吊重 1000N 时，求吊架水平杆和斜杆内各承受多重？

用作力的三角形方法，即可方便的求出水平杆和斜杆承受的力：

如图 1-11（b）所示，①作垂直线 AB，使 $AB = 1000N$；②过 A 点作水平线 AD 垂直于 AB；③过 B 点作与吊架斜杆平行的直线，与 AD 线相交于 C 点，

图 1-11 用力的三角形方法求力的分解

则 AC 和 BC 分别就是水平杆和斜杆承受的力（AC 为拉力，BC 为压力），其值可按比例量得，三角形 ABC 就称为力三角形。

如图 1-10（a）所示，在一物体的 A 点作用一个水平方向力 $F_1 = 400N$，作用斜向力 $F_2 = 200N$，两力相交成 $65°$，试求合力大小和方向。

用力三角形作法如下：①作水平直线 $AB = 400N$；

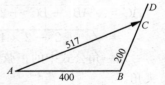

图 1-12 用力的三角形方法求力的合成

② 作力 F_2 的平行线 BD，取 $BC = 200N$；

③ 连接 AC，则 AC 即为合力的方向，按比例量得 $AC = 517N$。

三角形 ABC 亦称为力三角形。

10. 力矩和力偶

（1）力矩

即力对点之矩。力对物体的作用，除了能使物体移动之外，

还能使物体转动。在建筑工地上，我们经常会采用各式各样的杠杆，如用扳手拧螺栓帽，用铁锤或撬棍起钉子以及用手推门或推窗等。如图 1-13 所示。这些工具或动作，都是利用力绕某一点转动来工作的，这种转动的效果就是力矩的概念。

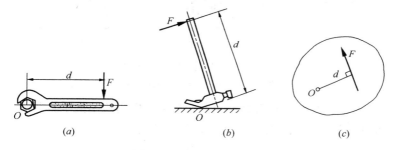

图 1-13　力矩的应用实例
(a) 用扳手拧螺母；(b) 用钉锤拔钉子；(c) 力对点之矩

　　实践经验告诉我们，用扳子拧螺栓帽时，作用于扳手一端的力越大，或力的作用点离转动中心越远，转动的效果就越大。这就是说，要使物体绕某一点转动的效果不仅与力的大小有关，还与转动中心到力的作用线的垂直距离 d 有关。这个垂直距离 d 称为力臂，转动中心称为力矩中心或矩心。力 F 与力臂 d 的乘积就称为力 F 对 O 点的力矩，通常用 M_0 表示，其公式为：

$$M_0 = F \times d$$

力矩的常用单位是 "N·m" 或 "kN·m"。

　　(2) 力偶

　　由两个大小相等、方向相反、作用线平行而又不重合的力 F 和 F' 组成的力系，称为力偶。力偶的作用是使物体转动，在日常生活中也常见到和用到，如汽车司机用双手转动方向盘（图 1-14a）、钳工用丝锥攻螺钉（图 1-14b），都是力偶作用的实例。力偶中两力作用线间的垂直距离 d 称为力偶臂（图 1-14c），力偶所在的平面称为力偶作用面。

11

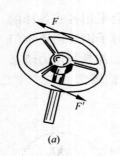
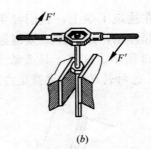
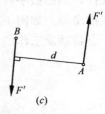

(a) (b) (c)

图 1-14 力偶的应用实例

(a) 司机用双手转动方向盘；(b) 钳工用丝锥攻螺钉；(c) 力与力偶臂

在力学中，用力偶中的一个力与两力作用线间的垂直距离 d（即力偶臂）的乘积称为力偶矩，其公式为：

$$M = \pm F \times d$$

式中的正负号根据转动的方向来确定，通常规定逆时针方向转动为正，顺时针方向为负。

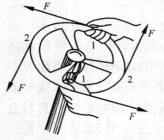

图 1-15 力偶的等效性

力偶矩的计量单位与力矩一样，常用单位是"N·m"或"kN·m"。

在一平面内的两个力偶，如果它们的力偶矩大小相等，力偶的转向又相同，则这两个力偶是等效的，这一性质也称为力偶的等效性，如图 1-15 所示。

（二）建筑结构基础知识

1. 支座与支座反力

任何建筑结构（杆件）都必须安置在一个固定的、静止的支承物上，才能承受荷载的作用，也才能达到稳固和安全使用的目的。结构的支承，称为支座。由于支座对结构件起着一定

12

的约束作用，因此，又把支座叫作约束。如柱子的顶端是梁（或屋架）的支座，柱子上的挑牛腿是桁车梁的支座等。

屋架支承在柱顶上，屋架所承受的屋面荷载通过两端的支承点把力传给柱子，给柱子一个压力；反过来，柱顶支承点对屋架也产生一个反作用力，这力称为支座反力。

人们在工程实践中，总结出支座有三种形式，即固定铰支座、滚动铰支座和固定端支座。

（1）固定铰支座

固定铰支座如图 1-16 所示，铰的下半部固定于支座的垫板上，上下支座间用圆柱形销钉连接。与上支座连接的构件只能绕铰转动，而不允许沿着水平或垂直方向移动。固定铰支座的计算简图如图 1-17 所示。

图 1-18 所示木屋架通过墙（柱）顶上混凝土垫块内的预埋螺栓与墙（柱）相连接，这种支座不允许构件沿水平或垂直方向移动，但稍允许构件绕支点转动。

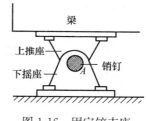

图 1-16　固定铰支座

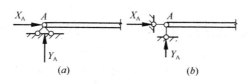

图 1-17　固定铰支座简图示意

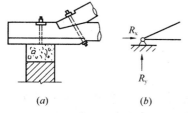

图 1-18　木屋架的墙顶支座
（a）支座示意；（b）计算简图

（2）滚动铰支座

滚动铰支座亦称可移动铰支座，如图 1-19 所示。滚动铰支座即可允许构件在其支承面上绕铰转动，又允许构件沿支承面在水平方向移动，仅在垂直方向的移动上受到约束，因此，构件受到荷载作用时，只有在垂直于支承面方向产生反力。滚动支座的计算简图如图 1-20 所示。

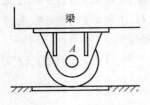

图 1-19　滚动铰支座

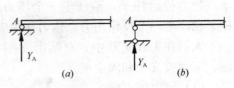

图 1-20　滚动铰支座简图示意

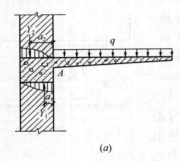

(a)

图 1-21　固定端支座
(a) 支座示意图；(b) 计算简图

（3）固定端支座

固定端支座上的构件，既不能在水平或垂直方向移动，又不能绕支承点转动，如图 1-21（a）所示的雨篷，它的一端嵌固在墙上的钢筋混凝土梁上，另一端自由悬空（即没有支座）。由于固定端支座构件与支承物固定在一起，所以当构件受到荷载作用时，固定端支座除了产生水平反力和垂直反力外，还将产生一个阻止构件转动的反力矩。固定端支座的计算简图如图 1-21（b）所示。

2. 荷　　载

一座建筑物（或构筑物）在建造施工过程中或建成之后，必须能够安全地承受各种力的作用，这种作用于建筑物（或构筑物）上的力被称为荷载。

按荷载的性质，一般可分为永久荷载、可变荷载和偶然荷载三大类：

（1）永久荷载：又称为静荷载、恒荷载。它是作用在建筑结构上不变的荷载，如建筑物本身的梁、柱、楼板、屋架、屋面板以及防水层、保温层等自身的重量（亦称自重），它可根据形状尺寸和材料重力密度来计算确定。这是结构设计的基本荷载。

（2）可变荷载：又称动荷载、活荷载。它是作用在建筑结构上可变化或经常变化的荷载，如楼层上的人群、室内家具、物品等重量；施工期间人、材料、机具等重量；工业厂房内吊车的起吊重量以及属于自然界方面的风力荷载、雪压荷载等。

（3）偶然荷载：偶然荷载有爆炸力、撞击力、地震力等，它属于可变荷载的范畴，但由于它只偶然作用于建筑结构上，且荷载的形式常比较特殊，所以又称作特殊荷载。

房屋建筑结构承受的各种荷载见图 1-22 所示。

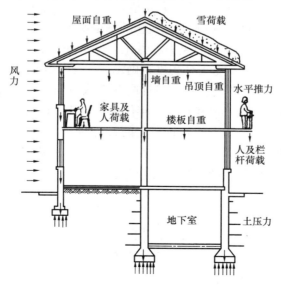

图 1-22 房屋建筑荷载传递示意

荷载按作用的形式不同，又可分为集中荷载和均布荷载。

集中荷载是指作用于构件一点或较小面积上的荷载，均布荷载则是分布于结构上的荷载，它们的荷载简图如图 1-23 所示。

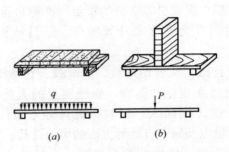

图 1-23　集中和均布荷载示意

(a) 均布荷载；(b) 集中荷载

不同性质的荷载有不同的荷载数值，是设计人员进行结构件内力计算和材料选用的重要依据，并由国家相应技术标准（规范）作出规定，以确保建筑物的安全使用。

对于自然界方面的风力、雪压、洪水等荷载，还须根据建筑物（构筑物）的重要性程度，确定××年一遇的最大标准值，作为设计人员在进行结构件设计时荷载取值的依据，如 30 年一遇、50 年一遇或 100 年一遇，年代越长，其值越高。

作用在建筑物（构筑物）上的各种荷载，有的是会同时出现的，有的是不同时出现的。在进行建筑结构设计时，应进行荷载组合，并取其最不利状态作为设计计算依据，以保证结构受力后有足够的安全度。

3. 杆件的受力

(1) 内力和应力

各种建筑结构件（杆件）是由无数质点所组成的，即使不

16

受外力作用，各质点之间依然存在着相互作用的内力。构件受外力作用后，将产生变形，即各质点间的相互位置将发生变化，这种因外力作用而引起的质点间内力的改变量，称为附加内力，简称为内力。

应力，是单位面积上的内力大小称为应力，常用它来衡量杆件受力的大小。应力用符号 σ 表示，其公式为：

$$\sigma = \frac{N}{A}$$

式中 σ——应力（N/mm²）；

     N——内力（N）；

     A——截面积（mm²）。

（2）杆件的受力形式

① 拉伸：当杆件受到外力作用后，产生伸长变形的，称为拉伸。当作用线与杆件轴线重合的外力，称为轴向拉力，拉力值用符号 P 表示，如图 1-24（a）所示。单位面积上的拉力称为拉应力。

② 压缩：当杆件受到外力作用后，产生压缩变形的，称为压缩。当作用线与杆件轴线重合的外力，称为轴向压力，压力值用符号 P 表示，如图 1-24（b）所示。单位面积上的压力称为压应力。

③ 剪切：在一对相距很近、大小相等、方向相反、作用线垂直于杆件轴线的外力（又称横向力）作用下，杆件的横截面将沿外力方向发生错动变形的，称为剪切。在杆件横截面上将产生剪切力，剪切力用符号 V 表示，如图 1-24（c）所示，单位面积上的剪切力称为剪应力。

④ 扭转：在一对大小相等、方向相反、在垂直于杆件的两平面内的力偶作用下，杆件的两横截面将发生相对转动变形的，称为扭转。如图 1-24（d）所示。扭矩值用符号 M 表示，在杆件截面上将产生扭曲应力。

⑤ 弯曲：在一对大小相等、方向相反、位于杆件的纵向平

面内的力偶作用下，杆件的轴线由直线弯曲成曲线变形的，称为弯曲，如图 1-24（e）所示。弯曲值用符号 M 表示，在杆件截面上将产生弯曲应力。

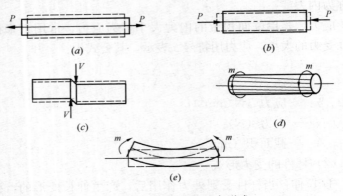

图 1-24　杆件变形的基本形式
（a）轴向拉伸；（b）轴向压缩；（c）剪切；（d）扭转；（e）弯曲

　　在实际工程结构中，杆件的受力往往不是单纯的一种，而是几种受力形式同时出现，变形也较为复杂，但都是由上述几种变形组成的。

4. 内 力 图

　　上面已述，杆件在外力作用下，各质点间将产生相应的内力，但不同截面上的内力是不同的，即内力随杆件截面位置的变化而变化。为了形象而直观的表示内力沿截面变化的规律，通常将内力随截面位置变化的情况绘成图形，这种图形叫作内力图，它包括轴力图、剪力图、弯矩图和扭矩图。建筑力学中，前三种图形应用较多。

　　在结构构件计算中，应正确找到最大的内力值以及所在的截面位置，以便于对杆件进行强度和刚度的计算和分析，确保结构的安全性。

（1）**轴力图**

表示各横截面上的轴力随横截面位置而变化的规律的图形，就是杆件的轴力图，简称 N 图。绘制轴力图时，先作一条基线与杆件的轴线平行且等长，基线上的每一点都代表杆件上相应截面的位置。用与基线垂直的线段（竖标）代表相应截面的轴力，其长短应按一定的比例来表示轴力的大小，拉力应绘在基线上方或左方（竖向杆），压力应绘在基线的下方或右方（竖向杆），图中注明正负号。从轴力图中即可确定最大轴力的数值及其所在的横截面的位置。

图 1-25（a）所示为一直杆的 A、B、C、D 四个截面上分别作用轴力 4kN、3kN、3kN、2kN，则该直杆各段的轴力值不同，分别如下：

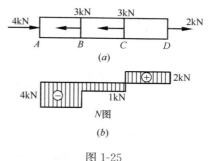

图 1-25
(a) 直杆各截面外力图；
(b) 直杆各段轴力图

AB 段：轴力为压力，其值为 4kN；

BC 段：轴力为压力，其值为 1kN；

CD 段，轴力为拉力，其值为 2kN。

根据各段的轴力值，作出该直杆的轴力图，如图 1-25（b）所示。因为各段轴力分别为常数，所以图中各段均平行于基线。

（2）**剪力图和弯矩图**

剪力图——表示剪切力沿杆件轴线变化规律的图，简称 V 图；

弯矩图——表示弯矩沿杆件轴线变化规律的图，简称 M 图。

在设计计算梁的截面尺寸时，首先应明确梁的受力情况，分别绘出梁的剪力图和弯矩图，并确定最大剪力值和弯矩值的截面，作为设计的依据。

梁的剪力图和弯矩图的绘制方法和绘制轴力图相似，在梁下方作一与梁轴线平行的直线为基线，以纵坐标（竖向标）表示相应截面的剪力或弯矩。根据公认的习惯做法，截面上向上的剪力为负号，画在基线下方，向下的剪力为正号，画在基线的上方。图 1-26 所示为一悬臂梁在悬臂端力 P 作用下的剪力图和弯矩图。

图 1-27 所示为一简支梁在均布荷载作用下的剪力图和弯矩图。

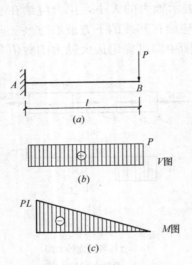

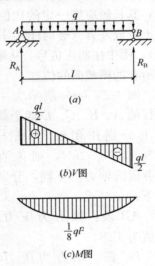

图 1-26　悬臂梁在悬臂端集中荷载
作用下的剪力图和弯矩图
(a) 悬臂梁受力图示；(b) 剪力图；
(c) 弯矩图

图 1-27　简支梁在均布荷载
作用下的剪力图和弯矩图
(a) 简支梁受力图示；(b) 剪力图；
(c) 弯矩图

图 1-28 所示为简支梁分别在均布荷载和集中荷载作用下的弯矩图。

5. 强度和刚度

（1）强度

通俗地讲，强度就是建筑结构（杆件）的牢固程度，亦即

20

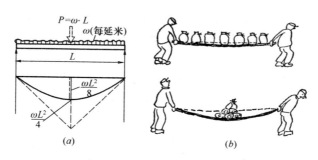

图 1-28 简支梁分别在均布荷载和集中荷载作用下的弯矩图

(a) 弯矩图；(b) 直观形象图

材料或构件抵抗破坏的能力。在任一或全部预计荷载的作用下能保持完好。设计人员在进行结构截面的材料强度计算时，通常按照国家规范的规定和法则进行计算，并确保结构（杆件）各个关键截面的应力状况（拉应力、压应力、剪应力或弯曲应力）符合所选用材料的允许应力特征，并具有相应的安全储备。

（2）刚度

通俗地讲，刚度就是建筑结构（杆件）的变形程度，亦即抵抗变形的能力，常用挠度（f）来表示。建筑结构（构件）既有它刚性的一面，也有它柔性的一面，即在荷载作用下，将产生一定的弹性变形。绝大部分的结构材料，几乎毫无例外地在其线性弹性范围内利用的，因为建筑结构（杆件）过大的变形，将会影响到建筑物（构筑物）的正常使用，严重时会造成质量或安全事故。国家规范对建筑结构（杆件）的刚度也有明确的要求，例如钢梁的挠曲值应小于或等于 $L/500$（L—钢梁的跨度），钢筋混凝土梁的挠曲值应小于等于 $L/200 \sim L/400$（视梁跨度情况）。

6. 截 面 特 征

在建筑结构件（杆件）的受力性能中，杆件的截面特征有着重要的影响，这些截面特征主要有：截面积、静矩、形心、惯性矩、惯性半径等，现分述如下：

（1）面积

即截面图形的面积，用符号 A 表示。如矩形截面的面积 A 等于两边长 b 和 h 的乘积，即 $A=b×h$；圆形截面的面积为圆半径 r 的平方乘以 π，即 $A=\pi \cdot r^2$。

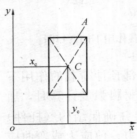

图 1-29　简单图形的静矩

（2）静矩

静矩又称静力矩，是截面图形的面积（A）与其形心对某一坐标轴的乘积，用符号 S 表示。图 1-29 所示，有一矩形截面，面积为 A，形心为 C，形心对两坐标轴的距离分别为 x_c、y_c，则该矩形截面对两坐标轴的静矩为：

$$S_x = A \cdot y_c$$
$$S_y = A \cdot x_c$$

由于静矩是表示截面面积对某轴之距，因此，对不同的轴，静矩是不同的。由于形心坐标 x_c、y_c 可能为正、负或零，所以静矩的值也可能为正、负或零。由静矩的定义可知，平面图形对通过形心的轴的静矩一定为零。静矩的单位是长度单位的三次方，通常为 m^3，cm^3，mm^3。

建筑工程中，常用结构件（杆件）的截面形状，除简单的平面图形（如矩形、圆形）外，一般都由几个简单的平面图形组合而成，这种图形叫作组合图形，组合图形静矩的计算公式为：

$$S_x = \Sigma A_i \cdot y_i$$
$$S_y = \Sigma A_i \cdot x_i$$

式中 A_i 为各简单图形的面积，x_i、y_i 为各简单图形形心的 x 坐标轴和 y 坐标轴。由上述公式可知，组合图形对某轴的静矩等于各简单图形对同一轴静矩的代数和。

22

图 1-30 所示为一 T 形截面的组合图形，由两个矩形截面组成，尺寸单位为 mm，两矩形截面面积为 A_1 （＝$20\times$ 80）和 A_2 （＝20×90），它们到 x 轴的形心坐标分别为 y_1 （＝$90+10$）、y_2 （＝45），到 y 轴的形心坐标分别为 x_1 （＝0）、x_2 （＝0），则它们对 x、y 轴的静矩分别为：

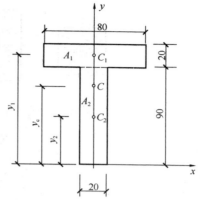

图 1-30　组合图形的静矩

$$S_x = A_1 \times y_1 + A_2 \times y_2$$
$$= (20 \times 80) \times (90 + 10)$$
$$+ (20 \times 90) \times 45 = 241000 = 2.41 \times 10^5 \, mm^3$$
$$S_y = A_1 \times x_1 + A_2 \times x_2 = (20 + 80) \times 0 + (20 \times 90) \times 0$$
$$= 0 (平面图形通过形心轴的静矩为零)。$$

（3）形心

平面图形的几何中心，称为形心。当平面图形具有对称中心时，对称中心就是形心。例如圆形、圆环形，它们的对称中心就是形心，如图 1-31 所示。

具有两个对称轴的平面图形，形心就在对称轴的交点上，如图 1-32 所示。只有一个对称轴的平面图形，其形心一定在该对称轴上，而具体位置则需通过计算才能确定，如

图 1-31　具有对称中心的平面图形

图 1-30 所示的 T 形截面，其形心一定在 y 轴上，而坐标 y_c 值则可通过计算确定。

当组合图形可划分为若干个简单图形时，则形心位置可按下式求得：

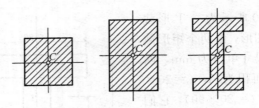

图 1-32 具有两个对称轴的平面图形

$$x_c = \frac{\Sigma A_i \cdot x_i}{A}$$

$$y_c = \frac{\Sigma A_i \cdot y_i}{A}$$

式中　A——组合截面的全面积；

　　　A_i——组合截面中各部分的截面面积；

　$x_c \cdot y_c$——组合截面的形心坐标；

　$x_i \cdot y_i$——各部分面积的形心坐标。

根据上述公式，可求出图 1-30 所示 T 形截面在 y 轴上的形心位置：

$$A_1 = 20 \times 80 = 1600 \text{mm}^2, \quad y_1 = 90 + \frac{20}{2} = 100 \text{mm}$$

$$A_2 = 20 \times 90 = 1800 \text{mm}^2, \quad y_2 = \frac{90}{2} = 45 \text{mm}$$

T 形截面在 y 轴上的形心位置为：

$$y_c = \frac{\Sigma A_i \cdot y_i}{A} = \frac{1600 \times 100 + 1800 \times 45}{1600 + 1800} = 70.9 \text{mm}$$

（4）惯性矩

惯性矩是衡量截面刚度性能的一个特定指标，是截面面积到某一坐标轴的距离平方的乘积，所以惯性矩又称为面积的二次矩，用符号 I 表示，单位是长度单位的四次方，常用 m^4、cm^4、mm^4。

根据上述惯性矩的定义可知，建筑结构件（杆件）的截面积在形心轴上下扩展越开，则它的刚度越好，也越有利于抵抗

24

弯曲应力。

下面介绍几种常用平面图形的惯性矩计算公式，以供使用。
图 1-33 (a) 所示为一矩形，宽度为 b，高度为 h，x 轴和 y 轴通过形心且分别与两底边平行，矩形对其形心轴 x、y 的惯性矩分别为：

$$I_x = \frac{bh^3}{12} \quad I_y = \frac{b^3 h}{12}$$

图 1-33 (b) 所示为一圆形，直径为 D，对形心 X 和 Y 的惯性矩均为：

$$I_x = I_y = \frac{\pi D^4}{64}$$

图 1-33 (c) 所示为一环形截面，外径为 D，内径为 d，对形心轴 x 和 y 的惯性矩均为：

$$I_x = I_y = \frac{\pi}{64}(D^4 - d^4)$$

由惯性矩定义可知，平面图形对任一轴的惯性矩恒为正值，同一平面图形对不同坐标轴的惯性矩值是不同的。

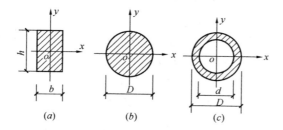

图 1-33　几种常用图形截面

(a) 矩形截面；(b) 圆形截面；(c) 环形截面

图 1-34 中，x_1 轴为与形心轴 x 平行且相距为 a，则图形对 x_1 轴的惯性矩的计算公式为：

$$I_{x_1} = I_x + a^2 A$$

上式就是惯性矩的平行移轴公式，它表明：平面图形对任一轴的惯性矩，等于平面图形对平行该轴的形心轴的惯性矩加

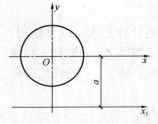

图 1-34　平行移轴公式图式

上图形面积与两轴之间距离平方的乘积。

（5）惯性半径

惯性半径又叫回转半径，它是截面积沿重心轴的分布特征，也是衡量建筑结构件截面刚度的一个重要指标。

根据计算的需要，将图形惯性矩的计算公式作一改变，用图形面积与某一长度的平方的乘积来表示，即：

$$I_x = A \cdot r_x^2$$

式中　I_x——图形对 x 轴的惯性矩；

　　　A——图形的面积；

　　　r_x——某一单位长度。

将公式改变为：

$$r_x = \sqrt{\frac{I_x}{A}}$$

式中 r_x 被称为平面图形对 x 轴的惯性半径，单位为长度单位，常用 m、cm、mm。

根据上式可知，对于宽度为 b、高度为 h 的矩形截面，对其形心轴 x 和 y 的惯性半径分别为：

$$r_x = \sqrt{\frac{bh^3/12}{bh}} = \frac{1}{\sqrt{12}}h = 0.289h$$

$$r_y = \sqrt{\frac{b^3h/12}{bh}} = \frac{1}{\sqrt{12}}b = 0.289b$$

对于圆形截面，对其形心轴的惯性半径为：

$$r = \sqrt{\frac{\pi D^4/64}{\pi D^2/4}} = \frac{D}{4} = 0.25D$$

从上述计算公式可知，截面积沿重心轴线分布越均匀，各个方向的刚度也越均匀。当截面积相等时，圆形截面的刚度比矩形截面的刚度要好，而矩形截面的长向刚度又比短向刚度要好。

（6）截面抗弯系数

截面抗弯系数又称截面模量，用符号 W 表示，是与截面的形状尺寸有关的一个几何量，它表示截面抵抗弯曲的能力，也是计算截面弯曲应力的一个重要参数。截面对形心轴 x 的抗弯系数 W_x 按下式计算：

$$W_x = \frac{I_x}{y_{max}}$$

式中　I_x——截面对 x 轴的惯性矩；

y_{max}——截面上对 x 轴最远的点到 x 轴的距离。

截面抗弯系数 W 的单位是长度单位的三次方，常用单位为：mm^3、cm^3、m^3。

根据上式可知，对于矩形截面，对其形心轴 X 和 Y 的截面抗弯系数分别为：

$$W_x = \frac{I_x}{y_{max}} = \frac{bh^3/12}{h/2} = \frac{bh^2}{6}$$

$$W_y = \frac{I_y}{x_{max}} = \frac{b^3h/12}{b/2} = \frac{b^2h}{6}$$

对于圆形截面，对其形心轴的截面抗弯系数为：

$$W_x = \frac{\pi D^4/64}{D/2} = \frac{\pi D^3}{32}$$

有了截面抗弯系数 W 后，就可以计算、校核受弯构件的正应力强度值了，其计算公式为：

$$\sigma = \frac{M_{max}}{W}$$

[**例**]　如图 1-27 所示的简支梁，在均布荷载 q 作用下，其跨中最大弯矩 M_{max} 为 48.4kN·m，梁由 I 22a 工字钢（Q235）制成，材料许用应力 $[\sigma]$ = 160MPa，试校核梁的正应力强度是否安全。

解：（1）查得 I 22a 工字钢截面抗弯系数 W = 309cm^3

（2）正应力强度：

$$\sigma = \frac{M_{max}}{W} = \frac{48.4 \times 10^6}{309 \times 10^3} = 157MPa < [\sigma] = 160MPa$$

结论：钢梁满足正应力强度条件。

7. 压 杆 稳 定

在工程结构中把承受轴向压力的杆件称为压杆。在结构计算中，对压杆除了应满足强度要求外，还应特别要重视压杆的稳定性问题。由于压杆失去稳定而造成的质量、安全事故时有发生。

（1）压杆的稳定概念

用两根截面积相等，但长度不等的木杆，放到压力机上做轴向压力试验，如图 1-35 所示。可以看到，短木杆自始至终保持直立状态，其破坏主要是压力值超过了木材的抗压强度允许值后产生的，破坏时木材纤维发生皱褶现象。而长木杆则不同，在压力值没有达到木材抗压强度允许值前，往往先发生弯曲现象，如

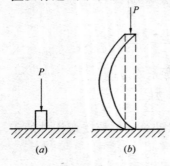

图 1-35 （b）所示，而且随着压力值的增加，弯曲现象迅速加大，最终木杆在瞬间断裂，此时的木杆称为失去稳定，其压力值将低于、甚至远远低于木材的抗压强度允许值。木杆越细长，弯曲现象出现得越早，断裂也越早，这说明了承受轴向压力的细长杆件不能仅考虑强度因素，还应考虑其长度造成的影响。

图 1-35 压杆失稳现象

实践还告诉我们，压杆在承受轴向压力时，与两端的支承情况有很大关系，不同的支承情况，将影响压杆的长度。实践中，针对压杆两端的支承情况，总结出了一个相应的计算长度系数 u。压杆两端的支承情况如图 1-36 所示，相应的计算长度系数 u 如下：

图 1-36 （a）为一端固定，一端自由端，计算长度系数为 $u=2$；

图 1-36 （b）为两端铰支，计算长度系数为 $u=1$；

图 1-36（c）为一端固定，一端铰支，计算长度系数为 $u=0.7$；

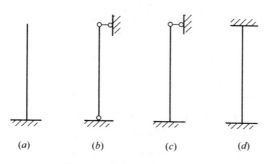

图 1-36　杆件两端支承情况

图 1-36（d）为两端固定，计算长度系数为 $u=0.5$。

（2）计算长度与长细比

压杆的计算长度为压杆的轴线长度 l 与计算长度系数 u 的乘积，即 $l \cdot u$。

在压杆的结构计算中，还引入了一个重要指标 λ，被称为压杆的柔度或称长细比，它是压杆计算长度与截面惯性半径 r 之比，即：

$$\lambda = \frac{lu}{r}$$

长细比 λ 是压杆稳定计算中的一个重要指标。它综合反映了压杆的长度、两端的支承情况、截面形状尺寸等因素对压杆受力情况的影响。λ 值越大，表示压杆越细长，承受的压力就越小，压杆也容易失稳。反之，λ 值越小，表示压杆越粗短，承受的压力也就越大，压杆越不容易失稳。

为了保证压杆能稳定、安全受力，在工程结构计算中，根据 λ 值的大小，又提出了一个相应的折减系数 ϕ，即对压杆截面正常能承受的压力值打一个折扣，从而保证压杆能在稳定状态下承受相应的压力。

λ 和 ϕ 之间的关系经过计算已列成表格，在有关规范及计算手册中都可以查到。表 1-1 为 Q235 钢的折减系数。

压杆折减系数 φ（Q235 钢）

表 1-1

λ	0	20	40	60	70	80	90	100	110
φ	1.000	0.981	0.927	0.842	0.789	0.731	0.669	0.604	0.536
λ	120	130	140	150	160	170	180	190	200
φ	0.466	0.401	0.349	0.306	0.272	0.243	0.218	0.197	0.180

[**例**] 现有一用 Q235 钢制成的圆柱，高 $l=6\text{m}$，直径 $D=20\text{cm}$，两端绞支，承受轴向压力 $P=500\text{kN}$，钢材的许用应力 $[\sigma]=160\text{MPa}$，试校核该钢柱受力后的稳定性。

解：（1）计算截面的惯性半径 r

$$r=\sqrt{\frac{I}{A}}=\sqrt{\frac{\pi D^4/64}{\pi D^2/4}}=\frac{D}{4}=5\text{cm}$$

（2）计算长细比 λ

因为钢柱两端绞支，计算长度系数 $u=1$

$$\lambda=\frac{l\cdot u}{r}=\frac{600\times1}{5}=120$$

（3）根据 λ 值查表可知折减系数 $\phi=0.466$

（4）稳定性校核

$$\sigma=\frac{P}{A}=\frac{500\times10^3}{\pi\times200^2/4}=15.9\text{N/mm}^2(\text{MPa})$$

$$<\phi[\sigma]=0.466\times160=74.56\text{MPa}$$

结论：钢柱满足稳定条件。

二、建筑施工现场力学知识实例

（一） 建筑谚语里的力学知识

1. 从谚语"造屋步步紧、拆屋步步松" 看建筑结构稳定性的时变特性

"造屋步步紧，拆屋步步松"是广泛流传在建筑工人中的一句建筑谚语。它的意思是说，建筑物在施工过程中，随着各道工序的相继完成，建筑物也逐步地坚固和稳定。而拆除房屋时则相反，越拆越松散，越拆越不稳定。这句谚语十分确切地说明了建筑结构在建与拆的过程中稳定性的时变特性原理。对于拆除旧房来讲，也是一句安全生产的警句。

建造一座建筑物，需要用很多建筑材料，操作很多道工序，并且要根据房屋的结构承重情况，按照一定的施工顺序将各种构件进行搭接结合，也就是说，建筑物是逐步形成的，从开始时局部的一根柱、一道墙的单体结构，也是不稳定结构，逐步变成平面结构，再变成稳定结构，到最终形成整体的空间结构，即固定结构，如图 2-1 所示。拿普通砖混结构的单层厂房来说，随着砂浆强度的增长，砖砌体的强度也逐步提高。但砌到顶部敞口的砖墙，由于空间作用较差，所以还是不够稳定的。当放上屋架或大梁后，就形成了平面结构，砖墙就稳定多了。当桁条及屋面基层施工结束后就形成了空间结构，整个屋面获得了足够的刚度，整个建筑物的空间作用大大加强，越来越坚固和稳定。任凭风吹雨打，仍是岿然不动。

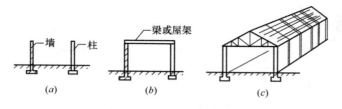

图 2-1　房屋建造过程示意图

(a) 单体结构（不稳定结构），1 根柱、1 道墙；(b) 平面结构（较稳定结构）；

(c) 空间立体结构（固定结构）

对于拆除旧（危）房来讲，情况完全相反。它是将建筑物由开始的整体空间结构逐步变为平面结构和单体结构。也就是说，由稳定结构变为不稳定的结构。因此，房子越拆越松散，越拆越不稳定。了解这一点是十分重要的。特别是拆除具有横向推力的拱形结构，更要慎重。如果思想麻痹，认为拆房子只是撬撬敲敲的简单工作，因而乱拆一通，往往会造成屋倒人亡的安全事故。因此，拆除旧（危）房，也应认真制订施工方案，认真进行技术交底和检查，并应设置必要的支撑，确保安全拆除。

"造屋步步紧，拆屋步步松"这句谚语，在建筑工地上还经常被作为安全生产教育的警句。房子高一层，思想紧一分；脚手下一层，思想松一寸。这是一般人的心理状态。特别在工程收尾阶段，更应加强安全生产的思想教育和检查工作。

"造屋步步紧，拆屋步步松"这句谚语，也常常被架子工用作搭拆脚手架时的安全术语。施工主体结构时，脚手架步步升高，依靠斜撑和各种拉结设施，使脚手架步步紧固；但外装修施工时，随着脚手架的逐步拆除，脚手架变得越来越不稳定，这时，应特别注意做好安全教育和检查工作，防止发生安全事故。

2. 从谚语"直木顶（抵）千斤"谈轴心受压杆的稳定

常常听到木工老师傅讲"直木顶（抵）千斤"，意思是说直

33

立的木料可以承受很大的荷重。这句话有它一定的科学道理，但也不能一概而论，其实，直立的木料并不是都能承受很大的荷重的。

我们不妨先做一个试验，用同一材料做两根木杆，它们的截面形状和截面尺寸均相同，但长度不同，一根细长，一根矮短，如图 2-2 所示。在两根木杆中心分别加上压力（轴心压力）使之破坏。这时我们会发现，它们的破坏现象是截然不同的。短木杆在加压过程中自始至终保持直线状态，破坏时木材纤维达到强度极限而发生皱褶，它能承受较大的压力。长木杆则不同，在压力较小时，基本上保持垂直的，但当压力增大到一定数值时木杆会发生突然弯曲，从直线状态突然变成曲线状态。压力再增大少许后，木材就发生很大的弯曲变形而折断，破坏时的压力要比短木杆小得多。

这个试验告诉我们，同一材料、同一截面尺寸的杆件，当长度不同时，其承受的轴心压力值是不同的。构件在结构计算中，有一个重要特性，即计算长度的影响。长度越大，构件的计算长度也越大，承受的轴心压力值越小，这是直木承受轴心压力的一个重要特征。因此，笼统地说"直木顶（抵）千斤"就不合乎实际情况了。

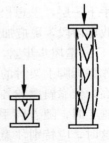

图 2-2　短木杆和长木杆的受压破坏情况

轴心受压杆件从直线状态突然变为曲线状态的现象，在结构上称为失去稳定，俗称"失稳"现象，这种情况对结构安全是极为不利的，也是必须避免的。

人们在长期的生产实践中，还发现木杆承受轴心压力的值，不仅与木杆的长度有关，而且与截面形状有很大关系。如果拿三根相同材料、相等长度和相等截面积，但截面形状分别为长方形、正方形和圆形的木杆来做轴心受压试验，如图 2-3 所示，则它们承受轴心压力的值也不相同，正方形截面比长方形截面的承压力大，而圆形截面又比正方形截面的承压力大，这说明了截面积在沿截面重心轴周围分布均匀的木杆（如圆形、正方形截面）承压力大；反之，截面积在沿截面重心轴周围分布不均匀

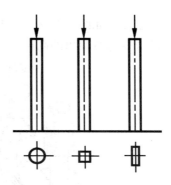

图 2-3　三种不同截面形状的木杆作轴心受压试验图示

的木杆（如长方形截面）承压力就小，并且容易沿长方形截面的短边方向发生弯曲失稳。截面积沿截面重心轴的分布特征，在结构计算上称为回转半径，用符号 r 表示，它与截面形状有关，圆形截面的回转半径 $r=\dfrac{d}{4}$（d—圆的直径）；方形截面的回转半径 $r=0.289b$（b—方形边长）；长方形截面的回转半径 $r=0.289b$（b—长方形短边边长）。截面的 r 值越大，各个方向分布越均匀，承受的压力值也越大。这也是为什么在选择木柱等轴心受压杆件时，一般都选用圆木或方木，而不选用长方形木料的缘故。这是直木承受轴心压力时又一个重要的特征。

　　为了确保木杆在承受轴心压力时不致失去稳定而折断，人们在生产实践中也积累了丰富经验，对于一些比较细长的木杆，在适当的部位增加些水平的或斜向的支撑，保证不致发生弯曲变形，从而提高承受荷重的能力。因为坚固的节点，还能有效地缩短杆件的计算长度。

　　施工现场各种模板的顶撑，也都属于轴心受压杆件，在选料上宜采用圆木或方木制作。支模时，常设置一定数量的水平或斜向的拉结料亦称剪力撑，这样就增强了顶撑承受荷重后的

稳定性，如图 2-4 所示。当单根顶撑高度较高时，可分节设立，以减少每节顶撑的高度。

图 2-4　有拉结料的顶撑承载力高

　　总之，"直木顶（抵）千斤"这句话是木工老师傅长期生产实践的经验总结。通过上述分析，使我们对这句话有了比较全面的、科学的认识，在施工中选料和用料上应克服盲目性，讲究科学性，这样才能最大限度地发挥材料的潜力，并确保其结构和施工的安全。

3. 从谚语"桁条一丈三，不压自来弯" 谈跨度与强度、挠度的关系

　　"桁条一丈三，不压自来弯"，是流传在木工老师傅中间的一句建筑谚语。这里所说的"桁条"即檩条，指的是木桁条。意思是说，当木桁条的跨度达到一丈三尺（合 4.33m）时，单单自身重量就将产生一定的挠度。也就是说，木桁条的跨度是有一定限度的，不能过大。这是木桁条使用的一个经验总结。

　　这句建筑谚语也揭示了建筑构件的跨度与强度、挠度之间的关系。

　　桁条在屋盖木基层中，是最重要的承重构件。它是承受屋面均布荷重的简支结构的受弯构件。在结构计算中，它应该满足两个方面的要求：一是强度要求，由荷重引起的正截面的弯曲应力小于木材的允许抗弯强度；二是挠度要求，即向下挠曲

36

的变形值应控制在规范允许的范围内，同时不允许出现侧向弯曲。

那么跨度和强度、挠度之间又是怎么一个关系呢？通过结构计算，我们可以知道，在屋面均布荷重 q 不变的情况下，跨度越大，由荷重引起的正截面的弯曲应力值也越大，从弯矩计算公式 $M = \dfrac{ql^2}{8}$ 可知，其增加幅度是与跨度的平方值成正比的。如图 2-5 所示，当桁条跨度从 4m 增加到 4.4m 时，长度增长了 10%，而跨中弯曲应力的值经计算则增加了 21%。

2.42q÷2q＝1.21，即增加 21%

图 2-5　跨度与强度、挠度的关系

以前报纸上曾有报道，某企业新建一幢车间时，不请正规的设计单位设计图纸，而是盲目套用原有车间图纸，并将大梁跨度从 8m 增加到 10m，又错误地认为梁的长度增加了 12.5%，梁内钢筋用量只要相应增加 12.5% 就行了，结果造成屋塌人亡的重大安全事故（从弯矩计算公式可知，跨度从 8m 增加到 10m 后，跨中弯矩值 M 将增加 56.25%）。

至于跨度对挠度的影响就更大了。简支结构在均布荷载作用下的挠度计算公式为：挠度 $f_{max} = \dfrac{5ql^4}{384EI}$，其挠度增长幅度是与跨度的 4 次方值成正比的，跨度增大，挠曲值将迅速增加，这就说明了当桁条跨度增大时，为了满足强度，特别是挠度的要求时，桁条必须具有较高的截面高度。同时为了防止侧向弯曲，又必须相应增加截面宽度。这样，过大的截面尺寸，不仅对木桁条的选配料造成很大困难，而且在用料上也很不合算。如某地 3m 跨度的木桁条，截面尺寸（宽度×高度）为 8cm×

12cm（正放）；而当跨度增加到 4.5m 时，断面尺寸将增大为 10cm×18cm。很明显，跨度增加 50%，而断面面积却增大了将近一倍。所以木桁条的跨度是不宜做得太大的，一般应控制在 4m 以内，而以 3～3.6m 为常见。在北方严寒地区，由于屋面荷重较大，跨度一般为 2～3m。

4. 从谚语"墙倒柱立屋不塌"看木结构建筑良好的抗震性能

"墙倒柱立屋不塌"是一句形容木结构建筑防震抗震的建筑谚语，它非常形象地说明了木结构建筑良好的防震抗震特性和在地震中坚强不屈、傲然挺立的姿态。

地震灾害，最主要的是由建筑物的倒塌破坏而造成的人身伤亡和财产破坏。如果在地震中，建筑物即使局部墙体发生倒塌，而整体上能保持不倒的话，那么地震灾害就能降低到最小程度。我国自古以来的木结构建筑就具备这种良好的抗震性能。

1976 年 7 月 28 日，我国唐山市发生 7.8 级大地震，数秒钟内，大地被撕裂，千万间房屋顷刻之间变成了瓦砾堆。各种类型结构的建筑物经受了一次严酷的考验。但是，面对强烈的地震波，也有不少古代木结构建筑傲然挺立。在烈度为 8 度的蓟县，有一座辽代（公元 984 年）建造的、高达 20 多米的观音阁却完整无损。同样，1975 年 2 月 4 日，辽宁海城地震中，一些水泥砂浆砌筑的砖混结构房屋多数被震塌，而三学寺和关帝庙等古建筑只是部分外墙和屋顶略有损坏，整座建筑基本完整。

木结构建筑为什么具有良好的防震抗震性能呢？其秘诀有以下三个方面。

首先，第一应归功于木结构的榫卯连接。榫卯，是我国古代劳动人民在长期的生产劳动中，掌握木材的加工特性创造出来的巧妙的连接方法，是木结构建筑抗震的灵魂。榫卯的功能，在于使千百件独立、松散的构件紧密结合成为一个符合设计和使用要求的，具有承受各种荷载能力的完整结构体。木材本身是一种柔性材料，在外力的作用下，既有容易变形的特性，又有外力消除后，容易恢复变形的能力。木构架用榫卯连接，不仅使整个构架具有整体刚度，同时，也具有一定的柔性，每一个榫接点，就像一个小弹簧，在强烈的地震波的颠簸中能吸收掉一部分地震能量，可使整个构架减轻破坏程度。在强烈的地震中，尽管木构架会发生大幅度摇晃，并有一定变形，部分墙体（古代木结构建筑的墙体属围护墙，不承受上部荷载）可能发生倒塌，但只要木构架不折榫、不拔榫，就会"晃而不散，摇而不倒"，当地震波消失后，整个构架仍能恢复原状。"墙倒柱立屋不塌"这句谚语形象而生动地说明了这一特性。

第二，应归功于斗拱的结构形式。斗拱，也是我国古代木结构建筑的一大特点，大量震害调查情况表明，有斗拱的大式建筑比无斗拱的小式建筑要耐震，斗拱层数多的比斗拱层数少的要耐震。这是因为斗拱是由许多纵横构件靠榫卯连接成为整体的，每组斗拱好似一个大弹簧，为在强烈颠簸中吸收地震能量起了良好的作用，如图2-6所示。

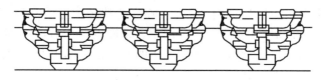

图 2-6　斗拱示意图

在山西省的应县，有一座我国现存最古老的大型木塔——应县佛宫寺释迦木塔，亦称应州木塔或应县木塔。该塔建于公元1056年，底层直径30.27m，平面为八角形，九层（5个明层，4个暗层），自地面至塔顶全高67.31m，全部木作骨架采用榫卯连接，不用一钉一栓。塔的上下、内外共用了57种不同大小的斗拱构件，木塔虽经多次地震考验，至今翘首挺立，威武壮观。

第三，应归功于侧脚和生起的应用。侧脚，即建筑物四周的檐柱和外山墙柱竖立时上口适当向里倾斜一点。生起，即前后檐柱由中间向两边排列时，逐步升高一点。侧脚和生起的应用，是我国古代建筑工匠们聪明才智的充分体现，它使屋面和屋脊由中间向两边逐步起翘，使建筑物的水平和垂直构件的结合更加牢固，整座房屋的重心更加稳定。同时，使木构架由四周向中间产生一定的挤压力，成为抗震的预加应力。在地震波强烈的颠簸之后，整个构架保持稳定，不易产生歪斜现象。四川省北部山区的平武县城内，有一组明代古建筑群——报恩寺。五百多年来，经历了多次地震，特别是1976年曾遭受了两次7.2级大地震，可谓历经沧桑，但寺内的全部建筑却安然无恙。

5. 从谚语"针大的洞，斗大的风"谈高层建筑缝隙效应的怪现象

建筑界流传着一句"针大的洞，斗大的风"的谚语，其意是指建筑物的外围护结构上如存在着细微的洞眼或缝隙时，在大风天气里，墙面在强大风力、风压作用下，会向室内吹进一股相当强大的风力，并伴随着一阵阵"嘘……"的吹口哨似的尖叫声。在高层建筑中，这种洞眼、缝隙的风力效应特别明显，因为随着高度的变化，风速和风压的变化也急剧上升，"地面风和日丽，空中劲风呼啸"是真实的写照。

20世纪90年代初，美国纽约警方不断接到居民投诉，说他们不时的被一种尖锐的口哨声所困扰，警方花了很长时间也未能找到噪声源。在一次例行巡逻中，周围突然回荡起尖锐的口哨声，他们立即循声前进，直到被引至曼哈顿区一幢竣工不久的大楼拱顶，被那里发出的凄厉尖叫声震得头皮发麻，警方才断定大楼拱顶就是恼人噪声的发源地。

在英国的曼彻斯特市中心，耸立着171m高的比瑟姆塔，自从塔顶14m高的"叶片"雕像竣工后，当地居民抱怨"口哨声"

太强的投诉逐渐增多。在刮大风的日子里，用玻璃和不锈钢制成的叶片带动周围空气以数千赫兹的频率往复振动，吹得人不得安宁，而建筑师也拿不出解决的办法。

研究证实，高楼产生的噪声与人们吹空啤酒瓶的道理相同，而声音的大小与风速、风向、建筑物设计的形状、外部环境都有关系。我们在吹空啤酒瓶时，扰乱了瓶口边沿空气的正常流动，在瓶颈处制造了一个个气体漩涡，漩涡的振荡频率与瓶颈大小、风速有关，一旦其振动频率和瓶腔的固有频率相一致时，瓶子就会发出强烈的像口哨一样的尖叫声。

荷兰的一座展览馆也是有名的噪声建筑物。这个展览馆有一堵长长的具有倾斜角度的金属格栅墙，只要当地刮起风速在70km/h以上的大风，且风向与墙的走向一致时，它就会发出强大的嚎叫声。

建筑学家认为，高楼上的气窗、格栅、栏杆等相当于瓶颈，它们制造出的气体漩涡是产生噪声的根源。

风噪声专家指出，解决这类问题，须找到气体漩涡的来源和共振腔的位置，打破二者之间的固有关系就可解决。但至今人们还没有找到绝对有效的办法。

综上所述，"针大的洞，斗大的风"这句谚语提醒人们应十分重视建筑物外围护结构的密封性能，特别是门窗工程，应选择气密性良好的构配件，并建立定期维修的物业管理制度。对于因温度变化或沉降不均而产生的墙体裂缝，应及时进行修补，在外围护结构面上，应杜绝任何贯穿性的洞眼和缝隙，以保证建筑物室内良好的工作和居住环境。

6. 从谚语"干千年、湿千年、干干湿湿两三年"谈木材的力学性能与使用环境的关系

"干千年、湿千年、干干湿湿两三年"这句谚语，说的是木材含水率与木材使用年限的关系，也是木材力学性能与使用

环境的关系。木材含水率很小或很大时，木材使用的年限都较长。而处于半干半湿或时干时湿情况下的木材，则因容易引起腐朽，使用年限就很短，往往 3～5 年就可能破坏。因此木结构不宜用在半干半湿或时干时湿的环境中。

木材的一个严重缺陷就是易于腐朽。引起木材腐朽的主要原因是木腐菌的寄生繁殖所致。木腐菌在木材中繁殖生存要有三个条件：（1）少量的空气；（2）一定的温度（5～40℃，以 25～30℃最为适宜）；（3）水分。在一般房屋中，空气和温度这两个条件是很容易得到满足的，只要木材所含水分适当，腐朽就会发生。泡在水中的木材，含水率虽然很大，但因缺少空气，所以不易腐朽。木桩在水面附近的部分，因为木腐菌繁殖的三个条件都具备，所以很易腐朽。

1978 年 2 月，在湖北省随州城郊发现了战国时期的曾侯乙古墓。该墓所处地层位于地下水水平面之下，古墓埋藏后不久，地下水就渗入墓室，高度达墓室的三分之二。当揭开椁盖板，抽掉积水后，发现沉睡地下 2430 年、总重达 2567 千克的 65 个大小编钟整齐地挂在木质的钟架上。这是一个奇迹，它验证了木材浸在水中而长期不腐烂的科学道理，也印证了木材的另一句建筑谚语："水浸千年松，搁起万年杉。"

当然，时干时湿的木材除了引起腐蚀以外，还使木材处于收缩膨胀的反复交替之中，造成木材的开裂和结构的松弛以及翘曲变形等对木材的力学性能极为不利的现象，也将严重降低木材结构的寿命。

由上可知，用于木结构的木材，应控制其含水率。试验证明，当木材含水率控制在 20％以下时，木腐菌的活动将受到抑制，腐朽就难以发生。另外，从建筑构造上应保证有良好的通风条件。在木结构施工及验收规范和有关施工操作规程上，都明确规定了用于木结构木材的含水率限值和设置通风洞等措施，也就是这个道理。

7. 从谚语"前面要（有）照　后面要（有）靠"谈建筑选址中的水土力学知识

"前面要（有）照，后面要（有）靠"是古人留传给我们的一句建筑谚语，它揭示了建筑选址方面的水土力学知识和科学道理，也是建筑选址方面的经验总结。照——即要有水，靠——即要有山。因此理想的建筑选址应是"背山、面水和向阳"。如图2-7示，有良好的日照，夏季有徐徐的南风，冬季能阻挡北方的寒流，交通便利，适宜人居，并能有效地防止自然灾害的产生。

在古代，建筑选址有四个原则，即相形取胜、辨方正位、相土尝水和藏风聚气。其中相形取胜是建筑选址的首要原则，是指对山川地貌、地质结构、地理形势、水土质量、气象状况等进行综合勘察，然后再确定建筑选址。

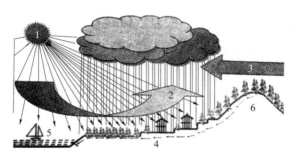

图 2-7　背山、面水、向阳的自然环境示意图

1—良好的日照；2—接受夏日南风；3—阻挡冬季寒流；4—良好的排水地势；
5—便利的水路交通；6—平时可以调节小气候，战时可以减少后顾之忧

古人不论在城镇选址，还是在居屋选址，都把周围的山川地形看得非常重要，尽量避开凶煞之势，充分顺应天时地利为原则，即人应尊重自然，顺应自然规律，与自然和谐相处。不了解自然规律，盲目行事或强作妄为必将招致灾祸。风水学中

对建造居屋在避凶煞之势方面提出了"十不居"的理论，即十种不适宜作为居屋建造的地址，其中如不居当冲口处、不居草木不生处，不居正当流水处，不居山脊冲处，不居百川口处等都有一定的科学道理，也都反映了丰富的水土力学知识。1996年12月20日，据中央电视台某新闻节目报道，在河北省石家庄市井陉县，有不少人家在干旱的河道上修建住宅，结果1996年夏季洪峰到来时，除了一栋小楼幸免未毁外，其他住宅都被大水冲毁了，这就是流水口冲煞的危害。又如2010年，云南贡山特大山洪造成群死群伤的重大事故，与当地民众在河床上建房居住和建厂有很大关系。当时，国土部专家在察看现场时曾感叹："教训啊！以后建设一定要避开河床和沟渠！"2012年，甘肃定西市岷县也发生了一次山洪灾害，一次降雨量仅为30毫米的小降雨致使很多居民建在河床上的住房被冲毁，造成53人遇难的惨剧。

近年来，山体滑坡、山洪、泥石流等造成的自然灾害频发，惨剧一再上演。自然灾害也引发了人们的思考，建筑选址与自然灾害之间的关系成为社会各界关注的焦点。专家认为，由于建筑选址不当而引发的各种灾难危害显著增大。在山区，有山脊就有山谷，有山谷就有水口和水道。山脊冲处就是山谷冲处、水口冲处和水道冲处。特别是沙石结构的山体，极易造成泥石流危害。2005年6月，黑龙江省宁安市沙兰镇中心小学被山洪冲毁，导致100多名学生遇难。灾难发生的重要原因是学校选址不当。沙兰镇是一座面对沙石结构川形山的城镇，地势低洼，其中心小学又建在镇上地势偏低处，而且位于两股山洪的冲煞口处，灾难发生是迟早的事。2009年8月，台风"莫拉克"引发了很多自然灾害，其中台湾省高雄县正对水口和水道冲煞处的小林村被泥石流掩埋，造成398人被埋。

在早几年，美国的几位地质生物学家对20多座公认的"凶宅"进行了科学勘探后指出，形成"凶宅"主要原因，大多与不良的地质因素、缺乏绿化以及环境污染有关。其中最典型的有电磁污染、放射性污染、重金属污染、水资源污染和大气污染等等。比如，如果在地电流与磁力扰动交叉的地面建造住宅，就会使损害人体的电磁波辐射到住宅内部，会使人产生精神恍惚、惊慌恐怖、烦躁不安或头痛脑昏和失眠等症状，严重损害人体健康。还有些"凶宅"则是由于宅基下或附近有重金属矿脉存在所致。

值得欣喜的是我国目前对建筑选址、建筑环境的研究，在古人的基础上有所发展。我国著名建筑高等学府上海同济大学设立了"环境科学与工程学院"，开设了环境影响评价、环境评价方法学、环境评价与规划等课程，形成了"建筑环境学"理论学科，这无疑是对正确进行建筑选址、减少自然灾害的一个福音。

8. 从谚语"捆山直檐、多活几年"看我国古代建筑力学的技术成就

"捆山直檐、多活几年"，是我国古代建筑工匠流传下来的一句谚语。它反映了我国古代建筑工匠有着丰富的建筑结构知识，也是一个确保房屋建筑经久耐用的宝贵经验。

"捆山直檐、多活几年"，是对古代木骨架建筑来说的。它的意思是说，砌筑山墙时，应向里适当捆一点，即有一点收分；而砌筑前后檐墙时要保持垂直。这样建造的房屋比较坚固，使用年限较长。这是有一定的科学道理的。

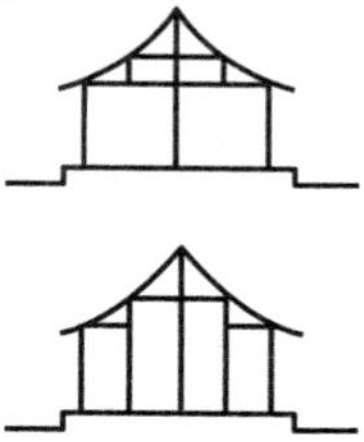

我国古代建筑的特点是以木骨架为承重结构，如图 2-8 所示。四面砖墙是围护结构，砌在木骨架的外侧（一般包住半柱）。如有内山隔墙时，内山隔墙砌在木骨架的立柱间。这种建筑结构形式，使建筑物的前后方向刚度大，因此，比较稳固。至于左右方向，由于建筑物一般多为 3～5 间，几排平行的木骨

图 2-8　木骨架为承重结构

架仅靠屋面桁条和梁枋来连接，相对来讲，刚度小，稳定性较差。在风力、地震力等外力作用下，容易向两侧倾斜，影响建筑物的寿命。因此，木匠师傅在竖立木骨架时，总是有意将木骨架柱的柱脚向外放出一点，木匠师傅称这种做法为撂脚（有的地方称侧脚），使木骨架由四周向中间产生一定的挤压力，成为抗震的预加应力。这对木骨架的稳定是极为有利的。在砌筑山墙时，也相应地使墙体向里做一点收分，这样更能加强建筑物的稳固作用。

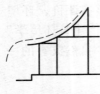

图 2-9　独特的
大屋顶形式

我国古代建筑还有其独特的大屋顶形式，屋顶外貌特征是屋面坡度呈反曲的抛物线，出檐较深远，屋角翘起，它的一大优点是使屋面雨水下落时流速快而抛水远，如图 2-9所示。这对房屋前后檐的墙身、墙基起了较好的保护作用。但对于山墙，特别是对硬山到顶的山墙来讲，就不如前后檐墙那样好，墙身和墙基的外侧，长年累月经受风、霜、雨、雪等的侵蚀，再加上墙身高度高，自重又大，因而墙身容易造成向外侧倾斜的弊病，因此，砌墙时，适当向里做一点收分，也有助于抵消这种向外倾斜的弊病，增强了山墙的稳定性。

"捆山直檐"除了上面所述的结构性因素外，还有人的视觉因素。它和"凹天花、凸地坪"一样，高大笔直的山墙，人眼看上去，有外倾的感觉，缺乏舒适感和安全感，而适当向里做一点收分，视觉感受会明显改善。

9. 从谚语"梁坏坏两间、柱坏一大片"谈抗震建筑"强柱弱梁"的结构设计原则

建筑界有句谚语叫"梁坏坏两间，柱坏一大片"，其意是说如果梁坏了的话，影响的是梁两侧的两间范围，而如果柱坏了的话，其影响的范围要大得多。这句谚语十分生动而又形象地

指出了房屋建筑中柱和梁两种结构承重件的重要性和破坏时的影响。

在建筑结构设计方面，对于有抗震要求的建筑，有个"强柱弱梁"的设计准则，即对于柱和梁两种结构承重件而言，柱的抗弯、抗剪能力都应高于梁。这个结构设计原则和上面所说的谚语"梁坏坏两间，柱坏一大片"的意思吻合。

房屋建筑的柱梁节点，特别是钢筋混凝土框架结构的柱梁节点，是一个十分重要的结构部位，它在框架中起着传递和分配内力、保证结构整体性的作用，但它也是一个结构受力的敏感部位。国内外多次大地震的震害表明，地震时地震波首先使房屋建筑的节点处发生破坏，随后逐渐波及整个结构体系，最终使结构丧失整体性而倒塌。

在抗震建筑的结构设计中，采用"强柱弱梁"和"强梁弱柱"设计的建筑，其破坏形式是截然不同的。见本书 63 题图 2-70 所示。按照"强柱弱梁"原则设计的框架结构建筑，梁和柱的节点处接近于固定，梁端弯矩较大，在地震作用下，梁端首先发生裂缝，并逐渐出现塑性铰，裂缝逐渐加大，而柱基本保持完好，待所有的梁或绝大部分的梁出现破坏时，整个建筑物才会倒塌。这种从"裂缝出现"到"塑性铰出现"到"倒塌破坏"是有一个过程的，这个过程给了人们更多的时间逃生，因而能有效地减少伤亡和损失。

按照"强梁弱柱"原则设计的框架结构建筑的梁柱节点处接近于铰接，梁端弯矩较小，在地震作用下，节点处的上下柱段首先被挤压破坏，而梁基本完好。一旦柱失去支撑作用，整个建筑物就会很快或者在瞬间倒塌，这种情况造成的伤亡和损失较大。

谚语"梁坏坏两间，柱坏一大片"和"强柱弱梁"的设计原则使我们懂得了房屋结构中应十分重视柱的坚固性和梁柱节点构造的合理性，使它们真正起到"中流砥柱"和"房屋栋梁"的作用。

10."托梁换柱"是建筑物维修和改建施工中 常用的一种施工技术

在日常生活中，人们常把"托梁换柱"这个词贬义说成"偷梁换柱"，并有一定的使用频率。《汉语成语词典》解释为：比喻玩弄手法，暗中改变事物内容，用假的代替真的。这种解释活脱脱的勾画出了一个玩弄是非、耍阴谋者的丑恶嘴脸，将托梁换柱这个词语推向了人人痛恨的境地。

实际原意：这是古建筑施工中一种专业的维修手段，也是我国古代建筑工人的智慧和技术的体现。古代木结构建筑中，落地的或砌在墙中的木柱，由于常年受到地面潮气的侵入，下面部分极易腐烂，往往成为房屋木构架中的薄弱部位。为了保证木构架的承载力，对下部腐烂的木柱需及时进行维修或换掉，其施工方法是先用其他木料将木梁托住（或称撑住）后进行，这样使整个施工面不致影响过大。我国著名的建筑大师梁思成先生在《中国建筑史》一书中，对这种古建筑维修做法进行过详细阐述。西藏拉萨的布达拉宫维修中，工程技术人员成功地应用托梁换柱的施工方法，换掉了腐烂的木柱，使古老的布达拉宫重新焕发了青春。

现在，在工程改建施工中，也经常采用"托梁换柱"的施工方法，将既有建筑物进行适当改造后，达到新的使用功能。

（二）地基基础分部工程

11. 橡皮土的形成与防治措施

在软土地基上进行基础施工时，如果施工方法或技术措施不当，容易造成橡皮土（有的地方叫弹簧土），影响工程质量和施工进度。

橡皮土是怎样形成的呢？

　　土是由固体的颗粒、水和空气三部分组成的，颗粒之间没有紧密的联结，水溶液容易浸入。当土颗粒的孔隙被水充满时，称为饱和土。土浸水后，对土的物理和力学性质有很大的影响，尤其是含水量很大的黏性土，如淤泥和淤泥质土以及冲填土等，由于含水量大，土颗粒将会由固体状态变为塑性状态，在外力的作用下，容易改变它的原有形状。这时，如果进行夯击或辗压，不仅不能使土层密实，反而破坏了土的天然结构，强度也将迅速下降。这时夯击就像揉面团一样，使土层产生弹性颤动，并且，越夯击，颤动现象越严重，结构越不稳定，这就形成了橡皮土。这种土是不能作为房屋的地基土的。

　　在软土地基上做基础时，应该注意以下一些问题。

　　（1）基槽开挖前，应先了解土层地下水位的高度和含水量大小，切勿盲目施工。

　　（2）对于含水量大的黏性土，如淤泥、淤泥质土以及冲填土等各种软土地基，基槽在开挖后，应防止和减少对基土的扰动，不能随便夯打或辗压，并应避免在雨天施工，防止基槽开挖后受雨水浸泡。

　　（3）当基槽底位于地下水位以下时，在开挖基槽前，应在基槽四周设置排水沟（井），降低地下水位后，方可进行基槽的开挖工作。

　　如果已经形成了橡皮土，可以采取以下几种方法进行处理。

　　（1）暂停一段时间施工，使橡皮土含水量逐步降低。必要时将上层土翻起进行晾槽。也可在上面铺垫一层碎石或碎砖后进行夯击，将表土层挤紧。这种方法一般适用于橡皮土情况不很严重或是天气比较好的季节和地区，但应注意这时地下水位应低于基槽底。

　　（2）掺干石灰粉末。将土层翻起并粉碎，均匀掺加消解不久的干石灰粉末。干石灰粉末的化学成分是氧化钙，掺入土中后，一方面吸收大量的水分而熟化；另一方面与土（主要化学成分是二氧化硅和三氧化二铝以及少量的三氧化二铁）相互作用，而形成强度较高的新物质硅酸钙，改变了土层原来的结构，夯实后就成了通常所说的灰土垫层了。它具有一定的抗压强度和水稳定性。这种方法大多在橡皮土情况比较严重以及气候情况不利，不宜晾槽的情况下采用。使用这种方法应注意石灰不能消解太早，不然，石灰中的活性氧化钙会因消失较多而减低与土的胶结作用，降低强度。

（3）打石笋（也称石桩），见图 2-10 所示。将毛石（200～300mm 的块体）依次打入土中，一直打到打不下去为止，最后在上面满铺厚 50mm 的碎石后再夯实，如图所示。这种方法土层加固范围大，效果比较好，适用于气候情况不利以及房屋荷重比较大的地基。

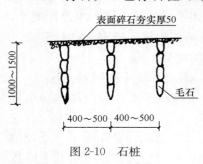

图 2-10　石桩

（4）换土。挖去橡皮土，重新填好土或级配砂石等。这种方法常用于工程量不大、工期比较急的工程。

12. 在软土基坑内挖土应谨慎防范软土层产生滑移

《建筑基坑支护技术规程》JGJ 120—2012 第 8.1.2 条规定：在软土基坑内开挖土方时，应按分层、分段、对称、均衡、适时的原则开挖；当主体结构采用桩基础且基础桩已施工完成时，应根据开挖面下软土的性状，限制每层开挖厚度，不得造成基础桩偏位。

《建筑桩基技术规范》JGJ 94—2008 的 8.1.5 条规定：基坑挖土应均衡分层进行，对流塑状软土的基坑开挖，高差不应超过 1m。

近几年来，在软土基坑内挖土，由于施工措施不当，造成软土滑移，致使已施工完成的工程桩造成偏位现象时有发生，有的甚至造成断桩返工事故。

如某电厂厂房基础，工程桩断面为 450mm×450mm，基坑开挖深度为 4m，由于没有分层挖土，由基坑的一边挖至另一边，结果先挖部分的桩体发生很大的水平位移，有些桩由于位移过大而断裂。

又如某开发片区，有 1 号、2 号两栋高层住宅楼，根据地质勘察报告可知，1 号楼坐落于软土层上，2 号楼坐落于粉质黏土层上。开发商为了抢抓市场机遇，集中力量先开发 2 号楼，1 号~2 号楼之间的基坑边坡采用放坡处理。当 2 号楼土方挖到基底时，与 1 号楼地面相差高度为 4.5m 左右，再加上 2 号楼土方的出土通道位于 1 号楼址上方，车辆来回辗压、振动，最终造成 1 号楼下面的软土层产生大面积滑移，大量土体冲向 2 号楼基坑，造成 2 号楼基坑内的工程桩出现大幅度偏位，使工程桩不得不报废。如图 2-11 所示。

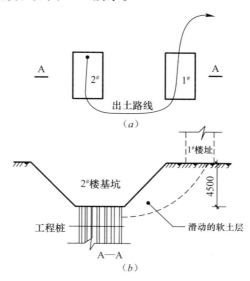

图 2-11　基坑软土层滑动示意图

（a）平面图；（b）剖面图

再如某地下室基坑支护设计方案为单排水泥土搅拌桩加5排土钉的复合支护形式,基坑在正常施工中完成了上面4排土钉后,在没有任何征兆的情况下,基坑围护变形突然增加,产生局部滑移现象,在土钉长度范围内,基坑坍方下沉1.5m左右,基坑隆起1~1.5m,基坑边位移后土体覆盖到基坑内约2m。基坑局部位移引起结构桩位偏差和断桩共计损坏34根工程桩。滑动土体如图2-12所示。

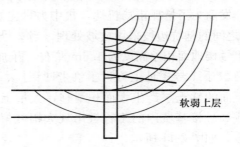

图2-12 水泥土复合土钉墙的稳定性分析

13. 深厚软弱土层地区建造房屋前宜先进行软弱土层预压固结处理

在我国东南沿海一带滨海相沉积平原地区,普遍存在着深厚的(约30m左右)软弱土覆盖层,这种高压缩性的饱和淤泥层含水量大、流塑、易触变,如直接在这种地基土层上打桩、挖土施工,常常出现软土层滑移,造成桩基倾斜、断裂、移位等质量问题,最终不得不进行补桩加固,不但造成很大的经济损失,还耽误工期。如果在施工前先用一定的可控投资对软弱土层进行预压固结处理,如堆截预压固结法、真空联合堆截预压固结法等,则能有效的避免后期施工中很多不确定性的麻烦事,本文对同一地区两个项目不同的处理方法,所得两种不同的效果作一简要论述。

（1）软弱土层不做处理造成质量事故的工程实例

该项目总用地面积为 11.99 万 m^2，总建筑面积为 41.96 万 m^2，规划为 13 栋 26～39 层商品房，采用钢筋混凝土剪力墙结构，上部建筑层荷重标准值为 16kPa。

本工程软弱土层厚达 30～35m，施工前未对软基进行处理，一期 4 栋楼采用 PHC—ϕ600A（130）管桩，施工总桩数为 946 根。施工期间就发现有几根桩出现倾斜、未到设计桩长可锤击数过高和断桩。为赶工期，边施工、边开挖、边检测。其中 8 号楼开挖后按规范要求数量进行低应变检测，共测 38 根桩，其中Ⅲ类桩 10 根，Ⅳ类桩 5 根，占检测数的 39.5%。经工程建设五方责任主体确认，对 8 号楼余下的桩进行全部检测，又发现Ⅲ类桩 53 根，Ⅳ类桩 19 根，占检测数的 48.7%。

此时，工地的桩已基本打完，经对 9 号楼桩正常检测，发现Ⅲ类桩 3 根，Ⅳ类桩 3 根，占检测数的 16.2%。全部检测 9 号楼余下的桩，又发现Ⅲ类桩 24 根，Ⅳ类桩 13 根，占检测数的 25.9%。至此，已造成桩身完整性检测不合格、桩身垂直度、偏位超规范的严重质量事故。

本工程共计补桩 160 根，按第一次综合单价计算，补桩费用达 310 余万元，拖延工期引起土建签证赔偿 550 余万元，清孔和填桩芯结算 250 余万元，据不完全统计直接经济损失超过 1100 余万元。

（2）软土地基经预压固结处理的工程实例

本工程与上述实例工程毗邻，总用地面积为 5.10 万 m^2，拟建 5 栋 18 层、8 栋 32 层商品楼。桩基础、一层地下室。针对建设场地深厚的软土层，先采用塑料排水板加堆载预压固结法对软弱土层进行地基处理。本工程共用堆载材料中砂 23053m^3，经监测资料表明，场地表面沉降效果明显，堆载完毕的前两个月软弱土层完成了 80% 的沉降，场地平均沉降量为 709mm，完全达到了设计要求的指标。

该项目地下室基坑开挖深度为 5.2m，挖出的淤泥呈可塑状、深黑色，开挖的边坡稳定，只需采用简单的素混凝土护面防冲刷即可，软基处理效果明显。整个场地软基处理总价约 1180 万元，按处理面积 5.1 万 m^2 计算，综合单价为 230 元 $/m^2$。

从上述两个工程实例可知，工程建设前期投入一些时间和资金对软弱土层进行改良处理是十分必要和可行的，能获得明显的软基处理效果，是一种理性和超前的做法。对有一层地下室的工程，若处理后基坑能放坡开挖，预压处理地基的费用将低于地下室设置基坑支护结构的费用，这样不仅可保证施工期的安全和质量，对减少基坑周边建筑物和市政设施的影响也有很好的效果。

14. 软土地基特性和失稳事故实例

软土一般指在静水或缓慢流水环境中沉积的、天然含水量大、压缩性高、强度低的一种软塑到流塑状态的饱和黏性土。一般情况下，软土的天然含水量大于液限，天然孔隙比大于 1.0。当天然孔隙比大于 1.5 时，称为淤泥，天然孔隙比大于 1.0 而小于 1.5 时，称为淤泥质土。

我国软土分布较广，主要位于各河流的入海处，如天津、连云港、上海、宁波、温州、福州、广州等沿海地区。

（1）软土地基的变形特点

1）沉降量大而不均匀

据大量沉降观测资料统计表明，一般的三层砖混结构房屋沉降量为 150～200mm，四层为 200～500mm，五层至六层的则多达 700mm。对于有吊车的一般工业厂房，沉降量约为 200～400mm，而大型构筑物一般都大于 500mm，甚至超过 1000mm。过大的沉降造成室内地坪标高低于室外地坪，引起雨水倒灌、管道断裂、污水不易排出等问题。

软土地基的不均匀沉降，是造成建筑物裂缝损坏或倾斜等工程事故的重要原因。产生不均匀沉降的因素很多，如土质的不均匀、上部结构的荷载差异、建筑物体型复杂、相邻建筑影响、地下水位变化等。即使在同一荷重及简单平面形式下，其最大与最小沉降也可能相差 50％以上，因而将导致建筑物裂缝或损坏。

2）日沉降速度大

建筑物日沉降速度是衡量地基变形发展程度与状况的一个重要指标，而软土地基上的建筑物日沉降速度是较大的，一般在加荷终止时日沉降速度最大；日沉降速度还随基础面积和荷载性质的变化而有所不同。如一般民用或工业建筑其活载较小，竣工时日沉降速度约为 0.5～1.5mm/d；对活载较大的工业构筑物，其日沉降最大速度可达 45.3mm/d。随着时间的推移，日沉降速度逐渐衰减。大约在施工期后半年至一年左右的时间内，建筑物差异沉降发展最为迅速，在这期间建筑物最容易出现裂缝。在正常情况下，如日沉降速度衰减到 0.05mm/d 以下时，差异沉降一般不再增加。

3）沉降稳定历时较长

建筑物沉降主要是由于地基土受荷后排水固结作用所引起的。因为软土的渗透性低，水分排出较慢，故建筑物沉降稳定历时较长。根据有关资料介绍，一般房屋的最终沉降量，在施工期间，对于砂土层，可以认为已基本完成；对于低压缩性土层，可以认为已完成 50％～80％；对于中压缩性土层，可认为已完成 20％～50％；而对于高压缩性土层，则仅完成 5％～20％。所以软土地基上的建筑物的沉降持续时间常在 10 年以上。

（2）软土地基失稳的主要原因

地基强度是指土体破坏前能承受的最大应力。在荷载作用下，地基中产生了剪应力，当局部范围内的剪应力超过土的抗剪强度时，将发生一部分土体沿着另一部分土体滑动而造成剪切破坏（此时塑性区扩大到相互贯通，形成一连续的滑动面），这种现象即为地基丧失了稳定。如图 2-13 所示。

1）事故实例

图 2-14 是加拿大特朗斯康谷仓因地基失稳造成倾覆的情况。该谷仓由 65 个圆柱筒仓组成，高 31m，平面尺寸 59.4m×23.5m，

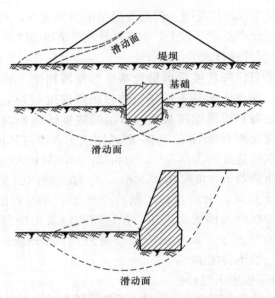

图 2-13 地基破坏（失稳）的典型情况

图 2-14 加拿大特朗斯康谷仓的地基破坏情况

片筏基础，钢筋混凝土结构，谷仓自重 20 万 kN。当建成使用时，初次装谷就达 27 万 kN 后，谷仓明显下沉，西侧突然陷入土中8.8m，东侧则抬起1.5m，仓身整体倾斜26°53′。这是地基强度破坏发生整体滑动，建筑物失去稳定的典型例子。由于谷仓整体刚度较强，地基破坏后，筒仓完整，无明显裂缝。

2）原因分析

经勘察了解，基础以下为厚15m的高塑性淤泥质软黏土地基。建成后初次贮存谷物，使基底平均压力达330kPa，超过了地基极限承载力（280kPa），因此发生地基强度破坏而整体滑动。由此可见，对于软土地基上的建筑物和筒仓、水塔、油罐等构筑物，应严格控制加荷速率，使软土地基逐步排水固结，强度增长，就可避免类似事故发生。在软土地基上，只要荷载是在几个月或更长的时间内（视软土渗透性而定）逐渐均匀加上的，基底压力控制在一定的允许范围内，一般不会发生大量的塑性挤出，就可以防止地基失稳破坏。

为了修复筒仓，在基础下面设置了70多个支承于深16m的基岩上的混凝土墩，使用388只500kN千斤顶，逐渐将倾覆筒仓纠正。修复后筒仓位置比原来降低了4m。

（3）软土地基排水固结后承载力有明显提高

含水量很高的软土层，在上部荷载的作用下，逐步排水固结，承载力也逐步得到增长。上海市在20世纪60年代对50年代在软土天然地基上建造的一大批三层砖混结构住宅地基承载力情况进行了广泛调研，最终得出：上海软土天然地基在80～120kPa的长期荷载作用下，压密效应是显著的，其中基础下部持力层含水量减少20%～30%，压缩模量增加30%～35%，经过8～9年时间，沉降即趋稳定，承载力提高了30%～40%。

表2-1为几个居民新村的基础边缘持力层与绿化地相应土层

基础边缘与绿化地持力层 P_s 值对比表   表2-1

工程地点	老基础边缘 P_s	绿化地 P_s	P_s 增长率（%）
曹扬八村	14.6	9.75	49.7
东安二村	14.0	10.8	32.0
凤城三村	9.5	6.4	48.3
控江五村	9.9	7.8	27.0
鞍山六村	26.3	15.0	75.3
广中新村	18.0	13.8	30.4

P_s 平均值的对比表，以绿化地的 P_s 平均值为基数，求得老地基 P_s 值的增长率。

以上情况说明，在软土地基上进行工程建设，应注意以下几点：一是建筑物体型不应太复杂，荷载差异不应过大；二是施工速度不宜太快，应控制加荷速率；三是一次加荷总荷载值不应超过地基土的承载力。

15. 基坑工程施工必须做好信息化施工，重视监测报警值

基坑工程施工是一项极为复杂的系统工程，涉及的不安全因素较多，稍有不慎，便会产生基坑侧壁坍塌或因地下水流失过多造成周边建（构）筑物倾斜、裂缝及道路、管线破坏的重大安全事故，全国近年来此类事故颇多，血的教训也屡见不鲜，如杭州地铁工程造成的大面积路面塌陷事故等。因此，对于基坑工程施工，必须做好信息化施工，认真实施监测工作，将事故苗子消除在萌芽之中。

国家标准《建筑基坑工程监测技术规范》GB 50497—2009（以下简称"监测规范"）中有很多条文作了具体规定，如：

3.0.1 开挖深度大于等于 5m 或开挖深度小于 5m 但现场地质情况和周围环境较复杂的基坑工程以及其他需要监测的基坑工程应实施基坑工程监测。

3.0.2 基坑工程设计提出的对基坑工程监测的技术要求应包括监测项目、监测频率和监测报警值等。

3.0.3 基坑工程施工前，应由建设方委托具备相应资质的第三方对基坑工程实施现场监测。监测单位应编制监测方案，监测方案需经建设方、设计方、监理方等认可，必要时还需与基坑周边环境涉及的有关管理单位协商一致后方可实施。

《监测规范》对监测报警专门设立了章节，作了详细而又具体的规定，摘录如下：

8.0.1 基坑工程监测必须确定监测报警值，监测报警值应满足基坑工程设计、地下结构设计以及周边环境中被保护对象的控制要求。监测报警值应由基坑工程设计方确定。

8.0.3 基坑工程监测报警值应由监测项目的<u>累计变化量</u>和<u>变化速率值共同控制</u>。

8.0.4 基坑及支护结构监测报警值应根据土质特征、设计结果及当地经验等因素确定；当无当地经验时，可根据土质特征、设计结果以及表8.0.4确定（注：即本书表2-2）。

基坑及支护结构监测报警值　　　　表 2-2

序号	监测项目	支护结构类型	一级			二级			三级		
			累计值		变化速率 (mm/d)	累计值		变化速率 (mm/d)	累计值		变化速率 (mm/d)
			绝对值 (mm)	相对基坑深度(h)控制值		绝对值 (mm)	相对基坑深度(h)控制值		绝对值 (mm)	相对基坑深度(h)控制值	
1	围护墙（边坡）顶部水平位移	放坡、土钉墙、喷锚支护、水泥土墙	30~35	0.3%~0.4%	5~10	50~60	0.6%~0.8%	10~15	70~80	0.8%~1.0%	15~20
		钢板桩、灌注桩、型钢水泥土墙、地下连续墙	25~30	0.2%~0.3%	2~3	40~50	0.5%~0.7%	4~6	60~70	0.6%~0.8%	8~10
2	围护墙（边坡）顶部竖向位移	放坡、土钉墙、喷锚支护、水泥土墙	20~40	0.3%~0.4%	3~5	50~60	0.6%~0.8%	5~7	70~80	0.8%~1.0%	8~10
		钢板桩、灌注桩、型钢水泥土墙、地下连续墙	10~20	0.1%~0.2%	2~3	25~30	0.3%~0.5%	3~4	35~40	0.5%~0.6%	4~5

59

序号	监测项目	支护结构类型	基坑类别								
			一级			二级			三级		
			累计值		变化速率 (mm/d)	累计值		变化速率 (mm/d)	累计值		变化速率 (mm/d)
			绝对值 (mm)	相对基坑深度 (h) 控制值		绝对值 (mm)	相对基坑深度 (h) 控制值		绝对值 (mm)	相对基坑深度 (h) 控制值	
3	深层水平位移	水泥土墙	30~35	0.3%~0.4%	5~10	50~60	0.6%~0.8%	10~15	70~80	0.8%~1.0%	15~20
		钢板桩	50~60	0.6%~0.7%	2~3	80~85	0.7%~0.8%	4~6	90~100	0.9%~1.0%	8~10
		型钢水泥土墙	50~55	0.5%~0.6%		75~80	0.7%~0.8%		80~90	0.9%~1.0%	
		灌注桩	45~50	0.4%~0.5%		70~75	0.6%~0.7%		70~80	0.8%~0.9%	
		地下连续墙	40~50	0.4%~0.5%		70~75	0.7%~0.8%		80~90	0.9%~1.0%	

注：1. h 为基坑设计开挖深度，f_1 为荷载设计值，f_2 为构件承载能力设计值；
2. 累计值取绝对值和相对基坑深度 (h) 控制值两者的小值；
3. 当监测项目的变化速率达到表中规定值或连续 3d 超过该值的 70%，应报警；
4. 嵌岩的灌注桩或地下连续墙位移报警值宜按表中数值的 50% 取用。

8.0.5 基坑周边环境监测报警值应根据主管部门的要求确定，如主管部门无具体规定，可按表 8.0.5 采用。（注：即本书表 2-3）

建筑基坑工程周边环境监测报警值　　　　表 2-3

监测对象	项目	累计值 (mm)	变化速率 (mm/d)	备　注
1	地下水位变化	1000	500	—

60

监测对象		项目	累计值（mm）	变化速率（mm/d）	备 注
2	管线位移	刚性管道 压力	10～30	1～3	直接观察点数据
		刚性管道 非压力	10～40	3～5	
		柔性管线	10～40	3～5	—
3	邻近建筑位移		10～60	1～3	
4	裂缝宽度	建筑	1.5～3	持续发展	
		地表	10～15	持续发展	

注：建筑整体倾斜度累计值达到 2/1000 或倾斜速度连续 3d 大于 0.0001H/d（H 为建筑承重结构高度）时应报警。

8.0.6　基坑周边建筑、管线的报警值除考虑基坑开挖造成的变形外，尚应考虑其原有变形的影响。

8.0.7　当出现下列情况之一时，必须立即进行危险报警，并应对基坑支护结构和周边环境中的保护对象采取应急措施。

1　监测数据达到监测报警值的累计值。

2　基坑支护结构或周边土体的位移值突然明显增大或基坑出现流沙、管涌、隆起、陷落或较严重的渗漏等。

3　基坑支护结构的支撑或锚杆体系出现过大变形、压屈、断裂、松弛或拔出的迹象。

4　周边建筑的结构部分、周边地面出现较严重的突发裂缝或危害结构的变形裂缝。

5　周边管线变形突然明显增长或出现裂缝、泄漏等。

6　根据当地工程经验判断，出现其他必须进行危险报警的情况。

基坑工程的工作状态一般分为正常、异常和危险三种情况。异常是指监测对象受力或变形呈现出不符合一般规律的状态，危险是指监测对象的受力或变形呈现出低于结构安全储备、可能发生破坏的状态。累计变化量反映的是监测对象即时状态与危险状态的关系，而变化速率反映的是监测对象发展变化的快慢。过大的变化速率，往往是突发事故的先兆。在对基坑支护结构变形的监测数据进行分析时，应把位移量的大小和位移速率结合起来分析，研究并正确判定其发展趋势。有时累计变化量不大，但发展很快，说明情况异常，基坑的安全正受到严重威胁，此时基坑的支护结构实际上已进入异常和危险状态，监测人员必须及时报警，有关各方应及时会审，采取应急措施，防止事态扩大，确保安全生产。

16. 基坑施工前，不进行周边环境监测对象初始值测定的教训

某工程地下室基坑土方开挖到中途，位于基坑西南方向、距离基坑有 20 多米远的一幢 6 层居民楼（39 号楼）的居民找到建设单位和施工单位，反映由于基坑挖土造成他们的楼房出现沉降、倾斜和墙体裂缝，不同意工程继续施工，要求给个说法。居民们也向市房屋安全鉴定办公室作了反映，房屋安全鉴定办公室也派人对 39 号楼进行了测定，发现一墙角最大的倾斜率为 8.92‰（倾向东南方向），超出了危房倾斜率 7‰ 的规定，39 号楼被判定为属于危房。事态逐步扩大，工地被迫停工。

为弄清事情真相，房屋建设单位邀请市有关单位组织了一个基坑施工专家组，对基坑支护结构的监测情况进行分析研究，市房屋安全鉴定办公室也派员参加。当时基坑土方挖深 3m 多，局部 4m 多，地下水尚未下降，从基坑支护结构的监测资料看，水平位移（实测累计值为 4.6mm，报警值为 30mm）和竖向位移（实测累计值为 0.38mm，报警值为 15mm）值都极为微量，东侧紧靠基坑边的一幢砖混 2 层小楼安然无恙。专家组根据 39 号楼房的倾斜方向、基坑支护结构监测的水平位移和沉降值以及地下水位无变化三方面情况，得出的最终意见是：基坑开挖对 39 号楼的影响极其微小，39 号楼产生的沉降、倾斜和墙体裂缝并非基坑挖土原因造成的，向东南方向倾斜也有悖于常理规

律，即否定了居民们反映的意见。唯一不足的是，该基坑在施工中仅对支护结构进行了监测，没有对基坑周边环境，如建筑物进行监测，特别是没有监测其初始值。

国家标准《建筑基坑工程监测技术规范》GB 50497—2009第5.3.1条规定：

"从基坑边缘以外 1～3 倍基坑开挖深度范围内需要保护的周边环境应作为监测对象。必要时尚应扩大监测范围。"

《建筑基坑工程监测技术规范》GB 50497—2009 的 3.0.5 条第 3 款规定：

"3　按监测需要收集基坑周边环境各监测对象的原始资料和使用现状等资料。必要时可采用拍照、录像等方法保存有关资料或进行必要的现场测试取得有关资料。"

该基坑东南方向共有 3 幢居民楼，编号分别为 39 号、40 号、41 号，相对位置见图 2-15 所示。专家组翻阅了原始地质资料，发现该处原是一块坡地，西北向地势较高，土质也较好，40 号楼坐落于此。东南方向地势偏低，且土质较差，有 7～8m 的软土层，41 号楼坐落于此。中间有一条南北走向的坳沟，39 号楼刚好坐落于坳沟两侧，即西半部分坐落于好土层上，东半部分坐落于差土层上，因此，向东南方向出现倾斜是符合常规的现象。经测量证实，40 号楼基本没有沉降，也无墙体开裂现象，41 号楼则呈现均匀沉降的态势，墙体裂缝现象极少。

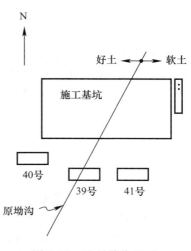

图 2-15　39 号楼位置图

至此，事情真相彻底弄清，对建设单位来讲虽是一场虚惊，但也吸取了深刻的教训，事前的监测工作一定要落实到位。

17. 正确认识和充分利用基坑工程施工中的"时空效应"

"时空效应"是基坑工程施工中的一个重要特征，是说基坑的平面形状、土方的开挖深度和开挖方式、周边环境、暴露时间等因素都会对基坑侧壁土体以及支护结构的受力和变形产生重要的影响。由于地下工程（地下室或地下结构物）的施工时间都较长，在施工过程中，基坑侧壁的土体以及支护结构的变形会随着时间的延长而不断增加，这就是基坑施工中的时空效应规律。

在基坑施工中，如何充分利用"时空效应"规律，缩短暴露时间，对基坑安全是十分重要的，也是很有潜力的。以土方开挖为例，在不增加造价，不延长工期的前提下，如何做到有计划地进行分区、分层、分条、分块、对称平衡地开挖，如何充分和（或）有意留置一部分未开挖的土体承载力的空间作用，形成对基坑侧壁土体及支护结构的支撑，减少位移，提高其稳定性。

如图 2-16 所示为某基坑两种不同土方开挖示意图，图 2-16（a）所示为挖掘机从北向南一次挖清的方法，土方挖清部位的基坑侧壁土体及支护结构就开始暴露在外；图 2-16（b）为从北向南采用"盆式"挖土的方法，即挖掘机从北向南先挖去中间部分的土，四周适当留置一部分土体，当基坑面积较大时，中间尚可留置一条或数条土体，使它成为基坑侧壁及支护结构临时的稳定支撑体，待中间部分土方挖清后再最后突击挖除四周留置的土体。假设整个基坑的挖土时间需 50 天，最后挖去四周留置的土体时间需要 10 天，很显然，采用图 2-16（b）所示的挖土方式将使基坑的侧壁及支护结构减少暴露时间 40 多天，这对基坑安全是极为有利的。

对于设置水平支撑的基坑，应适当减少每步开挖土方的空间尺寸，减少未支撑前基坑暴露的时间，科学合理地利用土体

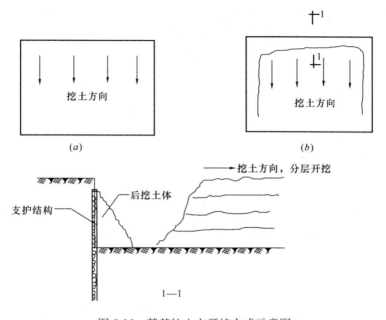

图 2-16　某基坑土方开挖方式示意图

（a）从北向南一次挖清方式示意图；（b）采用盆式挖土方式示意图

自身控制地层位移等时控效应规律，增加基坑的安全性，达到安全生产的目的。

18. 深基坑施工中应重视坑底土体暴露时间对围护结构变形的影响

在深基坑施工中，对保护周边建筑物，构筑物的安全问题十分突出，特别是要保证一些重要工程的安全使用。为此，围护结构必须按控制变形的要求进行设计和施工，把控制基坑变形作为基坑工程的核心问题。

基坑围护结构在土方开挖阶段变形最大，是深基坑变形控制的重点。另外在坑底施工阶段（从基坑开挖至坑底标高到底板混凝土浇筑完成），由于铺设垫层、浇筑底板混凝土等施工活动，坑底土体不可避免地受到暴露及扰动。此时坑底土体的应力水平相对较高，使土体在较高应力水平下经历蠕变的高速发展阶段。这一阶段围护结构在状态不变的情况下安全度有所下降，因此该阶段是基坑变形控制的重中之重。

目前关于基坑开挖阶段变形的研究较为成熟，但其变形分析往往是以基坑开挖到坑底标高时的状态为基准来进行的，对于坑底施工阶段围护结构的变形研究则相对较少。从大量基坑工程实践中发现，这一阶段基坑的变形在基坑开挖过程中不容忽视，在一定情况下还可能会危及基坑的安全。

有关文献提供了坑底土体暴露时间对围护结构变形影响的研究成果，值得深基坑施工人员学习和借鉴。研究工程为一呈东西向的地铁车站，主体为地下4层岛式站台车站，主体结构外包尺寸为297.4m×21.2m。端头井基坑开挖深为29.2m，采用厚1.2m、深51m地下连续墙作为围护结构；标准段基坑开挖深27.9m，采用厚1.2m、深48m的地下连续墙作为围护结构。

为较清楚地表现墙体在该阶段的变形，在连续墙上设置了测斜点，图2-17为基坑二区的围护墙体测斜点布置图，并选用坑底标高处上下各10m深度（即20～40m）范围内的测斜数据进行处理分析，结果见图2-18和表2-4所示。

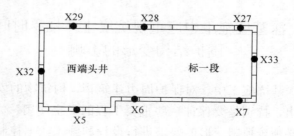

图 2-17　围护墙体测斜点布置

（1）坑底土体暴露期间墙体变形情况

从表2-4和图2-18可以看出坑底土体暴露时间对该期间

66

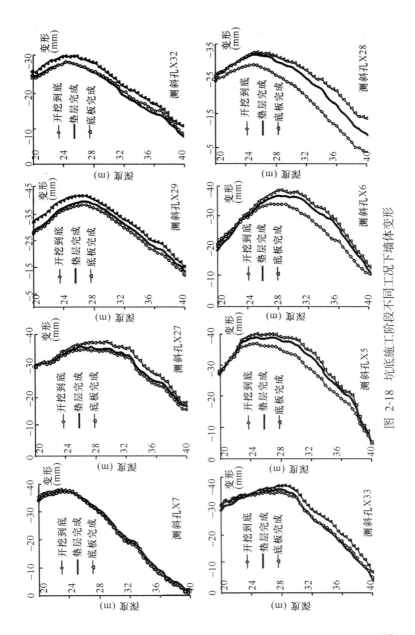

图 2-18 坑底施工阶段不同工况下墙体变形

坑底施工阶段墙体变形汇总 表 2-4

测斜孔号	坑底土体暴露时间 (h)	围护墙体变形（mm）				占累计量百分比（%）	
		土体暴露期间	垫层暴露期间	坑底施工阶段	累计量	土体暴露期间	坑底施工阶段
X5	36	−4.20	−1.87	−6.01	−40.00	10.6	15.0
X6	72	−6.17	−2.16	−7.25	−37.90	16.1	18.9
X7	12	−1.75	−1.39	−1.23	−37.74	4.6	3.3
X27	12	−1.43	−3.37	−4.32	−37.12	3.9	11.6
X28	72	−6.27	−4.60	−10.23	−32.79	20.0	31.2
X29	12	−1.62	−3.68	−4.35	−41.40	3.9	10.5
X32	12	−0.61	−2.87	−2.53	−29.92	2.0	8.5
X33	12	−1.10	−3.97	−3.43	−37.07	3.0	9.3

注："−"表示墙体向坑内位移，"+"表示墙体向坑外位移。

（土方开挖到底至素混凝土垫层完成）内围护墙体变形的影响规律。测斜孔 X7、X27、X29、X32 和 X33 处土方开挖到坑底设计标高后，在 12h 内完成了素混凝土垫层的浇筑，坑底土体的暴露时间较短，土体暴露期间墙体变形量在 2mm 以内，占开挖期间墙体总变形量的百分比低于 5%。测斜孔 X5 处坑底土体暴露时间为 36h，墙体变形则有较大增长，变形量为 4.2mm，变形速率 2.8mm/d，接近设定的控制报警值，所占总变形的比例也超过了 10%。测斜孔 X6 和 X28 处坑底土体暴露时间过长，达到 72h，坑底及坑周土体发生较大的蠕变变形，而此期间内围护墙体一直处于无支撑暴露状态，也没有能限制其变形发展的约束作用。墙体变形量明显较大，连续 3d 的变形速率在 2mm/d 以上，期间累计变形量为 6.2mm 左右，占墙体总变形量的比例最大达 20%。

（2）混凝土垫层暴露期间墙体变形情况

再看素混凝土垫层对围护墙体的支撑约束效应。从表 2-4 数据可以看到，在混凝土垫层施工前后，墙体变形有一定减缓。垫层暴露期间（垫层完成至底板完成），围护墙体的变形量基本在 3mm 左右，变形最大的 X28 点处也只有 4.6mm。对于有 9d 垫层暴露时间来说，这个变形量是比较小的，说明垫层对约束围护结构变形起到了一定的作用。

由于混凝土凝固所产生的水化微膨胀效应，以及墙后主动区土压力随着墙体的位移而向主动土压力发展，土压力减小，与此同时，被动区土压力由于围护墙体向坑内位移而有所增加，围护结构两侧土压力发生变化，从而约束了墙体向坑内变形的发展。上述情况表明，素混凝土垫层强度的发挥，产生相当于一道支撑的作用，对控制围护墙体的变形具有一定的支撑约束效应。

（3）坑底施工阶段墙体变形情况

以土方开挖到底时的墙体变形为基准，考察坑底土体暴露期间及坑底施工期间围护墙体的相对变形量，由表 2-4 可知，坑底土体暴露时间的长短对整个坑底施工阶段墙体的变形有较明显的影响。

当坑底土体的暴露时间在 12h 以内时，土体暴露期间墙体变形量较小，在整个坑底施工阶段内的变形量也不超过 5mm，所占总变形的比例在 10% 左右。在土体暴露时间为 36h 时，墙体变形量则有较大增长，坑底施工阶段的变形量为 6mm，达到总变形量的 15%。当暴露时间超过 72h 时，由于土体的应力松弛，引起墙后主动区土压力随时间不断增加，同时被动区土压力则不断减小，基坑的安全性逐渐下降，围护墙体产生较大的变形，使坑底施工阶段内墙体变形量达到了 10.23mm，占总变形量的 30%，此时基坑存在着较大的安全风险。

（4）深基坑施工中值得借鉴的经验

① 随着坑底土体暴露时间的延长，坑底施工阶段围护结构变形量可达到总变形的 30%，在基坑开挖阶段的变形中占有相当大的比重，应给予足够的重视。

② 尽量缩短坑底土体的暴露时间是控制坑底施工阶段围护墙体变形的关键。在土方开挖至坑底设计标高后，应尽可能早地浇筑混凝土垫层，封闭坑底暴露的土体，约束被动区土体产生较大的蠕变变形，从而控制围护墙体的变形。在施工中应做到严格依据时空效应进行开挖施工，在开挖到坑底设计标高后，要及时浇筑素混凝土垫层，尽量将坑底土体暴露时间控制在 24h 以内，以减少对坑底土体的扰动及其他影响。

③ 素混凝土垫层有明显的支撑约束作用，能及时有效发挥一定的支撑效应，约束围护结构变形的进一步发展，从而控制开挖阶段基坑的变形。

19. 井点降水和井点回灌

在深基坑施工中，井点降水是目前较为普遍采用的一种降低地下水位的施工方法，它可使基坑在干燥状态下施工。但用井点降水法在降低地下水位的同时，会使周围的土层因失去原有的水分而产生固结压缩，并对周围建筑物、构筑物以及市政道路、地下管网造成伤害，产生很多不必要的麻烦。

特别是在软土地层中进行井点降水施工时，更应加以注意。若在井点降水的同时，辅之以井点回灌，可收到良好的技术经济效果。

（1）土层沉降的原因及危害

井点降水时，四周的地下水在下降，其水位变化曲线呈漏斗状，如图 2-19 所示。在其影响半径范围内的土层中，由于地下水位下降，造成土层中间的孔隙水不断减少。向上的水头压力随之减小，土层原来的压力平衡状态受到破坏，使土层中的黏性土产生固结而造成压缩。含水砂层的土层中，因水的浮托力减小而被压密。上述现象反映到地层表面就会使地面产生沉降及裂缝。图 2-19 所示右边楼房下。因 A 点处的地下水位明显

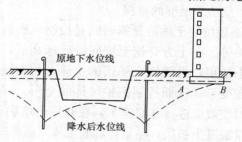

图 2-19　井点降水水位曲线状况

下降而使土层压缩。而 B 点处的地下水位则影响较小。这就容易使建筑物因沉降不匀而产生裂缝、倾斜，严重时甚至会倒塌。

（2）井点回灌防止土层沉降

在采用井点降水的同时，在井点降水系统与需要保护的建筑物（或构筑物）之间设置一道回灌井点，如图 2-20 所示。回灌井点的工作方式与井点降水的原理刚好相反，将水灌入井点后，水向井点周围的土层中渗透，在土层中形成一个与降水井点相反的倒向的升水漏斗。通过井点回灌，向土层中灌入足够的水来补偿原有建筑物（或构筑物）下流失的地下水，使地下水位保持不变，土层压力处于原来的平衡状态，如图 2-20 所示右侧楼房下 A 点和 B 点处的地下水位将保持原有水位，这样的井点降水对周围建筑物（或构筑物）的影响就减少到最小程度。

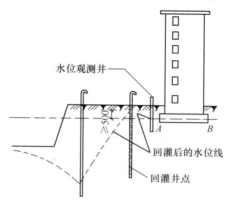

图 2-20　井点回灌示意

（3）工程应用实例

某工程是一栋长 82m、宽 34m、高 33m 的框架结构，基础埋深为天然地面下 -3.400～-4.200m。该处常年地下水位为 -1.500m 左右。建筑物东侧有一高 30m 的宣传大楼需加以保护，该大楼距新建工程平面距离为 10m。

施工中，新建工程采用井点降水，沿建筑物四周按矩形布置降水井管 109 根。在降水井点与宣传大楼之间埋设一排回灌井点，平面长度 38m，设 13 根井管，与降水井管呈平行布置，两者平面间距为 7m，回灌井点压力为 $0.4N/mm^2$。

为掌握降水影响及灌水效果，设置了 13 个水位观测井及 37 个沉降观测点，对降水井点和回灌井点的流量、压力及周围建筑物的沉降等进行观测。根据观测结果，对降水井点或回灌井点的有关参数及时进行调整。

该工程整个井点系统自第一年的 12 月开工至第二年 5 月停止，历时 4~5 个月。基坑边坡的地下水位稳定在－5.500m 左右，满足了施工要求，回灌处的地下水位由于调整适当，始终稳定在－1.500m 左右的原始水位高度，使宣传大楼免受了基坑降水的施工影响。

（4）回灌井点的施工要求

① 回灌井点的设置位置，应在降水井点与保护对象的中间，并适当偏向后者，以减少回灌井点的渗水对基坑壁的影响，并保持良好的降水曲线。

② 回灌井点的埋置深度应根据透水层厚度确定，在整个透水土层中，井管都应设滤水管。

③ 井管上部的滤水管应从常年地下水位以上 0.500m 处开始设置。

④ 在回灌井点与需保护的建筑物（或构筑物）之间应设置水位观测井，建筑物（或构筑物）周围应设置沉降观测点。观测工作应定时、定人、定设备仪器。根据观测情况，及时调整回灌井水的数量、压力等，尽量保持抽、灌水平衡。

⑤ 回灌井点的水应用清水。

⑥ 回灌系统与井点降水系统应同步进行。当其中一方停止工作时，另一方也应停止工作，不得单方面停止工作。

20. 盲目加深降水深度造成的质量事故

在地下室工程施工中，为消除地下水对基坑施工的干扰，常采用轻型井点降水或管井降水的方法，以降低基坑的地下水水位。《建筑基坑支护技术规程》JGJ 120—2012 中 7.3.2 条对降水提出了明确的要求："降水后基坑内的水位应低于坑底0.5m"。这主要是为了地下室基坑能在干燥状态下进行施工操作。为此，在实际工程施工中，应根据土层情况，详细制订基坑降水方案，并认真进行技术交底，以保证基坑顺利施工。

这里介绍某工程基坑施工中，由于盲目加深降水深度，结果使基坑外侧附近建筑物造成严重损害的事故实例。

（1）基坑挖深和土层情况（图 2-21 所示）

本工程挖深为自然地面下 5.5m，基坑支护结构为钢筋混凝土钻孔灌注桩，止水帷幕为双层水泥土搅拌桩，灌注桩和水泥土搅拌桩长度均为 13m，如图 2-21 右侧示。场地土层结构如图 2-21 左侧示。①土层为填土，厚 2～3m；②土层为粉质黏土，厚 2～3m；③土层为淤泥质粉质黏土，厚 6～14m；④土层为粉砂，厚 3～7m，此土层内有承压水，基坑底坐落于③土层上。

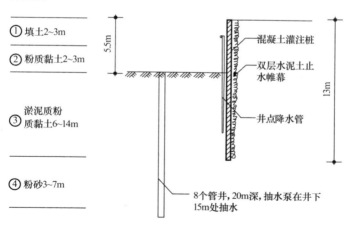

图 2-21　基坑挖深、土层及降水情况

（2）降水情况

本工程采用了两种降水方式，基坑周边采用轻型井点降水，井管长 7m，主要抽取③土层内的地下水。基坑中间采用管井降水，共计 8 个管井，管井深 20m。

由于施工中对在管井中降水深度未作详细交底，实际操作人员又错误地认为降水深度越深越好，将抽水泵一直放到井内 15m 处抽水，据操作人员反映，水泵抽水量一直较好。

（3）基坑东侧民房损伤情况

降水数日后，基坑内降水效果很好，完全达到干作业挖土的要求，但在距离基坑 100 多米外的几排民房住宅（2 层别墅楼），传来地基下沉、房屋倾斜、墙体裂缝的信息，表 2-5 为检测单位提供的其中一次检测数据，自西向东 6 个测点测出的坑外地面竖向位移值，这些数值与管井降水后形成的降水曲线的梯度坡度是相一致的，即距离基坑越近，水位降水越多的点位（如表 2-5 中的 R_1 点），其竖向位移值越大；距离基坑越远，水位降低较少的点位（如表 2-5 中的 R_6 点），其竖向位移值越小。

坑外地面竖向测点位移值（其中一次测报值）   表 2-5

测点 数值 项目	R_1	R_2	R_3	R_4	R_5	R_6
本次竖向位移（mm）	−13.77	−10.55	−11.47	−5.31	−1.19	−1.02
累计竖向位移（mm）	−52.78	−42.53	−35.15	−21.30	−13.15	−12.48

（4）原因分析

1）降水使地基土层中的空隙水流失，在上部自重作用下土层受到压缩。

在含水土层中降水，不论采用轻型井点还是管井，都会形成以降水点为中心的降水曲线，它以漏斗形状向四周辐射，俗称降水漏斗，如本书图 2-19 所示。由于地下水位下降，使土层中的孔隙水不断减少，向上的水头压力随之减小，使土层中的黏性土产生固结而造成压缩，含水砂层中因水的浮托力减小而被压密，上述现象反映到土层表面就会使地面（及建筑物）产生不均匀沉降、从而引起建筑物的倾斜和裂缝。

2）本工程管井降水施工存在多处失误。

本工程在基坑四周采用轻型井点降水，井管长 7m，主要抽取 3 号淤泥质粉质黏土层中的地下水，它仅仅在基坑周边一定范围内起到疏干土层的作用。当基坑面积较大时，中间部位增设管井进行降水疏干是比较有效的。但本工程对管井的设置深度、抽水泵下井深度未作认真交底，使 8 个管井深度达 20m，抽水泵下井深度达 15m，主要抽取的是④土层粉砂层中的地下水，这是失误之一。粉砂层含水量丰富，水在粉砂层中的渗透速度又快，管井抽水后，将周边粉砂层中的水迅速抽走，表 2-5 中坑外 100 多 m 处地面检测的竖向位移值充分反映了地下水位自西向东降低的趋势。

管井降水施工前，没有在东边民房一侧设置地下水位变化观测井，这是失误之二。在基坑周边外围设置地下水位观测井，对保护周围建筑物、道路、管线安全起有重要作用，也是信息化施工的重点所在。

发现东边民房出现沉降、倾斜、裂缝后，施工单位立即采取了回灌措施，但回灌井管长度仅 7m，底部仍在 3 号淤泥质粉质黏土层中。水在淤泥质粉质黏土层中渗透速度很慢，使失水后已经沉实的土层难于复原回升。回灌时间过迟，回灌井管偏短，这是失误之三。应从本工程中吸取经验教训。

21. 应重视预制桩打（压）施工中地面变形造成的伤害事故

在预制钢筋混凝土桩基施工过程中，应高度重视打桩对周围地面产生的负面影响，这种负面影响包括地面位移和地面隆起两种情况，它对影响范围内的建（构）筑物、市政管线设施等将会产生伤害，严重时会造成事故。同时，这种地面位移和隆起，对桩基施工本身也会产生不利影响，可使桩位中心偏移和减少桩的入土深度等。

（1）产生地面变形原因分析

在预制桩基的打（压）桩过程中，地面土体产生变形的直接原因是预制桩入土后的体积影响，它使地基土将产生三向压缩和位移，以一根断面为 40cm×40cm 的预制钢筋混凝土桩、长度以 30m 计为例，其体积就是 4.8m³，若一个工程的桩基数量以 500 根计算，则打（压）入土中桩的体积就是 2400m³，这个数字是相当可观的，对场地及周围土层的影响是不容忽视的。同时，在打（压）桩施工中，将使地基土中的地下水，产生超静水压力，在超静水压力的作用下，也将使场地地面土层产生位移和隆起，对其影响范围内的地面建筑物及其市政管线设施等将产生很不利的影响。

例如，某建筑物为点式高层住宅楼，采用断面为 40cm×40cm、长 27m 的预制钢筋混凝土桩基，共 193 根。场地土层自地面以下的 40m 范围内均为高压缩性～中压缩性的淤泥质黏土和淤泥质粉质黏土，40m 以下为硬粉质暗绿色土层，采用压桩法施工，施工速度每天 8～10 根。据实测点数据反映，周围地面最终的位移量在 18～151mm，平均在 80～100mm；地面最终隆起值在 9.4～171.4mm，平均隆起 105mm。压桩的影响范围约在 40m 半径范围以内，40m 以外影响十分微小，可以不计。其中 30～40m 间影响较小，25m 以内影响明显，10m 以内影响强烈，日位移量可达 17～38mm。

（2）预制打（压）桩施工注意事项

为了尽量减少打（压）桩施工中地面土层的变形影响，应注意以下几点。

① 确定合理的打（压）桩顺序和打（压）桩方向，打（压）桩时，地面的变形情况与桩基施工的顺序和施工方向有密切关系。图 2-22 所示为几种常见的打（压）桩顺序和土体的挤密情况。如图 2-22（a）所示，若采用逐排打入的施工顺序，会使场地土层向一个方向挤压，使地基土的挤压程序不均匀，会使桩的打入深度逐渐减小，容易引起建筑物产生不均匀沉降。如图 2-22（c）所

示，自四周边沿向中央打入，会使中间部分的土层越挤越密实，使桩不易打入，并且打中间桩时，已打的外侧桩有可能受挤压而升起。根据施工经验，打桩的顺序以图 2-22（b）和图 2-22（d）为较好，即自中央向周边打入和分段打入为较好。此外，打（压）桩方向不应向着已有建筑物或市政管线设施一侧进行，宜向着空旷方向或影响较小的一侧进行。

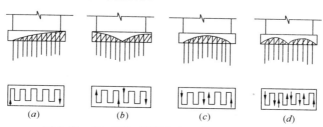

图 2-22 打（压）桩顺序和土体挤密情况示意

（a）逐排打入；（b）自中央向周围打入；（c）自边沿向中央打入；（d）分段打入

② 打（压）桩的施工速度不宜过快，根据场地土质情况，应合理制订每天的打（压）桩数量，必要时，可采用跳跃式布置，这样虽给施工带来不便，但对控制地面土层的位移和隆起，会有一定效果。

③ 在重要保护目标（例如建筑物或市政管线设施等）一侧，必要时，可采用打钢板桩等保护措施，同时，施工中不宜进行连续施工。

④ 加强信息化施工，在打（压）桩区域周围地面和建筑物上，设置一定数量的观测点，每天定时、定人进行土层的位移和隆起观测，一旦发现异常情况，应及时采取有效防治措施，以确保施工顺利进行。

22. 预制钢筋混凝土实心桩的桩顶为什么容易击碎

随着建筑物层数的逐步提高，近几年来，预制钢筋混凝土桩的用量日益增多。预制钢筋混凝土桩在施工过程中，质量问题也时有发生，特别是桩顶打碎，造成桩报废，既影响工程进度，又使经济遭受损失。另外，将桩打歪也常有发生。其造成原因主要如下。

（1）桩的预制

一些施工人员认为预制钢筋混凝土桩属粗大构件，质量要求不是很高，预制时可以粗糙一点，这是一种极其错误的想法。预制桩在施打过程中的受力情况比较复杂，因此对桩的预制质量要求也较高。因为桩的预制质量，对整个桩基础质量起着关键性的作用，《建筑桩基技术规范》JGJ 94—2008 第 7.1.10 条对钢筋混凝土实心桩的允许偏差见表 2-6 所示。目前在预制桩施工中主要存在以下一些问题。

1）桩顶倾斜不方正

桩顶或一边倾斜，或一角倾斜。桩顶是打桩时承受锤击的部位。打桩时，要求锤击力均匀地分布于桩顶，而倾斜的桩顶则会造成在一边或一角偏心集中受力。施打中尽管桩顶设有衬垫，但极易造成一边或一角因偏打而先被击碎，进而波及整个桩顶，而最终因桩顶破坏而被迫停止施打。

由表 2-6 可知，桩端面倾斜的允许偏差率仅为 0.005，即桩端面对桩中心轴线的垂直度要求极其严格。

混凝土预制桩制作允许偏差 　　　　　表 2-6

桩　型	项　目	允许偏差（mm）
钢筋混凝土实心桩	横截面边长	±5
	桩顶对角线之差	≤5
	保护层厚度	±5
	桩身弯曲矢高	不大于 1‰ 桩长且不大于 20
	桩尖偏心	≤10
	桩端面倾斜	≤0.005
	桩节长度	±20

注：本表摘自《建筑桩基技术规范》JGJ 94—2008 表 7.1.10。

解决这一问题的方法是，在施工中应严格注意桩的顶端模板与桩身模板的方正。桩的顶端模板宜采用钢模板，不应用活络插板。桩顶端模板与桩身模板的连接可采用图 2-23 所示的方法用螺栓紧固。同时应加强桩顶端模板自身的刚度，防止过薄而自身翘曲。每根预制桩的顶端模板都要用方角尺认真检查，确保方正、平整。

2）桩顶部分混凝土强度偏低和不匀

桩顶是打桩时承受锤击力的部位，承受着连续的冲击，故桩顶部分的混凝土要求密实、均匀，强度要达到设计强度等级。

《建筑桩基技术规范》JGJ 94—2008 第 7.1.6 条规定：浇筑混凝土

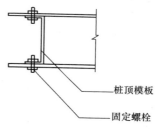

桩顶模板
固定螺栓

图 2-23　用螺栓紧固

预制桩时，宜从桩顶开始灌筑，并应防止另一端的砂浆积聚过多。第 4.1.2 条规定：混凝土预制桩尖强度等级不得小于 C30。

对破损桩顶的调查表明，桩顶被击碎，除了桩顶不方正造成偏打外，桩顶处混凝土强度偏低和不匀也是一个重要的问题。

造成桩顶部分混凝土强度偏低或不匀的主要原因，一是混凝土用水量过大，水灰比控制不严；二是混凝土灌筑时的施工顺序或振动操作方法不当。

混凝土的浇灌顺序不当，从桩尖向桩顶方向灌筑，或从中间向两端灌筑，在振动棒振捣过程中，浆水往前淌，造成桩顶部分石子偏少、浆水偏多、含水量过大而强度偏低的现象，一经锤击，极易破碎。

振动时间过长，会造成预制桩上下部分密实程度不同，上部浆多石子少，强度偏低。桩在施打过程中，往往在强度偏低部位先被击碎，进而整个桩顶被破坏。

为改变上述情况，应做到：①认真执行混凝土配合比；②严格控制水灰比；③灌筑顺序应按规范要求，从桩顶向桩尖灌筑；④掌握振动时间，发现上部浆水过多时，应适量减少用水量，并加入少量干硬性拌合料，以避免上下强度不匀的现象。

　　3）桩顶部分混凝土保护层厚薄不匀，网片位置不准

　　钢筋混凝土预制桩桩顶部分的构造要求较高，在 800～1000mm 范围内，还要增设 3～4 层网片，第一层钢筋网片须向下弯转一定尺寸，如图 2-24 所示。采用这些构造措施的目的是使桩顶部分的钢筋在混凝土中均匀密布，这样在施打过程中，可将冲击力迅速均匀地从桩顶传布到整个桩身上去。

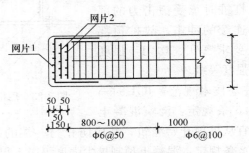

图 2-24　预制桩桩顶构造

　　桩顶处的混凝土保护层，对桩顶施打影响也很大。如保护层厚薄相差过大，则保护层厚的一边纯粹由混凝土承受锤击力，易被击碎，此部分一旦击碎，桩顶的施打面迅速减少，往往整个桩顶随之被击碎。JGJ 94—2008 第 7.1.10 条要求混凝土预制桩保护层误差为 ±5mm，比一般混凝土构件的要求要高，也就是这个道理。

　　造成混凝土保护层厚薄不匀的原因，主要是施工操作不当，如有的工地采用大石子垫在钢筋下面来控制保护层，浇捣时石子受振捣后移位，钢筋就向下滑落。结果 3cm 厚的保护层，上边多达 5cm，下边仅 0.5cm，甚至更少，左右两侧也大小不匀，这种桩在施打过程中，桩顶很容易被击碎。

　　为保证混凝土保护层厚薄一致，施工中应严格用水泥小方块在三面（两侧及底面）绑扎垫好。振捣时，应严禁振捣棒触动钢筋，以保持钢筋位置正确，保护层厚度一致。

网片位置应绑扎正确，固定可靠。纵向受力钢筋不应超出图 2-24 中网片 2 的位置，施工中应认真进行检查验收。

　　（2）桩的施打

　　施工实践证明，桩顶破损与桩的施打方法不当也有很大关系。

　　1）锤重与桩重比例不当，施打方法不妥

　　恰当地选择锤重是个十分重要的问题，打桩宜重锤低击。锤重的选择应根据工程地质条件、桩的类型、结构、密集程度及施工条件等情况决定。JGJ 94—2008 附录 H 提供了锤击沉桩锤重选用表，如表 2-7 所示。对坚硬土质或土层中有较坚硬的砂土夹层，应采用较重的锤，锤重与桩重的比不宜小于 1：1。施工中，应严格控制落距，真正做到重锤低击，使桩稳步入土。

锤击沉桩的锤重选用表　　　　　　　　表 2-7

锤　型		柴油锤（t）						
		D25	D35	D45	D60	D72	D80	D100
锤的动力性能	冲击部分重量（t）	2.5	3.5	4.5	6.0	7.2	8.0	10.0
	总重量（t）	6.5	7.2	9.6	15.0	18.0	17.0	20.0
	冲击力（kN）	2000~2500	2500~4000	4000~5000	5000~7000	7000~10000	>10000	>12000
	常用冲程（m）	1.8~2.3						
持力层	预制方桩、预应力管桩的边长或直径（mm）	350~400	400~450	450~500	500~550	550~600	600以上	600以上
	钢管桩直径（mm）	400		600	900	900~1000	900以上	900以上
黏性土粉土	一般进入深度（m）	1.5~2.5	2.0~3.0	2.5~3.5	3.0~4.0	3.0~5.0		
	静力触探比惯入阻力 P_s 平均值（MPa）	4	5	>5	>5	>5		
砂土	一般进入深度（m）	0.5~1.5	1.0~2.0	1.5~2.5	2.0~3.0	2.5~3.5	4.0~5.0	5.0~6.0
	标准贯入击数 $N_{63.5}$（未修正）	20~30	30~40	40~45	45~50	50	>50	>50

锤 型	柴油锤（t）						
	D25	D35	D45	D60	D72	D80	D100
锤的常用控制贯入度（cm/10击）	2～3		3～5		4～8	5～10	7～12
设计单桩极限承载力（kN）	800～1600	2500～4000	3000～5000	5000～7000	7000～10000	>10000	>10000

注：1. 本表仅供选锤用；
　　2. 本表适用于桩端进入硬土层一定深度的长度为20～60m的钢筋混凝土预制桩及长度为40～60m的钢管桩。

轻捶高打是打桩的一大禁忌。当碰到较坚硬的土层或土层中有较坚硬的砂土夹层，难以下桩时，如盲目加大落距强行施打，往往会使桩顶混凝土因过打造成疲劳而破坏。

打桩施工单位应配备多种型号的锤，以适应不同土层、不同桩重的需要，不能一锤多用，或勉强凑合使用。

2）桩帽与桩顶尺寸不相称或桩帽变形

过大的桩帽，在施打过程中，往往在桩顶上晃动，使桩顶难以受力均匀，同时也容易使桩帽变形；而变形的桩帽，又促使锤击偏心，也易使桩顶造成偏打而被击碎。

规范规定：桩帽或送桩帽与桩周围的间隙应为5～10mm。施工中应切实注意。

打桩施工前，应认真检查桩帽，翘曲变形的或比桩顶尺寸过大的桩帽不应使用。桩帽大小与锤的轻重一样，也应配备多套，以适应不同规格的桩。

3）不重视衬垫

根据施工验收规范要求，桩锤与桩帽、桩帽与桩之间应有相适应的弹性衬垫，其作用是减轻桩锤对桩帽（及桩帽对桩顶）的冲击力，同时亦有均布锤击力的作用。但施工中往往容易忽视这一点，不是对每根桩都进行认真衬垫，不设衬垫或衬垫过薄的桩顶就容易被打碎。

4) 桩架不垂直，插桩时歪斜

施打过程中，桩架在两个方向都应保持垂直，这是使桩垂直入土的基本保证。

桩在施打过程中，或由于机械原因，或由于操作原因，或由于场地不平等原因，桩架常不垂直；或是一个方向垂直，另一个方向不垂直；或开始施打时垂直，到中途就不垂直。这种桩施打到一定程度，就会造成桩顶倾斜而形成局部偏打，最终导致击碎桩顶。

规范也规定：桩插入时，垂直度偏差不得超过 0.5%。施工中应十分重视桩架的垂直度，不仅插入时在两个方向要垂直，而且在施打过程中也要经常检查，一旦发现倾斜应及时纠正。

23. 预制钢筋混凝土桩施工中"宁左勿右"的过打行为有害无益

对于摩擦端承桩，打桩时都要求桩尖进入设计持力层，并且以最后贯入度作为停锤控制指标。贯入度指标值的大小将影响到桩基的施工工期、施工质量以及日后建筑物的沉降值等诸多问题。如果最后贯入度值小，说明桩尖已进入设计持力层一定的深度，并有较大的端承力，该桩的竖向承载力值也较大，日后受荷后的最终沉降量值也相应偏小。反之，如果最后贯入度值较大，则说明桩尖还在相对较弱的土层上，或进入设计持力层的深度不深，其端承力较小，该桩的竖向承载力值也较小，日后受荷后的最终沉降量值相对较大。通常情况下，最后贯入度指标定为 20~25mm/10 锤或 10 锤≤30mm 是适宜的。根据预制桩施工经验表明，达到承载力设计的最后贯入度为 20~40mm/锤，选择柴油锤比较理想，此时桩的破损率不大于 2%。对于 PC 桩，沉桩总锤击数不宜超过 2000 锤，最后 1m 的锤击数不宜超过 250 锤；对于 PHC 桩，总锤击数不宜超过 2500 锤，最后 1m 的锤击数不宜超过 300 锤。

有的业主方要求施工单位较小的最后贯入度，总认为多打几锤没有什么坏处，只会有利于提高桩的承载力值，其实这是很片面的，甚至是错误的。预制钢筋混凝土桩（方桩、管桩）如果过度锤打，是有害无益的，并将造成以下问题：

（1）桩身完好率降低。

表 2-8 是甲、乙两工程最后贯入度与桩身完好率统计表。

某工程最后贯入度定为 10mm/10 锤，当时并未发现桩身异常，竣工报告结论是"无任何损伤"。但当基坑开挖至承台底（-10m）时，桩身上发现大量水平裂缝，裂缝间距约为 0.5m。

（2）桩身混凝土强度降低

"宁左勿右"的过打行为，将使桩身混凝土强度明显降低。某工程施打时最后贯入度为 7mm/10 锤，试压至设计要求的竖向极限承载力标准值后，在持荷至 5min 时，桩顶部分混凝土突然碎裂，经验算，由于过分锤击，桩身顶部的混凝土强度等级已由 C50 降低至 C30，一般降低 30% 左右。

最后贯入度与桩身完好率统计表　　　　　表 2-8

工程名称		甲工程	乙工程
设计要求最后贯入度		小于 30mm/10 锤	平均不大于 15mm/10 锤
小应变测桩总根数		58	64
桩身完好	根数	52	47
	百分率（%）	89.7	73.5
桩身有轻微裂缝或基本完好	根数	4	7
	百分率（%）	6.9	10.9
桩身出现明显裂缝的	根数	2	10
	百分率（%）	3.4	15.6

某工程为了查明大量锤击后，桩顶混凝土可能出现的细微裂缝和强度可能降低的情况，做了 15 根桩的钻芯试验，同时采用超声波法进行检测，结果发现混凝土强度确有降低，在桩顶部位 $1.5d$ 范围内降低 37%，$(1.5\sim2)d$ 范围内降低 28%，$(2\sim2.5)d$ 范围内降低 19%。表 2-9 是日本混凝土电杆协会关于打桩疲劳的

试验资料（打桩时，桩身混凝土实际强度 $R=49\mathrm{MPa}$）。说明在一定锤击力之下，锤击次数过多，桩身混凝土会产生疲劳破坏。

（3）桩锤寿命降低

现场施打时实际贯入度过小，容易损坏桩锤，降低桩锤使用寿命。

打桩疲劳破坏试验　　　　　　　表 2-9

桩顶打击应力（电阻应变片测）	桩身破坏时的锤击数
$0.75R$	819
$(0.45\sim0.57)R$	2400
$(0.35\sim0.50)R$	2670
$(0.27\sim0.33)R$	3400

24. 预制钢筋混凝土桩打成歪桩后将严重影响桩的承载力

预制混凝土实心桩在沉桩过程中应避免出现歪斜，因为桩歪斜后，将大大降低桩的承载力，尤其是对端承桩的影响更大。据有关资料介绍：桩顶中心线歪斜 1%，桩的垂直承载力将降低 10% 左右；歪斜 2%，桩的承载力将降低 20% 左右；歪斜 3%，桩的承载力将降低 30% 左右；歪斜 500mm 时，桩应作报废处理。沉桩过程中出现歪斜主要有以下几个原因：

（1）桩尖导向钢筋歪斜。

桩尖导向钢筋一般采用 $\Phi 25\sim\Phi 28$ 的短钢筋，伸出桩尖一般为 $50\sim100\mathrm{mm}$，施打过程中，桩尖钢筋起着良好的导向作用，使桩按设计位置和方向进入土层。

施工中常发现桩尖的导向钢筋由于焊接或绑扎马虎，造成歪斜的现象如图 2-25 所示。这种歪斜的导向钢筋，极易使桩在施打过程中造成位置偏移和歪斜扭曲而影响单桩承载力。预制桩一旦出现歪

图 2-25　桩端歪斜的导向钢筋

斜状态，势必造成桩顶偏打现象，造成连锁影响，加速桩顶击碎情况的发生。

为使桩尖导向钢筋与中心线保持一致，除施工中加强技术交底外，应在桩尖模板和钢筋焊接绑扎上采取措施。桩尖模板宜用钢模；安装时，与桩身两侧模板应严格方正。桩尖处宜另加一钢模，在中心处焊 1 根$\Phi 26 \sim \Phi 30$（当导向钢筋为 $\phi 25$ 时，用 $\phi 26$；当导向钢筋为 $\Phi 28$ 时，用 $\Phi 30$），$l=50$ 的钢管（图 2-26）。焊接时应注意在两个方向作中心线校验，以确保桩尖导向钢筋与中心线一致。在桩尖处的箍筋上，如图 2-27 所示，可增设一根固定短筋（$\Phi 10 \sim \Phi 12$，$l=$ 箍筋宽）。以进一步固定桩尖导向钢筋的位置。

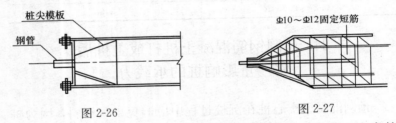

图 2-26　　　　　　　　　　图 2-27

（2）插桩时马虎，桩本身就不垂直，沉桩过程中不注意校正，使桩一直保持歪斜姿势沉入土层。

（3）桩架不垂直，导致沉桩过程中逐渐产生歪斜，最终成为斜桩。

25. 静压桩的承载力检测从不合格 到合格，是教训也是经验

某工程为满足业主赶工期需要，未按有关技术规程规定，在单位工程静压桩施工结束后第 5 天就开始做静载检测，结果不但没有达到赶工期的目的，反而耽误工期一个多月，并多花检测费用近万元，因拖延工期又给业主间接造成一定的经济损失。

（1）工程概况

该工程为成片开发的住宅小区，总建筑面积约 14 万 m^2，其

86

中 A 号楼设计选用 250mm×250mm 预制混凝土静压方桩，混凝土强度等级为 C35，总桩数 171 根，单桩竖向极限承载力特征值为 200kN，单桩竖向极限承载力标准值为 400kN，桩长 8m，以第六层粉质黏土为基础持力层。施工单位采用 GPX-150 静压机，于 2005 年 8 月 3 日正式开始施工，至 11 日压桩结束，历时 9 天。

（2）检测情况

1）第一次检测

业主为了赶工期，检测单位于桩基施工结束后第 5 天，即 8 月 15 日就进场进行检测。本工程设计要求按总桩数 1‰抽检，即做两根桩静压承载检测。按设计及规范要求，桩位由设计、监理、业主方共同选定，第一次对 129 号桩进行检测，检测结果不能满足设计要求。业主代表当即决定继续加测同承台的 131 号桩，结果也不满足设计要求。

为此，业主方会同设计、监理、施工、检测共五方人员共同分析原因，最终比较一致的意见是：检测时间距压桩结束时间太短，且是六桩承台，各桩身之间间距较小，导致土壤扰动大，四周隆起的土使桩身上浮，土壤对桩挤压的摩擦力尚未达到要求，目前的检测数值不能真正代表桩的实际承载力，建议再静置一段时间后进行检测。于是，检测工作暂时停止。

2）第二次检测

距第一次测桩 14 天后，即 8 月 29 日进行第二次检测，首先选 72 号桩检测，结果符合设计要求；接着将上次检测过的六桩承台中的 128 号桩做检测，结果也符合设计要求，判定为合格。

3）第三次检测

对于第一次检测未达到设计要求的两根桩，为放心和节省时间，经设计、业主、监理、施工四方共同商定，于 10 月 1 日即桩基施工结束 50 天后对其做高应变检测，结果全部合格。

4）第四次检测

根据业主要求，于 10 月 11 日再次选定 14 号桩和第一次检测不满足设计要求的 129 号桩做静载荷试验，结果也全部符合设计要求。桩基工程最终验收合格，各方签字认可。

（3）分析意见

根据《建筑基桩检测技术规程》JGJ 106—2003 规定，桩基工程检测开始时间应符合下列规定：

1）当采用低应变法或声波透射法检测时，受检测桩混凝土强度等级至少达到设计强度等级的 70%，且不小于 25MPa；

2）当采用钻芯法检测时，受检桩的混凝土龄期达到 28 天或预留同条件养护试块强度达到设计强度等级 100%；

3）承载力检测前的休止时间除应达到第二款规定的混凝土强度外，当无成熟的地区经验时，尚不应少于表 2-10 规定的时间。

休止时间   表 2-10

土的类型		休止时间（d）
砂土		7
粉土		10
黏性土	非饱和	15
	饱和	25

根据地质勘察报告结果显示，该工程地下土层情况分六层，实际设计图纸以第 5 层粉质黏土作为桩身持力层，因与桩身粘合有个过程，因此根据该工程的实际地质情况，应等桩基工程结束后 25 天左右开始检测是比较恰当的。实际检测结果证明，第一次检测后对单桩静载不满足设计要求的原因分析是正确的。

（4）结语

1）本工程如按正常检测时间在桩基工程结束 25 天后即 9 月 5 日左右进行静载检测，则 9 月中旬即可进行桩基子分部工程验收，而现在实际验收时间为 10 月中旬，比正常工期推迟了一个多月。

2）检测费用，由于多做了两根静载和两根高应变测试，检测费用比正常情况下增加了 1.36 万元。

3）本工程原以赶工期创效益为出发点，结果却适得其反。工程建设必须严格执行规范，遵循其自然规律，否则必受到惩罚。

26. 单桩竖向极限承载力标准值，应通过单桩静载试验确定

《建筑桩基技术规范》JGJ 94—2008 第 5.3.1 条内容如下：

5.3.1 设计采用的单桩竖向极限承载力标准值应符合下列规定：

（1）设计等级为甲级的建筑桩基，应通过单桩静载试验确定；

（2）设计等级为乙级的建筑桩基，当地质条件简单时，可参照地质条件相同的试桩资料，结合静力触探等原位测试和经验参数综合确定；其余均应通过单桩静载试验确定；

（3）设计等级为丙级的建筑桩基，可根据原位测试和经验参数确定。

本条文根据建筑桩基设计等级划分（表 2-11）对建筑桩基设计中单桩竖向极限承载力标准值的确定方法提出了明确的要求。这既是对工程设计方、业主方提出的要求，也对工程施工方的施工具有重要的指导作用。但在实际施工中，有些业主方过于追求工程施工进度，设计单位常常迁就业主方要求，对规

建筑桩基设计等级划分 表 2-11

设计等级	建筑类型
甲级	（1）重要的建筑； （2）30 层以上或高度超过 100m 的高层建筑； （3）体型复杂且层数相差超过 10 层的高低层（含纯地下室）连体建筑； （4）20 层以上框架—核心筒结构及其他对差异沉降有特殊要求的建筑； （5）场地和地基条件复杂的 7 层以上的一般建筑及坡地、岸边建筑； （6）对相邻既有工程影响较大的建筑
乙级	除甲级、丙级以外的建筑
丙级	场地和地基条件简单、荷载分布均匀的 7 层及 7 层以下的一般建筑

范条文中明确的桩基设计等级为甲级及乙级的工程取消了通过单桩静载试验确定单桩竖向极限承载力标准值这道重要程序，仅凭已有经验或相关试验资料就确定单桩竖向极限承载力标准值，桩基施工单位也匆匆进场开始打桩施工。等到工程桩施工结束，由桩基质量检测单位进行桩基施工质量检测时，则往往发现单桩竖向极限承载力标准值达不到设计要求。于是急急忙忙开会研究，最终补强加桩，不但多花了费用，还拖延了工期，真是欲速则不达，得不偿失。

例如某工程采用 ϕ500 钻孔灌注桩，桩长 23～30m。迫于业主方的进度要求，取消了单桩静载试验这道程序，设计单位根据已有经验，确定单桩竖向极限承载力标准值分别为 1600～2360kN。桩基施工结束后，经检测单位检测，单桩实际承载力达不到设计值，分别如表 2-12 所示：

单桩竖向极限承载力设计标准值和实测值　　　表 2-12

桩长（m）	设计承载力标准值（kN）	实测承载力标准值（kN）	实测值/设计值（%）
23	1600	1300	81.25
26	1920	1728	90.00
28	2150	1752	81.50
30	2360	1882	79.75

由表 2-12 可以看出，实测单桩竖向极限承载力标准值仅为单桩承载力标准值的 80% 左右。业主方开始时指责施工方的质量问题，要施工方承担质量事故责任和相应的经济赔偿以及工期损失责任。后通过专家会议讨论，一致认为造成此情况的主要原因首先不是施工方的责任，是事先没有进行单桩静载试验这道程序，设计方提出的 1600～2360kN 的单桩竖向极限承载力标准值，应该说是理论上计算的期望值，不能作为评判施工质量的依据，而施工单位提供的、有监理工程师签字的打桩纪录中，其单桩的混凝土立方数，水泥用量以及充盈系数等都是满足要求的。至此，这起质量问题的责任确定主要由业主方负责，

设计方和施工方也承担了一定责任。

规范 JGJ 94—2008 在第 5.3.1 条的条文说明中指出：

"目前对单桩竖向极限承载力计算受土强度参数、成桩工艺、计算模式不确定性影响的可靠度分析仍处于探索阶段的情况下，单桩竖向极限承载力仍以原位原型试验为最可靠的确定方法，其次是利用地质条件相同的试桩资料和原位测试及端阻力、侧阻力与土的物理指标的经验关系参数确定。对于不同桩基设计等级应采用不同可靠性水准的单桩竖向极限承载力确定的方法。单桩竖向极限承载力的确定，要把握两点，一是以单桩静载试验为主要依据；二是要重视综合判定的思想。因为静载试验一则数量少，二则在很多情况下如地下室土方尚未开挖，设计前进行完全与实际条件相符的试验不可能。因此，在设计过程中，离不开综合判定。

本规范规定采用单桩极限承载力标准值作为桩基承载力设计计算的基本参数。试验单桩极限承载力标准值指通过不少于 2 根的单桩现场静载试验确定的，反映特定地质条件、桩型与工艺、几何尺寸的单桩极限承载力代表值。计算单桩极限承载力标准值指根据特定地质条件、桩型与工艺、几何尺寸、以极限侧阻力标准值和极限端阻力标准值的统计经验值计算的单桩极限承载力标准值。"

还有一点需要指出的是有的工程在桩基施工结束后进行静载试验检测时，为了不浪费试桩，加荷值在到达设计单位确定的单桩竖向极限承载力标准值时就停止加荷，结束试验，认为只要放心就行了，实际上单桩竖向极限承载力可能富裕较多，造成浪费很大，这种做法也是极不科学的。

27. 先起房 后打桩

先起房，后打（压）桩的逆向作业的小径静压桩施工新工艺，与常规的先打桩、后起房的施工工艺相比，有加快施工进度、确保桩基工程质量、无污染、无噪声、压桩设备简单和施工操作简便等优点，在低层和多层房屋建设中均适用。

（1）工艺概况

先起房、后打桩的小径静压桩施工工艺，顾名思义是先起上部结构（或先起一部分上部结构），后进行基础打（压）桩，形成上部结构施工与下部桩基施工同时进行的局面，像基础逆作法施工一样。从施工工期上讲，它省去了基础打桩的整个施工期，扩大了现场施工作业面，加快了工程施工进度。

先起房、后打桩施工工艺流程如图 2-28 所示，施工操作概况如图 2-29 所示。

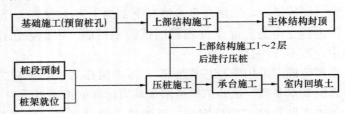

图 2-28　先起房、后打桩工艺流程

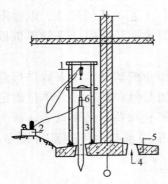

图 2-29　小径静压桩施工
操作示意图

1—桩架；2—油压操作柜；3—桩段；
4—预留桩孔；5—预埋锚固钢筋，
上部有丝扣；6—千斤顶

（2）压桩机理

压桩施工如图 2-29 所示，压桩时，桩架下部靠预埋在钢筋混凝土基础内的螺栓固定，再通过钢梁形成固定的反力架。

桩段靠油压千斤顶作用于钢梁上造成的反力而徐徐入土。入土时，对土产生挤压作用，使桩周围的土在一定范围内出现重塑区，土的黏聚力瞬间遭到破坏，超孔隙水压力增大，土的抗剪强度降低，桩侧摩阻力减小，桩段顺利入土。当桩尖达到设计土层时，桩顶压力也相应到达设计要求，即停止压桩。

压桩结束后，超孔隙水压力逐渐消散，土的结构强度得到恢复，抗剪强度随之提高，桩侧摩阻力明显增大，桩的承载力也随即提高。一般情况下，7～10d 后即能达到设计承载力。

由于压桩力控制在单桩设计标准承载力的 1.5 倍，而桩的最终承载力将达到压桩力的 1.5 倍以上，所以，桩的最终承载力指标值完全能达到设计要求，这从事后的检测结果得到充分证实。

（3）施工操作要点

1）基础施工

先起房、后打桩小径静压桩施工工艺通常应用于房屋基础为钢筋混凝土条形基础或独立基础。基础土方开挖至桩顶标高后，夯实或辗压平整，然后浇筑钢筋混凝土条形基础。根据设计桩位，在基础上预留倒锥形方孔作为桩孔，孔径应比桩径大 60～80mm，如图 2-30 所示。并在桩孔四角预埋直径 18～20mm 锚固钢筋，下部伸入基础受力钢筋网下面，并用铁丝与受力钢筋扎牢或焊牢。上部伸出混凝土面 50～100mm，露出部分车成丝扣，一方面在压桩时作为桩架下面固定螺栓；另一方面与后浇筑的混凝土承台钢筋连接。

2）桩段预制

桩段预制一般与基础施工同时进行，每根桩段长 2～2.5m，桩径通常为 200mm×200mm、250mm×250mm 和 300mm×300mm，可在现场或预制加工厂内制作。桩段的下端留有 4 根插筋，上端留有深 200mm、直径 20mm 的连接孔 4 个，如图 2-31 所示。

制作桩段时，应用固定的钢模，端面与桩竖向轴线应保持垂直，预留筋与预留孔位置上下对直，确保连接质量。

3）压桩施工

① 压桩时间确定

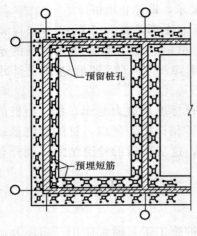

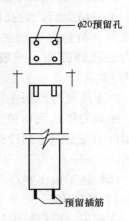

图 2-30 基础预留孔、
预埋筋示意图

图 2-31 桩段预留孔、
预留筋示意图

何时开始压桩，应考虑下列两个因素：一是基础钢筋混凝土强度应达到设计强度等级标准值的 70% 以上，满足压桩过程中压桩架向上的抗拔力，防止对基础钢筋混凝土结构造成伤害；二是未打桩前，原有地基应能承受已施工的上部主体结构（1～2 层）的荷载而不造成建筑物沉降，保证上部结构施工时，下部有足够的压桩时间。一般 5～6 层高的房屋建筑，上部主体结构施工完二层后进行压桩是比较适宜的。

② 压桩质量

由于在室内压桩，每根桩都由多根 2～2.5m 的桩段连接而成，因此，要特别注意控制桩的垂直度。因为桩的垂直度对桩的最终承载力有较大影响。压桩过程中，宜用桩架垂直度来控制桩身垂直度，其中首节桩的垂直度控制是整个桩垂直度控制的关键，应控制在 5mm 以内，压桩架在起吊桩段时，应尽可能使桩段保持垂直，对准、对直后，用夹具夹住，然后轻轻提起上段进行灌浆连接处理。

压桩时上下段的连接质量至关重要，常用硫磺胶泥作为连

94

接剂。硫磺胶泥的凝结时间很短,通常为 1~2min,施工操作时间很短,必须相互密切配合,保证接头质量。

4)承台处理

压桩结束后,应将桩顶钢筋凿出,另加承台钢筋,使之与锚固钢筋、桩顶钢筋和原基础内预埋的短钢筋焊接,形成钢筋网,按设计要求浇筑混凝土,做成单独的或连成一体的承台。

5)回填土

承台施工结束后,养护数日,便可进行室内回填土,应注意回填土夯实时,防止对承台混凝土造成损伤。

28. 灌注桩后压力注浆技术将有效改善成桩质量和提高单桩的承载能力

在当今土木建筑工程的深基础工程中,桩基已成为主要的手段和形式。城市建设和改造向高层、超高层建筑发展,各种类型灌注桩的使用越来越多,但单一工艺的灌注桩往往满足不了要求。以泥浆护壁法钻、冲孔灌注桩为例,由于成孔工艺的固有缺陷(桩底沉渣和桩侧泥膜的存在),导致桩端阻力和桩侧摩阻力显著降低。为消除桩底沉渣和桩周泥膜等隐患,把地基处理灌浆技术引用到桩基,采取对桩端(孔底)及桩侧(孔壁)实施后压力注浆措施。桩端后压力注浆和桩侧后压力注浆技术应时而生,近 10 多年来这两项技术在我国得到广泛的应用与发展。也获得了很好的技术经济效益。

灌注桩后压力注浆技术分为桩端压力注浆和桩侧压力注浆两种形式。

(1)桩端后压力注浆技术

1)基本原理

桩端后压力注浆技术是指钻孔、冲孔和挖孔灌注桩在成桩后,通过预埋在桩身的注浆管利用压力作用,将能固化的浆液

（如纯水泥浆、水泥砂浆、加外加剂及掺合料的水泥浆、超细水泥浆、化学浆液等），经桩端的预留压力注浆装置均匀地注入桩端地层；视浆液性状、土层特性和注浆参数等不同条件，压力浆液对桩端土层、中风化与强风化基岩、桩端虚土及桩端附近的桩周土层起到渗透、填充、置换、劈裂、压密及固结或多种形式组合等不同作用，改变其物理力学性能及桩与岩、土之间的边界条件，消除虚土隐患，从而提高桩的承载力以及减少桩基的沉降量。

2）优点

① 采用桩端后压力注浆技术可保留各种灌注桩的优点。

② 采用桩端后压力注浆技术可大幅度提高桩的承载力，技术经济效益显著。

③ 采用桩端后压力注浆技术可改变桩端虚土（包括孔底扰动土、孔底沉淀土、孔口与孔壁回落土等）的组成结构，形成水泥土扩大头，可解决普通灌注桩桩端虚土这一技术难题，对确保桩基工程质量具有重要意义。

④ 桩端后压力注浆技术适应性广。

⑤ 压力注浆时可测试注浆量、注浆压力和桩顶上抬量等参数，既能进行压浆桩的质量管理，又能预估单桩承载力。

⑥ 因为桩端后压力注浆桩是成桩后进行压力注浆，故其技术经济效果明显高于成孔后（即成桩前）进行压力注浆的孔底压力注浆类桩。

⑦ 施工方法灵活，注浆设备简单，便于普及。

3）适用范围

桩端后压力注浆桩适应性较大，几乎可适用于各种土层及强、中风化岩层；既能在水位以上干作业成孔成桩，也能在有地下水的情况下成孔成桩；螺旋钻成孔、贝诺特法成孔、正循环钻成孔、反循环钻成孔、潜水钻成孔、人工挖孔、钻头钻成孔和冲击钻成孔，灌注桩在成桩前，只要在桩端预留压力注浆装置，均可在成桩后进行桩端后压力注浆。

4）提高承载力的机理

① 在细粒土（黏性土、粉土、粉砂、细纱）的桩端持力层中注浆时，如果浆液压力超过劈裂压力，则土体产生水力劈裂，实现劈裂注浆，单一介质土体被网状结石分割加筋成复合土体；它能有效传递和分担荷载，从而提高桩端阻力。

② 在粗粒土（孔隙较大的中砂、粗砂、卵石、砾石）的桩端持力层中注浆时，浆液主要通过渗透、挤密、填充及固结作用，大幅度提高持力层扰动面及持力层的强度和变形模量，并形成扩大头，增大桩端受力面积，提高桩端阻力。

③ 桩端虚土与注入的浆液发生物理化学反应而固化，凝结成一个结构新、强度高、化学性能稳定的结石体，提高桩端阻力。

④ 在非渗透性中等以上风化基岩的桩端持力层中注浆时，在注浆压力不够大的情况下，因受围岩的约束，压力浆液只能渗透填充到沉渣孔隙中，形成浆泡，挤压周围沉渣颗粒，使沉渣间的泥浆充填物产生脱水、固结；在注浆压力足够大的情况下，会发生劈裂注浆及挤密现象。

⑤ 对于泥浆护壁法灌注桩，注入桩端的浆液在压力作用下，在桩端以上一定高度范围内会沿着桩土间泥皮上渗，加固泥皮，充填桩身于桩周土体的间隙并渗入到桩周土层一定宽度范围，浆液固结后调动起更大范围内的桩周土体参与桩的承载，提高桩侧摩阻力。对于干作业灌注桩，压力浆液在桩端以上一定高度范围内，沿着桩周土上渗扩散（对于粗粒土）或上渗劈裂加筋（对于细粒土），提高桩侧摩阻力。

⑥ 桩端后压力注浆使桩上抬而产生反向摩阻力，相当于"预应力"的作用，提高桩侧摩阻力。

⑦ 在注浆压力作用下，使部分桩端压缩变形在施工期内提前完成，减少日后使用期的竖向压缩变形。

（2）桩侧后压力注浆技术

1）基本原理

桩侧后压力注浆技术是指钻孔、冲孔和挖孔灌注桩成桩后，在压力作用下将能固化的浆液通过桩身预埋注浆装置或钻孔预埋花管强行压入桩侧土层中，充填桩身混凝土与桩周土体的间隙，同时与桩侧土层和泥浆护壁法成孔中生成的泥膜发生物理化学反应，提高桩侧土的强度 q_s 及刚度 E_s，增大剪切滑动面，改变桩与侧壁土之间的边界条件，从而提高桩的承载力以及减小桩基的沉降量。

2）适用范围

桩侧后压力注浆技术适应性较大，可用于各种土层。应选择在地基土强度较高的土层中进行桩侧注浆，以获得较高的技术经济效益。

3）提高承载能力的机理

① 在桩侧细粒土层中注浆时，注浆压力超过劈裂压力，则土体产生水力劈裂，呈现劈裂加筋效应。在桩侧粗粒土层中注浆时，浆液通过渗透、部分挤密、填充及固结作用，使桩侧土孔隙率降低，密度增加，呈现渗透填充胶结效应。上述两种效应，不仅使桩周土恢复原状，而且提高了桩周土的强度；另外，浆脉结石体像树根一样向桩侧土深处延伸。

② 在桩侧注浆点处，由于浆液的挤压作用，形成凸出的浆液包结石体。

③ 在桩侧非注浆点处形成一层浆壳，这层浆壳或单独存在而固化，或与泥膜发生物理化学反应而固化，形成该结石体与原桩身混凝土组成的复合桩身，增大剪切滑动面，"扩大"桩身断面，即增加桩侧摩擦面积。

④ 浆液充填桩身混凝土与桩周土体的间隙，提高桩土间的粘结力，从而提高桩侧摩阻力。

由以上 4 点可理解为，桩侧后压力注浆桩类似于形状复杂的多节扩孔桩，即在注浆点附近形成浆土结石体扩大头、在非注浆点处的桩身表面形成浆土结石体的复合桩身。

（3）桩端桩侧联合注浆桩

桩端桩侧联合注浆桩包含了桩端和桩侧两种注浆工艺，所以影响注浆效果的因素更多更复杂。但与未注浆桩相比，其极限承载力提高幅度也更大，即其注浆效果明显优于一般桩端与桩侧分别注浆的桩。因此，为获得更高的承载力，桩端桩侧联合注浆桩得到广泛应用。

对于桩端桩侧联合注浆桩的注浆顺序，宜先自上而下逐段进行桩侧注浆，最后进行桩端注浆。

（4）后压力注浆技术用于工程质量事故桩的处理

灌注桩后压力注浆技术也常被用作处理质量事故桩的处理手段，使原本要报废的工程桩获得新生。

某运河一特大桥梁的主墩灌注桩在浇筑混凝土过程中，出现导管被埋现象，在强行上拔过程中又出现导管被拔断的事故，被迫中断施工。

该桩桩径 2.5m，钻孔深度 94.0m，有效桩长 85.0m，全笼配筋，与邻桩间距 5.6m（桩中心距）。导管拔断时混凝土浇筑高度约 20m，标高位置约在 -64.0m 处，导管断裂于 -10.0m 处，如图 2-32 所示。导管直径 300mm，斜插于桩孔中。

由于该桩是主桥墩中的一根桩，现场无补桩位置，唯一的办法是对该事故桩进行技术处理，经多方研究讨论，最终采用了类似后压力注浆技术并获得成功，经检测，桩身完整，达到Ⅰ类桩设计要求。

具体方案如下：

1）继续灌注混凝土使其成桩。灌注混凝土前，在桩孔内留置 6 根 Φ120 钢管，下端距桩的断层处约 1m，管底用普通混凝土塞封底，管内充填泥浆或水以保持平衡。钢管分布位置应均匀、固定（图 2-33、图 2-34）。

2）将 6 个钢管孔作为取芯检查孔进行钻孔取样，确定断层的正确位置。经取样，最终确认的断层位置如图 2-33 所示，夹层厚度为 $0.4 \sim 0.5\text{m}$，夹层主要成分为粉砂和低强度等级砂浆。

3）从钢管孔内（逐个孔进行）用高压旋喷对断层面进行清

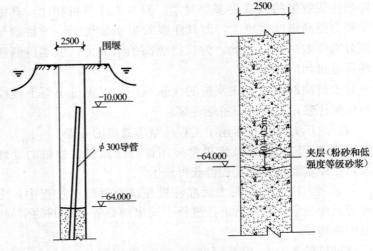

图 2-32　导管在孔内位置示意　　　图 2-33　断层位置图

洗处理。均匀布置 6 个旋喷孔，使旋喷切割力波及到整个桩平面。由于高压（24～25MPa，旋转速度 15～20r/min），浆液（优质泥浆）速度快、能量大、呈脉动状喷射，泥砂土粒及低强度等级砂浆在喷射流的冲击力、离心力等作用下，与浆水搅拌混合，随浆水从其他孔冒出地面。优质泥浆采用优质陶土、纯碱等材料配制，使其具有较高携带粉细砂的能力。泥浆性能如下：黏度 18～23s，密度 1.06～1.10g/cm³，含砂率 0.5%，pH 值 8～10，利用 850 型往复泵往孔内灌压优质泥浆，增加流量，以加快洗孔速度。

4）检查清孔。采用取渣锤检查沉渣情况，采用伞形测锤、横向测锤检查旋喷后的纵向和横向空间。

5）用水泥浆置换优质泥浆。水泥浆设计强度等级为 C30，比桩身提高一级，水泥为 P·O 42.5，水灰比 0.5，配合比为水∶水泥∶减水剂＝608∶1216∶158，要求初凝时间在 20h 以上，以保证水泥浆在置换泥浆时和泵送混凝土置换水泥浆过程中，水泥浆不初凝。

100

6）用泵送混凝土置换优质水泥浆。混凝土设计强度等级为 C30，比桩身提高一级，水泥为 P•O 42.5，砂率 45%，水灰比 0.45，配合比为水泥：砂：碎石：水：减水剂＝467：752：919：210：60.7，要求初凝时间在 16h 以上。混凝土从图 2-34 所示的中间一孔压入，至周围钢管中停止冒出水泥浆为止。

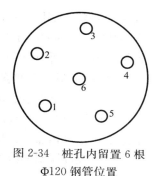

图 2-34　桩孔内留置 6 根
Φ120 钢管位置

29. 在岩溶地层区域进行桩基施工的施工技术和应对措施

岩溶是指含有二氧化碳的地表水和地下水对可溶性岩石（特别是碳酸盐类岩石）的长期溶蚀作用而形成的各种溶槽、落水洞、溶洞等岩溶现象的总称。可溶性岩石在我国各地分布很广，在铁路、交通、水利以及房屋建筑的地基工程中经常会遇到。由于这种岩溶地层被其后来次生的风化或残积物所填充、覆盖，深埋于地下，给地基工程特别是桩基工程的施工带来了不可预见的风险，在岩溶地区进行冲（钻）孔桩施工，易出现漏浆、塌孔、卡锤等现象，若遇到较大溶洞时，可能会出现大面积塌孔，造成桩架垮倒等安全事故。很多溶洞还成为大小不一、高低不等的串珠式溶洞，溶洞的层数多的达 10 多层，溶腔的高度也有 1～30m 不等，溶腔内的填充形式也有无填充、半填充，填充物的流塑黏性大，也有基岩碎屑。

在岩溶地质区进行桩基工程施工，很多施工单位摸索和总结出了一套行之有效的技术措施。

（1）重视地质勘察及施工前预处理

1）溶洞勘察

在岩溶地区进行桩基施工时，应加强对地质的勘察工作，利用钻探和物探的方法，查明基岩的地质情况。对于工程桩，根据桩径大小通常采用1桩1钻或1桩多钻的方法，充分掌握溶洞的实际情况。当桩径≤1.2m时，采用1桩1钻；当桩径>1.2m并且<1.8m时，采用1桩2钻；当桩径≥1.8m时，采用1桩3钻。

2）对土洞、小型溶洞的预处理

对土洞、小型溶洞可采用袖阀管注浆处理。

从已揭示的需处理的桩孔位为基准，在桩孔周边布设3~5个注浆孔，对相邻2根桩或几根桩距离较近且均有溶洞探明时，可将这几根桩探明的溶洞作为一个联通的溶洞进行处理。

注浆可采用水泥浆、水泥砂浆单液浆配比，也可采用水泥浆、水泥砂浆＋水玻璃的双液浆配比，宜先在室内进行试验后再进行现场施工。注浆顺序应先边界孔再中央孔。

3）对中、大型溶洞的预处理

对中、大型溶洞采用泵送低强度等级的素混凝土处理。可采用钻机成Φ110mm孔，由地面插入PVC管（兼作排气孔）至溶洞洞顶内。用混凝土输送泵通过Φ110mm钢管往洞内泵送水泥砂浆或低强度等级的素混凝土，直至灌满溶洞。

4）对特大型溶洞的预处理

对特大型溶洞采用吹填砂＋泵送低强度等级的素混凝土处理。先采用钻机成Φ110mm孔，由地面插入多根PVC管（兼做排气孔）至溶洞洞顶后，先吹填砂，再用混凝土输送泵通过Φ110mm钢管往洞内泵送水泥砂浆或低强度等级的素混凝土，直至灌满溶洞。

（2）桩基施工中的应对技术措施

当冲（钻）孔桩施工过程中发现有漏浆、塌孔等情况出现时，一般可确定为已发现溶洞。

1）采用"吊打"放工技术法成孔

由于岩溶地质基岩面通常较坚硬，岩石面凹凸不平，钻头在剧烈冲进基岩面时容易被V形的岩沟卡住，且容易成斜孔，故宜用短行程、密频率的"吊打"施工技术工艺成孔，既可解决卡钻问题，又可有效减少斜孔问题。

2）小溶洞的处理方法

当钻孔到设计图中标注的溶洞位置时，如钻头钻进速度突然显著变化，或孔内出现漏浆现象，说明钻头已经钻进溶洞内。此时应立即提出钻头，回填 20~40cm 块径的片石、黏土混合物（混合物按重量比为 3：1），回填高度为 1.5~2.5m。然后继续钻进，控制冲程为 1m 左右，泥浆相对密度可适当提高，保持泥浆循环护壁。反复填充。当冲击至洞顶板 0.5m 以下时，控制冲程在 0.5~1.0 之间，防止卡锤。

当进入溶洞 1m 时，采用检孔器验孔，检查洞中情况并取碴，检验碴样进而判断洞内填充物的类别，从而调整钻进冲程和泥浆相对密度。

当洞内的填充物为砂黏土时，在洞内回填块径 15cm 的小片石，回填约高出溶洞顶 1m 左右，然后采用小冲程钻孔，将小片石挤入孔壁，形成护壁，防止产生缩径，反复冲填，直到不渗浆为止。

当洞内为孔洞时，可用成袋水泥或者片石、黏土混合物（按重量比 1：1）填入洞中，填高至洞口 1m 左右再进行冲击，控制冲程 1m 左右，反复冲填，直至不渗浆为止。

3）大溶洞、串珠状溶洞处理方法

① 钢护筒跟进法。钢护筒跟进法采用分节吊装焊接方法，每节高 1.5m 左右，钢板厚为 8~12mm，其内径大于桩径 20~30cm，采用孔口对焊，用打桩机或振动锤将钢护筒跟进。由于岩石层有探头石和齿石、容易使钢护筒跟进时变形，导致钢护筒卡锤，故钢护筒跟进位置至强风化层 1m 以上位置为最佳。

② 水泥、片石、黏土填充方法。

对于串珠状的溶洞，当溶洞的洞口不大时，在钢护筒已进入灰岩以上覆盖层的基础上，宜采用将片石、黏土的混合物（按重量比为 3：1）或者水泥、黏土的混合物（按重量比为 1：1）填入洞中，以起到填充溶洞的作用。

③ 填充低强度等级素混凝土的方法

对于部分多层、较大的溶洞，若采用水泥、片石和黏土的混合物填充后效果不佳，可采用填充低强度等级的素混凝土的方法对溶洞进行填充，具体方法为先补浆清理塌落物，然后下导管送至离溶洞洞底 30cm 处，用泵车将素混凝土泵送至离溶洞洞顶口 1.5m 位置处，2d 后再继续冲击成孔。

4）斜岩及孤石的处理方法

当钻进速度明显比洞内钻进速度降低且钻机上引绳摆动有所加大时，说明已钻进到溶洞底板。由于溶洞底板的岩面常呈倾斜、台阶状，此时极易造成钻孔偏孔现象，这时应采用块径约 30cm 左右的片石填至斜岩或孤石高 0.5m 处，采用相对密度小的泥浆，以 2m 内的冲程钻孔，当钻头冲击平稳时，再用检孔器检查溶洞的孔壁是否完好，然后继续向下钻进。如遇到反复冲击仍无法处理的斜岩或孤石，则可用 C20～C30 级水下混凝土进行灌注，灌至斜岩或孤石高 0.5m 处，待 4～5d、强度达到 70％后再进行钻孔。

5）典型钻孔桩施工情况简介

某特大桥 69 号桥墩是地质情况最复杂的桥墩之一，本墩共有 12 根钻孔桩，其中 2 号桩施工情况如下：2 号桩孔深 66.927m，根据钻孔的地质资料显示，该桩在不同高处有 9 个溶洞。该桩的溶洞处理采用了多种方法综合治理，反复填充片石、黏土混合物，共填充 69 次，片石、黏土混合物累计填充 1311m³，跟进钢护筒 21 节，31.5m，填充袋装水泥 45 包，灌筑混凝土 245m³。

30. 在坡地建设中，保证挡土墙的安全是第一位的

在坡地建设中，挡土墙是不可或缺的挡土结构构件，起着重要的安全保障作用。由于挡土墙外形和用料都很简单，很多单位和个人便误认为挡土墙没有什么技术含量，只是用毛石或砌块垒砌起来就成事了，从而简单行事，最终造成了很多挡土墙倒塌事故。其实，挡土墙的受力性质是比较复杂的，挡土墙背后的土体将对其产生很大压力，使其产生倾覆和滑移破坏。

某单位的建筑坐落于坡地上，分布在几个不同高度的由挡土墙围成的平台上，挡土墙由毛石和砖块砌筑而成，剖面如图 2-35 所示。

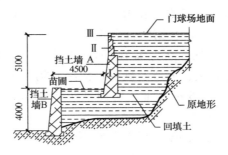

图 2-35　原挡土墙 A 和 B 剖面图

在春雨绵绵的日子，该地区接连下了几场大暴雨，挡土墙 A 从转角开始，约 29m 长的部分突然向外倒坍，墙体砸向下面的挡土墙 B，事故现场剖面图如图 2-36 所示。

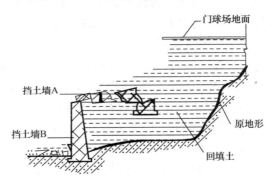

图 2-36　事故发生时现场剖面图

挡土墙 A 的倒坍并不是偶然的，早在 3 年前，它的转角附近就出现了宽度不一的垂直裂缝，在不同材料交接处，还出现了水平裂缝。随着时间的推移，裂缝宽度逐渐增大到几厘米，在此期间虽然采取了一些补救措施（在墙体裂缝处抹了水泥砂浆），但没有解决实质性问题。

挡土墙 A 是根据不同时期的需要分三次砌筑的。第一次用毛石修建了挡土墙的第 I 部分，即自然地面以上 3.5m 高，且它的基础放置在未经完全夯实的回填土上。根据当时情况，挡土墙 A 还是安全的，后来为利用挡土墙 A 上面的这块空地做了个小型混凝土预制场，在第 I 部分上又增加了第 II 部分，其宽度为 0.49m 和 0.37m，高为 1.1m 的黏土砖墙。后来在预制场上又增加了一层黏土、炉渣及砂等，把预制场改为了门球场，于是在挡土墙第 II 部分上面又增加了第 III 部分，即 0.24m 宽、0.5m 高的黏土砖墙。

从上可知，挡土墙 A 根据需要不断增高，而从未进行认真设计计算。挡土墙后面填的是黏性土，但未按规定设置滤水层和泄水孔，一到下雨，场地上的雨水灌入挡土墙内，使挡土墙 A 受到较大的水、土压力。在挡土墙 A 和 B 之间平台上的苗圃又经常浇水，使挡土墙 A 的地基土长期处于软塑状态。

国家标准《建筑边坡工程技术规范》（GB 50330—2002）第 10.2.2 条规定："重力式挡墙设计时，应进行抗滑移稳定性验算、抗倾覆稳定性验算。地基软弱时，还应进行地基稳定性验算。"第 10.3.3 条规定："块、条石挡墙墙顶宽度不宜小于 400mm，素混凝土挡墙墙顶宽度不宜小于 300mm。"第 10.3.6 条规定："挡墙后面的填土，应优先选用透水性较强的填料。当采用黏土作填料时，宜掺入适量的碎石。不应采用淤泥、耕植土、膨胀性黏土等软弱有害的土体作为填料。"

吸取事故的深刻教训后，按规范要求重新对挡土墙进行了设计计算，特别是挡土墙 A，从基础处理到墙体断面以及细部构造都作了妥善处理，保证它有足够的抗倾覆和抗滑移的抗力安全系数，挡墙后面设立滤水层，墙体上设立泄水孔。同时，适当增加 A、B 挡墙之间的距离，中间部分改为种植草皮，减少平时的浇水量。重新修改后的挡土墙达到了安全使用的目的，重新修建的挡土墙剖视图如图 2-37 所示。

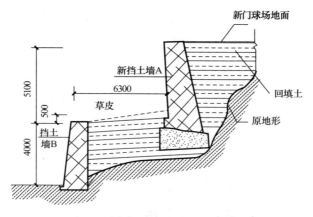

图 2-37　修复后的挡土墙 A 和 B 剖面图

31. 开山削坡建房应切实做好防止山体滑坡的安全工作

在很多丘陵山区，房屋建设方为了节约建筑资金，常采用在山脚下切削山坡的办法来建造住房，在实施过程中，又常常用行政指令取代科学态度，对切削后留下的山体仅做简单的遮挡处理，而不是用百年大计、质量第一和安全第一的指导思想落实安全措施，因而造成一起起山体滑坡屋毁人亡的惨痛教训。

图 2-38 所示为 2001 年重庆市某县县城江北西段一幢开山削坡后建造的 9 层住宅楼示意图。山体原在自然状态下是平衡的，表层的绿化植被也起了很好的排水保护作用，即使在久雨的季节里也安然无恙。在建房前，因修建公路，山体已被挖去一部分，建房时，山体的 $a-b-c$ 部分被挖除后，$b-c-d$ 部分就成了一块不稳定的易滑动的山体。尽管 $b-c$ 处沿山坡砌筑了挡墙，但只是简易遮挡，终究难以抵挡巨大山体的滑动冲击。一旦情况变化，就会酿成灾祸。例如，在多雨的日子里，雨水渐渐渗入山体，最终会造成山体失稳滑坡、屋毁人亡的悲惨事故。2001 年 5 月 1 日晚上 8 时 27 分，在一声巨响之后，1 万多立方米的山体从房屋背后直冲而下，顷刻间压垮并掩埋了刚建成不

久、但已投入使用的 9 层住宅楼，事后从废墟中清理出 79 具尸体和 4 名受伤者。

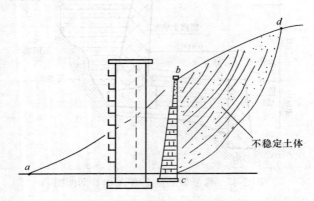

图 2-38　开山削坡建房示意图

据中国建设报 2001 年 7 月 16 日和 7 月 26 日报道，该建筑为 9 层住宅楼，建筑面积 4061m²，底层 13 间为门面房，常住人口为 90 人左右。该工程在施工过程中，先后发生过三次滑坡，山上滚下的石头甚至把街对面的铁门砸坏了，但始终未警醒建筑方的安全意识，工程继续施工，直到竣工。

该楼房背靠山体陡坡，面临国道，修公路时，坡体已挖成约 60 度的陡坡，建房时又被挖成 70 多度。根据建设方意见，最后建成高度为 26m 的挡墙，下面 5m 挡墙厚 1.5m，20m 以上只有 0.6m 厚。

事故后被认定该山体岩石属泥质、钙质砂岩，经过强烈风化作用后，已成碎块状，滑坡前又下了一段时间雨，诱发了岩崩滑坡的发生。

7 月 16 日的中国建设报还刊登了当年 4 月上旬至 7 月 9 日全国范围内发生的多起山体滑坡伤人事故，现摘录如下，以供吸取教训：

连月来，已有多起山体滑坡或山洪暴发导致的滑坡屡屡发生，且地点不分东西南北：

4月上旬，深圳市梅林一村后山在连日降雨后出现大面积滑坡。

5月1日，重庆市武隆县发生滑坡性质地质灾害，一幢9层楼房垮塌，79人死亡。

5月29日，贵州省兴义市白龙山突然出现裂缝，山体大面积滑坡，周围来不及疏散的人员及车辆被巨大的泥石流淹埋。

6月3日，107国道耒阳境内1850段发生山体滑坡，直接导致50多米长的国道路面断裂塌陷，交通不畅。

6月8日，广西大新县德天瀑布景区发生山体滑坡，随后引发的泥石流冲垮了景区附近宾馆的3间客房，造成4名中国台湾游客遇难，一人受伤。同日该县还发生多处山体滑坡，冲垮民房27间，一名男童死亡。

6月12日，广西贺州数日连降暴雨，发生山体滑坡，两人及两民宅被埋。

6月21日，延安延川县一山体滑坡，压塌7孔窑洞，一人死亡。

6月25日，经数十个小时的疾雨侵袭后，杭州翁家山满觉陇段山体突然滑坡。这是三面环山的杭城多年来首次山体滑坡，幸无人员伤亡。

7月9日，昆明市东川区因民镇发生山体滑坡，一栋2层房屋及5户农房被埋，造成14人死亡，22人受伤，7人下落不明。

32. 钢筋混凝土悬臂地梁应真正处于悬空状态

当新建房屋和原有建筑物靠得很近时，为了避免新、老建筑基础应力的相互不利影响，常将新建房屋与原有房屋的基础离开一段距离，并采用悬臂挑梁的处理方法，如图2-39所示。但当新建筑完成一段时间后，常发现老建筑的墙体上出现有规则的斜向裂缝，如图2-40所示。究其原因，主要在施工中存在以下几方面问题：

109

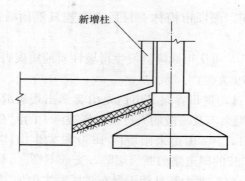

图 2-39　用悬臂挑梁将新房屋基础分开

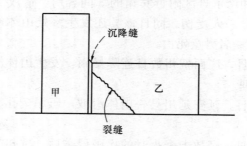

图 2-40　甲房沉降使乙房墙体裂缝

（1）悬臂挑梁的底模大多采用夯实的土胎模，两侧的地面填土又夯实挤紧，使悬臂挑梁没有真实的处于悬空状态，一旦基础发生下沉现象，将对老基础产生一定的附加应力，打破老基础的应力平衡，增加老基础的沉降值，最终造成老基础墙体的裂缝现象。

（2）悬臂挑梁的顶端以及挑梁上设置的钢筋混凝土立柱，其靠近老建筑一侧的模板常疏忽未拆掉，如图 2-41 所示，使悬挑梁顶端以及挑梁上的钢筋混凝土立柱与老建筑挤贴得很紧，新建筑稍有沉降，必然使老建筑一起下沉，最终造成了老建筑的墙体裂缝。

为了保证新、老建筑的安全，在实际施工中应切实注意以下几个方面问题：

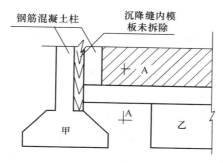

图 2-41　沉降缝内模板未拆除

（1）悬臂挑梁的顶端和挑梁上的钢筋混凝土立柱，其与老建筑一侧的模板应做成可拆式模板，当梁和柱的混凝土达到一定的强度等级后，应及时拆除，使新、老建筑物之间真正留一道空缝，以满足新、老建筑物的温度伸缝、自由沉降以及地震时的抗震效应。

（2）悬臂挑梁的下面及两侧不应填实。当挑梁混凝土达到相应的强度等级后，应及时拆除下面的模板。使用土胎模的，应挖去一定的厚度，使挑梁真正处于悬臂状态，如图 2-42（a）所示。也可采用图 2-42（b）所示的方法，在悬壁挑梁下面和两侧铺设炉渣或砂等松散材料，使挑梁有一定的沉降自由。

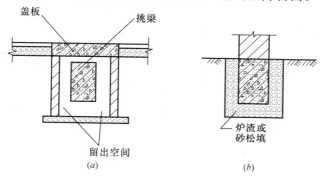

图 2-42　悬臂挑梁下面处理方法
（a）留出一定空间；（b）用炉渣或砂松填

33. 地下钢筋混凝土水池为什么会浮起来

在地下水池的施工中，当水池的池壁混凝土浇筑完成后，如果在降低地下水位的施工操作上出现差错，或遇到突然的大暴雨时，当基坑内有一定积水的情况下，则水池有可能出现整体浮起的事故，如图 2-43 所示，造成水池报废或需进行加固处理等麻烦事，造成不应有的损失，这在水池施工中是要切实加以注意的。

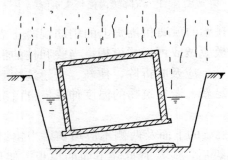

图 2-43　暴雨时基坑内积水增多，水池整体浮起来

也许有人会问：几百吨甚至上千吨重的水池怎么会浮得起来呢？其实，这与万吨巨轮能在水中航行是一样的道理。当水池基坑内有积水时，水池将受到一个向上的浮托力作用，一旦水的浮托力大于水池重量时，水池就会浮起来。下面试举一个例子：

[例]　某一钢筋混凝土地下水池子，外径为 20m，壁厚为 40cm，池壁高 5.6m，底板厚 40cm，伸出池壁 50cm，混凝土垫层厚 10cm，直接浇捣于地基土上，见图 2-44 所示。试计算水池上浮的积水深度。

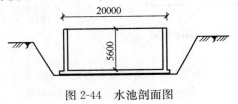

图 2-44　水池剖面图

112

解：（1）池子重量 G

1）底板重量 G_1

$$G_1 = \frac{\pi \times (20+1)^2}{4} \times 0.4 \times 2.5 = 346\text{t}$$

2）垫层重量 G_2

$$G_2 = \frac{\pi \times (20+1)^2}{4} \times 0.1 \times 2.0 = 69\text{t}$$

3）池壁重量 G_3

$$G_3 = (20-0.4) \times \pi \times 5.6 \times 0.4 \times 2.5 = 345\text{t}$$

池子总重量 $G = 346 + 69 + 345 = 760\text{t}$

（2）池子外围积水后，受到的浮托力 Q（以直径为 20m 的圆筒体计算）

$$Q = \frac{\pi d^2}{4} \times h \times \gamma$$

式中　d——水池外圆直径；

h——积水高度；

γ——水的密度。

每米积水所产生的浮托力为：

$$Q = \frac{\pi \times 20^2}{4} \times 1 \times 1 = 314\text{t}$$

水池上浮的积水临界高度 h 为：

$$h = \frac{760}{314} = 2.41\text{m}$$

说明：当遇有大雨或暴雨时，如果水池外围积水高度达到 2.41m 时，水池就有浮起的可能。

在地下水池的实际施工中，当浇捣好池壁后，由于考虑混凝土凝固、拆模、粉刷、试水等一系列工序，水池总要在基坑中暴露一段时间。在这段时间内，常常用昼夜连续抽水的办法来降低地下水位，维持水池正常的施工操作。水池的上浮事故，也主要发生在这段时间内。这时的防浮措施主要有以下两点。

（1）当遇有大雨或暴雨来不及排放基坑内的积水时，可迅速将池子外围积水向池内排放，必要时，将工地临时供水迅速向池内放水。因为池内积水会增加池子的重量，因而也增加了池子的抗浮能力。即池内增加 1m 高的贮水时，将增加抗浮力：

$$\frac{\pi \times (20 - 0.4 \times 2)^2}{4} \times 1 \times 1 = 290t$$

相当于把水池上浮的积水临界高度提高了近 1m。

（2）如果水池下面有进水或出水管时，应使进水或出水管道畅通。一旦外面有积水，就可及时往池内排放。

下面让我们来做一个地下水池上浮的简易而又直观的小实验，以便对此加深印象。

工具：敞口玻璃瓶一只（拟代作水池用）、洗脸盆一只、直尺一把、小弹簧秤一杆。

步骤如下：

1）秤、量瓶子的重量和外径。

① 秤瓶子的重量，例如秤得重量为 300g。

② 量测瓶子的外围直径，例如量得为 9.5cm。

③ 计算瓶子外围每 1cm 高度的容积，即积水后瓶子所受到的浮托力 $Q = \frac{\pi \times 9.5^2}{4} \times 1 \times 1 = 71g$。

④ 计算瓶子上浮的临界积水高度：

$$h = \frac{300}{71} = 4.23cm$$

2）将瓶子放在洗脸盆内，并徐徐向盆内注水，用直尺测量注水高度。同时，观察瓶子在外围积水后的情况变化。开始注水时，瓶子很稳定，一点不动，当注水达到 4.23cm 时，可看到瓶子就有浮动的趋势。当继续注水，即外围积水超过 4.23cm 时，瓶子就会出现上浮现象，如图 2-45（a）所示。

3）先向瓶内注入 1cm 高的水，然后重复上面的实验，由于瓶内有水，增加了瓶子重量，可看到瓶子外围积水在 4.23cm 时，仍然稳实不动，当积水高度超过 5.23cm 时，瓶子才开始上浮，如图 2-45 (b) 所示。

分析如下：

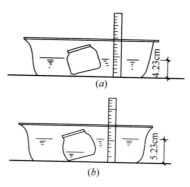

图 2-45　玻璃瓶在外围
积水后的浮动情况

① 钢筋混凝土地下水池在外围积水后的上浮情况，与上述试验原理是相同的，尽管水池重几百吨，甚至成千上万吨，由于它是一种空腹体型，外围积水后所受到的浮托力也是很大的。所以施工中应切实采取有效措施，防止外围积水。

② 一旦遇到大雨或暴雨，当池子外围积水高度上升较快时，可采取往池内注水的办法，增加池子重量，以增加池子的抗浮能力。步骤 3) 正说明了这一道理。当瓶内增加 1cm 贮水时，外围上浮的积水高度也相应增加了近 1cm（因瓶壁较薄）。

在地下水位很丰富的地区建造钢筋混凝土地下水池时，设计上往往会在基础中设置一定数量的钢筋混凝土桩，并将桩的上端钢筋嵌固在水池的底板内，这一方面提高了基础的承载力；另一方面也提高水池对地下水的抗浮能力。

34. "水夯"思维造成了二次返工的质量事故

某商业城广场地面的地下室基坑回填土设计为素土回填，但地下室外墙混凝土浇筑完成后，墙壁与水泥支护桩之间仅有800～1000mm 的空间，给回填土夯实施工带来了困难。当地时间已近十月底，气温渐冷，工程总体要求商业城元旦要开门营业。

在抢工期的思想指导下，施工人员和监管人员都渐渐放松了监督管理，对于地下室基坑的回填土，认为不是结构工程，施工时采用小拖拉机、翻斗车停在坑边直接将土往坑内倾倒，随手扒平、简易拍实的方法，未进行分层夯实和分层压实系数检测，认为回填土将来被地下水浸泡后会自然沉实。在填土至广场地面垫层相平时，上部填土部分进行了机械辗压，然后在其上面浇筑了200mm厚的C20混凝土垫层，上面再铺贴800mm×400mm×40mm的花岗石石板，广场地面工程赶在商业城元旦营业前完成。

第一次返工：

次年5月，发现广场地下室东、西、南三面地下室外墙与水泥支护桩之间的部分花岗石石板地面塌陷近100mm。揭开塌陷的花岗石石板后，发现200mm厚的C20混凝土垫层也出现塌陷，用风镐破碎混凝土垫层后，看到填土由于被上升的地下水及地表水侵入的浸泡，塌陷深度已超过500mm，为此，施工单位制订了返工修复方案。

（1）对已塌陷部分的填土用内燃夯夯实，分三步回填3：7灰土，每步虚铺250mm，夯实三遍。

（2）浇筑200mm厚C20混凝土垫层。

（3）用1：4干硬性水泥砂浆铺贴800mm×400mm×40mm花岗石石板。

在对修复方案进行讨论时，有关工程监管单位认为，填土已有半年之久，早被水夯夯实，现又用内燃夯夯实，不会再出现填土塌陷的现象了，因而也就认可了施工单位的修复方案。

第二次返工：

返工修复一年后，基坑周边部分的花岗石地面再次出现了塌陷，再次揭开塌陷的花岗石石板后，发现200mm厚的C20混凝土垫层也已塌陷，用风镐破碎混凝土垫层后，看到填土也塌陷10mm多，不得已再做第二次返工修复。这次返工修复决定从基坑底开始对回填土做分层夯实，彻底消除土层会被沉实的错误。

现场有关工程技术人员对出现的二次塌陷原因进行了探讨，一致认为"水夯"思维是造成二次返工的元凶。在"水夯"思维的错误指导下，误认为填土经水长时间浸泡后会自然沉实，不需要再作更有效的夯实措施了。

水夯应明令禁止。

水夯是一种早已被明令禁止的施工方法，但在民间建筑施工中影响面甚广，很多大面积、大体量以及深基坑的填土施工，常采用这种施工方法，当然也因此产生了很多质量问题。

不管从理论上讲还是从实践结果来看，水夯达不到压实填土的目的。用水浸泡的填土，主要由三部分组成：气、水和土粒。被水浸泡后的湿土，经过一定的时间和环境条件，其中的水和气经过渗透和蒸发后，必然形成很多孔隙，再加上填土中较大颗粒或其他杂物相互支撑形成的空间，其干密度是不可能达到设计要求的，其后果最终使面层失去使用功能，留下质量隐患。

35. 为什么三次加固墙体也难挽救教学楼报废的命运
——谈建筑物地基、基础和上部结构的整体作用

某校建设了一座 3 层砖混结构的教学楼，建筑面积 2400m²，外柱廊式，平面布局为三开间一分隔的教室。毛石基础，墙体采用 MU7.5 黏土砖、M2.5 混合砂浆砌筑，除顶层檐口处沿外墙设置圈梁外，其他各层及基础部位均未设置圈梁。各层均为现浇混凝土梁、预制预应力空心楼板，屋面为炉渣保温、油毡防水。砖柱材料同墙体材料。

该工程没有详细的地质勘察资料，只有分区地质普查资料，知道该地区为膨胀土，对地基各土层的详情不甚了解。基槽开挖时，正值雨季，且地下水位距地面最高浮动水位为 1.5～2.0m，基础底面设计标高为 -1.50m，基槽开挖后即能见到膨胀土，其厚度参考附近建筑的勘察资料为 6～7m。

教学楼交付使用后不久，即发现东边个别墙体出现多处裂缝，即对墙体进行了第一次加固，主要是对裂缝墙体增加了部分构造柱和圈梁。加固后发现墙体裂缝并未能控制住，东边墙

体又继续出现新的裂缝，于是结合抗震加固进行了第二次加固。这次加固采取了间间加构造柱、层层加设圈梁的做法，外廊砖柱用角钢紧贴柱四角加强，用圆钢拉条将外墙与横墙拉紧。但使用数年后，裂缝发展更多，内横墙、外纵墙出现斜裂缝、水平裂缝，尤其门窗洞口处，出现了较多的八字形裂缝，于是决定进行第三次加固，对出现裂缝较多的几道内横墙及部分外纵墙采用墙体双面加钢筋网。支模板，灌注 60mm 厚 C20 细石混凝土，从基础顶面做起，直到顶层。

经过第三次加固后的墙体一般不再裂缝，但外墙，特别是门窗洞口处、窗台下以及教室内水泥地面层又出现了裂缝。整个教学楼虽经三次加固，但最终未能完全控制墙体裂缝的发展，已严重地破坏了结构的整体性，最终成为危房而被拆除。

地基、基础和上部结构是建筑物的三个重要组成部分，它们有各自的功能，担负着各自应承担的任务，但它们三者不是各自孤立的个体，而是彼此联系、相互制约的整体，发挥着整体空间协调的作用。本案教学楼工程虽经三次加固处理，但终至墙体严重裂缝而破损报废，充分说明了地基、基础及上部结构是一个整体，只孤立地加固上部结构，而对地基和基础不做任何处理，使加固过的上部结构难于独立地解决膨胀土地基的胀缩变形问题，也就难于控制因地基变形引起的墙体裂缝。

膨胀土的特性是遇水膨胀，失水收缩，对未采取相应措施的地基土，其胀缩变形是较大的，这种变形又是随季变化的，夏季雨水多，地下水位上升较旺，地基土遇水易膨胀，其他季节雨水少，地下水位下降，膨胀土又产生收缩。这种反复膨胀、收缩、再膨胀、再收缩，使地基土产生过大的、不均匀的变形，亦使基础结构难以适应而产生不均匀沉降、变形，最终导致上部结构墙体裂缝。

本工程给我们提供的教训是：

（1）房屋建筑应十分重视建设场地的地质勘察工作，坚持贯彻先勘察、后设计的原则。

（2）当建设场地遇到软弱土、杂填土、湿陷性黄土、膨胀土等时，应十分重视地基处理，把地基、基础及上部结构视为整体，全面考虑，统一加强，防止因地基发生过大变形、导致基础下沉而造成上部结构出现裂缝，影响房屋安全使用。

36. 为什么黏性土质比砂性土质更适于做灰土垫层

灰土是我国常用的一种建筑材料，来源广、价格低、操作简单、效果良好，被广泛用于基础垫层和地面垫层。灰土主要是利用其抗压强度来提高地基土的承载力，而灰土的抗压强度与土的类别和粒径、石灰用量、石灰质量等因素有关。本题先讲述为什么黏性土质比砂性土质更适宜于做灰土垫层。

黏土是一种天然的硅酸盐，其主要化学成分是二氧化硅和三氧化二铝以及少量的三氧化二铁。生石灰（粉末）的化学成分是氧化钙。当石灰和土均匀拌和后，很快从土中吸收水分而熟化，同时，二氧化硅和氧化钙即发生物理化学反应，而逐渐变成强度较高的新物质——硅酸钙（不溶于水的水化硅酸钙和水化铝酸钙），改变了土壤原来的组织结构，使原来细颗粒的土壤相互团聚成粗大颗粒的骨架，具有一定的内聚力。并且随着土的黏性越好、颗粒越细，物理化学反应效果也越好。

这种硅酸钙新物质具有一定的水稳定性，对浸水和冻融具有一定的抵抗力。它的早期性能接近于柔性垫层，而后期性能则接近于刚性垫层。灰土垫层这种良好的板体性，对于扩散荷载、减轻地基土的压力和变形是十分有利的。

对于砂类土，由于颗粒较粗，又比较坚硬，与石灰混合后，反应效果较差。土壤中含砂量越多，则与石灰的胶结作用也越差，强度也越低。纯粹的砂土，则成为一种惰性材料。表2-13为不同土壤类别和不同灰土比的灰土抗压强度值。由表2-13可知，黏土类灰土的抗压强度值大大高于粉质黏土和黏质粉土类灰土的抗压强度值，所以一般都用黏土类土壤做灰土垫层，而较少用砂类土做灰土垫层。但当黏土的塑性指数①大于 20 时，则破碎较为困难，施工中如处理不当，反而会影响灰土垫层的质量。根据施工现场的实践经验，选用粉质黏土拌合灰土是比较适当的。

灰土的抗压强度（MPa）　　　　　　　　表 2-13

龄期（d）	灰土比	土壤种类		
		黏质粉土	粉质黏土	黏土
7	4：6	0.311	0.411	0.507
	3：7	0.284	0.533	0.667
	2：8	0.163	0.438	0.526
28	4：6	0.387	0.423	0.608
	3：7	0.452	0.744	0.930
	2：8	0.449	0.646	0.840
90	4：6	0.696	0.908	1.265
	3：7	0.969	1.070	1.599
	2：8	0.816	0.833	1.191

37. 为什么用于灰土垫层的石灰不应过早地消解熟化

石灰中的活性氧化钙（CaO）是激发土中活性氧化物，生成水硬性材料的必要成分，因此，石灰与土壤颗粒的粘结力与石灰中活性氧化钙的含量多少有密切的关系。而石灰中活性氧化钙的含量又与石灰消解熟化的时间长短有很大关系。

---

① 塑性指数 $I_P = W_L - W_P$

式中 W_P 为土壤的塑限，表示土由固体状态变为塑性状态时的分界含水量；W_L 为土壤的液限，表示土由塑性状态变为流动状态时的分界含水量。塑性指数 I_P 是以百分率的绝对数字来表示，其值越大，表示土内所含黏土颗粒越多，土处于塑性状态的含水量范围也越大。因此，工程上常以塑性指数来划分很细的砂土和黏性土的界限和确定黏性土的名称。当 $3 < I_P \leq 10$ 时为黏质粉土；当 $10 < I_P \leq 17$ 时为粉质黏土；当 $I_P > 17$ 时为黏土。

石灰通过清水消解熟化，变成颗粒极为松散的氢氧化钙〔Ca(OH)₂〕粉末。这种颗粒在大气中存放时间越久，越容易和大气中的二氧化碳（CO_2）气接触，还原成碳酸钙〔$CaCO_3$〕。碳酸钙是一种比较安定的物质，用这种石灰来拌制灰土，很难和土壤颗粒起胶结作用。因此，如果石灰消解熟化时间长，活性氧化钙的含量就会大量降低，这对灰土的抗压强度是极为不利的。

测定可知：当石灰消解熟化暴露于大气中一星期时，活性氧化钙含量可达70%左右；28d后，即降低到50%左右；12个月时，则仅为0.74%。图2-46为在大气中（未经雨淋）的石灰，其活性氧化钙含量与时间的关系曲线图。

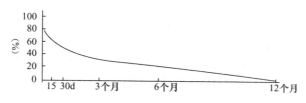

图2-46　在大气中的石灰活性氧化钙含量降低曲线图

用活性氧化钙含量不同的消石灰制成的灰土，质量差异很大，其抗压强度的高低是很明显的。活性氧化钙含量高的石灰，制成的灰土抗压强度高，反之则抗压强度就低。例如，按同样重量的配合比，当灰土中石灰含量为12%，而用石灰中活性氧化钙的含量，分别为69.5%和82%来制成两种灰土试件，测得的抗压强度，前者仅为后者的60%。因此，在地面工程施工及验收规范中，明确规定用于灰土垫层的石灰，其消解熟化的时间，应在使用前3～4d为宜。以保证石灰中有一定含量的活性氧化钙，确保灰土垫层的施工质量。

石灰消解熟化后，还应加以过筛，使其颗粒粒径不大于5mm，以免施工完成后继续消解而造成结构层的松散和破坏。

38. 逆作法施工技术建造地下室施工工艺

自古以来，建房子都是从下往上建，而拆房子则都是从上往下拆。自从发明逆作法施工技术以来，这种施工方法被彻底颠覆了，现在建地下室可以从上往下建，而拆房子也可以从下往上拆了。

逆作法建造多层地下室施工方法和施工工艺

该方法适用于周边环境复杂，或地质条件复杂的工程项目。其施工工艺原理和步骤如下：

（1）先沿建筑物四周边线浇筑地下钢筋混凝土连续墙，作为地下室及上部建筑结构的边墙以及基坑的挡土、挡水的围护结构，浇至地下室顶板底。同时，在基坑内部，按设计确定的柱网，在柱子位置浇筑混凝土灌注桩，该桩按设计要求，可一直浇筑至地下室顶板底，地下室部分作为柱子使用，也可浇筑至地下室底板后，上部用型钢柱子插入桩内连接。施工状况如图 2-47（a）所示。

（2）用在地面上的支模方法，在地下室顶板标高位置（即±0.000 位置）挖去部分土方后支模、绑扎钢筋后浇筑地下室顶面梁、板。顶板钢筋与周边连续墙、中间支承柱钢筋按设计要求规范连接。顶板上还应留置出土孔、塔吊孔以及出土运输通道等。此时，地下室顶板已成为周边地下连续墙刚度很大的水平支撑结构，这对减小基坑变形和对相邻建筑的影响是极为有利的。完成之后的状况如图 2-47（b）所示。

（3）待地下室顶板混凝土达到设计强度等级后，通过出土孔即可进行板下坑内挖土施工，土方从出土孔内运出，待挖至地下室负一层地面位置时，按上述（2）的方法进行立模和绑扎钢筋后浇筑负一层的楼面混凝土梁、板，并在相应位置留出出土孔、塔吊孔等。

在进行坑内挖土的同时，即可同时进行±0.000 以上楼层的施工，形成地上、地下同时施工的局面，这对加快总体施工进度是极为有利的。施工状况如图 2-47（c）所示。

（4）不断重复上述施工步骤，地下室从上往下逐层深入施工，上部主体结构也不断往上延伸。施工过程如图 2-47 所示。

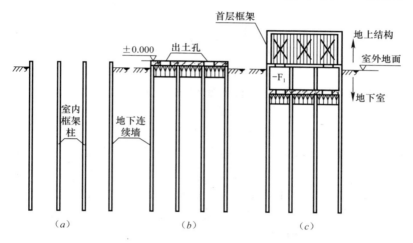

图 2-47　逆作法从上往下建地下室施工图示

（a）沿建筑物四周边线浇筑地下连续墙，基坑内按设计柱网浇筑钢筋混凝土桩（柱）；（b）在±0.000 位置挖去部分土方后立模浇筑地下室顶板，留置出土孔及运输通道；（c）在基坑内挖土，浇筑一层地下室底板，地面上同时施工首层框架，上下同时施工

（三）钢筋混凝土结构分部工程

39. 为什么不同品种的水泥不能混合使用

有这样一个工程实例：某工地在浇捣混凝土设计强度等级为 C20 钢筋混凝土基础时，有人做了这样一个对比试验，即在做了一组 32.5 级矿渣硅酸盐水泥拌制的混凝土试块之后，紧接着又做了一组配合比完全一样的 42.5 级普通硅酸盐水泥拌制的

混凝土试块。但结果出人意料，这两组试块，经同样标准养护后进行抗压试验，矿渣硅酸盐水泥试块强度等级达到 C20 的设计强度要求，而普通硅酸盐水泥试块强度反而大大低于设计强度。原因是什么呢？经过查看有关资料和分析当时拌制的实际情况，找到了原因。原来在第二组普通硅酸盐水泥试块拌制前，并没有把搅拌机筒壁积剩的矿渣硅酸盐水泥混凝土清理掉，因此第二组 42.5 级普通硅酸盐水泥的试块实际上已成了两种品种水泥的"混合物"。这正是导致混凝土强度下降的原因。

普通硅酸盐水泥是用石灰质和黏土质原料，经煅烧得到以硅酸钙为主的水泥熟料，在磨细过程中加入适量的石膏配合而成。它具有早期强度高、凝结硬化速度快、抗冻性能好等优点；缺点是水化热比较高。矿渣硅酸盐水泥则是在熟料磨细过程中，加入了水泥成品数量的 20％～85％ 的高炉矿渣和适量的石膏制作而成，由于矿渣硅酸盐水泥中含有相当数量的活性氧化硅和氧化铝，因而矿渣硅酸盐水泥具有水化热低、耐热性好、后期强度增长快、耐蚀性和耐水性好的优点。

从上述的分析可知，这两种水泥的化学成分是不一样的。正因为化学成分含量不同，它们的一系列物理化学性能也不同。这个工地的第一组 32.5 级矿渣硅酸盐水泥试块，因没有其他品种水泥的掺合，水化热一致，凝结硬化速度一致，可想而知，这组试块的内部凝结正常。而第二组试块则为混合物，两种不同水化热、不同凝结硬化速度的水泥混合拌合，则造成混凝土试块内局部温高或局部温低，局部凝结或局部不凝结，这种状况导致试块内各部位的变形不同，这对混凝土凝结十分不利，甚至造成分子结构分离，起到破坏作用。所以不同品种的水泥是不能混合使用的。

40. 不合格水泥不等于废品水泥

某工地进场了 20t 强度等级为 42.5 级的普通硅酸盐水泥，

准备下周用于浇筑主厂房吊车梁，3天复试报告今天上午拿到了，复试检测单位判定为不合格品水泥，现场施工人员望着复试报告直发呆，现场监理工程师立即发出了停用通知书。这批水泥主要问题是 3 天抗压强度为 13MPa（国家标准 42.5 级规定为不低于 16MPa），3 天抗折强度为 2.8MPa（国家标准 42.5 级规定为不低于 3.5MPa），两者均达不到国家标准要求，其他各项指标，如三氧化硫、氧化镁、烧失量、细度、凝结时间和安定性等均符合国家标准的规定。

这批水泥不能使用，涉及到工程进度、工程质量、材料处理等一系列问题，现场施工人员立即向项目部赵总工程师作了电话汇报，赵总工程师一会儿会同材料人员小张、试验人员小吴来到了施工现场。赵总看过水泥复试报告后说，这批水泥 3 天的抗压强度和抗折强度均偏低，判定为不合格品水泥，是无法挽回的事实。但不合格是对 42.5 级的强度等级而言的，它的安定性等其他指标均符合要求，因此，它又不同于废品水泥。对照水泥国家标准，3 天抗压强度和抗折强度均已超过 32.5 强度等级的水泥标准（3 天抗压强度要求不小于 11MPa，3 天抗折强度要求不小于 2.5MPa），因此，这批水泥可以降级为 32.5 强度等级使用。这样做对工程质量不会产生不利的影响。现场施工人员大大松了一口气。

赵总工程师随即指示试验人员小吴将这批水泥再取样按 32.5 级进行重新试配，调整配合比，保证吊车梁混凝土质量。又指示材料员小张立即和水泥供应厂家联系，向厂方提出水泥价差的索赔，避免我方的经济损失。赵总还表扬了施工现场坚持进场水泥复试的做法，避免了盲目使用造成工程质量隐患。

赵总工程师最后还和大家讲了废品水泥的判定事项，根据水泥国家标准规定，三氧化硫、氧化镁含量和初凝时间、安定性试验中的任一项不符合要求的水泥都属于废品水泥，都应禁止拌合混凝土使用。尤其是安定性不合格的水泥，在凝结硬化后，会产生体积不均匀的变化，造成水泥硬化体（亦称水泥石）

开裂，甚至崩溃，影响混凝土结构的承载力和耐久性，造成严重的工程质量事故。

41. 关于水泥水化热的功过是非

水泥加水拌合后会发热，产生一定的热量，这是水泥水化作用时释放出水化热的特性反映。不同品种的水泥水化时释放的水化热的量值是不同的。水泥的主要矿物成分是硅酸三钙（$3CaO \cdot SiO_2$）简写 C_3S、硅酸二钙（$2CaO \cdot SiO_2$）简写 C_2S、铝酸三钙（$3CaO \cdot Al_2O_3$）简写 C_3A 和铁铝酸四钙（$4CaO \cdot Al_2O_3 \cdot Fe_2O_3$）简写 C_4AF。它们都不含水分，但又都是亲水的。当水泥加水拌合后，水泥颗粒就被水所包围，表面的矿物成分很快与水发生水化和水解作用，同时放出一定的热量。这种反应是连锁式的，它不断的向水泥颗粒内部深化，使水泥颗粒周围的水溶液很快达到饱和、逐渐形成一种凝胶。这种凝胶不但具有很高的粘结能力，而且经过一定时间后就逐步结晶硬化，有很高的强度。这个过程通常称为水泥的水化作用。其中铝酸三钙（C_3A）的表现特点最强：它的水化速度最快，水化热量最高，早期强度发展也最快，硬化时体积收缩变化也最大，但后期强度不高，并逐渐降低，本身的致密程度也较差。

在混凝土结构工程施工中，人们对水泥水化热的要求常因不同的施工季节、不同的结构物等不同情况而产生不同的要求，有时候赞赏它有功，有时候则评价它有过。

水泥的水化热对水泥的凝结、硬化有很大的帮助，在冬期施工期间，为防止混凝土浇筑后产生冻害，常选用水化热量值比较高的水泥，如硅酸盐水泥和普通硅酸盐水泥，其水化热量值要比矿渣硅酸水泥高 $10\% \sim 15\%$，能使混凝土构件尽快产生强度，早日超越混凝土受冻强度临界点。

当施工工期紧张时，也常选用水泥水化热量值比较高的水泥，使混凝土浇筑后缩短拆模时间，扩大施工作业面，以加快施工进度。

在进行工程抢修和抢险时，更希望水泥有较高的水化热量值，使混凝土结构尽快提高强度，承受荷载，早日脱离危险境地。

上述几种情况都希望水泥有较高的水化热量值，都希望水泥的矿物成分中铝酸三钙（C_3A）的含量高一点（铝酸三钙通常含量为 $7\%\sim15\%$）。

水泥的水化热也有两重性。对于浇筑大体积混凝土来讲，水化热是个令人头疼的事，因为水化热使混凝土内部积蓄很多热量，能使混凝土温度升高到 $60℃\sim70℃$，这样就会使混凝土内、外产生很大的温差，由于温差而引起内应力，使正在凝结硬化的混凝土产生裂缝、造成事故，这时的水化热不但无功，反而有过了。因此，在浇筑大体积混凝土时，人们千方百计降低水泥水化热的量值，如使用水化热量值较低的矿渣硅酸盐水泥，掺用粉煤灰及矿渣代替水泥；在夏天高温季节施工时，采用预先冷却骨料以及用冷水搅拌的措施，降低混凝土出料口的温度；根据工程进度情况以及混凝土结构的受力情况，采用 60 天或 90 天的混凝土强度值；此外，在搅拌混凝土时还掺加缓凝剂等外加剂，减缓水泥凝胶的凝结速度，以延长水泥的放热过程，降低水化热的危害影响。

总之，水泥水化热对混凝土结构的施工既有有利的一面，也有有弊的一面，施工中全靠施工人员的技术智慧，将利取值最大，将弊降到最小。

42. 混凝土为何大幅度超强

下午去项目部向赵工程师汇报工作，刚走到大门口，就听到钱经理在办公室大声打电话："你这不是明显的弄虚作假吗？你这样做不是给项目部脸上抹黑吗？前几天刚组织大家学习了诚信、守信……你不要多做解释，这事你必须做深刻检查，明天一早把检查送到项目部来！"说着重重地把电话挂断了。

到赵工程师办公室后，我问钱经理为啥发这么大火？赵工程师说，小刘施工的综合楼工地，基础梁和承台部分的混凝土试件，试压结果普遍超强，而且超得很多，使人难以理解。公司试验室将此情况向公司总工办作了汇报，总工办下午通报了项目部。他们用的是强度等级为 42.5 的普通水泥，设计 C25 混凝土，试件试压结果普遍超过 40MPa，最高的竟达到 49MPa。

"是不是有什么意外情况？"我随口说了声。

"我的意见也是先去调查弄清情况再说。小刘平时做事还是挺小心谨慎的。"赵工程师接着说："钱经理是个急性子，他说强度等级 42.5 的水泥怎么能打出 49MPa 的混凝土来？这不是秃子头上的虱子——明摆的作假吗！"赵工程师接着又对我说："你来得刚好，马上和我一起去找小刘了解一下情况。"

我简单地汇报了我们工地的有关情况后，就和赵工程师急匆匆地去小刘负责的工地。小刘坐在工地办公室发呆，脸色铁灰，看得出还没有缓过气来。看到赵工程师和我去了，竟一下子哭了起来。赵工宽慰他道："你先别着急，现在重要的是要弄清情况，找出超强的原因。你先把那天基础梁和承台的施工情况说一下，然后把施工资料拿给我看看。"

小刘说："综合楼工程工期压得很紧，最近水泥供应又不正常，再加上高温天气，又多雷阵雨，给基础梁和承台施工带来很大困难。施工组人员为保质量保工期，大家分头负责，立下军令状，要打个漂亮仗。60t 42.5 级普通硅酸盐水泥也总算在浇筑前两天送到了工地。那两天老天爷又帮忙，没有下雨，我们就抢时间把混凝土浇筑完了。"

"混凝土配合比是怎么定的？"赵工程师问。

"基础梁、承台的混凝土强度等级和灌注桩混凝土强度等级相同，均是 C25，水泥又都是同一厂家的 42.5 级的普通水泥，和公司试验室通气后，决定仍采用原配合比，灌注桩混凝土试件试压结果质量是很好的。"小刘说。

128

"试件制作情况呢？"赵工程师又问。

"试件制作是在现场监理工程师监督下按规定做的，脱模后由试验员送公司试验室进行标准养护，绝对没有'吃小灶'的现象。"小刘肯定地说。

"水泥浇筑前两天才到，是不是与灌注桩所用水泥是同一个批号呢？"

"不是同一个批号，但强度等级是相同的。"

"是不是进行了性能复试？"

"水泥到现场后，第二天按规定取了样，送市建设工程质量检测中心进行复试。由于工期很紧，所以只能边复试边施工了，试验员后来告诉我，这批水泥质量特别好。"

"复试报告在哪里？你看过没有？"

"我当时听说这批水泥质量特别好，也就放心了，复试报告没有详细看。"

赵工程师叫小刘打电话给试验员，请他把复试报告立即送过来。

待试验员把复试报告送来后，赵工程师一看就说："问题答案我找到了。你看，这批水泥质量是特别好，3 天的抗压强度已经达到 22.3MPa，28 天的抗压强度已达到 52.9MPa 了。"

"那水泥厂为什么不把它的强度等级标定为 52.5 级呢？"小刘不解地问。

"这个水泥厂的生产情况我知道，水泥质量波动较大。他们厂核定的最高水泥强度等级是 42.5 级，也就是说，生产的水泥即使实际强度等级达到 52.5 级，作为出厂牌号仍只能标注 42.5 级。"

"这样不是容易在施工中造成一些问题么？"

"小刘，你说得很对。这就是要通过复试结果，适当做些调整。如果在浇筑混凝土前知道这批水泥超强幅度较大，就可以调整配合比，适当减小水泥用量，这样不仅降低了施工成本，又避免了混凝土出现大幅度超强的情况。对你来讲，不但不会受到批评，还会受到表扬呐！"

"请赵工帮助我向钱经理解释解释，我一定认真吸取这个教训。"

"钱经理批评你弄虚作假的错误可以消除了，但你工作不深不细，还是要好好作一番检讨。再说在质量意识上还需进一步增强。"

"谢谢赵工的指教，今天你来不仅帮助我查清了混凝土质量问题，对我的思想触动也很大，晚上我一定认真写好检讨。"

下午这一番调查，对我来讲也深受教育，施工中的实际情况是多么复杂啊！

在回来的路上，赵工程师进一步和我讲了他的几点意见。

（1）平时常讲当进度与质量发生矛盾时，应服从质量，不能停留在口头上，这次是个教训，千万不能盲目抢进度。

（2）即使同一水泥厂生产的、同一强度等级的水泥，批号不同，其性能也有差异，尤其是一些中、小水泥厂生产的水泥，一定要做好复试工作。公司试验室没有弄清情况就同意采用原配合比也不妥。

（3）本工程的现场监理工程师把关不严。水泥复试报告未出来，就同意用于拌制混凝土，实际上是一种失职行为。

（4）他说他作为项目部技术负责人，也有一定责任，检查、督促不严，也应做检讨。我很佩服赵工程师的自我批评精神。

43. 应重视新鲜水泥与外加剂的兼容性试验

在工程施工中，较多强调的是不能使用过期水泥，因为水泥出厂后，若储存时间过长，其强度等级会逐渐下降（存放 3 个月，强度将降低 10%～20%；存放 6 个月，强度将下降 15%～30%）。

而对于新鲜水泥与外加剂的兼容性影响则相对研究得较少，重视得也不够。这是一个新问题。有关试验单位用强度等级均为 42.5 的中国水泥分别作了出厂28天与出厂3～28天的水泥做净浆流动度的对比，外加剂采用 AF 液、氨基液和萘系液三个品种的高效减水剂，现摘录试验结果如下，见表 2-14 所示。

中国水泥净浆流动度（mm）

表 2-14

出厂时间 （d）	AF 液		氨基液		萘系液	
	老水泥	新水泥	老水泥	新水泥	老水泥	新水泥
6	186	62	234	87	239	140
9	186	62	234	87	239	140
12	186	62	234	210	239	207
15	186	120	226	225	237	235
18	186	132	226	227	237	238
21	186	179	226	227	236	238
24	186	180	224	227	236	238
28	186	182	224	227	236	238

注：表中新水泥指新鲜水泥，老水泥指出厂时间较长的水泥。

由表 2-14 可知，当水泥出厂时间在 12 天内，由于新鲜水泥干燥度高，早期水化快，水化时发热量大，所以需水量亦大，对外加剂的吸附量相应增大，从而造成混凝土坍落度损失快，凝结时间短，容易影响施工操作，甚至影响施工质量。

试验资料也提醒各施工现场，当新鲜水泥进场后，应通过测试水泥净浆流动度或测试混凝土坍落度损失的方法，来做与外加剂的兼容性试验。在外加剂已供应至施工现场的情况下，可通过调整外加剂的掺量来解决新鲜水泥与外加剂不兼容的问题，其最终目的是为了保证混凝土的正常施工操作和施工质量。

此外，目前在混凝土工程中，各种品种的掺合料越来越多，这些掺合料的掺入，也多存在着与外加剂的兼容问题，施工单位在施工前也应相应加强这方面的检测试验，以保证施工质量和施工活动的顺利进行。

44. 混凝土结构用钢筋为什么不能进行热弯处理

某综合楼工程主体框架结构进入屋顶层梁、板施工阶段，

131

钢筋弯曲机突然发生故障，屋顶层 8 根大梁的弯起钢筋急着要绑扎，但都无法施工了，钢筋班长和焊接班长私下里作了通融，使用氧气焊将钢筋加热软化后再用人工慢慢弯曲成型。监理工程师发现这个情况后，立即叫停了施工操作，并将已经绑扎到 2 根屋顶大梁上的钢筋从模板内取出报废，采取别的措施用冷弯方法配制弯起钢筋。

下班后，监理工程师召集钢筋班和焊接班同志开了个小会，讲述了钢筋为什么不能热弯的道理。众所周知，氧气焊火焰温度高达 3000℃ 以上，而对于钢材，当温度达到 100℃ 以上时，其抗拉强度、屈服点和弹性模量都会发生变化，总的趋势是强度降低、塑性增大，如图 2-48 所示和表 2-15 所示。在 250℃ 左右，钢材的抗拉强度略有增加，而塑性却降低，钢材呈现脆性。在此温度区域对钢材进行热加工时，钢材可能会产生裂纹。当温度达到 250℃ ～ 350℃ 时，钢材将产生徐变现象而逐渐降低承载能力。因此，钢材加工必须采用冷弯而不能采用热弯。

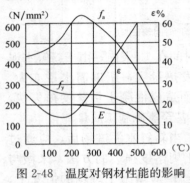

图 2-48　温度对钢材性能的影响

温度对钢材性能的影响 表 2-15

温度（℃）		20	100	200	300	400	500	600
屈服点（%）		100	95	82	65	40	10	0
弹性模量 E× 10^3（N/mm）	普碳钢	206	195	185	170	160	—	—
	16Mn 钢	206	200	200	190	185	—	—
线膨胀系数× 10^{-3}	普碳钢	1.18	1.22	1.28	1.34	1.38	—	—
	16Mn 钢	1.12	1.20	1.26	1.32	1.37	—	—

45. 为什么普通钢筋混凝土不宜使用高强钢筋

这几天，工地真像一个大战场，多工种的立体交叉施工，气势十分宏伟。主楼进入标准层施工后，进度明显加快，原计划 10 天一层，现在有望每层缩短 0.5～1 天。两侧裙房亦按计划已完成三层楼面混凝土的浇筑任务，这段时间内，甲乙双方配合默契，本月底裙房完成屋面工程是很有把握的了。

可今天上午，业主方基建办刘主任匆匆找我，说他们负责供应的屋面用钢筋告急。按施工图设计要求，裙房屋面工程中主要使用的热轧带肋钢筋 HRB335，不知为什么最近货源特紧张，而 HRB500 的货源倒不紧张，刘主任问我能否用 HRB500 代替 HRB335 使用？我随即翻了一下《混凝土结构工程施工质量验收规范》GB 50204—2002 第 5.1.1 条规定，当施工中缺少设计所要求的钢筋品种级别或规格时，可进行钢筋代替，并规定钢筋代换应办理设计变更文件。这是一条强制性条文。为使工作做得更加稳妥，我打电话给赵工程师作了口头汇报，赵工程师听了我的情况汇报后，说 HRB500 钢筋是属Ⅲ～Ⅳ级钢，即高强度钢，在普通钢筋混凝土结构中不宜采用，而两侧裙房是属普通钢筋混凝土结构。赵工程师意见，立即约请市设计院的设计人员到工地商量研究。

下午，在工地办公室召开设计、监理、建设、施工四方面人员会议，赵工程师也参加了会议。设计院的黄工程师听了情况介绍后说，他同意赵工程师的意见。他补充说，在普通钢筋混凝土结构中，混凝土产生裂缝时的极限应变为 0.1×10^{-3}～0.15×10^{-3}，而混凝土即将出现裂缝时的钢筋应力仅为 20～30MPa，即使在使用时允许出现最大裂缝宽度 $[W_{max}]=0.2$～0.3mm 的构件，钢筋的应力也只不过为 150～250MPa。因此，在普通钢筋混凝土结构中，使用高强度钢筋发挥不了本身的材料强度，既对材料造成浪费，对结构安全也是不利的。

133

赵工程师翻开了他带来的《建筑施工手册》,我国热轧钢筋的力学性能见表 2-16 所示。他还说,普通钢筋混凝土宜采用热轧带肋钢筋 HRB400 级和 HRB335 级,也可采用热轧光圆钢筋 HPB235 级和余热处理钢筋 RRB400 级。

热轧钢筋的力学性能 表 2-16

表面形状	强度等级代号	公称直径 d (mm)	屈服点 σ_s (MPa)	抗拉强度 σ_b (MPa)	伸长率 δ_5 (%)	冷湾		符号
			不大于			弯曲角度	弯心直径	
光面	HPB235	8~20	235	370	25	180°	d	Φ
月牙肋	HRB335	6~25 28~50	335	490	16	180°	$3d$ $4d$	Φ
	HRB400	6~25 28~50	400	570	14	180°	$4d$ $5d$	Φ
	HRB500	6~25 28~50	500	630	12	180°	$6d$ $7d$	

注:采用 $d>40$mm 钢筋时,应有可靠的工程经验。

业主方刘主任听后显得一脸的无奈,他立即打电话向领导作汇报,领导在电话中指示他两句话:一切以质量为重,一切以科学为依据,并表示尽一切努力,解决钢筋的供货问题。

46. 钢筋混凝土构件内并不是钢筋越多,
承载力就越高

某工地曾发生这样一件事,二楼裙房一部分是办公用房,一部分是商业用房。在施工二层楼面时,业主方将紧靠商业用房的两间办公用房调整为商场仓库。他们也知道,办公室的楼面设计荷载标准值通常为 1.5~2.0kN/m²,而仓库的楼面设计荷载标准值则通常为 3.0~4.0kN/m²,相差是很大的。但他们认为到设计单位办理工程变更手续比较麻烦,又怕延误工期,决定私下里和钢筋工班长讲好了在这两间楼面钢筋验收后、混凝土浇筑前增加一些受力钢筋。此事被施工人员发现后予以了制止，并当场给业主方基建人员和钢筋工班长上了一堂技术课，讲了局部楼面增加荷载值后，还会影响到周边梁、柱以及基础部位的承载力问题，一定要有设计单位进行变更设计。同时也讲了钢筋混凝土构件的受力原理和破坏时的三种情况：

（1）适筋破坏——这种破坏的特点是，受拉区的受力钢筋达到屈服点强度，即流限。此时荷载不再增加，钢筋应变也继续增加。同时混凝土裂缝沿混凝土断面的垂直高度迅速开展，挠度相应急骤增大。受压区混凝土相继达到弯曲抗压强度，先出现裂缝，后压碎破坏。这种破坏是通过挠曲变形、裂缝开展等现象表现出来的，它带有"预示性"，人们可以采取应急措施，所以它是安全的。混凝土构件的截面设计，钢筋配置，就是以这种破坏状态作为计算依据的。

（2）超筋破坏——若在构件内放入过量的钢筋（与适筋用钢量相比），破坏情况将有质的变化。因钢筋过多，在破坏荷载作用下，钢筋尚具有很大潜力，"挺而不变"，但受压区混凝土逐渐接近弯曲抗压强度极限。由于混凝土属脆性材料，一旦破坏，时间短暂而急骤和突然。所以超筋破坏又称"脆性破坏。"这种破坏是由混凝土开始的，它不同于适筋破坏。构件破坏时。钢筋变形不显著，构件也没有过大的挠度和裂缝，无预示性，人们也来不及做应急措施，构件就已突然破坏，所以是危险和不安全的。

（3）欠筋破坏——当钢筋配置过少（与适筋破坏用钢量相比），也将产生类似超筋破坏的"脆性破坏。"但首先引起脆性破坏的不是混凝土，而是钢筋。这时当钢筋达到屈服点强度、并完成流限变形后，进入强化阶段产生脆性断裂而引起的。

业主方基建人员听了上述情况后，表示接受施工人员意见，办理正式工程变更设计手续。钢筋工班长也做了自我检讨。

统一思想认识后，立即请业主方与设计单位联系，提出楼面荷载增加后，调整配筋和楼板厚度等变更意见。同时，还应核算与这两间相邻的梁、柱、基础等结构构件的受力情况，避免产生结构上的安全隐患。

47. 什么是钢筋疲劳？在工程结构中如何正确处理钢筋疲劳问题

(1) 疲劳概念

对于钢筋，所说疲劳是指它在承受反复的、并有周期性的动荷载作用下，经过加载和卸荷交替一定次数后，材质有了变化，会从塑性破坏变成脆性突然断裂破坏，这种破坏现象就是疲劳破坏。这时，钢筋所受的最大应力远远低于静荷载作用下的极限强度，有的甚至低于屈服点。

用双手折断一根铅丝，如果用两手拉是很难拉断的，但如果用双手反复将其正、反交替曲折，则很容易使其断裂，这就是典型的疲劳脆性破坏。

(2) 哪些构件的钢筋容易出现疲劳现象

有些钢筋混凝土构件在使用阶段承受着反复交替的动力荷载，例如工业厂房中的吊车梁、栈桥行车梁以及各种桥梁工程中的大梁等，它们所受的荷载是反复加上去的，即荷载加上去后卸除、再加荷、卸除……在单位时间内，有的加荷、卸除频繁，有的则次数少一些。构件承受反复荷载与静荷载相比较，情况要不利得多，所以在设计这些钢筋混凝土构件时，规范规定要附加一种计算项目，叫作疲劳验算。

(3) 疲劳强度验算

加荷、卸荷频繁的构件需要进行疲劳验算，而不太频繁的则不必进行疲劳验算。频繁的概念是指在一定时间内加荷次数的多少来衡量的，例如对于吊车梁，通常用吊车的工作忙闲程度来区别，吊车有15%的时间在运转的，叫轻级工作制吊车；有25%的时间在运转的，叫中级工作制吊车；有40%的时间在运转的，叫重级工作制吊车。

承受重级工作制吊车的吊车梁，应进行疲劳强度验算；承受中级工作制吊车的吊车梁，宜进行疲劳强度验算；承受轻级工作制吊车的吊车梁，可不必做疲劳强度验算。

当构件进行疲劳强度验算时，钢筋的强度应采用钢筋的疲劳强度。钢筋的疲劳强度是指钢筋在某种荷载作用下，不管加荷次数如何增加，它都不会产生裂痕或被拉断（但超过该荷载值时，就有可能会产生裂痕或被拉断），相应于这荷载的应力称为钢筋的疲劳强度。

（4）钢筋的疲劳应力幅限值

国家标准《混凝土结构设计规范》GB 50010—2010 第4.2.6 条对普通钢筋和预应力钢筋的疲劳应力幅限值 Δf_y^f 和 $\Delta f^f Py$ 的取值作了明确规定。应由钢筋疲劳应力比值 ρ_s^f、ρ_p^f，然后分别按相应表格中的数值采用。

普通钢筋疲劳应力比值 ρ_s^f 应按下列公式计算：

$$\rho_s^f = \frac{\sigma_{s,min}^f}{\sigma_{s,max}^f}$$

式中　$\sigma_{s,min}^f$、$\sigma_{s,max}^f$——构件疲劳验算时，同一层钢筋的最小应力、最大应力。

预应力钢筋疲劳应力比值 ρ_p^f 应按下列公式计算

$$\rho_p^f = \frac{\sigma_{p,min}^f}{\sigma_{p,max}^f}$$

式中　$\sigma_{p,min}^f$、$\sigma_{p,max}^f$——构件疲劳验算时，同一层预应力钢筋的最小应力、最大应力。

现将普通钢筋强度设计值（N/mm²）和普通钢筋疲劳应力幅限值（N/mm²）分别列于表 2-17 和表 2-18 作一比较。预应力钢筋比较表从略。

普通钢筋强度设计值（N/mm²）　　　　表 2-17

牌　　号	抗拉强度设计值 f_y	抗压强度设计值 f_y'
HPB300	270	270
HRB335、HRBF335	300	300
HRB400、HRBF400、RRB400	360	360
HRB500、HRBF500	435	410

普通钢筋疲劳应力幅限值（N/mm²） 表 2-18

疲劳应力比值 ρ_s^f	疲劳应力幅限值 Δf_y^f	
	HRB335	HRB400
0	175	175
0.1	162	162
0.2	154	156
0.3	144	149
0.4	131	137
0.5	115	123
0.6	97	106
0.7	77	85
0.8	54	60
0.9	28	31

注：1. 当纵向受拉钢筋采用闪光接触对焊连接时，其接头处的钢筋疲劳应力幅限值应按表中数值乘以 0.8 取用；
2. 按规范 4.2.6 条文说明，HRB500 级带肋钢筋尚未进行充分的疲劳试验研究，因此承受疲劳作用的钢筋宜选用 HRB400 热轧带肋钢筋。RRB400 级钢筋不宜用于直接承受疲劳荷载的构件。

表 2-17 和表 2-18 相比较可知，构件按疲劳验算时，其钢筋疲劳应力的取值比正常设计时，钢筋强度的设计值要小得多，这对结构件的安全使用和正常运行是完全必须的。

有了钢筋的疲劳应力值后，在构件作疲劳强度验算时，只需算得钢筋的应力值不超过疲劳应力值就可以了。

48. 柱筋偏移的防止和正确处理

由于施工操作不慎和质量检查的不力，在施工现场常会发现钢筋混凝土柱的主筋在出楼面处出现偏移现象，很多施工人员及操作工人对此亦不够重视，认为在浇筑上层柱子混凝土时，只要将其扶正就行了。这是一个很大的误区。柱筋偏移后，对轴心受压的柱子影响可能不是很大，但对承受偏心荷载的柱子将产生明显的影响，这是因为柱筋偏移后，钢筋保护层增厚（柱筋向内偏移时），柱子在承受侧向荷载（风力、地震力等）

时，其抵抗弯矩的 h_0 值将减少，极易使柱子的根部产生裂缝。图 2-49 为框架柱节点处在侧向荷载作用下，柱子根部和顶部出现裂缝的情况。如果柱筋向外偏移，则使柱筋丧失保护层，并影响上层模板的施工。

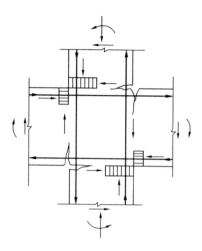

图 2-49　柱梁节点核心受力图

（1）如何防止柱筋偏移

1）当柱筋扎好，进行柱子立模板时，柱筋四周（角）应将保护层的水泥砂浆垫块扎牢。垫块在高度方向间距不大于 1m，在柱子上部（即梁底）亦应扎一道，使柱筋在模板内相对固定。

2）柱子箍筋除按设计要求在节点处加密外，应绑扎至楼面以上，如图 2-50 所示。这是保证柱筋位置正确的重要措施，但很多工地不太注意，因而造成柱筋出楼面时产生偏移现象。

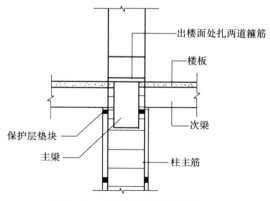

图 2-50　柱箍筋绑扎至楼面以上

3）当混凝土浇筑至节点处时，应切实注意柱筋位置的方正和正确，对偏移的柱筋应采取措施使其复位。

139

（2）已偏移柱筋的处理方法

对已经偏移的柱筋，切不可采取简单的扶正方法，否则将给柱子的受力性能留下隐患。正确的处理方法应由设计、施工、监理等方面人员商定。下面介绍几种常用的处理方法。

1）采用植筋的办法

如图 2-51 所示。柱筋的钻孔直径和植入深度可参考表 2-19 所示。

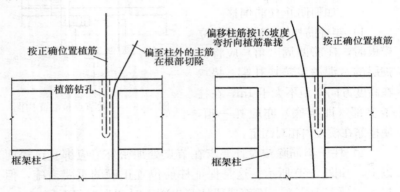

图 2-51　柱筋偏移植筋法校正处理

Ⅱ级钢筋（即 HRB335）使用 HY150 植筋胶，其植筋直径、钻孔直径、
植入深度对照表（mm）　　　　　　　　表 2-19

植筋直径	10	12	14	16	18	20	22	25	32	40
钻孔直径	14	16	18	22	25	28	30	32	40	48
植入深度	100	129	170	198	240	277	350	387	561	784

2）采用外包角钢的办法

如图 2-52 所示。偏移柱筋按 1∶6 弯折后与伸出楼板的角钢焊接。为防止角钢锈蚀，应在外包镀锌铁丝网后抹水泥砂浆保护层。

49. 肋形楼盖的主梁、次梁、楼盖的负筋
如何排放较为合理

肋形楼盖的主梁、次梁、楼板的负筋如何排放，直接关

系到梁板的有效高度，即承载能力问题。因此，如何合理排放，尽量减少其有效高度的损失，是设计和施工共同关注的问题。

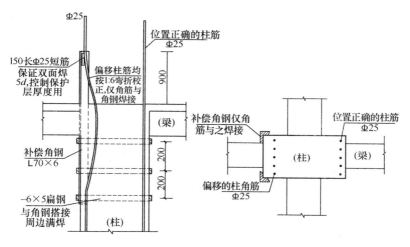

图 2-52 外包角钢补偿法

负筋的位置可能有以下三种排放形式：

① 次梁负筋排放在楼板和主梁负筋的上面；

② 次梁负筋排放在楼板和主梁负筋的下面；

③ 次梁负筋排放在楼板负筋的下面，主梁负筋的上面。

通过对梁板的受力分析可知，①最不合理，②不太合理。③最合理。

为了说明问题，设某肋形楼盖主梁截面高度 $h=800\text{mm}$，$\Phi25$ 负筋（如果独立梁，有效高度 $h_0=762.5\text{mm}$）；次梁 $h=500\text{mm}$，$\Phi20$ 负筋（$h_0=465\text{mm}$）；楼板 $h=80\text{mm}$，$\Phi10$ 负筋，$\Phi8$ 分布筋（$h_0=60\text{mm}$）。

排式①：

次梁保护层符合规范要求，h_0 不减少，支座抵抗弯矩不减少。

楼板支座保护层=次梁保护层 25+次梁负筋 20=45mm，板

141

支座负筋下降后的有效高度 h'_o＝楼板厚 80－保护层 45－楼板负筋半径 10/2＝30mm，板支座抵抗弯矩减少的近似值为 $1-(h'_o/h_o)^2=1-(30/60)^2=75\%$。

主梁保护层＝次梁保护层 25＋次梁负筋 20＋楼板钢筋 18＝63mm，主梁支座负筋下降后的有效高度 h'_o＝主梁高 800－保护层 63－主梁负筋半径 25/2＝724.5mm，主梁支座抵抗弯矩减少的近似值为 $1-(724.5/762.5)^2=9.7\%$。

排式②：

楼板保护层符合规范要求，h_o 不减少，支座抵抗弯矩不减少。

次梁保护层＝楼板保护层 15＋楼板钢筋 18＋主梁负筋 25＝58mm，减少后的有效高度 h'_o＝次梁高 500－保护层 58－次梁负筋半径 20/2＝432mm，支座抵抗弯矩减少的近似值为 $1-(432/465)^2=13.7\%$。

主梁保护层＝楼板保护层 15＋楼板钢筋 18＝33mm，减少后的有效高度 h'_o＝主梁高 800－保护层 33－主梁负筋半径 25/2＝754.5mm，支座抵抗弯矩减少的近似值 $1-(754.5/762.5)^2=2.1\%$。

排式③：

楼板情况同②。

次梁保护层＝楼板保护层 15＋楼板钢筋 18＝33mm，减少后的有效高度 h'_o＝次梁高 500－保护层 33－次梁负筋半径 20/2＝457mm，支座抵抗弯矩减少的近似值 $1-(457/465)^2=3.4\%$。

主梁保护层＝楼板保护层 15＋楼板钢筋 18＋次梁负筋 20＝53mm，减少后的有效高度 h'_o＝主梁高 800－保护层 53－主梁负筋半径 25/2＝734.5mm，支座抵抗弯矩减少的近似值为 $1-(734.5/762.5)^2=7.2\%$。

为方便对比，将上述计算结果归纳成表 2-20。对比之下，排式①最不合理，楼板支座有效高度减少太多（30mm），致抵抗弯矩减少太多（75%），即使大面积加厚楼板 30mm，也不能补偿回原设计承载能力（自重大增），经济上也不合算。排式②不太合理，次梁支座有效高度减少较多（33mm），抵抗弯矩减少较多（13.7%）。排式③最合理，楼板承载力不减少，次梁抵抗弯矩减少不多，唯主梁支座抵抗弯矩减少较多（7.2%）。但是，从图 2-53 情况看，主梁比较特殊，首先是其跨中 C、D 是正弯矩区段，其抵抗弯矩不因负筋下降而减少。A、B、E、F 点是主梁负弯矩区段，B、E 点处因负弯矩值陡降，虽然负筋下降后截面抵抗弯矩减少，仍问题不大；因此，主梁上的诸点之中，实际受不利影响的只有 A、F 支座两点。因为该处负弯矩最大，但有时候该处无次梁。

肋形楼盖负筋排放统计表　　　　表 2-20

名　称		楼　板	次　梁	主　梁
截面高度（mm）		80	500	800
独立梁时的有效高度（mm）		60	465	762.5
因负筋交叉而减少的 有效高度（mm）	排式①	30	0	38
	排式②	0	33	8
	排式③	0	8	28
支座抵抗弯矩减少值 （%）	排式①	75	0	9.7
	排式②	0	13.7	2.1
	排式③	0	3.4	7.2

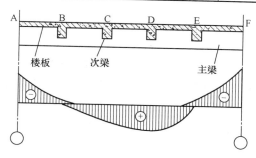

图 2-53　主梁弯矩包络图

总之，无论设计和施工都要考虑肋形楼盖负筋位置的合理排放，以及由于负筋交叉造成有效高度减少，承载能力有所降低的问题，最大限度地减少损失。三种可能的排放形式中，次梁负筋排放在楼板负筋的下面、主梁负筋的上面最合理。为了解决在主、次梁交汇处楼板有两层负筋、分布筋的问题，为了减少 h_0 的损失和楼板超厚问题，建议取消该处负筋下面的分布筋，让该处负筋互为分布筋。为了处理主次梁节点处钢筋骨架高度出现"马鞍形"的问题。该处箍筋斜置，它有利于抗剪，箍筋加工尺寸又可以不改变，见图 2-54。

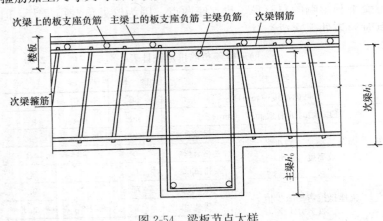

图 2-54　梁板节点大样

50. 屈服点——钢筋的一个不可忽视的力学特性

建筑设计人员在计算和选用混凝土结构的受力钢筋时，通常是根据钢筋的强度等级，特别是钢筋的屈服点指标来确定的。当前，我国在普通混凝土结构中主要采用热轧光圆钢筋和热轧带肋钢筋。这两类钢筋都具有软钢特性，不仅有明显的屈服点和较高的抗拉强度，而且具有良好的塑性、韧性和可焊性，耐低温性能也较好，时效敏感也较小，所以最适合用作钢筋混凝土结构的主要受力钢筋。

钢筋的强度等级是按照屈服点指标划分的，如 HPB235 级钢，它的屈服点值为 235N/mm²，HRB335 级钢，它的屈服点值为 335N/mm²，RRB400 级钢，它的屈服点值为 400N/mm²，数字 235、335、400 分别为各牌号钢筋屈服点的最小值。

钢筋的屈服点是通过钢筋的拉伸试验确定的，图 2-55 为热轧钢筋拉伸试验的应力——应变图，从图中可以看出，在应力达到 A 点之前，应力与应变成正比，呈弹性工作状态，A 点的应力值 σ_p 称为比例极限。在应力超过 A 点之后，应力与应变不成比例，有塑性变

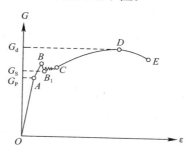

图 2-55 热轧钢筋拉伸

形，当应力达到 B 点，钢筋到达了屈服阶段，应力值保持在某一数值附近上、下波动而应变继续增加，取该阶段最低点 B_1 点的应力值称为屈服点 σ_s。超过屈服阶段后，应力和应变又呈上升状态，直至最高点 D，称为强化阶段，D 点的应力值称为抗拉强度（强度极限）σ_d，从最高点 D 至断裂点 E 钢筋产生颈缩现象，荷载下降，伸长增加，很快被拉断。

从上述钢筋的拉伸试验过程告诉我们，钢筋的屈服点是受力钢筋最主要的一个性能指标，它不仅是建筑结构设计中钢筋强度的取值依据，它也直接影响到建筑结构的安全性能。普通钢筋混凝土结构为了使用安全，应使用屈服点明显的热轧钢筋，因为它具有良好的延性（即伸长率 δ_s），使构件在破坏前有足够的预兆，即有明显的挠度和较大的裂缝，不会发生脆性断裂，给人们有个逃生的时间和机会，因而对安全是十分有利的。因此，在工程实际施工中，对进入工地的钢筋，应按规定进行取样试验，在符合设计要求的情况下才能使用，应绝对禁止使用没有明显屈服点的杂牌钢筋，以免造成重大质量或安全事故。

图 2-56 为没有明显屈服点的硬钢的应力——应变图，说明硬钢的塑性（即延性）性能较差，容易使混凝土构件产生没有

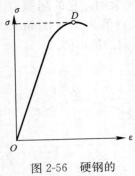

图 2-56 硬钢的
应力应变图

预兆的脆性破坏，其危害性是很大的。

现行国家标准《钢筋混凝土用热轧带肋钢筋》（GB 1499—1998）第 6.3.3 条规定：为适应建筑结构构件抗震的要求，钢筋应满足下列条件：（1）钢筋实测抗拉强度与实测屈服点之比不小于 1.25；（2）钢筋实测屈服点与标准规定的最小屈服点之比不大于 1.30。试验表明：强屈比越大，钢筋受拉超过屈服点工作时的可靠性越大，安全性越高。当然，如果强屈比过大，钢筋强度利用率会偏低，浪费材料。

总之，钢筋屈服点直接影响到建筑结构的安全度，为了提高建筑工程的质量，应重视检测钢筋屈服点。

51. 框架结构的柱梁节点处柱子箍筋为何要加密

框架结构的柱、梁节点处构造复杂，钢筋分布密集，特别是中间柱子节点处钢筋纵横交错，箍筋绑扎极不方便，施工难度较大，致使节点部位的柱子箍筋常出现少放甚至不放的现象，给工程留下严重隐患。

框架结构柱梁节点处是受力敏感部位，《混凝土结构设计规范》GB 50010—2010 规范对框架结构柱梁节点处的柱箍筋设置（箍筋间距、末端弯钩角度、末端平直段长度等），作了明确规定。这些规定都是根据框架结构的受力特点以及大量地震灾害的经验教训总结出来的，在设计和施工中应予认真加以贯彻落实的。

框架结构柱梁节点处柱箍筋加密的重要性有以下几个方面：

（1）提高柱端塑性铰区的延性。钢筋混凝土是一种弹塑性材料，当某一截面上的弯矩已达到其极限承载力时，截面上所负担的弯矩不能再增加了，而截面将继续发生转动，这相当于一个可以承受一定弯矩的"铰"，这种铰称为塑性铰。塑性铰在转动过程中继续传递弯矩，塑性变形部分越大，表示变形能力越强，也就是延性越好。延性好可以防止构件发生脆性破坏，对结构抗震特别有利。

（2）防止纵向受力钢筋产生压屈现象。箍筋的作用之一是与纵向受力钢筋组成空间骨架，减小纵向受力钢筋的支承长度，避免因纵向受力钢筋过早被压屈而降低柱的承载力。若箍筋加密，则纵向受力钢筋的支承长度减小，柱的承载能力就能提高。

（3）提高抗剪能力。对配有箍筋、弯起钢筋的有腹筋梁，在斜裂缝发生之前，腹筋的应力很小；但在斜裂缝发生以后，箍筋就可以大大加强斜截面的承载力，并阻止斜裂缝的开展，加大破坏前斜裂缝顶端的混凝土受压截面，从而可以提高混凝土的抗剪能力。如果将框架柱节点内的箍筋加密，可以避免斜裂缝出现，或减小斜裂缝的宽度。

在实际施工中，框架结构节点内除了少放柱的水平箍筋外，还常存在以下问题，如箍筋的弯钩仅成 90°，弯钩直线部分的长度也不足。规范要求，对有抗震要求的框架结构其箍筋弯钩应成 135°，弯钩直线部分的长度，不应小于箍筋直径的 10 倍。

52. 为什么设计和施工规范都对钢筋混凝土结构中钢筋保护层厚度提出了很严格的要求

（1）规范对钢筋保护层的要求

1）国家标准《混凝土结构设计规范》GB 50010—2010 中 8.2.1 条对钢筋保护层厚度作了明确规定：

规范条文如下：

8.2.1　构件中普通钢筋及预应力筋的混凝土保护层厚度应满足下列要求。

1　构件中受力钢筋的保护层厚度不应小于钢筋的公称直

径 d；

2 设计使用年限为 50 年的混凝土结构，最外层钢筋的保护层厚度应符合表 8.2.1 的规定；设计使用年限为 100 年的混凝土结构，最外层钢筋的保护层厚度不应小于表 8.2.1 中数值的 1.4 倍。

混凝土保护层的最小厚度 c（mm）

表 8.2.1（原规范编号）

环境类别	板、墙、壳	梁、柱、杆
一	15	20
二 a	20	25
二 b	25	35
三 a	30	40
三 b	40	50

注：1 混凝土强度等级不大于 C25 时，表中保护层厚度数值应增加 5mm；
　　2 钢筋混凝土基础宜设置混凝土垫层，基础中钢筋的混凝土保护层厚度应从垫层顶面算起，且不应小于 40mm。
　　3 表 8.2.1 系原规范编号，未编入本书的表序中。

混凝土结构暴露的环境类别按表 2-21 划分。

混凝土结构的环境类别　　　　　　　　　　表 2-21

环境类别	条件
一	室内干燥环境； 无侵蚀性静水浸没环境
二 a	室内潮湿环境； 非严寒和非寒冷地区的露天环境； 非严寒和非寒冷地区与无侵蚀性的水或土壤直接接触的环境； 严寒和寒冷地区的冰冻线以下与无侵蚀性的水或土壤直接接触的环境
二 b	干湿交替环境； 水位频繁变动环境； 严寒和寒冷地区的露天环境； 严寒和寒冷地区冰冻线以上与无侵蚀性的水或土壤直接接触的环境

环境类别	条件
三 a	严寒和寒冷地区冬季水位变动区环境； 受除冰盐影响环境； 海风环境
三 b	盐渍土环境； 受除冰盐作用环境； 海岸环境
四	海水环境
五	受人为或自然的侵蚀性物质影响的环境

注：1. 室内潮湿环境是指构件表面经常处于结露或湿润状态的环境；
    2. 严寒和寒冷地区的划分应符合现行国家标准《民用建筑热工设计规范》GB 50176 的有关规定；
    3. 海岸环境和海风环境宜根据当地情况，考虑主导风向及结构所处迎风、背风部位等因素的影响，由调查研究和工程经验确定；
    4. 受除冰盐影响环境是指受到除冰盐盐雾影响的环境；受除冰盐作用环境是指被除冰盐溶液溅射的环境以及使用除冰盐地区的洗车房、停车楼等建筑。
    5. 暴露的环境是指混凝土结构表面所处的环境。

2）国家标准《混凝土结构工程施工质量验收规范》GB 50204—2002（2010 年版）对结构实体钢筋保护层厚度检验专门设置了附录 E，对结构实体钢筋保护层厚度检验的结构部位、检验数量、检验方法、检验误差以及合格标准等作了详细规定。

3）钢筋保护层厚度检验测点合格率定为 90% 及以上时，判定为合格，比其他检查项目测点合格率定为 80% 及以上时的判定为合格提高了 10 个百分点。

（2）确定钢筋保护层厚度应考虑的问题

钢筋保护层厚度的确定，主要应满足以下三个方面的需要：

1）建筑物（构件）的耐久性需要

钢筋混凝土结构中，钢筋是主要的受力材料。规定钢筋要有一定的保护层厚度，是对受力钢筋的保护。钢筋保护层过薄，容易产生裂缝，引起钢筋锈蚀，直接影响建筑（构件）的耐久性。因为钢筋主要化学组成是铁（Fe），铁是一种较活泼的金属，与空气中的氧气发生作用后生成氧化铁，即俗称铁锈。此外，铁遇到酸、碱之类的化学物质时易被腐蚀，生成无机盐类。无论是钢筋被氧化还是被腐蚀，都将削弱钢筋截面面积，不仅降低结构承载能力，而且影响结构耐久性。

规范中根据钢筋混凝土的结构不同的工作环境，列出了一、二 a、二 b、三 a、三 b 五种混凝土结构中钢筋保护层的最小厚度要求。由表可知，钢筋混凝土结构工作环境越差，钢筋保护层厚度越厚，这是保证结构安全的一项重要措施。

2）钢筋与混凝土粘结锚固的需要

钢筋在混凝土构件中应有良好的锚固条件（也称"握裹力"），这是钢筋与混凝土共同工作的前提。在通常情况下，当保护层厚度等于钢筋的公称直径时，钢筋与混凝土的粘结锚固可认为满足要求了。

3）构件截面有效高度的需要

在结构计算中，构件截面的有效高度（亦称计算高度）是个很重要的计算参数，它直接影响到构件的承载能力。正确的保护层厚度，也就有效地保护了截面的计算高度，也保证了构件的承载能力。

（3）钢筋保护层的现状情况

在实际施工中，由于模板的不平整、钢筋的不平直、搭接及焊接以及施工构造措施、施工操作的不当等多种因素的影响，钢筋混凝土结构的实际几何尺寸与设计图纸中的标志尺寸常有一定偏差。原建设部曾组织人员对全国 13 个城市的 19 个混凝土预制构件厂及 14 个施工现场的各类钢筋混凝土构件主要几何尺寸进行实测，经过对 5 万多个数据的统计分析得知，可近似地采用正态分布来描述钢筋混凝土结构构件几何尺寸的变异性，并给出了统计参数如表 2-22、表 2-23 所示。

150

钢筋混凝土构件几何尺寸的统计参数　　　表 2-22

几何尺寸类别	截面高度	截面宽度	预制板的受力主筋保护层厚度	梁、柱、现浇板的受力主筋保护层厚度	截面有效高度
μ_i	1.0148	1.0025	1.2739	0.8896	1.0042
δ_i	0.0247	0.0079	0.2220	0.3009	0.0333

注：μ_i 为某一几何尺寸各统计组均值系数的加权平均值，δ_1 为某一几何尺寸各统计组变异系数的加权平均值。

现浇钢筋混凝土构件几何尺寸随其大小的变异　　　表 2-23

设计标志尺寸（mm）	＞3000	700～400	350～100	＜25
δ_i	0.0026	0.0074	0.0157	0.3139

从表 2-22 可见，预制及现浇混凝土构件纵向受力主筋混凝土保护层厚度的离散程度远大于其他几何尺寸的离散，其变异系数的取值范围为 0.1513～0.4405，其中梁、柱、现浇板纵向受力主筋混凝土保护层厚度变异系数的全国加权平均值达 0.3009；表 2-23 说明了设计标志尺寸越小的变量，其变异系数越大。此外表 2-22 统计分析还表明了梁、柱、现浇板纵向受力主筋混凝土保护层厚度平均值低于设计值，其均值系数的取值范围为 0.667～0.9807，全国加权平均值为 0.8896。

（4）钢筋保护层厚度施工负偏差的不利影响

混凝土保护层厚度出现较大施工正偏差时，截面有效高度减小，使得正截面抗弯能力不足，这是显而易见的。但混凝土保护层厚度出现施工负偏差时，其不利影响经常被忽视。

1）影响钢筋混凝土结构构件的耐久性

由于混凝土保护层厚度平均值低于混凝土保护层最小厚度限值，且有较大的离散，加之我国规定的混凝土保护层最小厚度本身就偏低，故使这类构件耐久性不足。据有关资料介绍，如深圳市早期建造的楼房，其大部分楼板均存在混凝土保护层厚度不够的问题。随着混凝土构件使用年限的增加，楼板中钢筋严重锈蚀，混凝土保护层出现明显裂缝或局部脱落，顺筋方向裂缝宽度可达 1～2mm。

由于近年来加强混凝土工程的质量监督，混凝土保护层厚度离散性有所减小，但允许的负偏差对混凝土构件耐久性、黏结锚固均有不利影响，必须重视。

2）加速保护层混凝土的碳化进程

钢筋保护层厚度越薄，混凝土的碳化影响也越大，全部被碳化的时间也越短，钢筋也将越早开始锈蚀。现以原混凝土结构设计规范中规定的在一、二a、二b、三这四类一般大气环境类别中的混凝土保护层厚度下限值为基础，分别出现 5mm 施工尺寸负偏差时，其碳化寿命的比值见表 2-24 所示。

混凝土保护层厚度低于规范下限值 5mm 时的碳化寿命比值

表 2-24

环境类别	板、墙、壳	梁	柱
一	0.4444	0.64	0.6944
二 a	0.5625	0.6944	0.6944
二 b	0.64	0.7347	0.7347
三	0.6944	0.7656	0.7656

注：混凝土强度等级为 C25～C45。

从表 2-24 可见，当混凝土保护层厚度比规范下限值减小 5mm 时，与混凝土保护层无施工负偏差相比，二者碳化寿命之比为 0.4444～0.7656，保护层越薄则影响越大，其耐久性降低越多。

53. 楼板负筋保护层超原引起的质量事故

在建筑工地上，对于钢筋混凝土现浇楼板的受力钢筋的保护层厚度，通过多年宣传、交底以及采取各种有效措施后，已逐步引起人们的重视，但对于负筋的保护层，还常常出现负筋被踩踏而造成偏差过大。很多施工操作人员认为，只要主筋位置正确了，楼板就不会出质量问题了，负筋保护层差一点问题不大，这实在是认识上的一大误区。

2005 年 6 月，一用户买了某房屋开发公司一套临街商品楼作商业用房，9 月装修完毕，10 月 1 日开始正式营业。第二年 4 月，发现地面上铺贴的地面砖上有许多裂缝，裂缝分布情况如图 2-57 所示。

发现地面砖出现裂缝后，用户及时与相关部门取得了联系。房屋开发公司、设计单位、监理单位、施工单位以及建筑工程质量监督站都派工程技术人员到现场对出现的地面砖裂缝进行调研分析。

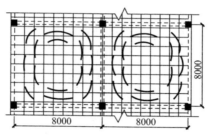

图 2-57　地砖裂缝示意图

（1）首先进行外形直观检查，发现裂缝的分布是有规律的，沿楼板的四周成圆周状分布，初步排除了因温度原因产生的混凝土收缩裂缝。

（2）查阅相关施工技术资料，基本齐全完整，符合要求。

（3）经小锤轻击，地面砖不存在空鼓现象，地面砖板缝间隙也完全符合施工规范要求。

（4）将几块有裂缝的地面砖进行凿剔翻起观察，发现现浇楼板结构层上都有不同程度的裂缝，裂缝最大宽度达 3mm。

（5）进行凿洞检查，发现所用的钢筋规格、型号、间距均符合图纸和规范要求，钢筋质量合格。唯一达不到设计图纸和规范要求的是，楼板负筋的保护层厚度大大超标，厚度竟达 65mm，超过设计要求（15mm）50mm。

根据《混凝土结构工程施工质量验收规范》（GB 50204）的相关规定，楼板构件上部纵向受力钢筋保护层厚度的合格率应达到 90% 及以上。且不得有超过允许偏差值的 1.5 倍,现实地测量偏差值都超出规范允许偏差值的 10 倍以上。严重违反了施工规范的规定,影响了工程内在质量。

二层现浇钢筋混凝土楼板由于负筋的保护层过厚,减小了现浇板构件的有效截面高度,造成现浇楼板因承载能力不足而出现裂缝。有关计算数据表明,一块 100mm 厚的现浇板,当负筋保护层厚度超过设计厚度 50mm 时,现浇板的承载能力将降低 65%。

至此,本工程地面砖裂缝的主要原因是楼板负筋的保护层过厚所致,施工单位也心悦诚服地承担了主要责任,监理公司和建设单位也分担了部分责任。最终由设计单位对楼板提出加固方案,由施工单位负责加固施工,并负责赔偿用户的营业损失。

54. 锥螺纹钢筋连接技术的优势

目前,建筑结构钢筋连接的方式大体上可分为三类:一是传统的绑扎方法;二是各种焊接,包括电弧焊、电渣压力焊和气压焊等方法;三是机械连接方法,包括冷挤压套筒钢筋接头和锥螺纹钢筋接头。绑扎连接法存在多种缺陷,目前大直径钢筋连接已限制采用;焊接方法易受钢筋材质、气候条件、电压状况以及人员素质和其他条件的影响,质量不太稳定;而钢筋机械连接(如锥螺纹钢筋连接)新技术由于不受上述因素的影响,钢筋连接质量有保证,质检也直观方便,再加上连接速度快、综合效益好等优点,已成为施工现场钢筋连接技术的首选,也成为钢筋连接领域的发展方向。被原建设部和国家科委多次列为科技成果重点推广项目。

锥螺纹钢筋接头的原理是:利用锥螺纹能同时承受轴向力和水平力及其密封性、自锁性好的特点,将钢筋端部分别车出特定锥螺纹的两根钢筋,对拧在带有同锥度内锥螺纹的连接套筒两端内,并用力矩扳手拧紧,使两根钢筋连接紧固。如

图 2-58 所示。

锥螺纹钢筋接头有以下特点。

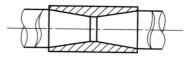

图 2-58　锥螺纹钢筋接头示意

（1）应用范围广。锥螺纹钢筋接头能承受拉、压两种作用力，适用于工业与民用建筑钢筋混凝土结构的梁、柱、板、墙及基础的 $\phi16\sim\phi40$、Ⅰ～Ⅲ级钢筋的现场连接，可连接同径或异径、竖向或水平钢筋，也可用作预埋钢筋接头，有利于实现预制装配施工、滑模施工和逆作法施工。

（2）工效显著提高，连接特别方便，每个锥螺纹丝头加工时间约 0.502min，连接一个接头仅需 1min。连接时仅需一把力矩扳手，无需其他大型设备，可以全天候施工。

（3）机械加工，质量稳定，接头坚固，安全可靠。质量检验直观、方便。

（4）对施工场地、工人素质和连接工艺要求不高，可用于现浇构件、预制构件及钢骨架混凝土中钢筋与预埋钢筋的连接。

（5）减少供电设备，大量节约能源。无污染、无失火爆炸危险、利于安全施工。

（6）节约原材料，与 45d 绑扎接头比较，可节约钢材 5～8倍；与焊接比较，节省电力以及焊条、焊药、乙炔、氧气等。

表 2-25～表 2-27 为锥螺纹钢筋连接技术综合效益比较表。

与 10d 单面搭接电弧焊 $\phi32$ 钢筋接头比较　　表 2-25

对比内容 接头方式	钢材 (kg/个)	电 (度/个)	施工速度 (min/个)	焊条 (kg/个)	环境污染	气候影响
锥螺纹接头	1.21	0.06	1.5	0	几乎无	全天候
搭接电弧焊	3.23	4.7	18	0.5	有	刮风、下雨、低温不能施工

与绑扎搭接用钢量比较（kg/个）　　表 2-26

钢筋直径	$\phi18$	$\phi20$	$\phi22$	$\phi25$
45d 绑扎	1.62	2.22	2.95	4.33

钢筋直径	φ18	φ20	φ22	φ25
锥螺纹接头	0.24	0.35	0.46	0.66
节约钢材	1.38	1.87	2.49	3.67

综合效益比较　　　　　　　　　　表 2-27

钢筋连接方式 综合比较项目	人工绑扎 (45d)	搭接电弧焊 (10d)	电渣焊	气压焊	套筒径向挤压	套筒轴向挤压	锥螺纹
消耗时间 (min/个)	3～4	18	2～5	2～5	3～4	3～4	1.5
天气影响	无	风雨天不行	风雨天不行	风雨天不行	无	无	无
防火防爆情况	好	否	否	否	好	好	好
环境污染	无	有	有	有	无	无	无
Ø32 接头耗能 (kg/个)		2.02	0.19	0.20	3.26	1.94	1.21
Ø32 接头耗料 (每万个)		47000 度电	6000 度电	氧 377 瓶 乙炔 377 瓶	3600 度电	2400 度电	290 度电
工人素质要求	一般	专门	专门	专门	一般	一般	一般
操作者人数 (人)	2	2	2	2	2	2	1
接头质量	差	较差	一般	一般	好	好	好
质量抽查方法	目测	3%抽查	同左	同左	同左	同左	同左
接头质量与操作人员技术	无	有	有	有	有	无	无
变径钢筋接头	可	否	否	否	可	可	可
预制装配	否	否	否	否	可	可	可

55. 我国已进入高强钢筋应用时代

（1）关于我国高强钢筋应用发展情况

1）《混凝土结构设计规范》（GB 50010—2002，以下简称"02 规范"）开创了我国高强钢筋应用时代。

2002 年 4 月 1 日实施的"02 规范"，对我国建筑工程中使用的钢筋品种有了较大改变，以 HRB400 级钢筋为主打钢筋

（俗称新Ⅲ级钢筋）。

"02规范"中不使用原规范钢筋的区分方法（即Ⅰ、Ⅱ、Ⅲ、Ⅳ、Ⅴ级）而改用英文单词的第一个字母缩写为钢筋的代号，并标出该种钢筋的屈服强度标准值。例如：HRB400，其中"H"代表热扎（Hot Rolled）："R"表示带肋（Ribbed）；"B"代表钢筋（Steel bars），"400"则表示该钢筋的屈服强度标准值为400MPa。

"02规范"中另一钢筋品种RRB400，其中首位字母R代表余量（Residu-al），这是一种通过热轧的余热进行处理而使屈服强度标准值达到400MPa的钢筋品种。

余热处理带肋钢筋，它是通过向热轧完成的炽热钢筋表面喷水，使钢筋表面产生淬火效应而提高钢筋的强度。这类钢筋表面强度比内部强度高，但延性稍差，使用机械连接时，容易损坏加工机械，使用焊接连接时，由于表面退火，会使节点达不到规定强度，钢筋进场时应严格进行鉴别验收。

20MnSi

表示钢的含碳量，以万分之一为单位，此钢的平均含碳量为万分之二十

硅，第二主加元素，含量在1.5%以下

锰，第一主加元素，含量在1.6%以下

钢筋品种的标牌符号，代表一定的含义，例如：

2）HRB400级钢筋的性能

目前HRB400级钢筋有三个品种，即20MnSiV、20MnSiNb和20MnTi。

① 20MnSiV

20MnSiV是一个钢筋新品种，是在原规范Ⅱ级钢筋20MnSi中加入少量钒，其他化学成分如C、Mn、Si与原Ⅱ级钢筋无大差别。

钒是较弱的脱氧剂，在钢中加入少量钒。可降低碳和氮对钢的不利影响。钒在钢中的作用是通过生成碳氮化钒，而碳氮化钒的沉淀析出，降低了钢对应变时效的敏感性，并使脆性转变温度降低，随机疲劳强度提高。

钒的加入还能提高焊接热影响区钢的韧性，从而提高焊接质量。加入钒后其碳含量与原规范中Ⅱ级钢相比增加不多，所以可焊性与Ⅱ级钢筋差别不大。

② 20MnSiNb 和 20MnTi 钢筋

从化学成分看，20MnSiNb 和 20MnSiV 在 C、Mn、Si 的含量上相同；不同的是第三主加元素，一个是加铌（Nb），一个是加钒（V）。

铌在钢中的作用与钒基本相同，是钢中强碳化物和氮化物的形成元素，能提高钢的强度，并通过细化晶粒而改善钢的塑性和韧性。

20MnTi 钢筋以钛（Ti）作为第二主加合金元素；而 Si 不作为主加元素而是普通含量。

氧是钢中的有害杂质，而钛是强脱氧剂，因此钢中加入钛能有效提高钢的强度，但塑性稍有降低；由于它能细化晶粒故可改善钢的韧性，并能降低钢的应变时效，提高可焊性，所以钛也是低合金钢中常用的合金元素。

在钢的成分中加入少量合金元素进行微合金化，从而生产出低碳、高强度、韧性好、可焊性好的钢筋，在 20 世纪 80 至 90 年代国际上已大规模采用。

我国在研制生产 HRB400 级钢筋的过程中证实，钢经微合金化后对提高钢筋的质量和性能有明显的作用。

表 2-28 为 HRB400 级钢筋的力学性能。

HRB400 级钢筋的力学性能　　　表 2-28

牌　号	直径 (mm)	屈服点 (MPa)	抗拉强度 (MPa)	伸长率 (%)	弯曲试验 弯心直径	反向弯曲 弯心直径
		不小于				
20MnSiV 20MnSiNb 20MnTi	6～25 28～50	400 400	570 570	14 14	4d 5d	5d 6d

注：1. 弯曲试验时钢筋绕弯心弯转 180°；

　　2. 反向弯曲试验时，先正向弯曲 45°后反向弯曲 23°；

　　3. d 为钢筋直径。

3）HRB400 级钢筋的优势

① 强度明显提高。HRB400 级钢筋作为"02 规范"的主打钢筋，与原规范的主要钢筋（Ⅱ级钢筋）的强度比较见表 2-29 两种钢筋相比，HRB400 级钢筋比原规范的Ⅱ级钢筋的强度提高 16%～20%。

HRB400 级钢筋与Ⅱ级钢筋的强度比较　　　表 2-29

品　　种	符　号	直径 （mm）	钢筋强度标准值 （N/mm²）	钢筋强度设计值 （N/mm²）
新规范 HRB400 级 20MnSiV 20MnSiNb 20MnTi	Φ	6～50	400	360
原规范Ⅱ级 20MnSi； 20MnNb（b）	Φ	$d \leqslant 25$ $d = 28 \sim 40$	335 315	310 290

② 延性好。对钢筋的性能要求除强度外必须同时具有好的延性。钢筋延性指标除冷弯性能外，即钢筋在最大应力下的总伸长率 δ_b，这个指标对有抗震设防要求的混凝土结构所有的钢筋一般要求达到 9%。而 HRB400 级钢筋可满足此要求。

另外，规范要求钢筋抗拉强度实测值与屈服强度实测值之比应大于 125，这是为保证塑性铰有足够的转动能力所必须的，HRB400 级钢筋亦能满足。

③ 焊接性能优良，已如前述。

④ 生产工艺简单，成本低。据有些钢厂统计，生产 HRB400 级钢筋比原Ⅱ级钢筋只需添加少量钒，因此工艺简单，成本较低。

⑤ 可节省用钢量，在同强度条件下，不难算出 HRB400 级钢筋可比原Ⅱ级钢筋节省钢材约 14%，有明显的经济效益。

⑥ 推广应用的配套措施已经落实。

400MPa 20MnSiV 级钢筋的焊接问题已得到解决，各种焊接试验均已合格，相应焊接技术规程已经完成。

钢筋机械连接的工艺已在工程实践中广泛应用。镦粗直螺纹连接技术和剥肋滚压直螺纹连接技术已通过有关部门的鉴定，并广泛应用于工程中。

4）《混凝土结构设计规范》（GB 50010—2010，以下简称"10 规范"）将我国高强钢筋应用上了一个新台阶。

编制"02 规范"时，由于相应的 HRB500 级钢筋混凝土构件的试验资料不够充分，本着有序推广 HRB400 级钢筋，暂时延缓了 HRB500 级钢筋进入规范内容。

2000 年之后，我国钢铁生产企业加大了高强钢材的开发力度，并取得很好成效。HRB500 级钢筋将以强度高、延性好、碳当量低、可焊性优良等特点，被列入新修订的"10 规范"中，成为我国用于混凝土结构、预应力混凝土结构中的主导受力钢筋。使我国高强钢筋的应用上了一个新台阶。

5）HRB500 级钢筋的力学性能

HRB500 级钢筋的力学性能如表 2-30 表示。表 2-31 为不同强度钢筋等级的设计强度值。

HRB500 级钢筋的力学性能 表 2-30

规格（mm）	屈服强度（MPa）	抗拉强度（MPa）	断后伸长率（%）
6～25 28～50	≥500	≥630	≥15

不同强度钢筋等级的设计强度值 表 2-31

钢筋品种	HPB235	HRB335	HRB400	HRB500
标准设计值	210	300	360	420

目前，《热轧带肋高强钢筋在混凝土结构中应用技术导则》（RISN-TG007-2009）已经发布实施，为 HRB500 级钢筋推广提供了技术保证。

6）HRB500 级钢筋的主要优势

① 据冶金行业测算和有关试点工程资料，使用 HRB500 级钢筋代替 HRB400 级钢筋可节省 7.6%～8.9% 钢筋购买费用，而且钢筋的市场价格越高，节省的钢筋购买费用越多。因此，

推广应用 HRB500 级钢筋可取得明显的经济效益。

② HRB400 级钢筋的材料性能分项系数为 1.11，而 HRB500 级钢筋的材料性能分项系数为 1.19，也就是说，如果建筑结构按相同的荷载效应组合设计，那么采用 HRB400 级钢筋或 HRB500 级钢筋提供的抗力相比，采用 HRB500 级钢筋的结构的安全度更高。

③ 由于使用高强钢筋，使得同强度要求的结构钢筋的使用量减少，劳务人力也会大大地减少，在当前劳务用工紧缺的时代会更加得到青睐。

④ 改用高强度的 HRB500 级钢筋，在满足同样建筑强度要求的前提下，和使用 HRB400 级钢筋相比，能够减轻至少 12%～13% 的建筑结构质量。这样结构就可以做得更大、更高，同时还不影响其美观程度。而且，这也就意味着同样数量的仓储成本的减少。

7）HRB500 级钢筋的施工性能

① HRB500 级钢筋加工性能

根据 GB 1499.2—2007《钢筋混凝土用钢第 2 部分：热轧带肋钢筋》的要求，可知 HRB335 级、400 级和 500 级钢筋的延性差别不大。因此 HRB500 级可以参照 HRB335 级、HRB400 级钢筋的工艺要求进行钢筋成型（表 2-32 所示）。

热轧带肋钢筋的断后伸长率　　表 2-32

项　　目	HRB335	HRB400	HRB500
断后伸长率 %	≥17	≥16	≥15

② HRB500 级钢筋连接方式

关于 HRB500 级钢筋的连接方式，在试点工程项目做了很多的实验。闪光对焊用于 HRB500 级钢筋连接，焊接接头性能良好，达到 JGJ18—2003《钢筋焊接及验收规程》规定的合格要求，可以在工程实践中应用。气压焊、电弧焊用于 HRB500 级钢筋连接的接头性能比闪光对焊稍差，尤其对 Φ25mm 以上的大直径钢筋，常规电渣压力焊用于 HRB500 级钢筋连接有一定困难。钢筋焊接前，必须根据施工条件进行试焊，合格后方可施焊。

现在一般工程中钢筋机械连接方式大多采用剥肋滚压直螺纹连接，HRB500级钢筋和HRB400级钢筋机械连接均可达到一级接头要求。连接质量是可靠的。但应注意的是，余热处理钢筋（RRB）采用剥肋滚轧直螺纹进行机械连接是不可靠的，因为剥肋时正好切掉了余热处理钢筋表面的回火马氏体，削弱了钢筋的强度，使用时应予以注意。

8）加快HRB500级钢筋的推广应用步伐

2012年1月14日，住房和城乡建设部、工业和信息化部针对高强钢筋发展的实际情况，根据《国务院关于印发"十二五"节能减排综合性工作方案的通知》（国发〔2011〕26号）和《国民经济和社会发展第十二个五年规划纲要》，联合出台了《住房和城乡建设部、工业和信息化部关于加快应用高强钢筋的指导意见》（建标〔2012〕1号文件）（以下简称《意见》），为高强钢筋的发展作出了重要安排。根据《意见》要求，截至2013年年底，在建筑工程中淘汰335MPa级螺纹钢筋，将光圆钢筋的强度等级从235MPa提高到300，400，500MPa，优先使用400MPa级螺纹钢筋，积极推广500MPa级螺纹钢筋，开展600MPa级及以上螺纹钢筋产品研发，截至2015年底，高强钢筋的产量占螺纹钢筋总产量的80％，在建筑工程中使用量达到建筑用钢筋总量的65％以上。并加快了相关标准规范的修订，以适应高强钢筋技术的发展。

为保证推广高强钢筋目标的实现，《意见》还出台了8条措施来保证高强钢筋快速推广，为高强钢筋又好又快的应用保驾护航。

（2）国外（美国）高强钢筋的应用概况

1）美国建筑用钢筋标准主要内容

美国建筑用钢筋主要涉及两本产品标准和一本建筑标准。产品标准为ASTMA615和ASTMA706，均由美国材料与试验协会制定，其中钢筋等级根据钢筋的屈服强度划定，对应的是屈服强度的最小值。建筑标准ACI318，由美国混凝土学会制订。

① ASTM A615 ASTM A615为美国钢筋混凝土配筋用碳钢

带肋钢筋与光圆钢筋标准，最初颁布于 1911 年，当时包含了三个等级的钢筋 33 级、40 级和 50 级，最小屈服强度分别为：33ksi（注：ksi 为英制单位，对应公制单位的强度约为 230MPa）、40ksi（280MPa）、50ksi（350MPa）。目前最新版 ASTM A615 标准（2012 年版）包含四个等级的钢筋 40 级、60 级（60ksi，40MPa，60 级及以上强度钢筋为高强钢筋）、75 级（75ksi，520MPa）和 80 级（80ksi，550MPa。）

60 级和 75 级钢筋在 1968 年被首次纳入 ASTM A615。80 级钢筋 2009 年才纳入 ASTM A615 标准。尽管 ASTM A615 已经加入 80 级钢筋，但 75 级钢筋还会保留一段时间，以满足一些用户需要（如用于采矿业的顶锚）。

从 ASTM 标准钢筋等级设置的历史沿革可以看出，美国钢筋强度等级在不断向高强化发展，已形成"低中高"搭配强度等级序列（美国 40 级钢筋的应用已超过 100 年，60 级、75 级的应用也有 50 余年，80 级已经开始投入应用）。

② ASTM A706

ASTM A706 为美国混凝土配筋用低合金带肋钢筋标准，最初颁布于 1974 年，当时是根据用户对于钢筋可焊性和高等级抗震设计中弯曲性能及可控延性的要求而出台的。2009 年版之前标准中只有 60 级钢筋，2009 年标准修订中纳入了 80 级钢筋，现行版本为 2009 年第二次修订版，包括 60 级和 80 级两种钢筋。

低合金钢筋由于加入合金元素（锰、钒、钛等）而显著提高了强度，并较好的保持了钢筋的延性。同时与碳钢钢筋相比，质量和力学性能更加稳定，强屈比大于 1.25，并有很好的延性。因此，60 级低合金钢筋被广泛用于地震地区有抗震性能要求的构件的纵向受力配筋。

③ ACI318

ACI318 为美国钢筋混凝土房屋建筑规范，对于混凝土配筋用钢材的规定一般是引用 ASTM 的相关标准，即随着 ASTM 标准对钢筋品种、性能要求的变化而变化，现行版本为 2011 年版。

ACI318 将 60 级带肋钢筋为混凝土结构的主力配筋，将 40 级带肋钢筋用于结构的辅助配筋，混凝土房屋结构中钢筋应用的最高强度级别为 80 级。ACI318 规定光圆钢筋仅用于钢筋网片、柱的螺旋箍筋和预应力筋，大量箍筋与构造配筋均要求采用带肋钢筋，这主要是因为带肋钢筋有较好的锚固性能，能更好地控制裂缝、改善结构性能。

与我国规范相似，ACI318 对用于地震区混凝土结构设计时的钢筋提出了强度等级与性能要求。用于有抗震性能要求的框架与剪力墙设计时，钢筋的强度等级可采用 ASTM A706 中的 60 级低合金钢筋或采用 ASTM A615 中的 40 级与 60 级碳钢钢筋。由于低合金钢的强度与性能指标更加稳定，故有抗震性能要求的构件设计时，已普遍采用 60 级低合金带肋钢筋。

从美国应用情况看，虽然应用 75 级、80 级钢筋有利于节材、降低成本、减少钢筋密集度、方便施工等，但由于其延性低，ACI318 规范对于这两个强度等级钢筋的应用颇为慎重，目前规范中有很多限制，以控制混凝土裂缝宽度和一些结构的脆性破坏。另外，对其连接技术和连接成本也需设计时仔细确认。

2）美国钢筋应用情况

① 高强钢筋的连接

美国的钢筋连接方式包括绑扎搭接、焊接与机械连接。绑扎搭接主要用于小规格钢筋（包括楼板配筋）；焊接由于质量原因与人工成本高已基本不采用；大直径钢筋（特别是柱与梁的纵向钢筋或剪力墙钢筋）普遍采用机械连接。机械连接主要形式为：

ⓐ 螺纹双套筒对接型。钢筋先穿入套筒（分别为内螺纹套筒和外螺纹套筒），并在专门设备上将钢筋端部镦出外扩式锥台，钢筋连接时分别将两侧的内螺纹套筒和外螺纹套筒拧紧，使连接钢筋在端部顶紧，拉力由套筒传递，压力由顶紧的钢筋端部传递。

ⓑ 螺栓头与套筒连接型。超大直径钢筋的机械连接为采用机加工的螺栓头与机加工的内螺纹套筒在工厂里焊接（摩擦焊

技术）到钢筋上。

当采用焊接与机械连接时，其接头强度应大于等于 1.25 倍钢筋屈服强度标准值。

② 高强钢筋的锚固

美国为了减少钢筋的锚固长度，倡导采用钢筋机械锚固，在节点处取消锚固钢筋的弯钩，减小钢筋密集度，便于混凝土的浇筑与振捣，保证施工质量。主要有三种方式：

ⓐ 工厂镦头。钢筋采用工厂特殊工艺镦出圆形的锚固头。

ⓑ 锥螺纹机械锚固头。钢筋端部加工锥螺纹，并拧入锥螺纹圆形端板。

ⓒ 焊接方形端板，在工地现场或钢筋加工工厂中将方形端板与钢筋采用摩擦焊方式焊接。

钢筋镦头与锥螺纹圆端板的端部面积为 4 倍钢筋截面积，焊接方形端板面积为钢筋截面积的 9 倍。

③ 箍筋的形式与要求

美国规范对于矩形箍筋要求采用带肋钢筋，其形式有三种：

ⓐ 连续螺旋箍。

ⓑ 分离式一笔画箍。

ⓒ 普通矩形封闭箍（箍筋端部设 135 度弯钩）加拉钩（一端 90 度、一端 135 度，间隔布置）。

④ 钢筋的工厂化集中加工

施工现场情况看，美国已没有钢筋大量堆放与现场加工，所有钢筋（包括箍筋、纵向钢筋）都已按设计要求进行了集中加工，箍筋已按要求加工成型，梁柱的纵向受力筋都已加工好机械连接头，在施工现场仅是绑扎成型，有的甚至在工厂就已经绑扎成型，运送到工地后直接吊装。

56. 什么是应力场？它告诉我们哪些力学知识

建筑构件在外力的作用下，会在内部产生相应的拉伸应力、压缩应力、剪切应力、或是弯曲应力、扭曲应力等现象。通过试验的方法,可以得出构件内部应力的大小、方向以及分布规律等一系列数据,同时也提示了对构件产生破坏作用的机理。用图示的形式将构件内部应力的分布状态表示出来,就称为应力场。它像磁铁的磁场一样,虽然肉眼看不见,但它是实实在在存在的。用应力场的形式比较直观明瞭,它对结构设计起着重要的指导作用。

图 2-59 所示为简支承重梁在均布荷载作用下的应力场图。这个图说明在支座附近,梁内以剪切应力为主,并向跨中逐渐减小。而到跨中时,梁内则以弯曲应力为主,到达跨中时,弯曲应力的值达到最大。这与简支梁在均布荷载作用下画出的剪力图和弯矩图(见图 1-27)是吻合的。

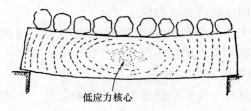

图 2-59 均布荷载作用下的应力场图

图 2-60 所示为梁内应力曲线轨迹示意图。

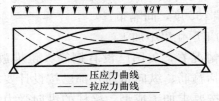

图 2-60 梁内应力曲线轨迹示意

图 2-61 所示为一简支的钢筋混凝土大梁在支座处为防止因受剪切应力作用,产生斜向裂缝而设置的弯起钢筋情况。简支梁在支座处既有竖向剪切应力,又有水平剪切应力,在竖向和水平剪切力的共同作用下,会使梁体产生如图示的斜向拉伸应力,很多简支梁梁体(连续梁有时也会有)在支座处出现斜向

裂缝，其主要原因是由梁内斜向的拉伸应力造成的。

结构设计中，在梁的支座处箍筋加密，并设置弯起钢筋就是用来对付斜向拉伸应力，防止梁体出现斜向裂缝的。

图 2-62 所示为双向楼板（即四面支承的楼板）的应力场图，其弯曲应力沿平面四周分布，其值将比

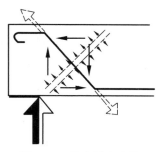

图 2-61　简支梁支座处
受力情况

单向楼板受力时的弯矩应力值小很多。但是完全按照应力分布状况来配置受力钢筋，事实上是有困难的。很多空间较大的楼板采用斜向网格梁（图 2-63）的布置形式，就是顺应了应力场的原理而设计的。这种斜向网格梁体系整体作用较强，不但有效的降低了弯矩值（比普通主次梁体系可减少弯矩 30％～50％），也有效的减小了挠度值，因而具有很好的技术经济效果。图 2-64 所示利用斜向网格梁体系设计建造的大跨度空间结构建筑。

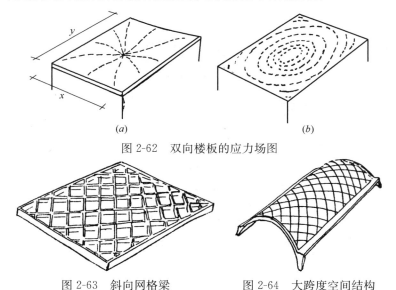

(a)　　　　　　　　　　　　　　　(b)

图 2-62　双向楼板的应力场图

图 2-63　斜向网格梁　　　　图 2-64　大跨度空间结构

57. 同一个强度等级的混凝土为什么要有几个含义不同的强度值名称来表述

混凝土是当今建设工程中使用最多、也是最重要的建筑材料之一，同时，混凝土从设计、施工到验收也是最复杂的建筑材料（构件）之一。一般来说，混凝土的强度，在没有特指的情况下系指它的抗压强度。为了正确区别和应用，就是同一个强度等级的混凝土，也有以下四个含义不同的强度值名称，并且各自的量值也不同，这对于现场施工人员来讲，应该要弄清楚的。

（1）混凝土强度标准值　　用符号 $f_{cu,k}$ 表示；

（2）混凝土配制强度　　用符号 $f_{cu,o}$ 表示；

（3）混凝土轴心抗压强度　用符号 f_{ck}、f_c 表示；

（4）混凝土弯曲抗压强度　用符号 f_{cmk}、f_{cm} 表示。

现以强度等级为 C30 的混凝土为例，各强度名称的取值如表 2-33 所示：

C30 混凝土各强度值的取值表　　　　　表 2-33

	混凝土强度值名称	符　号	数值（N/mm²）
C30	混凝土强度标准值	$f_{cu,k}$	30
	混凝土配制强度	$f_{cu,o}$	38.225
	混凝土轴心抗压强度	f_{ck} f_c	20（标准值） 15（设计值）
	混凝土弯曲抗压强度	f_{cmk} f_{cm}	22（标准值） 16.5（设计值）

$f_{cu,k}$——混凝土强度标准值，指边长为 150mm 的立方体试件，按标准方法制作和养护 28d，用标准试验方法测得的具有 95% 保证率的抗压强度，是强度等级定级的数值标准。各强度等级的混凝土标准值见表 2-34 所示。

混凝土强度标准值（N/mm²）　　　　表 2-34

强度种类	符号	混凝土强度等级											
		C7.5	C10	C15	C20	C25	C30	C35	C40	C45	C50	C55	C60
轴心抗压	f_{ck}	5	6.7	10	13.5	17	20	23.5	27	29.5	32	34	36
弯曲抗压	f_{cmk}	5.5	7.5	11	15	18.5	22	26	29.5	32.5	35	37.5	39.5
抗拉	f_{tk}	0.75	0.9	1.2	1.5	1.75	2	2.25	2.45	2.6	2.75	2.85	2.95

$f_{cu,o}$——混凝土配制强度。为确保设计的混凝土强度标准值，又考虑到现场实际施工条件的差异和变化，在进行混凝土配合比设计时，要比设计的混凝土强度标准值提高一个数值，该数值与一定的强度保证率相对应，即 1.645σ，规范规定按下式计算：

$$f_{cu,o} \geqslant f_{cu\cdot k} + 1.645\sigma$$

式中 σ 的取值，如本单位无近期混凝土强度的统计资料时，可按下式求得：

$$\sigma = \sqrt{\frac{\sum_{i=1}^{n} f_{cu,i}^2 - Nu_{fcu}}{N-1}}$$

式中　σ——施工单位的混凝土强度标准差（N/mm²）；

$f_{cu,i}$——第 i 组混凝土试件强度（N/mm²）；

u_{fcu}——N 组混凝土试件强度的平均值（N/mm²）；

N——统计周期内相同混凝土强度等级的试件组数。

当混凝土强度等级为 C20、C25 时，如计算得到的 $\sigma <$ 2.5N/mm²，取 $\sigma = 2.5$N/mm²；当混凝土强度等级为 C30 及其以上时，计算的 $\sigma < 3.0$N/mm²，取 $\sigma = 3$N/mm²；如施工单位无近期统计资料时，可按表 2-35 取值。计算试配强度用的标准差应取用 3.0MPa。

σ 取值表　　　　表 2-35

混凝土强度等级	≤C15	C20~C35	≥C40
σ（N/mm²）	4	5	6

无论是混凝土强度标准值，还是混凝土的配制强度，因为都是用边长 150mm 立方体试件在压力机上试压而得的。而试验表明，混凝土试压不仅与混凝土本身材质因素有关，而且与压力机的压板与混凝土试件表面之间的摩擦力有关，因摩擦力约束了混凝土的自由扩张，从而提高了抗压能力见图 2-65 所示。在工程结构中的各构件中（如梁、板、柱等），混凝土实际受力状况并不存在这类约束，即便存在也只是在端部很小范围内起不到太大的约束作用，设计值要小于混凝土强度标准值。

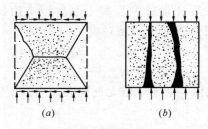

图 2-65　立方体试件破坏情况
（a）支承面上有摩擦力存在；（b）支承面上无摩擦力存在（涂有油脂）

　　f_c、f_{cm}——混凝土强度设计值。小于混凝土强度标准值。结构设计时，对竖向承压构件采用混凝土的轴心抗压强度，而弯曲构件采用弯曲抗压强度。混凝土的强度设计值按规范规定见表 2-36 所示。

混凝土强度设计值（N/mm²）　　　　　　表 2-36

强度种类	符号	混凝土强度等级											
		C7.5	C10	C15	C20	C25	C30	C35	C40	C45	C50	C55	C60
轴心抗压	f_{ck}	3.7	5	7.5	10	12.5	15	17.5	19.5	21.5	23.5	25	26.5
弯曲抗压	f_{cmk}	4.1	5.5	8.5	11	13.5	16.5	19	21.5	23.5	26	27.5	29
抗拉	f_{tk}	0.55	0.65	0.9	1.1	1.3	1.5	1.65	1.8	1.9	2	2.1	2.2

　　注：1. 计算现浇钢筋混凝土轴心受压及偏心受压构件时，如截面的长边或直径小于 300mm，则表中混凝土的强度设计值应乘以系数 0.8，当构件质量（如混凝土成型、截面和轴线尺寸等）确有保证时，可不受此限；
　　　　2. 离心混凝土的强度设计值应按有关专门规定取用。

58. 应认真重视不同施工阶段对混凝土结构
实体强度的不同要求

国家标准《混凝土结构工程施工质量验收规范》GB 50204—2002（2010年版）中7.4.1条规定：结构混凝土的强度等级必须符合设计要求。其检验方法为检查施工记录及试件强度试验报告。这是一条强制性条文，是对混凝土结构中混凝土施工质量的最终认定。无疑应是要认真执行的。由于混凝土强度是随龄期的增加而逐渐增加的，是一个可变数，所以在实际施工中，还常常涉及到混凝土的施工强度（即施工中某一阶段要求达到的混凝土强度）这个概念，也就是说，在实际施工中，很多工序不可能等到混凝土强度完全达到设计要求后才进行施工，否则，施工工期、技术经济等多种因素将有所损失。这一点，规范7.1.3条作了明确提示：

7.1.3 结构构件拆模、出池、出厂、吊装、张拉、放张及施工期间临时负荷时的混凝土强度，应根据同条件养护的标准尺寸试件混凝土强度确定。

（1）混凝土拆模时的强度要求

1）侧模拆除时的混凝土强度要求

规范规定：侧模拆除时的混凝土强度应能保证其表面及棱角不受损伤。

2）底模及其支架拆除时的混凝土强度要求

规范规定：应按同条件养护试件的混凝土强度达到构件设计强度等级的相应比例时方可拆除。可详见规范GB 50204—2002（2010年版）中4.3.1条的表4.3.1，（见本书表2-51）表中列出了不同构件类别、不同跨度应达到的混凝土立方体抗压强度标准值的百分率。其目的是防止拆模过早、混凝土强度还较低时，结构受荷而产生裂缝，影响混凝土强度增长以及影响混凝土的使用寿命。

值得注意的是，有的工程为了加快模板周转，在混凝土实际强度尚未到达规范要求时，就先拆除模板及支架，然后再加部分顶撑，这种做法是不科学的，也是不可靠的。因为在加撑之前，混凝土结构构件已产生挠度甚至产生裂缝，后加的顶撑不可能消除已出现的挠度和裂缝。

近年来推广应用的模板早拆体系，通过承载力计算，将留置部分底板及支架后拆，而将其余底板及支架在满足规范要求前提下提前拆除，以加快模板材料的周转使用，这是科学的，也是可靠的。

3）预应力构件拆模的规定

规范规定：对后张法预应力混凝土结构构件，底模及支架不应在结构构件建立预应力前拆除。也就是说，即使混凝土强度已达到设计值的100%，但尚未建立预应力时，也不能拆模。否则，很可能会造成严重的质量及安全事故。

（2）施加预应力时的混凝土强度要求

规范 GB 50204—2002（2010 年版）中的 6.4.1 条规定：预应力筋张拉或放张时，混凝土强度应符合设计要求；当设计无具体要求时，不应低于设计的混凝土立方体抗压强度标准值的75%。此项规定不仅是为防止施加预应力时，混凝土因强度过低被压碎或开裂，而且可以减少混凝土收缩和徐变带来的预应力损失，保证预应力构件的质量。辽宁省某厂厂房采用跨度为24m 的预应力屋架，混凝土设计强度为 400 号（C38），设计上考虑屋架上有悬挂吊车，下弦预应力钢筋较多，张拉值较大，要求屋架混凝土达到100%设计强度时，方可张拉预应力钢筋。屋架施工时间为9～10 月，日平均气温 10℃左右。在试块平均强度为 30.8N/mm^2（达设计强度的 77%）时就张拉预应力钢筋，结果造成屋架下弦、上弦多处被压酥现象，由于损伤严重、难以修复，只能报废，造成很大损失。

此外，对先张法预应力构件，若在混凝土强度较低时就放张（即施加预应力），因为混凝土与钢筋的粘结力低下可能造成

172

预应力钢筋滑移，或造成构件端部沿预应力筋方向出现混凝土裂缝，从而影响构件质量。

（3）结构构件运输、安装时的混凝土强度

1）构件运输、安装时的混凝土强度要求

为了防止出现过大的变形、裂缝等质量缺陷，混凝土构件在进行运输、安装时的混凝土实际强度不应低于设计要求；当设计无具体要求时，不应小于设计的混凝土强度标准值的 75%。规范 GB 50204—2002（2010 年版）中虽无此项规定，但以往的施工及验收规范中则有此类规定，这对保证混凝土结构工程质量十分重要，不可忽视。

2）装配式结构接头和拼缝的混凝土强度要求

当结构接头和拼缝的混凝土强度较低时，结构尚未形成完整的设计要求的受力体系，其承载性能较差，不但不能承受设计荷载，而且连承载上一层构件的自重都可能有问题。为此，规范 GB 50204—2002（2010 年版）中 9.4.3 条规定，承受内力的接头和拼缝，当其混凝土强度未达到设计要求时，不得吊装上一层结构构件；当设计无具体要求时，应在混凝土强度不少于 $10\text{N}/\text{mm}^2$ 或具有足够的支承时方可吊装上一层构件。

（4）结构承受荷载的混凝土强度要求

1）结构承受设计荷载时的混凝土强度要求

不论是现浇还是装配式混凝土结构，应在构件以及结构接头和拼缝的混凝土强度全部达到设计强度时，方可承受 100% 的设计荷载。

2）结构承受施工荷载时的混凝土强度要求

施工中应特别注意现浇梁板在拆模后承受施工荷载的混凝土强度要求。必要时应进行结构安全验算。例如：美国在 1973 年建造的一幢高层住宅楼，在浇筑完 24 层混凝土楼板后，因过早拆除 23 层和 22 层楼板下的部分支撑，结果造成大楼中央部分从上到下发生连续倒塌，一台爬塔从顶上砸下，造成 14 人死亡、35 人受伤的重大安全事故。我国江西省安义县的一幢 7

层混合结构楼房在浇筑 7 层楼面混凝土时也发生整体倒塌，其主要原因是拆模过早的楼板承受不了施工荷载。所以，在拆除混凝土楼板支撑前，须认真验算混凝土强度，保证结构承载安全。

（5）混凝土允许冰冻时的强度要求

新浇筑的混凝土早期受冻后，对混凝土强度、钢筋粘结力以及抗渗、抗冻性能等均有十分明显的不利影响。新浇筑混凝土经正常养护达到一定强度后再遭受冰冻，开冻后的后期强度损失在 5% 以内时，通常将此强度值称为混凝土的受冻临界强度。根据大量试验证明，混凝土的临界抗冻强度，用硅酸盐水泥或普通硅酸盐水泥配制的混凝土为设计的混凝土强度标准值的 30%，矿渣硅酸盐水泥为 40%，其绝对值在 $3.5 \sim 7.0 \mathrm{N/mm^2}$。但不大于 C10 的混凝土，则不得少于 $5 \mathrm{N/mm^2}$。

（6）滑模施工时的混凝土出模强度要求

当采用液压滑动模板施工时，控制混凝土的出模强度十分重要。滑升速度过快，会造成混凝土出模后出现坍塌、裂缝、变形；滑升速度过慢，混凝土与模板粘结力增大，会导致滑升困难，严重时会将混凝土拉裂。现行国家标准《滑动模板施工技术规范》GBJ 50113—2005 规定。混凝土出模强度宜控制在 $0.2 \sim 0.4 \mathrm{N/mm^2}$。实践证明，在正常气温下施工，按此要求控制是可行的和有效的；但在秋末冬初气温较低时须谨慎施工，因为我国曾发生两次烟囱滑模施工的倒塌事故。分析两次事故，总结出与混凝土出模强度直接有关的经验教训主要有以下三点：一是应防止气温较低条件下混凝土出现假凝现象造成混凝土早期强度的错判；二是应注意掺加早强剂时混凝土出现假凝现象的影响；三是施工气温较低时，出模后的混凝土强度增长缓慢，不能对滑模支承杆起到有效的嵌固约束作用。上述三个因素均可导致支承杆失稳而引发滑模平台、支架等倒塌。

（7）继续施工时混凝土必须的强度要求

在新浇混凝土面上继续施工时，混凝土应有足够的强度，以防止施工中对新浇混凝土造成伤害。这类施工强度的要求包括两方面内容，一是施工规范中的有关规定；二是防止施工荷载超载而造成事故所必须注意的一些问题。

1) 新浇混凝土的最低强度应达到 $1.2N/mm^2$ 方可继续作业。我国历次颁布的施工规范中均有类似的规定。例如规范 GB 50204—2002（2010 年版）第 7.4.7 条规定，在已浇筑的混凝土强度达到 $1.2N/mm^2$ 以前，不得在其上踩踏或安装模板及支架。其目的是保护新浇混凝土表面及内部结构不受破坏。

2) 混凝土施工缝处理及重新浇筑混凝土时，已浇筑混凝土的最低强度为 $1.2N/mm^2$。规范 GB 50204—2002（2010 年版）虽未明确写明此项规定，但在 7.4.5 条中已规定施工缝的处理应按施工技术方案执行，而确定此施工技术方案时必然离不开我国历年颁发的施工及验收规范的有关规定。例如 GB 50204—1992 第 4.4.19 条规定，在施工缝处继续浇筑混凝土时，已浇筑的混凝土抗压强度不应小于 $1.2N/mm^2$。此项施工强度规定的必要性，一是处理施工缝应清除已浇混凝土表面的水泥薄膜、松动石子和软弱层，规定 $1.2N/mm^2$ 的最低强度可以保证正常施工情况下，已浇混凝土在处理时不受损伤；二是为防止新浇混凝土时的强烈振捣影响已浇混凝土的质量。

3) 混凝土构件采用平卧、重叠法预制时，浇筑上层构件必须满足的施工条件下之一是，下层构件的混凝土强度应达到 $5N/mm^2$。同样值得注意的是规范并无此条规定。这是因为规范是验收规范，坚持"强化验收"的原则，而对有些施工技术措施并未作详尽的规定。$5N/mm^2$ 混凝土施工强度的规定，是一些建筑科研单位试验结果和生产单位实践经验总结的成果，这是重叠生产构件保证构件质量必须遵循的一项规定。

4) 结构承受施工荷载必须的混凝土施工强度涉及多种因素。继续施工必然带来施工荷载，新浇筑的混凝土结构构件内，因施工荷载而产生的内力和变形，往往不是 $1.2N/mm^2$ 强度的混凝土所能承受的，由此而造成的混凝土结构裂缝、甚至结构毁坏的工程实例屡见不鲜。因为施工荷载及其作用效应涉及施工技术方案等多种因素，所以施工规范并无这方面的具体规定；但是，施工中必须十分重视，应作认真验算防止在混凝土强度较低的情况下，因施工荷载作用出现结构损害。

59. 混凝土试块强度质量如何评定较为合理

早上刚上班，现场监理组的马工程师就来找我，很严肃的对我说："两裙房的混凝土试块强度质量评定结果出来了，梁板部分两项指标均符合国家评定标准要求，而框架柱则两个条件都达不到国家评定标准的要求。怎么办？如评为不合格，那问题就大了。看来得抓紧采用非破损或局部破损的检测方法进行检测。"说着他递给我一份裙房框架柱试块强度质量统计表和一份质量评定材料。我被他说得心里一阵紧张。

(1) 两裙房框架柱混凝土试块每层各留置 2 组，共计 12 组，质量情况如表 2-37 所示。

裙房框架柱混凝土试块强度统计表　　　　表 2-37

裙　房	1 层（MPa）	2 层（MPa）	3 层（MPa）
东裙房	24.3，20.0	19.5，18.2	21.1，23.4
北裙房	24.0，19.2	22.3，24.7	22.5，24.3

(2) 监理马工程师说，试块质量评定方法采用 GBJ 107 国家标准《混凝土强度检验评定标准》，由于两裙房框架柱混凝土试块组数都是 6 组，不足 10 组，按规定采用非统计法评定，此时验收批混凝土的强度必须同时符合下列要求：

$$mf_{cu} \geqslant \lambda_3 \cdot f_{cu,k}$$

$$f_{cu,min} \geqslant \lambda_4 \cdot f_{cu,k}$$

式中　mf_{cu}——同一验收批混凝土强度的平均值（N/mm²）；

　　　$f_{cu,k}$——设计的混凝土强度标准值（N/mm²）；

　　　$f_{cu,min}$——同一验收批混凝土强度的最小值（N/mm²）。

λ_3，λ_4——合格评定系数，应按表 2-38 取用。

混凝土强度的非统计法合格评定系数 表 2-38

混凝土强度等级	<C60	≥C60
λ_3	1.15	1.10
λ_4	0.95	

（3）东裙房框架柱混凝土试块共 6 组：

$$mf_{cu} = \frac{24.3 + 20.0 + 19.5 + 18.2 + 21.1 + 23.4}{6} = 21.08(MPa)$$

$f_{cu,k}$ 为 C20，$1.15f_{cu,k} = 1.15 \times 20 = 23(MPa)$

$\qquad mf_{cu} < 1.15f_{cu,k}$ $\qquad$ 不符合要求

$\qquad f_{cu,min} = 18.2(MPa) < 0.95f_{cu,k} = 19(MPa)$

亦不符合要求。

北裙房框架柱混凝土试块亦 6 组：

$$mf_{cu} = \frac{24.0 + 19.2 + 22.3 + 24.7 + 22.5 + 24.3}{6}$$

$$= 22.8(MPa) < 1.15f_{cu \cdot k} = 23(MPa) \text{ 不符合要求}$$

$\qquad f_{cu,min} = 19.2(MPa) > 0.95f_{cu \cdot k} = 19(MPa) \text{ 符合要求}。$

（4）我冷静思考了一下，对于两裙房单独提前交付使用，记得当初曾有一个会议纪要，由建设、设计、施工、监理四方面共同商定，两裙房作为一个子单位工程进行竣工验收，并据此收集整理施工技术资料，而不是分别验收的。我立即翻出会议记要核对，情况证实确定。我又向赵总工程师作了电话汇报，赵总工程师说，两裙房应作为一个验收批进行验收和评定质量，现两裙房框架柱共有 12 组混凝土试块，根据国家评定标准规定，当试块总数超过 10 组时，应采用统计方法进行混凝土质量评定，此时验收批的混凝土强度必须同时符合下列条件：

$$mf_{cu} - \lambda_1 S_{fcu} \geqslant 0.9f_{cu \cdot k}$$

$$f_{cumin} \geqslant \lambda_2 f_{cu \cdot k}$$

式中　λ_1、λ_2——合格判定系数，由试块组数确定，当试块组数为 10～14 组时，λ_1 取 1.7，λ_2 取 0.9

S_{fcu}——验收批混凝土强度的标准差（N/mm^2），按下式计算：

$$S_{\mathrm{fcu}} = \sqrt{\dfrac{\sum\limits_{i=1}^{n} f_{\mathrm{cu},i}^2 - nm^2 f_{\mathrm{cu}}}{n-1}}$$

式中　$f_{\mathrm{cu}\cdot i}$——验收批内第 i 组混凝土试件的强度值（N/mm^2）；

　　　n——验收批内混凝土试件的总组数，现为 12。

按上述要求，重新进行计算如下：

$$mf_{\mathrm{cu}} = \frac{24.3+20.0+19.5+18.2+21.1+23.4+24.0}{12}$$

$$+ \frac{19.2+22.3+24.7+22.5+24.3}{12} = 21.96(\mathrm{MPa})$$

$$S_{\mathrm{fcu}} = \sqrt{\frac{\sum\limits_{i=1}^{n} f_{\mathrm{cu},i}^2 - nm^2 f_{\mathrm{cu}}}{12-1}} = \sqrt{\frac{56.61}{11}} = 2.268(\mathrm{MPa})$$

$$0.9 f_{\mathrm{cu}\cdot k} = 0.9 \times 20 = 18(\mathrm{MPa})$$

$$mf_{\mathrm{cu}} - \lambda_1 s_{\mathrm{fcu}} = 21.96 - 1.7 \times 2.268$$

$$= 18.1(\mathrm{MPa}) > 0.9 f_{\mathrm{cu},k} = 18(\mathrm{MPa})$$

符合要求，$\lambda_2 f_{\mathrm{cu}\cdot k} = 0.9 \times 20 = 18$（MPa）

$$f_{\mathrm{cu,min}} = 18.2 \text{（MPa）} > \lambda_2 f_{\mathrm{cu}\cdot k} = 18 \text{（MPa）}$$

亦符合要求。

（5）下午一上班，我带着会议纪要和上述重新计算的结果去找马工程师商量，马工程师确认了会议纪要和我的计算结果，一场虚惊得以平息，我也从中学到了很多知识，最主要的是要加强国家规范和国家标准的学习，同时，应加强施工中的质量控制，避免波动过大。随后，我向赵总工程师作了电话汇报，赵总工程师说："同一验收批的混凝土强度，当采用统计方法评定时，评定结论为合格，而采用非统计方法评定时，结论为不合格，其结论差异有时是很大的。在实际施工中，除了做到精心施工外，还应合理的留置试件数量，并尽量采用统计方法评定其质量。同时，应在施工组织设计（施工方案）中予以明确，防止因采用不同的评定方法而造成不必要的麻烦。"

60. 为什么刚浇筑的混凝土要严格防止受冻

在冬季低温季节施工混凝土时容易遭受冻害，而用普通硅酸盐水泥，特别是用矿渣硅酸盐水泥和火山灰质硅酸盐水泥拌制的混凝土，其耐冻性能是较差的。所以在冬季或严寒地区施工混凝土时，应采取必要的防寒保暖措施，严格防止发生冻害，尤其是要防止早期受冻。

混凝土的受冻主要是其内部的自由水结冰而引起的。当温度降至0℃时，混凝土除表层一部分水结冰外，其内部水尚处于液态。但低温对于水硬性胶结材料的凝结和硬化速度，具有显著的减缓作用。当温度继续下降至－3℃时，混凝土内的自由水将渐渐完全结冰，水泥的水化作用停止，混凝土即遭受冻，所以－3℃称为混凝土的冻结温度。

图 2-66 为普通硅酸盐水泥制备的混凝土试件在负温度下的

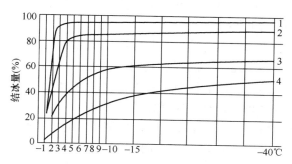

图 2-66　负温下混凝土中结冰量的增长情况
　　　　曲线 1：试件制作后立即遭受冰冻；
　　　　曲线 2：试件预养 24h 后受冻；
　　　　曲线 3：强度达到 50％后受冻；
　　　　曲线 4：强度达到 70％后受冻。

179

结冰量〔即以结冰量与化合水重量之比（％）〕的曲线图。曲线1表示试件制作后立即遭受冰冻，在−5℃时，将有90％的水分变成了冰；曲线2为预养24h后受冻；曲线3和曲线4分别为达到50％及70％的强度后受冻。

由图可知，混凝土内的结冰量一方面取决于所达到的负温，但是在−20～−40℃的范围内结冰量增长很慢；另一方面取决于预养时间。冰冻前混凝土的预养时间越长，所达到的强度越大，水化物生成量也越大，即保持不结冰的那部分水的比例也越大。反之，变成冰的游离水也越少。混凝土早期受冻，会使混凝土强度降低40％～50％。强度大幅度降低的原因是：

（1）混凝土受冻后，尚未充分凝结的混凝土各种矿物颗粒被冰层隔离，不能互相进行结合，水泥是不能与冰进行水化作用的，这时的混凝土实质上变成了冰、水泥、砂、石等独立存在的固相混合体。

（2）水结冰时，体积膨胀9％左右，使混凝土产生内应力，各矿物颗粒间产生裂缝，致使内部结构松弛。以后即便温度回升，也无法恢复应有的强度。当温度回升，冰融化以后，冰变水的体积差形成空隙，降低了混凝土的密实性和耐久性，使混凝土结构受到永久损害。

混凝土的受冻伤害程度，与混凝土冻结前已具有的强度有密切的关系，当混凝土的强度高时，抵抗因冻结而破坏内部结构的能力便大，冻结后混凝土强度的降低值便小，这是由于混凝土各颗粒之间已具有一定粘结力的缘故。一般混凝土在凝结之前（浇筑后3～6h）受冻，强度的降低15％～20％，当强度增至设计强度等级的50％以上时，冻结影响就不大了。由此可见，如何防止混凝土的早期受冻，是非常重要的。

根据大量试验证明，混凝土的临界抗冻强度，用硅酸盐水泥或普通硅酸盐水泥配制的混凝土为设计的混凝土强度标准值的30％，矿渣硅酸盐水泥配制的混凝土为40％。此时混凝土受冻后其后期强度一般没有损失或损失最多不超过5％，而耐久性基本不降低。

原国家规范《混凝土结构工程施工及验收规范》GB 50204—92 中规定:"混凝土受冻前抗压强度,硅酸盐水泥或普通硅酸盐水泥配制的混凝土,为设计的混凝土强度标准值的 30%;矿渣硅酸盐水泥配制的混凝土,为设计的混凝土强度标准值的 40%。"规范修订时,由于主要是强调施工质量验收,所以新规范中没有引入此项内容。

61. 实体混凝土后期养护对强度增长的影响不可忽视

国家规范《混凝土结构工程施工质量验收规范》GB 50204—2002(2010 年版)中附录 D 的 D.0.1 条文解释指出:本附录规定的结构实体检验,可采用对同条件养护试件强度进行检验的方法进行。这是根据试验研究和工程调查确定的。D.0.3 条文解释指出:试验研究表明,通长条件下,当逐日累计养护温度达到 600℃·d 时,由于基本反映了养护温度对混凝土强度增长的影响,同条件养护试验强度与标准养护条件下 28 天龄期的试件强度之间有较好的对应关系。D.0.3 条还指出:结构实体混凝土强度通长低于标准养护条件下的混凝土强度,这主要是由于同条件养护试件养护条件与标准养护条件的差异,包括温度、湿度等条件的差异。同条件养护检验时,可将同组试件的强度代表值乘以折算系数 1.10 后,按现行国家标准《混凝土强度检验评定标准》GB/T 50107—2010 评定。

近年来,发现有的工程在达到或超过逐日累计养护温度 600℃·d 时,检测混凝土实体强度不合格,但经过一段时间后重新检测时,强度出现了明显的增长趋势,非常接近设计值。极个别工程通过回弹检测和钻芯验证,或全部用钻芯检测认定必须加固的工程,因加固方案讨论时间拖得较长,待加固实施时再次通过回弹击数的对比,却发现实体强度仍在继续增长,对是否需要补强加固发生了怀疑……

(1) 工程实例

1) 某住宅楼为 11 层的短肢剪力墙结构，1～4 层混凝土设计强度等级为 C30，现场集中拌和塔吊入仓，坍落度为 30～50mm，未掺外加剂。一层剪力墙 4 月 13 日浇筑，二层剪力墙 4 月 25 日浇筑。5 月 21 日监理对一层剪力墙全数摸底回弹，击数均匀，离差不大，随机对其中一个轴线的剪力墙回弹检测其强度，推定值为 24.4MPa，根据监理日记对每天气温的记载统计检测时累计养护温度为 779℃·d，超过了施工验收规范规定的 600℃·d 的比照点。

2) 监理旁站和巡视抽查，水泥和骨料的计量误差均在规范允许范围内，砂石质量和水灰比是监理控制的重点，不合格的粗、细骨料坚决退场，水灰比控制一直比较严格，标养试块在现场随机抽取，标养试块强度为 32.2MPa。施工作业层、现场项目经理质量意识较强，与总承包单位没有签订材料节约可以分成的条款，截至 4 层结构完成，现场累计水泥用量与施工预算相比没有节约，反而亏了 2～3t（现场局部路面等临时设施用了部分水泥已扣除）。

监理排除了混凝土原材料质量和配合比及施工铺料离散性及振捣不到位对混凝土强度的影响，监理的怀疑点集中到保湿养护。

3) 养护情况：

剪力墙模板覆盖时间虽较独立柱长，但矩形独立柱快速拆模后立即浇水并用塑料膜包裹，施工人员都意识到浇水养护的重要性，施工操作也方便，梁板表面坚持浇水或麻袋覆盖养护，梁板底模的拆除一般在半个月左右。通常经验认为混凝土浇水养护主要是前三天，因此剪力墙和梁的侧板、异形柱的模板一样，浇筑完成后 4～5 天拆模，均认为可以不必要再浇水养护，覆盖和包裹塑料膜也不好施工，这些构件成了保湿养护的薄弱环节。监理要求施工单位破除常规，对已拆模的 1～4 层剪力墙连续浇水 7 天，每天浇 3～4 次，当时一层剪力墙已浇筑 38 天，二层剪力墙已浇完 25 天，4 层也浇完了 9 天。

4）再次检测情况：

5月28日上午只浇过一次水，风干近30h后，5月29日下午再对一层剪力墙的同一根剪力墙柱的另一侧和二层的一个剪力墙进行回弹。当时的计划是阶段性浇水养护，阶段性的回弹，掌握强度增长幅度，希望在结构中验（八月中下旬）时1～4层剪力墙实体强度能增长到设计强度等级的90％即27MPa左右。

检测结果完全出乎意外，一层同一个剪力墙的强度推定值由24.4MPa增长到32.9MPa，二层剪力墙的强度推定值为30.0MPa。

第二次检测时一层剪力墙累计养护温度为194.5＋779＝973.5℃·d，后期5月21日～5月29日累计养护温度194.5℃·d较前次检测779℃·d增长了不足25％，但强度却增长了（32.9－24.4）/24.4＝34.8％。

二层剪力墙检测时累计养护温度为773℃·d，只略低于一层剪力墙第一次检测时的779℃·d，但后期有7天的保湿养护，强度的绝对值却增长了5.6MPa，相对强度值增长近23％，据此可以推断一层剪力墙累计养护温度由779℃·d增加到973.5℃·d的强度增长8.5MPa中，自然湿度下的累计养护温度194.5℃·d对强度增长为8.5－5.6＝2.9MPa，在此累计温度时段内充分浇水的潮湿环境中混凝土强度的增长接近自然湿度的3倍左右。

如果一层剪力墙累计养护温度从600℃·d到973.5℃·d之间累计温度天对强度的增长是同一比例直线，则600℃·d时的推算强度为24.4－（779－600）×（8.5－5.6）/194.5＝21.7（MPa），相当于第二次强度检测（973.5℃·d，其中有7天充分浇水湿润）的66％，是标养试块强度32.2MPa的67.4％。

（2）启示和探讨

1）《混凝土结构工程施工质量验收规范》GB 50204—2002（2010年版）根据试验研究得出的结论：逐日累计养护温度达到600℃·d结构实体或同条件试块的强度相当于标养试块强度的

0.9，主要原因是实体结构和标养试块在保湿养护上的差异，这与试验结果是吻合的。但大规模施工的工程不可能像小范围试验的工程那样能落实保湿养护，现行规范对不掺外加剂的混凝土浇水养护时间也只是 7 天，与保证 95% 相对湿度 28 天标准养护相比，这个标准要求显然偏低，实际施工中能不打折扣的落实就很不错了。实体混凝土养护相对湿度低，是实体强度与标养试块产生较大差距的重要原因，不能一概而论把实体混凝土不合格武断地认定为施工单位偷工减料。

2）实体养护湿度对强度的影响之大，可能还与近一年的水泥混合料的组成有关，目前大部分水泥生产企业为了降低成本，通过生产工艺改进，水泥熟料质量提高，粉煤灰等掺合料在水泥中所占比例较往年有所增加，使强度能符合标准就行。此种水泥对混凝土标养试块强度的影响值不大，但保湿养护差的实体混凝土早期强度增长缓慢则非常明显，但中后期强度又能缓慢增长，特别是较长时间保持湿润的环境，中后期强度的增长幅度较粉煤灰掺量少的水泥要大得多。

3）对混凝土强度影响分析重累计养护温度时间轻养护湿度；重 600℃·d 的前期强度，忽视中后期强度，认为 600℃·d 强度趋于稳定后强度增长缓慢。这些认识都是基于过去多年所使用水泥和施工条件形成的经验总结，有些是把环境条件与大规模施工工程并不完全相类同的实验室的结果套用到实际工程上得出的结论。

4）在实际施工中，对于类似拆模过早、保湿养护落实不好的结构实体，或粉煤灰等掺合料比例较大的水泥配制的混凝土要阶段性地浇水养护，阶段性地进行强度检测，探讨混凝土强度增长规律，采用强度增长趋于零时或结构临近交付使用时的实体检测强度对结构安全性进行评定为时不晚。充分发挥和利用混凝土中、后期的强度符合节能的国策。对施工单位教育管理要从严，但对实际问题的处理要体现人性化，尊重科学。在实际工程实体抽测中，凡是由于保湿养护条件欠妥形成的混凝土，对回弹法检测结果要用钻取混凝土芯样进行修正，且芯样数量不应少于 6 个，这样能真实反映混凝土强度，检测结果可作为处理混凝土质量问题的一个重要依据。

62. 为什么有的钢筋混凝土结构必须对称浇筑

当用立模浇筑拱、薄壳、坡形及拱形屋架时，必须采取对称浇筑的施工方法。

拱体混凝土的浇筑，应由两拱脚开始，由对称轴的两侧，同时向中心浇筑（图 2-67a）。当拱跨较大时，在两拱脚处同时向拱顶浇筑一段距离后，还应从拱顶同时向拱脚处浇筑，以使拱架模板均匀对称受力。对长筒形壳体，除上述浇筑方法外，还须沿其长度方向，对称浇筑。即以拱跨的长度之半为对称轴，由两尽端同时向中心推进（图 2-67b），或由中心同时向两尽端推进（图 2-67c）。对双曲壳体，则应从相邻两模隔相交的壳角开始，由四个壳角同时向壳中心浇筑（图 2-67d）。对坡形或拱形屋架，则应从屋架两端开始，同时向中心对称轴浇筑（图 2-67e）。采取对称浇筑的目的，主要是从模板的受力和变形情况考虑的。对于拱、壳之类构件，若不对称浇筑，在不对称荷载作用下（混凝土自重、施工荷载等），对模板将产生水平推力，在水平推力作用下，底模易产生位移和变形，影响拱体混凝土几何尺寸的准确性，从而引起拱、壳和模板的内力变化。这不仅结构上不允许，而且还会造成模板的破坏，甚至坍塌，发生安全事故。

1996 年 12 月 20 日，某公路线上一座特大型桥在进行箱形底板混凝土浇筑时，由于没有严格按均匀、对称浇筑的施工规范要求施工以及其他支架原因，造成模板支架突然坍塌，致使在桥面上施工作业的 90 多人随桥面一直坠入 74m 深的沟底，造成 32 人死亡，14 人重伤的特大安全事故。倒塌后的现场如图 2-68 所示。

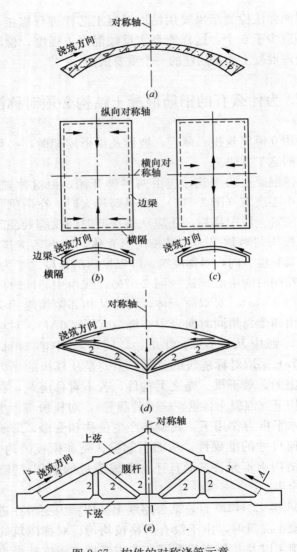

图 2-67　构件的对称浇筑示意

(a) 拱体浇筑；(b) 长筒壳体浇筑；(c) 长筒壳体浇筑；(d) 双曲壳体浇筑；

(e) 坡形屋架现场对称浇筑示意

(a) 、 (b)

图 2-68　倒塌后的一端现场

(a) 远景；(b) 近景

据有关事故调查资料可知：该大桥桥长 163m，宽 12m，跨度 100m，为平跨型混凝土拱桥，属特大型桥。12 月 19 日上午9 时开始，施工单位从桥的两端同时向桥中间用小灰桶倒送混凝土，对桥面拱箱底板（厚度 12cm）进行浇筑作业。10 时 30 分，一个方向的混凝土输送泵发生故障，为求两端进度一致，现场指挥临时决定调集部分人员由另一个桥台方向传递混凝土到对方。下午 4 时，一方桥台的混凝土泵故障排除后，恢复原作业办法，此时该方向进度比另一方慢近 2m，施工非对称均匀。当晚 10 时，两端各浇了桥长的 1/4。11 时左右，靠一方桥 1/4 处模板及钢筋发生翘起，上凸 3～5cm，现场施工负责人指挥暂停两边浇筑，组织 20 多个民工上去踩，结果另一边翘起，又用四块预制板往下压，后又在模板上钻孔用钢筋将凸起模板与贝雷架连接，用 3 个手动葫芦拉紧。同时，组织 24 名民工到模板下（拱顶处）上调模板支撑螺栓，到 20 日凌晨 2 点才恢复浇筑施工。9 时 20 分，当拱桥板浇筑混凝土尚差 2～3m 就要合拢时，支架及桥面突然坍塌，正在桥面上作业的 90 多人随桥面坠入 74m 深的沟底，造成一起特大安全伤亡事故。

对具有多腹杆的坡形或折线形屋架，由内力图可以看出，若在对称荷载作用下，各杆件内力和拉、压杆的分布，皆成对称。若不对称浇筑，屋架在不对称荷载作用下，不仅内力值引起变化而不对称，压杆（或拉杆）还可变为拉杆（或压杆），内力值和拉压杆的非对称性，将会引起模板的不对称变形和游移，严重的还会导致杆件的破坏，如拉杆出现裂缝或压杆失稳，甚至倒塌。

63. 有抗震设防要求的框架结构为什么需要采用 "强柱弱梁" 的设计原则

国内外多次大震的实践证明，钢筋混凝土框架结构具有良好的抗震性能，使得这一结构形式得以广泛的应用。不论何种框架结构，都有框架节点。节点是一个重要的结构部分，它在框架中起着传递和分配内力、保证结构整体性的作用。框架节点处是受力的敏感部位，在有抗震设防要求地区的建筑，地震中梁柱节点往往是多层框架首先破坏的主要部位。历次地震灾害表明，节点破坏多为图 2-69 所示的状况，即柱端混凝土在地震力的作用下被反复挤压而压酥、剥落，接着钢筋被压曲外鼓，

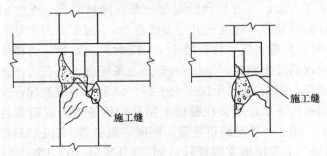

图 2-69　地震作用下梁柱节点破坏示意图

破坏首先发生在柱端上。当某一层某一柱端发生破坏后，随后其他柱端也相继发生破坏，最终使建筑物发生倒塌。

在总结地震震害的基础上，对有抗震设防要求地区的框架结构建筑，提出了"强柱弱梁"的设计原则，就是使框架柱的抗弯和抗剪能力比梁的抗弯抗剪能力强，即适当加大框架柱的刚度系数，提高框架柱的抗震能力，使整个框架能充分发挥抗震作用。

图 2-70 为按"强柱弱梁"和"强梁弱柱"两种设计原则建造的框架结构建筑在地震力的作用下变形示意图。由图可知，"强柱弱梁"的框架结构，梁和柱的节点处接近于固定，梁端弯矩较大，在地震力的作用下，梁端首先发生裂缝，而柱基本保持完好，在待所有的梁或绝大部分梁出现破坏时，整个建筑物才会倒塌。而"强梁弱柱"型的框架结构则相反，梁和柱的节点处接近于铰接，梁端弯矩较小，在地震力作用下，节点处的上下柱端首先被挤压压酥，而梁则基本完好。一旦柱失去支撑作用，整个建筑物就很快会倒塌。

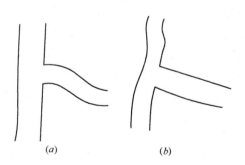

图 2-70　框架结构的梁柱结构形式
(a) 强柱弱梁形式梁端接近固定，端弯矩大；
(b) 强梁弱柱形式梁端接近铰接，端弯矩小

俗话说：梁坏塌两间，柱坏一大片。这充分说明了建筑结构中，梁与柱的重要性程度，梁毕竟搁置在柱子上，柱子倒了，梁也保不住。在强柱弱梁的结构中，地震时梁首先发生裂缝，

随后出现塑性铰，这样可以延缓破坏时间，从而给人们以躲避和加固的时间，有效减少损失。

64. 框架结构中当柱、梁混凝土强度等级不同时，应重视节点区混凝土的浇筑质量

目前，在高层建筑中，柱使用 C40 甚至 C60 及以上混凝土已较为普遍，而楼盖部分的梁、板大多使用 C20～C25 混凝土，柱混凝土的强度等级高于梁板，且随着建筑物高度的增加，两者的设计强度差距会加大。原国家标准《高层建筑混凝土结构技术规范》JGJ 3—1991 第 5.2.1 条曾规定如下：梁柱混凝土强度等级不宜相差 5MPa，如超过时，梁柱节点区施工应做专门处理，使节点区混凝土强度等级与柱相同。这里强调的是节点核心区的混凝土强度等级要与柱相同，而不能与梁、板混凝土的强度等级相同。

新修订的 JGJ 3—2002 第 13.5.7 条规定：当柱混凝土设计强度等级高于梁、板的设计强度等级时，应对梁、柱节点区施工采取有效措施。虽未强调节点核心区混凝土的强度等级要与柱相同，但保证"强节点"的设计原则是明确可见的。

众所周知，柱与梁相接的节点核心区的受力非常复杂，且施工缝又常设置在该区的上部或下部，若不同强度等级的混凝土在此处理不好，易给工程留下隐患。由于规范对节点核心区范围没有明确划定，所以目前施工单位也有以下多种做法：

（1）在梁板与柱交接处，离柱边不小于 500mm 且不小于 1/2 梁高处，沿 45°斜面从梁顶面到梁底面用 5mm 网眼的铁筛布隔开，以控制浇筑范围，如图 2-71 所示。

（2）在梁板与柱交接处，离柱边的梁高处采用快易收口网设置垂直交界面即设置成直槎，如图 2-72 所示。

（3）为便于施工，直接在梁端（即柱边）采用快易收口网设置垂直交界面。

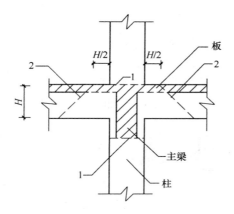

图 2-71　梁板柱的施工缝和不同强度等级混凝土的交界面做法（一）

1—混凝土的施工缝；2—不同强度等级混凝土的交界面

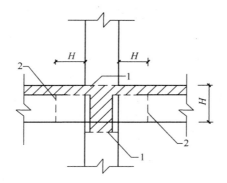

图 2-72　梁板柱的施工缝和不同强度等级混凝土的交界面做法（二）

1—混凝土的施工缝；2—不同强度等级混凝土的交界面

（4）当梁柱混凝土强度等级相差 5～10MPa 时，节点核心区混凝土直接用梁板混凝土进行浇筑。

上述 4 种施工方法中，前三种做法，特别是前两种做法，都能使框架结构的梁柱节点核心区达到"强节点"的要求，尽管施工麻烦一点，但对保证框架施工质量是有利的。至于第四种做法，应明确不适用于有抗震设防要求地区的框架结构工程，对于无抗震设防要求地区的低层框架，经设计单位同意后可以使用。

附注：快易收口网简介

快易收口网的性能特点：

快易收口网是 20 世纪 80 年代初研制成功的永久性模板，由薄形热浸镀锌钢板为原料，经加工成为有单向 U 形密肋骨架和单向立体网格的模板（图 2-73），其力学性能优良，自重轻，适合用于分段浇筑混凝土，具有施工简便、实用且混凝土凝固后不需剔凿等优点。

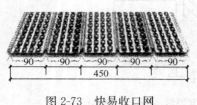

图 2-73　快易收口网

（1）快易收口网是作为消耗性模板来固定的，混凝土浇筑时网眼上的斜角片就嵌在混凝土内，形成一个与邻近浇筑块相连的机械式楔块。

（2）接缝的质量受严格控制，其粘结及抗剪切性能均相当理想。

（3）刚度大，只需较少支撑龙骨即可承受较大的侧压力。

（4）由于采用特殊的网孔结构，施工人员用肉眼观察浇筑过程，减少了孔隙和蜂窝出现的可能。

（5）自重轻，运输和安装方便，容易穿插各种直径的钢筋，施工过程中切割、加工方便，可依据施工现场的需要弯曲成型。

65. 高层建筑的剪力墙与现浇梁板的混凝土强度等级不同时，施工缝合理的留置位置

上一题讨论了框架结构中，当柱与梁（板）的混凝土强度等级不同时，节点处混凝土的浇筑质量。在实际施工中，很多高层建筑（尤其是住宅工程）设计上大多采用剪力墙结构形式，同时，剪力墙采用较高强度等级的混凝土（C40～C60），而现浇梁、板则大多采用一般强度等级的混凝土（C20～C35）。在混凝土浇筑施工中，剪力墙与现浇梁板的节点处施工缝的留置位置也应予以重视。

（1）现浇板不应夹芯于剪力墙

按照GB 50204—2002《混凝土结构工程施工质量验收规范》（2010年版）中第7.4.5条及条文说明：施工缝的位置应在混凝土浇筑前按设计要求和施工技术方案确定。确定施工缝位置的原则为：一是尽可能留置在受剪力较小的部位；二是留置部位应便于施工。施工缝的处理应按施工技术方案执行。但施工单位往往片面从便于施工的原则考虑，将施工缝留设位置普遍选在剪力墙与现浇板底的交界处（如图2-74），这种留设方法使得剪力墙与现浇板交接处现浇板（低强度等级混凝土）夹芯于上下剪力墙（高强度等级混凝土）之间，很明显，将存在结构质量安全隐患。是一种错误的施工方法。

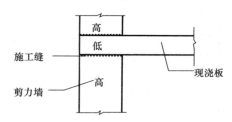

图 2-74　施工缝传统做法示意

（2）交接区域采取分离措施

国家标准《高层建筑混凝土结构技术规范》JGJ 3—2010第13.8.9条明确规定：结构柱、墙混凝土设计强度等级高于梁板混凝土设计强度等级时，应在交接区域采取分离措施。分离位置应在低强度等级的构件中，且与高强度等级构件边缘的距离不宜小于500mm（如图2-75所示）。浇筑时应先浇筑高强度等级混凝土，后浇筑低强度等级混凝土。

如图2-75所示施工缝的留置方法，对楼板、混凝土浇筑等施工操作和施工组织的要求都比较高，也比较麻烦一点，但对施工质量是有保证的。

在实际施工中，有的施工单位对图2-75作了改进，如图2-76所示，将剪力墙与现浇楼板同时浇筑，仅在500mm处设置临时围挡，这样既减少了施工工序和施工缝留设，又符合了规范的要求，也确保了施工质量和结构安全，是值得推广的一种施工方法。

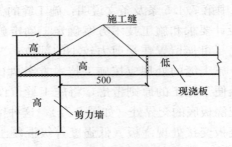

图 2-75　施工缝分散设置（一）

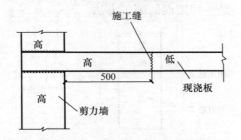

图 2-76　施工缝分散设置（二）

（3）应充分尊重设计单位的意见

在《高层建筑混凝土结构技术规范》JGJ 3—2010 中第13.8.9 条文说明：施工中，当强度相差不超过两个等级时，已有采取较低强度等级的梁板混凝土浇筑核心区（直接浇筑或采取必要的加强措施）的实践，但必须经设计和有关单位协商认可。这就明确对于强度相差超过两个等级的，规范直接规定必须采取分离措施，不可通过采取加强措施后与楼面浇筑同一强度等级的混凝土。对于强度相差不超过两个等级的，是否可以直接与楼面梁板浇筑同一强度等级混凝土，应由设计和有关单位通过验算复核来给予书面认可，并明确是否要采取加强措施以及何种加强措施。

总之，不同强度等级混凝土的剪力墙与现浇板施工缝留设取决于强度等级差。如果强度相差超过两个等级时，施工单位就应该从施工组织、施工方法及施工工艺等方面加大研发创新力度，采用如图 2-76 所示做法进行施工缝留设，使不同强度等级混凝土交接区域的施工质量满足结构抗震要求，确保结构使用安全。

图 2-77 所示为在节点处增加了水平构造钢筋后，采用图 2-77 的方法浇筑低强度等级的混凝土，但也应该征得设计单位同意、并出具书面认可书后进行施工为宜。

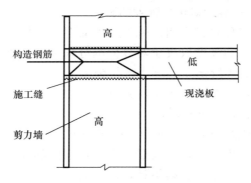

图 2-77　施工缝节点加构造钢筋示意

66. 混凝土施工缝的界面处理对混凝土结构的
受力影响不可忽视

混凝土工程施工中需要在适当部位留置施工缝，这是工程界都很熟悉的一个技术话题，留置的部位国家规范也有明确规定，可概括为"剪力较小"且"便于施工"的八字原则，这个也已成为大家的共识。但在后续混凝土施工时，对施工缝界面的处理，则很多施工单位存在重视不够或施工措施不到位的状况，从而影响混凝土结构的受力性能。

（1）施工缝界面的受力分析

1）施工缝界面对抗压强度的影响

试验及工程实践表明，施工缝界面若不作任何技术处理就直接浇筑混凝土，对界面上的混凝土的抗压强度将稍有降低。如果对施工缝界面进行凿毛处理之后，则浇筑混凝土时不论是否铺设水泥浆或水泥砂浆，其抗压强度均不会降低，即界面处的混凝土抗压强度并不比整体连续浇筑的混凝土强度低。由此可见：①受压混凝土的施工缝界面只要经过凿毛处理后，完全可以满足设计所要求的抗压强度；②施工中尽量把施工缝留置在承受压力的截面上。

2）施工缝界面对抗拉强度的影响

试验及工程实践表明，施工缝界面混凝土抗拉强度的影响非常大，其影响程度取决于对界面的处理方法和处理质量，一般只有整体、连续浇筑混凝土抗拉强度的 45%～90%。为了不使施工缝界面处的混凝土抗拉强度降低过大，必须选择适宜的处理方法并保证其处理质量。

在一般钢筋混凝土结构中，由于受拉区混凝土不参与工作，其拉力由钢筋来承担，所以混凝土抗拉强度的降低对整个结构的影响甚微，一般可忽略不计，但它对裂缝的形成和发展会产生不利的影响，所以仍需加以重视。

3）施工缝界面对抗剪强度的影响

混凝土的抗剪强度虽然比抗拉强度高，但仍然很低，一般只有抗压强度的 1/5 左右。普通混凝土中，施工缝处先后浇筑的混凝土能共同工作，其界面处的抗剪强度起着极其重要的作用，它不但影响混凝土结构的整体受力性能，而且抗剪强度的提高，也有助于结构整体的抗震性能。这也是施工缝位置规定留置于剪力较小处的原因所在。

试验和工程实践表明，施工缝界面如处理得好，如进行凿毛并涂刷水泥浆或水泥砂浆，则界面处混凝土的抗剪强度可达到整体浇筑混凝土的 85%，而光滑不凿毛或处理措施不到位的则只要比整体浇筑混凝土低 60% 左右。

4）施工缝界面对复合受力性能的影响

试验和工程实践表明，施工缝界面的处理方法和处理质量同样对于在复合受力状态下的受力性能及变形特征有着很大的影响，比如在弯矩及剪力共同作用下的弯剪段，在梁剪力较大而弯矩较小的梁端区段，施工缝界面的凿毛处理尤为重要，一些未经技术处理的光滑界面往往在不大的荷载作用下就会提前破坏，而对于经凿毛处理的施工缝界面，其应变特征及极限弯矩与整体浇筑梁相似。在拉、剪复合应力作用下，施工缝界面处理不当的构件抗拉强度较低，抗剪强度初期差别不大，而随其拉应力的增大抗剪强度随之下降。

（2）施工缝界面的表面处理

通过上面施工缝界面对混凝土受力性能的影响分析，可知对施工缝界面的处理必须予以高度重视。

1）后续混凝土浇筑前 1～2 天，对先浇筑的混凝土界面处进行凿毛，凿去 1～2mm 的水泥浆膜及部分砂浆，并露出部分石子，但石子切忌松动。

2）用压力水冲洗干净，必要时边冲边用钢丝刷子刷去松动浮粒，使界面充分湿润。

3）浇筑后续混凝土前，涂刷水泥纯浆或水泥砂浆，提高界面的粘结强度。如能掺加一点目前市场上出售的界面剂，对增强施工缝界面的粘结强度会有一定帮助。

4）浇筑后续混凝土时，振动棒应离开施工缝界面 300mm 处进行振捣，不得在界面处进行振捣。

5）后续混凝土浇筑完成后，应重视养护工作，界面处应覆盖潮湿材料。

6）后续混凝土浇筑完成后，应严格防止过早在施工缝界面处上人踩踏、受荷。

67. 为什么钢筋混凝土承重悬臂梁
上的墙体容易出现斜裂缝

钢筋混凝土承重悬臂梁的挠度限值在符合《混凝土结构设

计规范》GB 50010—2002 规定的情况下，绝大多数悬臂梁本身未出现裂缝，但砌筑于其上的填充墙却已明显开裂，随着时间的推移，墙体裂缝还会变长、变宽。

(1) 工程实例

1) 某办公楼悬臂梁计算跨度 $l_0 = 1.22$m（纵墙下），截面尺寸 200mm×450mm，受力纵筋 2 Φ 22＋2 Φ 25，混凝土强度等级为 C25。支承于其上的 180mm 厚黏土砖填充墙出现裂缝，最大宽度 1997 年为 0.8mm，2000 年为 1.0mm；但纵墙无外倾现象，详见图 2-78。经验算，该悬臂梁弯矩设计值为 150kN·m，正截面受弯承载力为 156kN·m（安全）；悬臂梁长期挠度（纵墙下）为 4mm，约为 $l_0/300$（$< l_0/100$）。

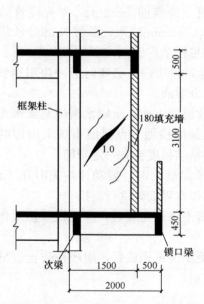

图 2-78　悬臂梁上的黏土砖填充墙斜裂缝（裂缝旁边的数字为裂缝宽度）

2) 某办公楼悬臂梁计算跨度 $l_0 = 3.79$m，截面尺寸 300mm×800mm，受力纵筋 6 Φ 25，混凝土强度等级为 C25。工程尚未竣工，支承于其上的 190mm 厚轻质陶粒混凝土空心砖填充墙就已出

198

现斜裂缝，1996 年 1 月 25 日记录最大宽度为 0.8mm，外纵墙顶外倾 2mm，详见图 2-79。经验算，该悬臂梁弯矩设计值为 361kN·m，正截面受弯承载力为 574kN·m（安全）；长期挠度为 9mm，约为 $l_0/420$（$<l_0/100$）。

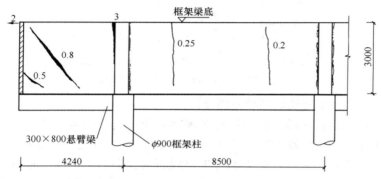

图 2-79 轻质陶粒混凝土空心砖填充墙裂缝（裂缝旁边的数字为裂缝宽度）

3）其他工程实例，见图 2-80 所示。

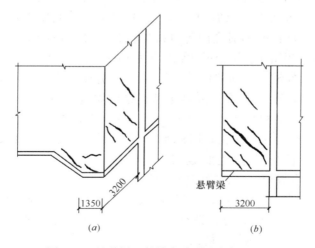

图 2-80 悬臂梁上的填充墙裂缝实例（一）

（a）某市国际酒店（南侧墙）；（b）某市国际酒店（北侧墙）

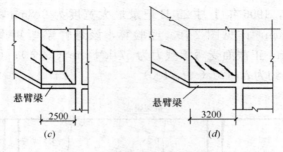

图 2-80　悬臂梁上的填充墙裂缝实例（二）

(c) 澳门永享银行；(d) 澳门大丰银行

（2）填充墙斜裂缝原因分析

上述悬臂梁承载力均满足规范要求，长期挠度也小于《混凝土结构设计规范》GB 50010—2002 和 2010 版规定的限值；施工、使用正常，悬臂梁本身未出现裂缝，但其上的填充墙却出现裂缝。经分析，问题出在砖墙的脆性比钢筋混凝土梁大，其应变能力远小于钢筋混凝土梁，加之悬臂梁和其上的填充墙难起墙梁作用。悬臂梁受竖向荷载作用而下挠，其上的填充墙随之下挠，可认为类似剪切变形。根据甘肃省建科院李振长、李德荣多年的试验和对全国各科研单位数百片墙体的试验结果统计显示，当墙体剪切变形达到以下数值时，已出现明显的斜（主拉应力）裂缝：无筋墙体，1/450；有构造柱墙体，1/350；水平配筋墙体，1/230。原《混凝土结构设计规范》GBJ 10—89 规定悬臂梁的允许挠度为 $l_0/100$（$<l_0/125$），对比之下，已大大超过砌墙剪切极限变形能力，填充墙出现斜裂缝也是必然的现象。

（3）防止裂缝产生的建议

1）有效控制悬臂梁的挠度值：

根据有关试验资料，建议承墙悬臂梁的挠度控制为：无筋填充墙，$l_0/1000$；有构造柱填充墙，$l_0/800$；有水平配筋填充墙，$l_0/500$（l_0 为计算跨度）。

2）设立构造柱和水平拉结筋：

宜采用构造柱加水平拉结筋填充墙，悬臂梁挠度控制为 $l_0/$

500。构造柱竖筋上、下均锚入梁内，水平拉结筋间距不大于500mm；先砌墙，后浇构造柱，防裂、抗震可兼得。

3）在主次梁交叉的情况下，其负筋的摆放方法，一般都是次梁负筋放在主梁负筋之上。对此，设计上应考虑悬臂梁的负筋位置因此而下降（有效高度减少）约 25mm 左右所造成的影响，由于保护层变厚约达 50mm，不够"刚劲"的悬臂梁，其梁根上部可能因保护层太厚而出现裂缝，并随后影响墙体裂缝。

68. 预应力大梁的两端楼板为什么会出现分角裂缝

（1）工程概况

某现浇框架结构 3 层厂房，因端跨的跨度较大，屋面和楼面均设置了预应力大梁，其余为非预应力钢筋混凝土结构。端跨结构情况为：非预应力部分屋盖、楼盖，板厚 120mm；首、尾 2 根框架横梁为非预应力大梁，宽 350mm、高 1000mm；其余 6 根框架主梁为预应力大梁，宽 500mm、高 1500mm，预埋波纹管、后张法施工，混凝土梁、板、柱均为 C35。于 2000 年10 月张拉预应力钢筋，随后不久即发现楼盖板上均有裂缝，详见图 2-81。经检查，均为贯穿楼板的裂缝，最大宽达 0.7mm；

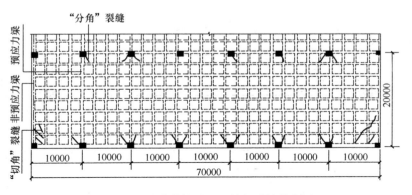

图 2-81　端跨结构平面及楼板裂缝分布图

再经 2 个多月的观测，裂缝末端未见延伸，裂缝宽度未见变大。

（2）原因分析

1）预应力梁进行钢筋张拉时，混凝土强度等级已达到设计要求，同时，根据沉降观测资料，也排除了因地基基础不均匀沉降造成的因素。

2）端跨首、尾 2 根非预应力大梁内侧的楼板裂缝，是常见的楼层平面外端角（板角）的混凝土收缩裂缝，即"切角"裂缝（裂缝有如直角三角形的斜边，切割板角）。

3）6 根预应力大梁两端楼板上成双成对有规划地出现的小八字形裂缝虽然都发生在板角，但其走向正好与"切角"裂缝相反，裂缝在板角部位呈分角线状（且称为"分角"裂缝），主要是预应力大梁混凝土被预应力压缩之后造成的。预应力大梁的两端，靠近大梁的楼板受到压缩（或压缩较多），远离大梁的楼板未受到压缩（或压缩较少），两者之间存在变形的差异；设计图纸上对大梁两端的楼板无加强措施，因而产生"分角"裂缝。它属"受力裂缝"，可用力流线图形解释，与压应力影响线相垂直的是拉应力影响线，"分角"裂缝即是主拉应力裂缝，见图 2-82 所示。

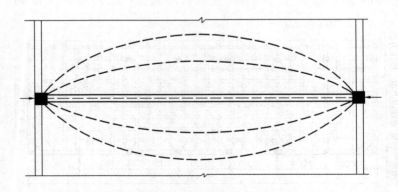

图 2-82　预应力大梁及楼板的压力影响线示意图

（3）改进措施

预应力大梁两端（张拉端、锚固端）的集中应力会沿30°～40°角的方向在楼板中扩散，因而非预力楼板应在预应力大梁的两端加强。跨度较大的预应力大梁，板厚不宜小于120mm，梁端两侧的楼板均需局部设置双向的非预力板面抗裂钢筋（施工时不得踩陷），其配筋率不宜小于0.2%，且不宜少于φ8@200×200，如图2-83所示。

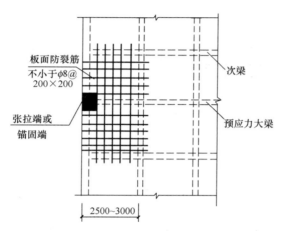

图 2-83　预应力大梁两端非预应力楼板加强区示意图

（4）裂缝处理

"分角"裂缝虽属受力裂缝，但也是稳定裂缝，经采用改性环氧树脂压力注浆弥合后，不会降低楼板结构的耐久性和整体性。

69. 预制预应力悬挑踏步板根部为什么会产生裂缝

某饭店于1974年施工，为高6层的混合结构，门厅内主楼梯采用预制预应力悬挑踏步板结构，踏步板断面尺寸见图2-84。踏步板压入墙体尺寸，底层为370mm，2～6层为240mm，挑出墙外的最大尺寸为1800mm。踏步板由混凝土构件厂预制，混凝土设计强度等级为C40。采用φ5冷拔预应力钢筋，设计计算强

度 $R_y = 5850\text{kgf/cm}^2$。踏步板计算活载为 200kgf/cm^2。楼梯平台为预应力圆孔楼板，无平台梁。楼梯剖面如图 2-85 所示。

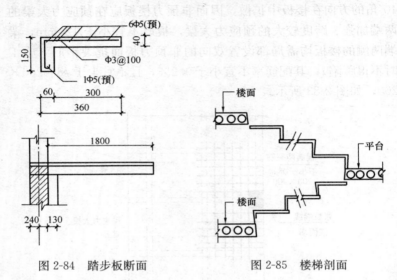

图 2-84　踏步板断面　　　　　　　　图 2-85　楼梯剖面

（1）事故情况

施工中，预制踏步板随楼梯墙砌筑而逐级向上安装。悬挑端用木架作临时支撑，逐层向上施工。待顶层砖墙施工全部结束后，拆除悬挑端木架支撑，随即发现踏步板悬挑端下沉，根部沿墙边有通长裂缝，经检查，1～6 层均有裂缝，尤其以 2～6 层较严重，最大裂缝宽度有 1mm 多。

（2）事故原因

1）结构选型不恰当，结构计算时，没有考虑先张法预应力构件在预应力钢筋的应力传递范围内预应力值的变化因素。本工程当初按《预应力混凝土结构设计与施工》一书设计计算。构件的强度标准安全系数 $K = 1.9$，抗裂度安全系数 $K_f = 1.15$。该书第五章 5-3 条规定：

"在先张法构件的抗裂度计算中，必要时应考虑预应力钢筋在其传递长度 l_c 范围内预应力值的变化。钢筋的实际预应力从构件端部的零值按直线规律增大，直至传递长度的末端达到最大值 σ_y，预应力钢筋的传递长度 l_c 按表 5-1 取用。"

先张法预应力构件一般剪筋强度要求为混凝土设计强度等级的 70%，所以剪筋时混凝土强度等级接近 C30，其预应力值的传递长度 l_c 一般取 $90d$（d 为预应力钢筋的直径）。该书表 5-1 附注③又指出：

"当预应力钢筋骤然放松时，则传递长度 l_c 的起点应以距离构件末端的 $0.25l_c$ 处开始计算。"

显然，该踏步板的预应力钢筋的应力传递长度 $l_c = 90 \times 5 = 450\text{mm}$。其零点值距构件端部为 $0.25l_c = 0.25 \times 450 \approx 110\text{mm}$（图 2-86）。

如果不考虑传递长度 l_c 的影响，则上部 6 根 $\phi 5$ 预应力钢筋，面积 $A = 1.18\text{cm}^2$，预应力总值 $\sigma_y = 5850 \times 1.18 = 6903\text{kgf}$。按此值计算结果：$K = 1.98 > 1.9$；$K_f = 1.14 \approx 1.15$ 均符合规范要求。

但当考虑预应力值的传递长度 l_c 的影响后，情况就大不相同了。如图 2-86 所示，对于底层 370mm 砖墙，在支承边（即墙边）处的预应力值减低为：$\sigma_y = 6903 \times \dfrac{370 - 110}{450} = 3681\text{kgf}$；对于 2~6 层 240mm 砖墙，则 $\sigma_y = 6903 \times \dfrac{240 - 110}{450} = 1994\text{kgf}$。这时，$K$ 和 K_f 值将大幅度下降，最终导致根部裂缝。

2）施工中技术措施不力，主要表现为以下两点。

① 安装踏步板的临时木架支撑拆除过早。虽然安装时一块叠一块衔接安装，但毕竟缺乏整体性。如果待扶手栏杆安装好后再拆除，会有较大改善。

② 踏步板下口支承处砂浆嵌固不实（图 2-87）。踏步板随楼梯墙砌筑而逐级向上安装。施工中操作不当，有时就用砌筑砂浆（M5 混合砂浆，设计要求踏步板用 M5 水泥砂浆）作踏步板的坐浆，当砖层不凑数时，坐浆层加厚，往往用碎砖片等填塞，使单体构件的下沉量增大。

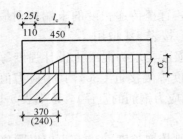

图 2-86

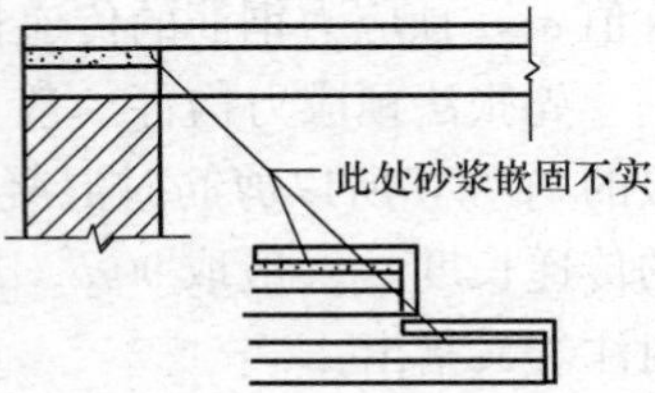

图 2-87　踏步板下口支承处

（3）事故处理

在确保使用安全和保留悬挑式踏步形式的原则下，曾考虑逐块踏步板作单体加固和整体梯段作整体加固两种处理方案。最后采用的是整体加固方案（图 2-88），在悬挑踏步板中部用 16b 号槽钢作斜梁托起，上下平台处用 24b 号槽钢作平台梁以支承斜向槽钢。槽钢开口侧面加焊 6mm 厚的钢板，外包钢丝网后，加抹水泥砂浆抹灰层保护。

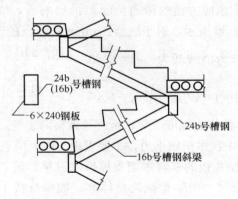

图 2-88　整体加固方案

踏步板根部内墙面的抹灰，改用水泥砂浆打底，认真嵌实。

（4）事故教训

1）设计时应认真注意结构选型。对于悬挑结构，由于压入墙内尺寸较小，不宜采用预制预应力结构。如采用预制预应力悬挑结构时，则应注意预应力值在传递长度 l_c 范围内的变化因素。

2）施工中，安装预制悬挑结构时，坐浆一定要实，支撑要牢固。对于楼梯、平台之类的结构，宜待栏杆安装好后再拆除下面的支撑，以加强整体性。

70. 防止大体积混凝土裂缝的施工技术措施

随着城市建设的发展，高层建筑越来越多，基础部分的混凝土用量也越来越大，浇筑的厚度也越来越厚。此外，很多工业厂房内的各种设备基础也大多采用大体积混凝土（含筋）建造。如何防止大体积混凝土产生裂缝，是施工中需要考虑的主要技术问题。

（1）什么是大体积混凝土

日本建筑学会标准（JASS5）的定义是："结构断面最小尺寸在 80cm 以上；水化热引起混凝土内的最高温度与外界气温之差，预计超过 25℃的混凝土，称为大体积混凝土"。因此，大体积混凝土考虑的主要问题，不是力学上的结构强度，而是以控制混凝土的变形裂缝。简言之，大体积混凝土是指需要采取措施防止水泥水化温升引起体积变化而导致裂缝的混凝土。

大体积混凝土容易产生裂缝的原因有以下三种情况：（1）水泥水化温升高，体积变化大；（2）受到约束，产生拉应力；（3）拉应力大于混凝土的抗拉强度。

（2）大体积混凝土的水泥水化温升公式和温升规律

大体积混凝土水泥水化温升值可按下面公式计算：

$$T_{(t)} = \frac{WQ}{CP}(1 - e^{-mt})$$

式中　$T_{(t)}$——浇完一段时间 t，混凝土的绝热温升值（℃）；

　　　W——每 $1m^3$ 混凝土水泥用量（kg/m^3）；

　　　Q——每 kg 水泥的水化热量值（kJ/kg）；

　　　C——混凝土比热容，其值由 $0.92\sim1.00$，可取 0.97 $[kJ/(kg \cdot K)]$；

　　　P——混凝土干密度，取 $2400kg/m^3$；

e——常数，为 2.718；

m——与水泥品种、浇捣时温度有关的经验系数，一般
为 0.2～0.4；

t——混凝土浇筑后至计算时的天数（d）。

为方便计算，将 e^{-mt} 与（$1-e^{-mt}$）列成表，可在有关手册中查得。

大体积混凝土一般在浇筑后 3～4 天，温升达到最大值，随后恒温数小时后就开始缓慢降温，其规律是升温速度较快，降温较慢。

图 2-89 所示为某工程地下室基础底板混凝土第 13 号测温孔（中部）测得的水化温升曲线图。该地下室基础混凝土底板平面尺寸为 39.44m×38.72m，厚 2.5m，混凝土一次浇筑量约 4000m³。1995 年 3 月 2 日 20 时开始浇筑，当时昼夜平均温度在 10℃左右。混凝土浇筑 12h 后开始升温，70h 时达到最高值 62℃，平均温升速率 0.414℃/h，维持 10h 恒温后开始缓慢降温，至 29 天时降至 29℃。

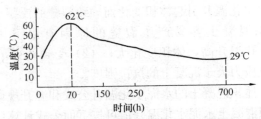

图 2-89 某基础大体积混凝土测温孔实测温度曲线

（3）防止大体积混凝土产生温度裂缝的技术措施

防止大体积混凝土产生温度裂缝的主要技术措施有以下几个方面：

1）降低水泥用量：由混凝土水化温升公式可知，水化温升值 $T_{(t)}$ 与水泥用量 W 成正比，降低混凝土中水泥用量，能有效降低混凝土的水化温升值。由试验资料可知，水泥用量每增减 10kg，可相应升降温度 1℃。降低水泥用量的常用途径有：

① 基础混凝土采用 45 天、60 天、90 天或更长时间的强度标准值。对于基础大体积混凝土，根据上部结构的施工速度，不采用 28 天的强度标准值，而是充分利用它的后期强度值是可行的，也是合理的。以 R_{60} 和 R_{28} 相比，其强度值可增加 12%～26%，为此，每 m^3 混凝土中可相应减少水泥用量 40～70kg，这样可降低水化温升值 4～7℃。

② 采用粒径较大的粗骨料，能有效减少包裹石子用的水泥浆，因而可以减少水泥用量。以粒径 30mm 和 50mm 的石子相比，30mm 粒径石子的表面积为 75.748m^2/T，而 50mm 粒径石子的表面积为 45.451m^2/T，前者为后者的 1.67 倍。某工程用"2、3、4"（即粒径为 20mm、30mm、40mm 的石子）浇筑的大体积混凝土，测得混凝土内最大水化温升值为 78℃，而相近时间内用"4、6、8"石子（即粒径为 40mm、60mm、80mm 浇筑的另一大体积混凝土，测得的混凝土内最大水化温升为 70.8℃。

③ 掺加粉煤灰等掺合料。粉煤灰颗粒呈球形状，有滚珠效应，能改善混凝土的和易性、黏塑性、可泵性，能降低水灰比，因而可减少水泥用量，并能改善混凝土的后期强度。

2）选用水化热低的水泥，如矿渣水泥等。矿渣水泥的水化热量值比硅酸盐水泥要低 10%～15%。

3）降低混凝土入模温度，即相应降低了混凝土内部的最高温度。夏季高温季节施工时，可采用低温水拌制混凝土，同时可降低骨料温度等措施，以降低混凝土的入模温度。在施工时间上，将底部和中部的混凝土安排在夜间或早上浇筑，上部混凝土安排在白天浇筑。

4）掺加缓凝剂。据有关资料介绍，当掺入一定量的缓凝剂后，可使温度为 30℃ 的混凝土相当于不掺缓凝剂时 20℃ 混凝土的凝结速度，减缓水泥水化放热进程。

5）在厚大无筋的大体积混凝土中，均匀掺入 20% 以下的块石，即可减少混凝土用量，亦即减少水泥用量。同时，块石可吸收热量，降低混凝土内部温度值。

6）采用分层、分块浇筑，合理设置水平或垂直施工缝，或在适当位置设置后浇缝，以放松约束程度。减少每次浇筑的长度和蓄热量，防止水化热的过大积聚，减少温度应力。

7）在基础内部预埋冷却水管，通入循环冷水，降低混凝土水化热。如某工程在底板混凝土内设置了直径为$\phi150mm$的冷却水管，通过低温水循环降低混凝土中心区域的温度。冷却水管的进水温度为8℃左右，出水温度为35℃左右，对降低混凝土内部水化热起到了积极作用。经测定，混凝土中心区域的内部最高温度为59℃，远小于同类高层建筑基础底板内的混凝土最高温度值。图2-90为某工程冷却水管布置图。

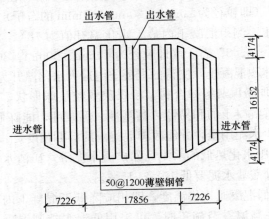

图 2-90　大体积混凝土底板的冷却水管布置图

8）加强混凝土表层的保温、保湿措施。控制混凝土内外温差不应过大（规范要求控制在25℃以内）。一方面要降低混凝土内部的温度；另一方面对混凝土表面要进行保温。常用的保温措施有蓄水保护和覆盖草袋保护。图2-91为某工程表面混凝土保湿措施。

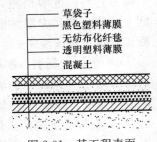

图 2-91　某工程表面混凝土保温、保湿措施

210

71. 为什么有的工程上不用 28 天的混凝土强度标准值，而采用 60 天或 90 天的混凝土强度标准值

混凝土强度标准值是指水泥加水拌合后，经过 28 天标准养护（温度 20℃±2℃，湿度 90%）后的抗压强度值，以 N/mm² 表示。

混凝土强度的增长过程，实质上是水泥的胶凝材料强度的增长过程。而胶凝材料强度值的增长过程，又是水泥颗粒在深度和广度上完成水解和水化作用的过程。水泥颗粒遇水后，外表面被水所包围，形成一层水膜，水解和水化作用由表及里逐渐向核心渗透，形成凝胶和晶体，随着晶体数量的不断增多，水泥强度也逐渐增长。这个渗透过程开始较快，其后就逐渐缓慢下来。试验资料表明，若完成水泥水解和水化作用的全过程，需要几年甚至几十年的时间，但试验资料也表明，完成这个过程的基本部分，只需要 28 天。如普通硅酸盐水泥拌制的混凝土，标准养护 3 天后的强度，约为标准强度值的 40%，5 天约为 50%，7 天接近 60%，10 天约接近 70%，15 天约接近 80%，28 天达到强度标准值，其后虽仍有增长，但极为缓慢，其值也很小，综合考虑施工工期经济效益的影响，所以人们统一规定为 28 天。对以后增长的影响给予了忽略不计。图 2-92 所示为温度龄期对混凝土强度影响的参考曲线。自然养护时，环境温度对其强度增长的影响是很明显的。

在实际施工中，有些混凝土浇筑后，因上部结构施工周期较长，其承受设计荷载值的周期也较长，即对 28 天的强度值并不那么迫切。例如埋在地基中的一些地下室的厚实的混凝土底板，特别是高层建筑的地下室底板，其上部主体结构的施工期较长，因此，这些混凝土承载到设计荷载值的时间也较长。对于这种情况，在进行混凝土配合比设计时，就可以考虑采用 45 天、60 天、90 天或更长时间的强度标准值。对于基础之类的大

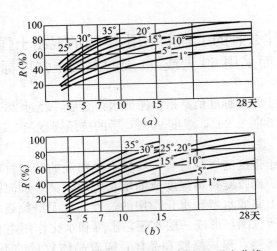

图 2-92　不同温度、龄期时的混凝土强度曲线

(a) 用 42.5 级普通水泥拌制的混凝土；(b) 用 42.5 级矿渣水泥拌制的混凝土

体积混凝土，根据上部主体结构的施工速度，不采用 28 天的强度标准值，而是充分利用其后期强度值是可行的，也是合理的，也有它很好的技术、经济效益。以 R_{60} 和 R_{28} 相比，试验资料表明，其强度值可增加 12%～26%，为此，每 m³ 混凝土中可相应减少水泥用量 40～70kg，这样不但可以降低工程成本，同时由于降低水泥用量后，也可相应降低水泥水化温度升值 4～7℃，这对防止大体积混凝土产生温度裂缝是十分有好处的。

有些地区的粉煤灰资源十分丰富，混凝土中掺入粉煤灰后，早期强度偏低，但后期强度上升较快。这一类型的混凝土亦可利用 45 天、60 天或 90 天龄期的强度标准值，亦能收到很好的技术、经济效果。

72. 混凝土配合比设计中的两个认识误区

众所周知，混凝土已成为当今工程建设中最重要的材料之一，它对结构的适应性很强，因而使用范围也越来越广。

212

混凝土是由粗、细骨料以及胶结材料加水拌合而成的，在使用之前，要根据所提供的原材料提前进行配合比设计和试验，以满足建筑结构设计的要求。

　　混凝土的配合比设计，首先应满足混凝土结构设计的强度要求。混凝土在长期的使用过程中，要经受各种荷载、日晒冻融、机械磨损和化学腐蚀以及本身的碳化、徐变等内、外因素的考验，没有足够的强度就抗御不了上述各方面的考验。有人认为，在配制混凝土时，水泥的强度等级越高越好，水泥的用量也越多越好，这是一个认识上的误区。科学的结论并非如此。混凝土的强度虽然与水泥强度等级和水泥用量有关，但不适当的使用高强度等级的水泥和加大水泥用量，不仅是一种浪费，更会给混凝土结构带来安全隐患，因为水泥强度等级过高，水泥用量过多，会造成混凝土体积的剧烈收缩变形，导致混凝土结构件开裂，这是不允许的。合适的水泥强度等级与混凝土强度等级的比值应控制在 1.5～2.5 倍范围内，C30 以上混凝土应按 1.5 倍取用水泥强度等级。

　　其次，混凝土配合比设计，应满足混凝土抗冻、抗渗、和抗侵蚀等耐久性要求。我国的建筑物耐久性等级分为三等，最短的使用年限是 20～50 年，最长的是 100 年以上，住宅建筑一般要求使用年限是 50～100 年。我国的结构设计，基准期定为 50 年，要保证结构在 50 年以内不失效，混凝土的质量至关重要。

　　试验资料表明，混凝土的耐久性与混凝土的密实性有着密切的关系，混凝土配制越密实，强度越高，耐久性也越好。有人认为，要使混凝土密实性好，就要减少粗骨料用量，增加细骨料和水泥用量，这又是一个认识上的误区。混凝土的密实性取决于良好的级配，并选择最优的石子用量。在正常情况下，石子重量占混凝土重量的 50% 左右，而石子的体积则占混凝土体积的 70%～80%。石子是混凝土的主体，良好的级配，不仅使混凝土具有最佳的密实度和最佳的强度等级，而且使混凝土也具有了适应施工条件的流动性和良好的和易性。

有一个砂石级配的工地小实验，让人简单明了的理解砂、石合理级配对密实度的影响，现摘录如下：

目的：通过实验理解混凝土砂、石颗粒合理级配的原理，以及对混凝土密实度的影响。

工具：透明玻璃茶杯。

材料：砂子、豆石、碎石（粒径 10～25mm）各 3～4 杯。

步骤：

（1）量取碎石、豆石各一杯，混合均匀后，重新装入玻璃杯内并拍实，量得为 $1\frac{3}{4}$ 杯，观察玻璃杯内的颗粒级配情况，如图 2-93 所示。向装满碎石、豆石的玻璃杯内加水至杯口齐平，可测得加水量约为 1/3 杯左右。

（2）量取碎石、砂子各一杯，混合均匀后，重新装入玻璃杯内并拍实，量得为 $1\frac{1}{2}$ 杯，观察玻璃杯内的颗粒级配情况，如图 2-94 所示。同样向装满砂石的玻璃杯内加水，测得加水量约为 1/4 杯左右。

（3）量取碎石、豆石、砂子各一杯，混合均匀后，重新装入玻璃杯内并拍实，量得为 2 杯，观察玻璃杯内的颗粒级配情况，如图 2-95 所示。同样向装满砂石的玻璃杯内加水，测得加水量约为 1/5 杯左右。

（4）工地有小秤时，可将上述每杯混合料秤一下重量，将会得到从图 2-93～图 2-95 的重量是逐一增大的。

图 2-93　　　　　图 2-94　　　　　图 2-95

（5）将上述几次试验情况列出，见表 2-39。

砂石级配试验情况　　　　　　　表 2-39

顺　序	级配情况（杯）				混合后体积与原体积之比	加水量（杯）
	碎石	豆石	砂子	混合后数量		
1	1	1		$1\frac{3}{4}$	$1\frac{3}{4}:2=0.875$	1/3
2	1		1	$1\frac{1}{2}$	$1\frac{1}{2}:2=0.750$	1/4
3	1	1	1	2	$2:3=0.667$	1/5

分析：

（1）石子和砂子是混凝土混合料中的粗细骨料，自身的孔隙率较大。颗粒级配表示粗细骨料的组合情况。良好的颗粒级配，应该是细骨料填充粗骨料的孔隙，水泥浆填充细骨料的孔隙。

（2）从表 2-39 可知，以碎石为粗骨料的三种级配方案，得到的三种混合料的密实程度是不同的。

图 2-93 用碎石和豆石混合，缺少细骨料。从测得的加水量、重量等数值可知，混合料的孔隙率较大，密实性较差。如用这种混合料来拌制混凝土，必然要增大水泥浆用量。

图 2-94 用碎石和砂子混合，缺少中间骨料。用这种混合料拌制的混凝土，需增大用砂量和水泥用量。从各项数值来看，它的密实性比图 2-93 的情况稍好一点。

图 2-95 用粗、中、细三种骨料混合，混合料较均匀。它的加水量最少，重量最重。说明它的密实性最好，孔隙率最小，是比较理想的颗粒级配。

（3）配制混凝土要求砂、石具有良好的颗粒级配，是为了使其达到最小的孔隙率，得到最大的密实度，这样不仅可以减少水泥用量，而且能获得较高的抗压强度，同时，也提高了混凝土的抗渗及抗冻和耐久性能，因而具有明显的技术和经济效果。

73. 碱骨料反应——钢筋混凝土的癌症

混凝土是现代建筑中使用范围最广、使用量最多的建筑材料，人们在使用混凝土时，普遍注意的是它的强度，很少有人关注它的含碱量问题，但很多触目惊心的工程损害实例，向人们敲响了高碱混凝土危害性的警钟。高碱混凝土的碱—骨料反应，被专业人士称为钢筋混凝土的癌症，严重影响混凝土结构的耐久性。

混凝土的碱—骨料反应（Alkali—Aggregate Reaction，简称 AAR 反应）对钢筋混凝土结构有着极大的危害。AAR 反应按参与反应的骨料类型可分为碱硅酸反应（Alkali—Silica Reaction，简称 ASR）和碱碳酸盐反应（Alkali—Carbonate Reaction，简称 ACR 反应）两种类型，其主要机理是水泥中含过量的碱（Na_2O，K_2O）与骨料中所含活性 SiO_2 在长期潮湿条件下（水的存在）发生化学反应。反应新生物硅酸碱类呈白色凝胶状，在大气中经风干后呈白色粉状物，其反应式为：

$$2NaOH + SiO_2 \xrightarrow{H_2O} NaO \cdot SiO_2 + nH_2O$$

上述化学反应对钢筋混凝土结构造成危害的机理，主要是新生物硅酸碱遇水其体积膨胀，试验证明体积约增大三倍，更严重的是这个化学变化的全过程是在胶结材料水泥与骨料之间进行的，已形成的水泥晶体——水泥石，内部受到极大的膨胀压和渗透压，由试验资料可知该压力可达 3～4MPa，因而造成混凝土剥落、出现裂缝、甚至混凝土崩溃，从而影响结构的正常使用，成为结构隐患。这种破坏就称为 AAR 破坏。

遭受 AAR 破坏的工程实例很多，如 1920 年最早发现 AAR 破坏的美国海滨公路桥、护坡和路面，建成后仅两三年便严重开裂。前苏联、日本、加拿大等国也发生过类似事故。我国自 20 世纪 50 年代起也开始这方面的研究工作，对受到 AAR 破坏的工程进行分析研究。

北京市的三元立交桥于 1984 年建成，使用北京地区含碱量较高的砾石作骨料，施工中为了防冻和缩短凝固时间，又掺入了防冻剂和早强剂，使部分混凝土中碱的含量高达每立方米 13kg，从而导致了混凝土严重的碱—骨料反应，到 20 世纪 80 年代末已发现盖梁及桥台严重开裂，裂缝宽度最大已达 1.4cm，钢筋外露。又如秦皇岛海港某电厂冷水塔构件破坏,经分析也属此类破坏。实践证明:在潮湿环境下若混凝土出现剥落或出现裂缝,就应考虑是否有 AAR 破坏的可能性,以便及早进行处理。

1982~1984 年由北京某构件厂生产的预应力混凝土铁路桥梁 188 根,用于山东兖石线上,1991 年调查了 183 根,其中无裂缝的仅有 6 根,裂缝宽度一般在 0.2~0.4mm,最大的达 0.7mm。其预制构件系采用高碱纯硅酸盐水泥,混凝土的碱含量每立方米达 6.5kg,虽然强度很高,但开裂也很严重。

山东潍坊机场建于 1984 年,混凝土的碱含量约每立方米 3.9kg,20 世纪 90 年代调查时,开裂的跑道达 33.3%。经过在实验室仔细鉴定证明,该机场跑道主要为碱碳酸盐反应引起的破坏。

专家们指出,引起混凝土破坏的原因尽管很多,但碱—骨料反应是内因,造成的破坏范围大,开裂后将诱发其他诸多破坏因素,且难以阻止其继续发展,如果进行修复加固,其费用约是原造价的 3 倍。

为了防止混凝土发生碱—骨料反应,提高混凝土质量,延长建筑物的寿命,国家已制定了相应的标准规范,如 GB 50204—2002(2010 年版)中的 7.2.1 条规定:钢筋混凝土结构、预应力混凝土结构中,严禁使用含氯化物的水泥。7.2.2 条规定:预应力混凝土结构中,严禁使用含氯化物的外加剂。钢筋混凝土结构中,当使用含氯化物的外加剂时,混凝土中氯化物的总含量应符合现行国家标准《混凝土质量控制标准》GB 50164 的规定。上述两条都作为强制性条文应予严格执行。

在实际工作中,应注意以下几个方面:

(1) 结构设计中,应避免片面追求高强度、高性能混凝土,盲目加大水泥用量。混凝土中的碱含量应控制在每立方米 3kg 的安全含碱量以内。施工中应尽量使用低碱水泥。

(2) 加强混凝土骨料的选用。含碱黏土、砂石料在我国分布较普遍,北方地区尤其严重。施工中所用骨料应通过试验确定，严格控制活性骨料（含活性 SiO_2）的含量。

（3）严格限制含氯外加剂（早强剂、减水剂）的应用，大力开发无氯无碱外加剂。

（4）在混凝土拌制时，适量掺入加气剂，使混凝土中形成微气泡结构，可减小硅酸碱因体积膨胀而造成的膨胀压和渗透压。

（5）在混凝土配合比中适量掺入磨细粉煤灰，增加混凝土的密实性，提高其抗渗性。

（6）水是碱—骨料反应的先决条件，为避免 AAR 破坏，必须防止外界水分渗透到混凝土内，尽量使钢筋混凝土结构处于干燥环境中受力，这样可大大减缓碱—骨料反应，甚至可以完全终止反应的继续发展。

74. 混凝土强度耐久性与建筑物合理使用寿命

（1）国家法律、法规对建筑物合理使用寿命的规定：

1）《中华人民共和国建筑法》有关条文规定：

第六十条：建筑物在合理使用寿命内，必须确保地基基础工程和主体结构的质量。

第八十条：在建筑物的合理使用寿命内，因建筑工程质量不合格受到损害的，有权向责任人要求赔偿。

《建筑法》合理使用寿命的提出，说明了国家对建筑工程质量的高度重视，也含蓄简洁地提出了要实行建筑工程质量责任终身制。

2）国务院于 2000 年 1 月 30 日颁布的《建筑工程质量管理条例》第二十一条规定："设计文件应当……，注明工程合理使用年限。"这就明确了首先应从设计文件上确定建筑物的合理使用年限。

（2）从三峡大坝的寿命讨论看混凝土强度、耐久性与建筑寿命的关系。

1996 年 12 月份，一位民主党派的高级工程师向党中央领导

218

提交了一份材料，提出有关水利工程混凝土耐久性问题，指出"我国兴建的大量混凝土坝在运行 10～30 年后，局部呈现严重病害，以致危及到大坝安全。"文中提出了"三峡混凝土坝的耐久寿命，预计 50 年"的估计。

这份材料引起了党中央领导的高度重视，对此，国务院召开了有关专家会议进行研究。讨论中大家认为，混凝土建筑物的耐久性寿命有特定的含义，系指建筑物在满足设计指标情况下正常运行而不必大修的年限，这类似于汽车发动机或飞机发动机第一次大修以前的使用年限一样，并不意味着到了这个期限发动机就要报废，而是须进行大修后再继续使用。例如：丰满水电站的大坝已运行 50 多年，中间经过大修补强，现仍在正常使用中；三门峡电站大坝也已运行 40 多年，亦在正常使用中，而且混凝土强度还在继续增长；四川都江堰水利枢纽工程经过历代的修缮已运行 2000 年以上。专家们认为，混凝土强度和建筑物的耐久寿命是两个不同的概念，前者耐久寿命可能只有 50 年，而后者可设计为 500 年。

专家们说，对混凝土耐久性的影响因素十分复杂，由于其他因素难以量化，目前国内外一般只用混凝土抗冻融循环次数来表示混凝土的耐久性。我国现行标准规定，冻融循环数最高为 300 次。各地按环境温度不同还可选用 50 次、100 次、150 次等不同抗冻等级的混凝土。三峡工程大坝在设计时按设计规范，对外部混凝土冻融标准定为 150 次，内部混凝土为 50 次。至于冻融次数与建筑物耐久寿命之间的定量关系，世界各国目前都没有定论。丰满水电站那里每年冬季气温都在－20℃，虽然每年发生冻融，但经过维修，大坝仍可安全运行。三峡大坝常年温度在 0℃ 以上，不会产生冻融的影响。由此分析，提出大坝耐久寿命 50 年、100 年的说法是不确切的。

由上可知，混凝土的抗冻耐久性能与建筑物的寿命构成了直接的影响关系，而影响混凝土抗冻耐久性的因素，首先是混凝土的强度等级有关，混凝土强度等级越高，混凝土越密实，抗冻性就越好，这是常识方面的问题。其次应采用低碱水泥和含碱量低的骨料拌制混凝土，防止混凝土产生碱—骨料反应，影响混凝土的抗冻耐久性。

（3）落实建筑物的合理使用寿命是一个系统工程，它涉及设计、施工、业主等多个方面的责任。作为施工单位，应严格按设计图纸施工，严把施工质量关，保证工程良好的实体质量和完整的技术资料质量。作为业主使用单位，应合理使用建筑物，防止因荷载超重，使用不当等对建筑物造成损伤，同时应建立定期维修保养制度，使建筑物始终处于正常的工作状态。

75. 三峡工程右岸混凝土大坝不出一条裂缝的技术秘诀

我国三峡大坝混凝土浇筑全线到顶前夕，有名工程院院士在坝顶说了一句耐人寻味的话："右岸大坝不出一条裂缝，创造了世界奇迹。"因为在世界上曾流行着"无坝无裂"的说法。

三峡右岸混凝土大坝是怎样做到不裂缝的呢？当时又正值夏季高温季节，采取的技术措施固然很多，但归纳起来主要有以下几个方面：

（1）严格控制混凝土搅拌楼出料口的温度

按照大坝混凝土浇筑技术要求，夏季混凝土搅拌楼出料口的温度必须控制在7℃左右，为此，进入料斗的骨料都是在预冷室里经过预冷后通过传送带进入料斗的。进入料斗时约为4℃左右。同时在搅拌中还要加入一定量的冰屑，因此三峡工地流传着"三峡混凝土要吃冰淇淋"的说法。每罐 $3m^3$ 的混凝土要加入 180kg 的冰屑。冰块在搅拌时不易融化破裂，容易给日后的混凝土大坝内部带来气泡，所以采用冰屑作降温措施。

（2）混凝土热了就不停地"喝冷水"

水泥在水化过程中水化热，使混凝土升温。夏季施工时，坝面上最高气温都在30℃以上，如何控制混凝土升温呢？首先在混凝土的运输车厢上部搭设遮阳篷，防止因太阳暴晒使混凝土在运输过程中温度骤然升高。同时，有专人定时给已浇筑的混凝土测量"体温"，夏季施工时，规定浇筑仓内混凝土温度控制在12～14℃，如果发现混凝土温度过高，就立即给混凝土"灌冷水"——向预先埋设在混凝土内的塑料管内输送经过制冷的冷水，这种温度在6～8℃之间的冷水，可以给混凝土降温，使其温度恒定在要求值范围内。

（3）混凝土冬季都盖"保温被"

对于已浇筑完成的块体部位，都要被盖上"保温被"——一种用泡沫状材料做成的像棉被一样的仓面保温设备，被称作大坝的"保温被"，用来防止大坝因外面太冷、内部太热而产生的混凝土表面裂缝。同时，混凝土浇筑仓面平仓后，还要在仓面上配备喷雾装置，给仓面不停地喷洒雾水，以保证仓面的湿润。

综上所述，温度控制是三峡大坝混凝土施工质量控制的重点和难点，也是保证三峡大坝不出现危害性裂缝的关键，三峡右岸大坝不出现一条裂缝，正是把温度控制做到了极致。

76. 用碳纤维布加固钢筋混凝土构件效果明显

粘贴技术是一门既古老又年轻的技术。目前，许多混凝土结构工程由于设计、施工的缺陷或是因使用功能改变等原因，须进行加固补强，常采用粘贴钢板或是粘贴碳纤维布的方法，以提高其原设计承载能力和抗破坏能力，这是一种简便快捷的方法，已被广泛采用。由于碳纤维布具有高强高效、耐腐蚀、施工方便、自重轻等优点，用其加固钢筋混凝土结构更受欢迎。

（1）材料性能

1）碳纤维布：碳纤维布种类较多，其力学性能差别也较大，一般生产厂家提供的多为纤维单丝的力学性能。按其单丝抗拉强度的高低，可分为普通强度碳纤维布（简称"普通布"）和高强碳纤维布（简称"高强布"）两种。表2-40为有关常用碳纤维布力学性能指标情况。

表 2-40

碳纤维布力学性能指标

性能指标	单位	普遍布	高强布	美国布
抗拉强度	MPa	2800	≥3400	5000
弹性模量	GPa	220	≥230	235
断裂拉伸率	%	1.4～1.5		2.1
密度	g/cm³	1.76		1.8
单位面积重量	g/m²		200±10	220

2）胶粘剂：按其用途可分为非结构胶粘剂和结构胶粘剂两大类，用于各种建筑承重结构件加固补强的应用结构胶粘剂，其粘结强度应大于或等于被粘结材料的强度。常用胶粘剂的性能指标见表 2-41 所示。

表 2-41

常用胶粘剂性能指标

抗压强度（MPa）	拉伸强度（MPa）	剪切强度（MPa）	弹性模量（GPa）
80～85	50～60	15.5	5～6

（2）用碳纤维布加固钢筋混凝土板做受弯试验情况

天津大学土木工程系对用碳纤维布作了加固补强的钢筋混凝土板作了对比试验，情况如下：

1）试件情况

试件原型取自某办公楼的楼板，截面尺寸及纵向配筋见图 2-96 所示，$b \times h = 500mm \times 100mm$。试验板采用两边简支，跨度 $l = 3270mm$，净跨 $l_0 = 3070mm$。用 3 块楼板（一块不加固补强，两块用碳纤维布做加固补强）进行对比试验。具体加固补强情况见表 2-42 所示。

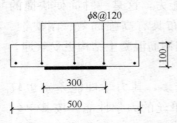

图 2-96　试件横截面示意图

222

试件编号	试件加固补强情况
BAN-0	未加固（对比板）
BAN-1	粘贴普通布一层　3070mm×300mm
BAN-2	粘贴高强布一层　3070mm×300mm

试件加固补强方案　　表 2-42

2）试验情况

试验采用的荷载为均布荷载，加载方案采用分级加载。在试验过程中观察裂缝出现和开展的过程，量测使用荷载作用下的裂缝间距和裂缝宽度，记录各级荷载作用下碳纤维布的应变值和板跨中挠度值。

试验结果见表 2-43 所示。

主要试验结果　　表 2-43

试件编号		BAN-0	BAN-1	BAN-2
开裂荷载	$q_{cr}/(kN/m^2)$	2.79	3.14	3.14
	$M_{cr}/(kN \cdot m)$	1.84	2.07	2.07
	提高（%）	—	12.5	12.5
屈服荷载	$q_y/(kN/m^2)$	5.7	8.2	9.77
	$M_y/(kN \cdot m)$	3.76	5.76	6.45
	提高（%）	—	53.0	71.4
极限荷载	$q_u/(kN/m^2)$	6.05	11.52	20.58
	$M_u/(kN \cdot m)$	3.99	7.60	13.59
	提高（%）	—	90.4	240.2

注：1. 提高（%）——各试件相对于未加固的试件（对比板）而言。

　　2. q_{cr}——板出现弯曲裂缝时，板上施加的均布荷载值；

　　　　q_y——纵向钢筋屈服时，板上施加的均布荷载值；

　　　　q_u——板达到极限承载力时，板上施加的均布荷载值。

　　3. M_{cr}——板出现弯曲裂缝时，板上施加荷载产生的跨中弯矩值；

　　　　M_y——板的纵向钢筋屈服时，板上施加荷载产生的跨中弯矩值；

　　　　M_u——板达到极限承载力时，板上施加荷载产生的跨中弯矩值。

3）试验情况分析

① 试验板的挠度

加荷初期，各试验板的挠度增加相差不多，此时碳纤维布尚未发挥作用。当受拉区混凝土开裂后，尤其是纵向钢筋屈服后，未加固板的挠度急剧增加，而经加固的板挠度增长相对缓慢。在相同的外荷载作用下，加固板的挠度值均小于未加固板的挠度。碳纤维布的使用实际上相当于增加了板的受力钢筋用量，使板的刚度有所增加，特别是纵向受力钢筋屈服后更为明显。

② 碳纤维应变

加荷初期，碳纤维的应变很小，板开裂后，应变增长加快，尤其是在纵向受力钢筋屈服后，碳纤维的应变增长迅速加快。说明碳纤维布在板开裂前所起作用不大；板开裂后，碳纤维布逐渐参与共同工作；而当纵向受力钢筋屈服后，碳纤维充分发挥作用，其高强高效特性得以充分体现。

③ 裂缝开展情况

所有试验板均出现明显的弯曲裂缝。加固板的裂缝出现较晚，且裂缝宽度发展缓慢，裂缝间距明显小于未加固板。当板的跨中挠度达到跨度的 $1/200$，即 $l_0/200 = 15.4mm$ 时，未加固板平均裂缝间距为 145mm，而加固板平均裂缝间距为 106mm 和 105mm，分别减小了 26.9% 和 27.6%。

④ 受弯承载力

未加固板因受力钢筋最终拉断而破坏，而加固板则是因碳纤维布被拉断导致破坏。BAN-1 加固板的屈服弯矩和极限弯矩分别比未加固板提高了 53.0% 和 90.4%，BAN-2 加固板的屈服弯矩和极限弯矩分别比未加固板提高了 71.4% 和 240.3%。由此可见，用碳纤维布对板进行加固补强后，板的屈服弯矩和极限弯矩均有较大的提高，尤其以极限弯矩的提高更为明显。

（3）用碳纤维布作钢筋混凝土构件加固补强时应注意的问题

1）应加强原材料质量检验。施工之前，应确认碳纤维片材及配套树脂类胶粘剂的产品合格证、产品质量出厂检验报告、各项技术指标应达到所规定的要求。

2）施工之前，除对碳纤维布的力学性能进行检测外，还应对在施工现场条件下由施工人员按正常施工工艺涂刷胶粘剂复合固化后的碳纤维片材进行检测。前者是对原材料的检测，而后者是对实际施工质量的检测。因为现场施工条件直接受到气候条件、刷胶工艺、施工操作人员的技术水平等诸多因素的影响，其碳纤维布的力学性能指标常常低于由试验室条件下制备试件检测出的数值。因此，在原材料力学性能抽检合格后，仍有必要对现场条件下由胶粘剂复合后的碳纤维片材的力学性能进行抽检。表 2-44 所示为某工程由试验室条件下的制备试件和现场条件下的制备试件的检测结果情况对比。

试验室试件和现场试件检测情况对比　　　　表 2-44

组　　别	制作条件	抗拉强度（MPa）			强性模量（GPa）	
		平均值	均方差	标准值	平均值	均方差
A	试验室	4012	149.26	3766	242	6.56
B	现场	3573	221.57	3209	237	9.17

77. 再生混凝土骨料和再生混凝土力学性能探究

随着国家经济建设的迅速发展，各类建筑工程（包括房屋和道路改建）项目快速增长，同时，也伴随着产生了大量的建筑垃圾。据有关资料显示，日本每年的废弃混凝土产生量为1200 万 t，美国 6000 万 t，而我国废弃混凝土年产量则高达16000 万 t，并且每年以一定的速率增加。

如今，资源、环境和可持续发展已成为人们非常关心的社会热点，很多研究单位将废弃混凝土作为一种社会资源进行研究，将其制成再生混凝土骨料和再生混凝土，并取得了一定的成效。

（1）再生混凝土骨料的制备

再生骨料的制备是将废旧的混凝土进行一级处理（破碎、

筛分等）和二级处理（加热、破碎、筛分等）。经一级处理后获得的骨料可制备强度在 C30 以下的混凝土，而经过二级处理后得到的再生骨料可制备强度在 C30 以上的混凝土。相关的研究表明，在废弃混凝土进行二级处理时，需升温至 300℃并保温一定的时间，这就会提升操作的成本等，根据我国实际的技术情况，使用经过一级处理得到的再生骨料即可满足相应的要求。

（2）再生混凝土骨料与天然骨料的性能比较

1）表观密度

参照天然骨料表现密度的测定方法进行再生骨料的测定，结果如表 2-45 所示。

不同颗粒直径的再生骨料的表观密度　　　　表 2-45

骨料粒径（mm）	再生粗骨料的表观密度（kg/m³）	天然粗骨料的表观密度（kg/m³）
4～8	2410	2500
15～30	2540	2590
16～32	2480	2650

从上表中可看出，再生骨料的表观密度小于天然骨料，其原因可能是再生骨料的表面附着有大量的旧混凝土砂浆杂料。影响其表观密度的因素比较多，有原混凝土中粗细骨料的密度、砂率、水灰比以及再生骨料的颗粒级配和颗粒组成和含水量等多种的因素。

2）吸水率

不同颗粒直径的再生骨料的吸水率比较见表 2-46 所示。

不同颗粒直径的再生骨料的吸水率比较　　　　表 2-46

骨料粒径（mm）	再生粗骨料的吸水率（%）	天然粗骨料的吸水率（%）
4～8	3.9	1.3
15～30	2.0	0.4
16～32	1.3	0.2

表 2-46 的试验数据表明，再生粗骨料的吸水率明显大于天

然粗骨料。再生粗骨料中废弃水泥砂浆的吸水率比天然骨料的要高许多，且再生骨料表面粗糙、棱角多，其内部存有大量的微裂缝，这就使得再生骨料的吸水率较高。由于粒径小的骨料的比表面积大，随着骨料粒径的减小，其吸水率会有急速的提升。

3）压碎指标

经过试验得到，再生粗骨料的压碎指标为12.4，天然粗骨料的压碎指标为10.0。可见再生粗骨料的压碎指标比天然粗骨料的大，主要原因有三点：其一，再生粗骨料中旧水泥砂浆强度较小，很容易就被压碎；其二，在制备再生骨料时，骨料内部产生了损伤裂纹；其三，再生粗骨料的颗粒级配不合理等。

（3）再生混凝土骨料部分代替天然骨料制成再生混凝土的强度比较。

将再生混凝土骨料部分替代天然骨料（替代率为0％、20％、30％）配制成再生混凝土，对其试块进行立方体抗压试验，测出不同替代率下混凝土试块的抗压强度如表2-47所示。随着再生混凝土骨料替代率的增加，再生混凝土试块强度将逐渐降低。

再生骨料不同替代率立方体抗体抗压强度试验值 表2-47

抗压强度值　试块号 替代率	立方体抗压强度			立方体抗压强度平均值
	试块1	试块2	试块3	
替代率为0％	38.91	36.25	40.7	38.6
替代率为20％	28.85	26.80	26.9	27.6
替代率为30％	23.69	23.01	22.96	23.2

（4）再生混凝土与普通混凝土的耐久性比较

将再生混凝土骨料按国标配制成强度等级为C30的混凝土试块，与天然骨料制得的普遍混凝土进行对照实验，对比两者的抗碳化以及抗冻融的情况。

试验所用试块均在标准的养护条件下进行 28d 养护，碳化试验是采用《普通混凝土长期性能和耐久性能试验方法》（GBJ 82-85）中进行的快速碳化的试验方法，将养护后的混凝土试块放入 60℃的烘箱中保温 48h，然后将试块置于二氧化碳浓度为（20±3）%，温度为（20±5）℃，相对湿度（70±5）%的碳化仪器中，观察其碳化情况；抗冻性的试验按照（水工混凝土试验规程）（DL/T 5150-2001）进行快速冻融的试验方法，找出其抗冻融循环的规律。

1）关于再生混凝土抗碳化性

如表 2-48 所示，为随时间变化的碳化深度与 28d 的强度。可以看出随着时间的推移，混凝土试块的碳化深度在逐渐变大；再生混凝土的抗碳化性比普通混凝土稍微差一点，主要原因可能是再生混凝土的骨料存有一定的裂缝，使得在碳化过程中更容易让二氧化碳通过，其抗碳化的能力略差。

碳化深度及 28d 强度比较　　　　　　　表 2-48

名　称	碳化深度（mm）				28d 强度（MPa）
	7d	14d	28d	80d	
Z1	11.2	17.7	19.21	29.2	33.2
Z2	10.4	15.4	18.1	28.7	32.9
Z3	13.9	17.6	21.9	33.4	33.4
P1	9.3	12.5	14.7	20.2	40.9
P2	9.8	14.8	16.8	22.3	39.5
P3	10.4	13.4	17.1	24.6	38.9

注：Z 为再生混凝土；P 为普通混凝土。

2）再生混凝土的冻融循环试验

整个的冻融过程中，混凝土试块的外观会发生一些变化，进行 25 次冻融循环后，混凝土试块的外观未发生显著改变，但 50 次冻融循环之后，混凝土试块的表面会有表皮脱落的现象，伴随出现了一些微小的孔洞，甚至有的试块出现掉渣的现象。试验结果见表 2-49 所示。

编　号	冻融前（g）				冻融后（g）			
	M1	M2	M3	M 平均	m1	m2	m3	m 平均
Z25	2413.7	2422.9	2413.4	2416.7	2403.3	2416.5	2406.8	2408.9
Z50	2513.4	2406.2	2473.4	2464.3	2464.5	2387.7	2453.0	2435.1
P25	2388.0	2389.0	2481.3	2419.4	2374.2	2377.8	2484.7	2412.2
P50	2398.7	2471.8	2443.8	2438.1	2383.3	2453.0	2426.1	2420.8

注：Z25 表示再生混凝土进行 25 次冻融循环，P50 表示普通混凝土进行 50 次冻融循环。

通过表 2-49 可以看出，在相同的冻融循环次数下，再生混凝土冻融前后的质量损失大于普通混凝土，这是因为再生混凝土中骨料的吸水率远远大于普通混凝土中骨料的吸水率。当温度降低时，混凝土孔隙中的水分将会开始结冰，在此过程中水的膨胀会受限制于较大孔隙中冻结水分产生的制约。而再生混凝土因骨料自身存在着较多的裂缝空隙，在发生冻胀时正好缺少缓解膨胀压力的自由孔隙，当静水压力作用在孔隙壁上时，就会产生相对较大的抗拉强度，造成再生混凝土表面脱落、破坏的机会亦多。

（5）再生混凝土骨料在道路水稳层的应用

根据《公路基层施工技术规范》（JTJC 034—2000）、《公路工程集料试验规程》（JTGE 42—2005）等相关规范，对再生混凝土骨料进行了级配设计，水泥剂量分别为 4%、4.5%、5%，采用重型击实成型法确定各组再生混凝土混合骨料的最佳含水量和最大干密度，试验结果如下：

水泥含量 4% 时，再生混凝土混合骨料最佳含水量为 12.7%，最大干密度为 $1.915g/cm^3$；

水泥含量 4.5% 时，再生混凝土混合骨料最佳含水量为 13%，最大干密度为 $1.930g/cm^3$；

水泥含量 5% 时，再生混凝土混合骨料最佳含水量为 13.1%，最大干密度为 $1.931g/cm^3$。

按最佳含水率、最大干密度制备混合料，进行强度测试，其结果见表 2-50 所示。

试验项目	水泥剂量（%）		
	4.0	4.5	5.0
强度平均值（MPa）	2.87	3.57	4.45
偏差系数（%）	8.6	7.9	9.8
强度代表值（MPa）	2.47	3.11	3.73

强度相等时，与普通水稳集料相比，虽然再生混凝土骨料生产的水稳料所需要的水泥剂量相对偏高，但相差并不大。就水稳料底基层而言，现行的一些标准规范要求其强度大多为 2.5MPa，这一强度等级用再生混凝土骨料生产的水稳料是完全能满足的。

综上所述，目前再生混凝土骨料前期处理工艺简单，应用便捷，具有一定的经济效益，用于道路水稳层可获得良好的技术经济效益，由于再生混凝土骨料吸水率较大，在进行配合比设计时，应考虑到这一因素。就目前条件状况而言，还不太适宜用于承重结构构件，但可用于制造各类预制的混凝土制品，如预制墙板、砌块、景观用透水砖等。

78. 建筑施工模板支架立柱为什么严禁搭接

在建筑施工现场的模板支架搭设中，往往存在着立柱钢管搭接的现象，有的甚至是上下立柱钢管通过横杆相互错开搭接，这种做法是不允许的，也是很不安全的。国家规范《建筑施工模板安全技术规范》（JGJ 162—2008）第 6.2.4 条作为强制性条文明确了当采用扣件式钢管作立柱支撑时的有关构造和安装规定，其中 3、4 款规定如下：

"3. 立柱接长严禁搭接，必须采用对接扣件连接，相邻两立柱的对接接头不得在同步内，且对接接头沿竖向错开的距离不宜小于 500mm，各接头中心距主节点不宜大于步距的 1/3。

4. 严禁将上段的钢管立柱与下段钢管立柱错开固定在水平拉杆上。"

规范这样规定，其主要原因是钢管因搭接施工后，将产生一定的偏心荷载，加大钢管应力，容易引起立柱失稳，由于局部立柱失稳将波及钢管支架的整体变形失稳，这是很多模板支架倒塌事故实例的沉痛教训。

现以某混凝土大梁下立柱计算资料为例，该大梁模板支架立柱承受竖向荷载值经计算为：$N=18.36$kN。支架立柱搭设步距 1.40m，纵、横向连接件、扫地杆、剪刀撑等都按规定搭设。钢管规格为 $\phi 48 \times 3.5$（截面积 $A=489$mm^2，$W=5080$mm，迴转半径 $i=15.8$mm）。

（1）用对接扣件连接时，钢管承受轴向压力，立杆底部轴向压应力按下式计算：

$$\sigma = \frac{N}{A\phi}$$

立柱两端按铰接计算，长度计算系数 $\mu=1$，立柱长细比 $\lambda=l_0/i=1400/15.8=88.6$，查得折减系数 $\phi=0.67$。则立柱的压应力为：

$\sigma = 18.36 \times 10^3/489 \times 0.67$

$= 56.04$N/mm$^2 < 205$N/mm^2

钢管的允许承压应力值为 205N/mm^2，故此时支架立柱是安全的。

（2）在荷载、步距、钢管搭设规格等均同上述条件的情况下，仅钢管立柱由原对接施工改为搭接施工，如图 2-97 所示，其立柱之间的搭接偏心 $e = 0.048 + 0.002 = 0.05$m，由此产生的偏心力矩为 $M=N\times e=18.36$kN$\times 0.05$m$=0.918$kN·m

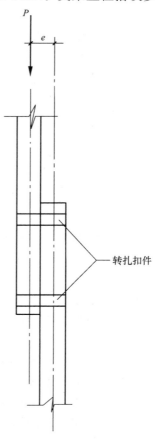

图 2-97 钢管立柱上下搭接示意图

此时钢管立柱除承受轴向压力外，还由偏心距产生的弯曲应力，其计算公式为：

$$\sigma = \frac{N}{A} + \frac{M}{rw} = \frac{18.36 \times 10^3}{489} + \frac{0.918 \times 10^6}{1.05 \times 5080}$$

$$= 209.65 \text{N/mm}^2 > 205 \text{N/mm}^2$$

其中 $r = 1.05$ 为截面塑性发展系数。

通过上述计算可知，如果钢管立柱采用搭接的形式施工后，

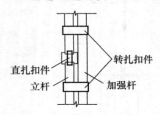

图 2-98　对接钢管加强示意图

杆件的内应力将有明显增加，并超过了钢管立柱的允许承载能力，容易造成立柱失稳，其安全隐患是很大的。

须要注意的是钢管立柱采用对接形式后，接头处将成为薄弱部分，还应做好局部加强处理，加强处理如图 2-98 所示。以保证钢管立柱的承载能力。

79. 模板拆除施工也应纳入施工方案编制内容

现在，很多混凝土工程的施工方案中，将支模施工作为一项重要内容引入，但往往没有拆模施工的内容，这是一个缺失。也许有些同志会讲，国家规范《混凝土结构工程施工质量验收规范》GB 50204—2002（2010 年版）的 4.3.1 条及表 4.3.1 对拆模施工仅提出了混凝土强度要求，似乎只要混凝土达到相应的强度值后，就可以拆除模板了。至于拆模施工操作，无须多说，因为拆模是一项很简单的活，这实在是很片面的，甚至是错误的想法。

在实际施工中，由于缺乏必要的结构知识，拆模操作不当而造成的倒塌伤亡事故时有发生，现举例如下：

[例 1]《中国建设报》2001 年 7 月 6 日报道，7 月 3 日晚上 8 时 40 分左右，广州白云山风景区内一座即将完工的三拱钢

筋混凝土桥，在拆除拱架时发生坍塌，造成 1 人死亡、4 人重伤、10 人轻伤的惨案。拱桥最高处离地才 4m，建桥时采用回填土，并在土中打入木桩，然后在上面浇筑一层 15cm 厚的混凝土作为模板的施工方法。

[**例 2**] 某工程屋面大梁是一大跨度的预应力（后张法）钢筋混凝土结构，梁与梁之间是拱形板。由于梁、板均采用现浇，因此下面搭设了满堂支架。立柱沿梁方向的间距为 1m，沿梁垂直的方向间距为 1.5m，每 3m 设一道纵横连系杆，浇筑混凝土施工时，立柱各自承受上面梁、板的荷载，情况正常。为了加快支撑材料的周转使用，现场施工人员在屋面梁未施工预应力之前，就同意先将拱形屋面板的支架及底模全面拆除，致使拱形板自重及拱形板上的荷载全部传给了屋面梁，但此时屋面梁还不是具有承载能力的结构件，上面的荷载最终全部传给了梁下的支架立柱。由于原先未考虑梁下立柱要承受如此大的荷载，致使立柱在过大荷载情况下失稳破坏，最终造成模板支架及上部结构倒塌，造成多人伤亡，经济损失也巨大。

事故实例教育了我们，拆模施工也不是一项简单的话，在编制施工组织设计或专项施工方案时，对拆模施工也应作出具体安排，并交代清楚。有的工程拆模时，不能只考虑混凝土的强度，而还要考虑模板支撑系统的受力情况，如：

（1）悬挑结构的拆模，应特别注意防止倾覆翻倒。对天沟、阳台、雨篷等悬挑结构，它们都有一定的倾覆力矩，拆模时，不仅对混凝土有抗压强度值的要求，还应满足构件整体稳定性的要求。

（2）拱形结构的拆模，应十分重视拱的水平推力问题。对于拱的水平推力，设计上一般有两种处理方法：一是设计边缘抗推结构；一是设置水平拉杆承担水平推力。对于前者，拆除拱形结构模板前，抗推结构应达到相应的设计强度值，满足抗推要求；对于后者，在拆除拱形结构模板前，一定要拉紧拉杆。

（3）预应力结构的拆模，应待预应力钢筋张拉完成后方可拆除。

（4）拆模的先后顺序问题。以框架结构为例，拆模时，应先拆除大梁的侧模和柱子的模板（至少两边），对梁、柱混凝土进行认真检查，确认不存在影响结构安全的缺陷后，方可拆除立柱和承重模板。绝不能图爽手，先拆除立柱，再拆除梁、柱侧板和底板，这样容易发生事故。

在拆除梁的立柱时，其顺序应先拆中部的，然后对称拆除两边的，使结构有个适应过程，不应将顺序颠倒。这一点对拆除拱形结构的支架立柱更为重要，应从中间向两边对称均匀拆除，使结构始终保持拱形状态。

80. 模板早拆体系——支模工艺的创新

国家标准《混凝土结构工程施工质量验收规范》GB 50204—2002（2010年版）中第 4.3.1 条规定了底模及其支撑支架拆除时混凝土强度应符合设计要求；当设计无要求时，应符合表 2-51 的规定。这对保证工程施工质量和结构安全具有重要意义。

底模拆除时的混凝土强度要求　　　　表 2-51

构件类型	构件跨度（m）	达到设计的混凝土方立体抗压强度标准值的百分率（%）
板	≤2	≥50
	>2, ≤8	≥75
	>8	≥100
梁、拱、壳	≤8	≥75
	>8	≥100
悬臂构件	—	≥100

在实际施工中，钢筋混凝土梁、板底模及其支架拆除时间的迟早，对工程施工影响较大，它涉及到工程的施工工期、施工成本、文明施工以及施工作业面等诸多方面的内容，因此，

业内人士对此极为关注，并作了很多研究。模板早拆体系的设计思想，就是支模工艺的一个创新。在满足规范要求、保证工程施工质量的前提下，尽量提前拆除部分底模及支架，此举具有很好的技术经济效果，特别是对模板使用量较大的多层框架结构建筑尤其显著。

图 2-99 所示为一框架梁支撑示意图，假设大梁跨度为 9m，楼板净跨距为 3.95m，根据表 2-51 的规定，大梁底模及其支架须待混凝土实体强度达到设计抗压强度标准值的 100％才能拆除；楼板的底模及其支架须待混凝土实体强度达到设计抗压强度标准值的 75％才能拆除。

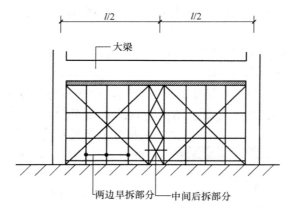

图 2-99　模板早拆体系示意图

现在模板设计时，考虑在大梁中部和板的中部设计成较为稳固的支撑，即人为地将梁和板的跨度予以缩小，则梁和板两边的底模及其支撑就可以按规范要求提前拆除，加快周转使用，从而既能加快施工进度，又可降低施工成本，这就是模板早拆体系的设计原理。

在采用模板早拆体系设计时，须注意的事项：

（1）梁或板中间的支撑（或称后拆部分）须设置牢固，应通过计算，能安全承受上部传下的荷重（包括施工荷重）。具体部位应上下层对齐，有利于正确传力。同时，拆除两边的支撑和底模时，应便于分离。

（2）混凝土梁或板结构，在采用模板早拆体系设计时，在拆除两边支撑后，事实上由单跨结构变成了双跨或多跨的连续结构了，应通过计算，防止梁、板在中间支撑的上表面因负弯矩而产生裂缝。必要时，应采取相应措施。

（3）提前拆除部分底模和支架后，如何保证结构混凝土实体的养护条件应有相应的技术措施，防止养护条件不到位对混凝土强度增长产生不利影响。

81. 多层楼房承重大梁模板支撑拆除时间探讨

在多层及高层楼房施工中，钢筋混凝土大梁支撑层层叠上，下层逐层随之拆除。图 2-100 是常见的施工剖面图。在逐层向上施工过程中，以二层大梁的支撑为例，究竟何时拆除较为合适？通常做法是根据《混凝土结构工程施工质量验收规范》中有关拆除承重模板支撑时，混凝土的强度要求：当二层大梁的混凝土强度等级达到设计强度等级后（指跨度大于 8m；当跨度等于或小于 8m 时为 75％设计强度等级），即将支撑全部拆除，而往往忽视上面一层通过支撑传下的实际施工荷重情况。这种做法是极其不妥的，特别是对于设计上楼面活荷重数值较小的建筑，例如宿舍、办公楼、旅馆等，常常造成大梁在施工过程中超载甚多，容易发生质量问题，轻者裂缝、

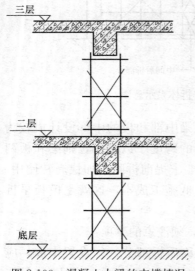

图 2-100　混凝土大梁的支撑情况

挠曲，重者造成倒塌，故在施工中应作认真核算，切忌盲目施工。这一点，在新版的《混凝土结构工程施工质量验收规范》中作了补充和完善。明确规定："……当承受施工荷载大于计算荷载时，必须经过核算，加设临时支撑。"这是很必要的。

（1）大梁设计荷载分析

二层大梁使用阶段的荷载分析，假设大梁各项设计参数如下：4m 开间；11cm 厚多孔楼板（折算厚度为 6.6cm）；楼面细石混凝土平层、水泥砂浆面层厚度以 4cm 计；板底抹灰厚度以 2cm 计；楼面活载，根据《工业与民用建筑结构荷载规范》的规定，住宅、办公楼、旅馆等楼面均布活载为 $2kN/m^2$；大梁截面尺寸以 25cm×65cm 设计。

则大梁设计荷载为（即沿梁长的线荷载）：

① 多孔楼板 6.6×0.25×4＝6.6kN/m；

② 楼面找平层、面层 4.0×0.25×4＝4.0kN/m；

③ 板底抹灰 2.0×0.17×4＝1.36kN/m；

④ 楼面活载 2×4×0.7＝5.6kN/m（0.7 为活载折减系数）；

⑤ 大梁自重：

$$0.25 \times 0.65 \times 25 = 4.06kN/m$$

$$\Sigma q = 21.62kN/m$$

显然，大梁是根据线荷载 q＝21.62kN/m 的值来设计配筋的。也就是说，施工中实际给予大梁上的线荷载也不应超过该数值。

（2）施工三层楼面时二层大梁实际承受的荷载分析

实际施工中，二层大梁所承受的荷重，除了二层楼面传来的荷重外，还承受着三层楼面通过支撑传来的荷重，其值如下。二层楼面荷重：这时楼面抹灰层、板底抹灰层均未做，故二层楼面传给大梁的荷重如下：

① 多孔楼板：6.6kN/m；

② 楼面荷载，以少量材料堆放 $0.2kN/m^2$ 计：

$$0.2 \times 4 = 0.8kN/m$$

③ 大梁自重：4.06kN/m；

④ 大梁模板重，以 0.8kN/m 计，$\Sigma q_1 = 12.26$kN/m。

三层楼面通过支撑传下的荷重如下：

① 多孔楼板：6.6kN/m；

② 楼面施工荷重，以 2.0kN/m² 计：$2.0 \times 4 \times 0.7 = 5.6$kN/m；

③ 三层大梁自重：4.06kN/m；

④ 三层梁模板及支撑重，以 1.2kN/m 计：

$$\Sigma q_2 = 17.46\text{kN/m}$$

二、三层楼面合计传给二层大梁的荷重为 $\Sigma q_1 + \Sigma q_2 =$ 12.62kN/m＋17.46kN/m＝29.72kN/m

其值大于二层大梁的设计线荷载值甚多，为 29.72/21.62＝1.38（倍）。

显然即使二层大梁的混凝土强度达到设计强度等级的100%，如上面继续施工的话，则二层大梁的支撑也是不宜立即拆除的。这时，大梁荷载为设计荷载的 1.38 倍，已接近原钢筋混凝土规范规定的基本安全系数值 1.40。也就是说，此时大梁的安全储备接近用尽。再说，在实际施工中，楼面的施工荷重有时会大大超过 2kN/m²。例如一般楼板安装完毕、大梁浇捣1～2 天后，即砌上层砖墙，在备料时，往往在楼面上铺满砖块，如以侧铺二层砖计算（实际施工中常常大于二层砖），则每平方米砖块就达 140 块之多，均布荷载值达 3.5kN/m²。再加上脚手板等荷重，这时大梁的线荷载值已为设计荷载的 1.6 倍多，其严重性是显而易见的。还应指出的是，对于跨度小于或等于 8m的大梁，按规范规定，当混凝土强度达到设计强度等级的 75%时，即可拆除其承重支撑。这种情况下，大梁的超载值将更大，危险性也更大，故应引起足够重视。

对于上述情况，还应指出的一点是，对于施工速度较快的工程，下层支撑的拆除更应慎重。假设每层的施工周期为 10天，如图 2-101 所示。在浇筑好三层楼面的混凝土时，此时总的施工周期为 20 天，二层大梁混凝土的强度增长，按有关的曲线图查询可知，在常温下（指 20℃左右）混凝土强度等级可达设计等

级 的 90%，若 温 度 偏 低 时（如5～10℃），则混凝土强度等级才达到70%～80%，此时，二层大梁的支撑不能拆除是比较容易理解的。

那么，当浇筑好四层楼面的混凝土后，二层大梁的支撑能否拆除呢？此时，施工总工期为 30 天，在常温下，二层大梁的混凝土强度已达到设计强度等级的100%，若温度偏低时，也可达到 90% 左右了。但应看到，此时三层大梁的施工周期仅 20 天，混凝土强度等级尚未达到设计强度等级的要求，难以承受相应的荷重。此时，如果将二层大梁的支撑拆除，则四层楼面和三层

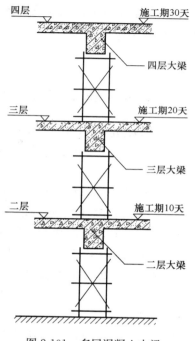

图 2-101　多层混凝土大梁施工周期分析

楼面的荷重通过二～三层支撑，最终集中传到了二层大梁上，这种情况也是比较危险的。

（3）拆除支撑的适宜时间

随着三层大梁混凝土强度的逐步提高，三层大梁的承载能力也逐步提高。当混凝土强度值逐渐达到设计强度等级时，三层楼面的荷重就逐渐由三层大梁来承担，这时，对于二层大梁来讲，主要只承受二层楼面的荷重，这时拆除其支撑是比较适宜的。也就是说，在一般情况下，相隔二层进行支撑拆除是比较适宜的。

当楼面设计活荷载值较大时，则大梁的设计线荷载值也随之增大，这对提早拆模是有利的。但亦应根据大梁的跨度、施

工时的气温情况、混凝土的实体强度等级情况等进行认真核算，以确保施工质量和安全生产。

（四） 钢、木、砖石结构分部工程

82. 从纽约世贸大楼在"9·11"事件中的倒塌看钢结构建筑的防火问题

2001 年 9 月 11 日上午 8 时 48 分和 9 时 05 分，两架波音 767 大型客机先后撞击纽约市曼哈顿的两幢 110 层 415.4m 高的世贸中心双子大厦，在激烈的撞击和爆炸声中，双子大厦先后被熊熊大火和滚滚浓烟所笼罩，并先后整体坍塌。这一事件让美国惊呆了，也让世界震惊了。

世界中心双子大厦是两幢全钢结构建筑，1962 年设计，1966 年动工，1973 年落成，1995 年对外开放，耗资 7 亿美元。两楼共有 239 部电梯，最快的电梯每秒达 27 英尺。内有 60 多个国家的 1200 多家公司，在内办公的员工总数有 5 万多名，有 10 条地铁线路汇聚于大楼底部。大楼成为一个小社会。

"9·11"事件后，关于世贸大楼倒塌的原因众说纷纭，2002 年 3 月 29 日《纽约时报》透露了美国政府在调查研究之后提出的报告的部分内容，揭露了世贸大楼倒塌的"元凶"。研究报告认为，世贸大楼倒塌的直接原因不是飞机的撞击，而是飞机携带的汽油引起的熊熊大火。当第一架飞机撞击南楼时，在大楼上部冲开了一个巨大的黑洞，飞机的残骸没有冲出大厦，被撞出的黑洞冒着滚滚浓烟。而第二架飞机撞击北楼大厦时，飞机残骸竟从一侧撞入，从另一侧穿出，同时引起了巨大爆炸。调查报告指出，世贸大楼的建筑结构在事故中显示出非凡的强度，挺住了飞机的猛烈撞击。调查报告认为，除非有大火、地震或飓风，世贸大楼是可以保住的，不幸的是撞击引起的大火比人们所能想像的更严重。从撞击到整体倒塌，南楼坚持了 56 分 10 秒，北楼坚持了 102 分 5 秒。

钢材是一种不会燃烧的材料，但它的机械力学性能，如屈服点、抗拉强度和弹性模量等会受到高温影响而降低，通常在 450～650℃时，就失去承载能力，使钢构件发生屈曲。当温度到达 1200℃时，钢结构强度将降为 0。调查报告称，世贸大楼内引起的大火导致楼内温度高达 1093℃，相当于原子弹爆炸的威力，世贸大楼就是再铜铸铁打也不能不塌了。飞机撞击时，还撞坏了大楼内的防火层，撞坏了部分水管，碎屑粉尘又堵塞了洒水装置，导致防火设备无法运作，使大火蔓延完全失控。

由上可知，做好钢结构建筑的防火是保证建筑安全的第一要点。首先，钢结构用钢应尽量采用耐火的高强钢，例如 15MnV 钢就是在 16Mn 钢的基础上加入适量的钒（0.04%～0.12%），可使钢的耐高温强度提高；其次应做好钢结构的防火设计，一般采用涂刷防火涂料和外包防火材料两种方法。防火涂料采用高效防腐涂料，特别是防火防腐合一的涂料；外包防火材料也是比较常用的一种防火方法，主要是水泥、硅酸盐及陶瓷纤维等无机材料。其方法有现场浇注法、工厂制作现场组装法和混合施工法三种。

国家防火规范规定，一类建筑物各部分的耐火极限为：柱 3h，梁 2h；二类建筑物各部分的耐火极限为：柱 2.5h，梁 1.5h，板 1h。

钢结构建筑在大火中倒塌的实例有：

1967 年，美国蒙哥马利市的一个饭店发生火灾，钢结构屋顶被烧塌；

1990 年，英国一幢多层钢结构建筑，在施工阶段发生火灾，造成钢梁、钢柱和楼盖钢桁架的严重破坏；

1993 年，我国福建泉州市一座钢结构冷库发生火灾，造成 $3600m^2$ 的库房倒塌；

1998 年，北京某家具城发生水灾，造成该建筑（钢结构）整体倒塌；

1996 年，昆山市的一轻钢结构厂房发生火灾，4300m² 厂房被烧塌。

83. 钢结构构件截面轴线是形心线而非中心线

《钢结构设计规范》GB 50017—2003 8.4.4 条规定：焊接桁架应以杆件形心线为轴线，螺栓（或铆钉）连接的桁架可采用靠近杆件形心线的螺栓（或铆钉）准线为轴线，在节点处各轴线应交于一点（钢管结构除外）。

什么是截面的形心线？截面的形心线就是截面的重心线，也是钢结构件的轴线，但它不是构件截面的中心线。各种桁架、屋架（钢筋混凝土、木材、钢材等）在结构计算时的计算简图都是采用轴线单线图的，即各杆件的受力按杆件的形心线在节点处交会，这样杆件只承受轴向压力或轴向拉力了，这对杆件的受力是很有利的。在屋架端节点放大样时，木工师傅有句口头语叫"三线归中"，即上弦轴线、下弦轴线和支座轴线应交会于一点，如图 2-102 所示为钢筋混凝土屋架的端节点设计图。图 2-103 所示为钢屋架的一下弦节点图示。

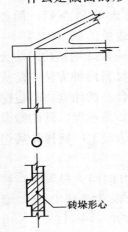

砖垛形心

图 2-102　钢筋混凝土屋架端节点设计示意图

由于矩形截面的钢筋混凝土屋架和圆形截面的木屋架，其杆件截面的重心线与中心线是重合一致的，所以施工放样工作也较为简单，而型钢屋架的杆件截面形状就较为复杂一点了，它的截面重心线与中心线是不重合一致的，以∟70×45×4 角钢为例，它的截面尺寸形式如图 2-104 所示。

由图 2-104 可知，截面形心线 x-x 与中心线 o-o 相差为 22.5—10.2＝12.3（mm），如果简单地以截面中心线代替截面形心线来放样、制作屋架，则将会使屋架各杆件承受偏心受力状态（偏心压力或偏心拉力），这对屋架的受力是极为不利的，严重时甚至会产生质量或安全事故。

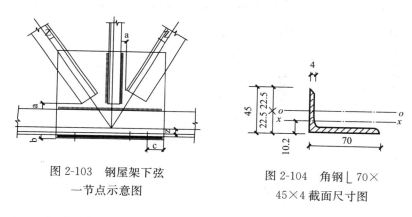

图 2-103　钢屋架下弦
一节点示意图

图 2-104　角钢 ∟ 70×
45×4 截面尺寸图

当采用角钢组合截面屋架制作时，为了便于在角钢上画尺寸线，常把其重心线至角钢背的距离调整到 5mm 的倍数，由于这种调整值很小，对杆件的受力影响也是很小的，所以如图 2-104 所示的角钢，其放样、制作时的形心线到角钢背的尺寸通常就定为 10mm。

84. 普通角钢屋架各杆件的截面组合形式为什么不同

普通角钢屋架具有强度高、韧性好、构件自重轻、连接方便、便于制作和安装等诸多优点，因此在工业和民用建筑中应用极为广泛。但角钢屋架也有它明显的弱点，如屋架杆件比较柔细，屋架本身的侧向刚度较小等，因此，在进行角钢屋架设计时，应十分重视各杆件的截面组合形式。普通角钢屋架的杆件大多采用两个等肢或不等肢角钢组成的 T 形截面，连接垂直支撑的竖杆常采用十字形截面，长度和内力都较小的杆件也可采用单角钢杆件。普通角钢屋架常用的杆件截面组合形式如表 2-52 所示。

屋架杆件截面的形式   表 2-52

组合方式		截面形式	回转半径的比值	用　途
不等肢角钢	短肢相并		$\dfrac{r_y}{r_x}=2.6\sim2.9$	计算长度 l_y 较大的上、下弦杆
	长肢相并		$\dfrac{r_y}{r_x}=0.75\sim1.0$	端斜杆，端竖杆，受较大弯矩作用的上弦杆
等肢角钢	T 形		$\dfrac{r_y}{r_x}=1.35\sim1.6$	其他腹杆，计算长度 l_y 不大的弦杆
	十字形			连接垂直支撑的竖杆
单角钢	L 形			少用，有时用于腹杆

　　由表 2-52 可知，普通角钢屋架各杆件截面的组合形式各不相同，这里除了考虑各杆件受力大小以外，很重要的是考虑了杆件的稳定因素。在结构计算中，杆件的稳定因素主要由杆件的长细比（用符号 λ 表示），即杆件的计算长度和截面回转半径之比值来决定的。λ 值越小，杆件的稳定性就越好，反之 λ 值越大，则杆件的稳定性就越差。屋架杆件在屋架平面内和屋架平面外的计算长度是不相同的，杆件在屋架平面内的计算长度常采用节点中心间的距离，即各杆件轴线的几何尺寸，而杆件在屋架平面外（即屋架侧向）的计算长度则由侧向支承点间的距离所决定，通常比屋架平面内要大得多，特别是上、下弦杆及

部分腹杆。规范规定的屋架各杆件的计算长度取值见表 2-53 所示。

屋架杆件的计算长度（mm）　　　　表 2-53

序　号	弯曲方向	弦　杆	腹杆	
			支座斜杆和支座竖杆	其他腹杆
1	在屋架平面内（l_x）	l	l	$0.8l$
2	在屋架平面外（l_y）	l_1	l	l
3	斜平面（l_{y0}、l_{x0}）	—	l	$0.9l$

注：1. l——杆件的几何长度（节点中心间的距离）；
　　　l_1——弦杆侧向支承点之间的距离。
　　2. 序号 3 适用于构件截面两主轴均不在桁架平面内的单角钢腹杆和双角钢十字形截面腹杆。

　　以屋架上弦杆为例，如图 2-105 所示，A 为杆件在平面内的计算长度，B 则为整个上弦杆在运输、起吊安装等过程中在屋架平面外的计算长度，它比屋架平面内的计算长度要大得多，如果不了解或忽视这一点，则屋架在运输、起吊安装等过程中，上弦杆就容易发生弯曲受伤甚至造成折断事故。为了确保上弦杆在运输、安装起吊等过程中的安全，所以在截面设计时，常采用不等肢角钢的短肢相拼，最大化的加大截面在屋架平面外的刚度，即使回转半径的值最大化，这对屋架稳定受力、安全使用也有着很重要的意义。

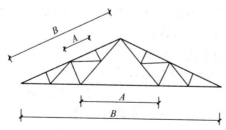

图 2-105　屋架杆件的计算长度不同取值
A—杆件在屋架平面内的计算长度；B—屋架上、下弦杆在运输、
起吊、安装过程中在屋架平面外的计算长度

85. 木材含水率——一个应重视的问题

木材是一种天然、环保的建筑及装饰材料，木结构及木材制品在建筑及装饰工程上应用极为广泛。但有些单位由于对木材含水率缺少应有的重视，在施工中因控制不严而造成的质量问题和质量事故屡见不鲜。

(1) 什么是木材的含水率

木材中水分的重量与全干木材重量之比，称为木材含水率。其计算公式如下：

$$木材含水率 = \frac{原材重 - 全干材重}{全干材重} \times 100\%$$

木材中的水分主要是木材生长期间从土壤中吸收的，有的木材在水运过程中，也吸收一部分水分。

建筑用木材，按其含水率大小，可分为以下三类：

潮湿木材——含水率大于 25%；

半干木材——含水率为 18%～25%；

干燥木材——含水率小于 18%。

木材含水率的测定方法是：锯取一块木材试样，立即称出其重量，称为原材重。然后将试件放入烘箱中，先在低温下烘，逐步使温度上升到 100℃±5℃，在试件烘干过程中，每隔一定时间称它的重量，当最后连续两次秤得的重量相等时，即认为达到恒重，称为全干材重。

(2) 木材的平衡含水率

新采伐的木材，只含有树木生长时的水分，称为生材，其含水率通常在 70%～140% 之间，经过水运或贮存于水中的木材，称为湿材，湿材的含水率通常超过 100%。生材或湿材在空气中逐渐蒸发水分，一直达到和周围空气湿度相平衡状态而停止蒸发，这时木材的含水率称为平衡含水率。各地区的平衡含水率随着温度和湿度的不同而不同，在我国北方约为 12%；南方约为 18%；长江流域约为 15%。

木材的表观密度（容重）通常以含水率为 15% 为标准。

（3）含水率对木材结构质量的影响

1）腐烂而丧失承载力

在建筑行业中流传着"干千年、湿千年、干干湿湿两三年"的建筑谚语。说的是木材含水率与其使用寿命的关系，当木材处于干燥状态或处于潮湿状态（甚至水中）时，其使用年限都很长，而处于半干半湿或时干时湿情况下的木材，因容易引起腐朽，使用年限就很短，往往两三年就腐烂了。

河北某镇中学 1997 年暑假期间建教室及办公用房 60 间，用木屋架 36 榀，屋架下弦采用的是建房时现砍伐白毛白杨。1999 年春季有 8 榀屋架下弦严重腐朽，并断裂，裂缝最大宽度达 80mm，致使房屋前后纵墙外裂，其他屋架下弦也出现了不同程度的腐朽。建成不足二年的房屋被判为危房而拆除。

木材的一个严重缺陷就是易于腐朽。引起木材腐朽的主要原因是木腐菌寄生繁殖所致。木腐菌在木材中繁殖生存要有三个条件：一是少量的空气；二是一定的温度（5～40℃，以 25～30℃最为适宜）；三是水分。在一般房屋中，空气和温度这两个条件是容易得到满足的，只要木材所含水分适当，腐朽就会发生。泡在水中的木材，含水率虽然很大，但因水中缺少空气，所以不会腐朽。木桩在水面附近的部分，因为木腐菌繁殖生存的三个条件都具备，所以很容易引起腐朽。日常生活中常听说"出头的椽子先烂"这句话，因为出头的椽子也经常处于时干时湿的状态。木腐菌繁殖生存的三个条件也都具备，所以较容易腐烂。

某地一工程，底层房间采用架空木地板铺设，由于通风洞设置不尽合理以及地板下空间偏小，再加上铺设木地板前因下雨使土壤中含水量较大，结果使用不到两年，发现木地板翘曲变形，翻修时发现，木地板底面长有 3cm 多长的白毛霉衣，木地板经手用劲一捏，就变得粉碎。

木材含水率是影响木材强度的一个重要因素，木材各项强度之间的关系见表 2-54 所示。以顺纹抗压强度为 1。

木材各项强度的关系　　　　　表 2-54

抗压		抗拉		抗剪		抗弯
顺纹	横纹	顺纹	横纹	顺纹	横纹	
1	1/10~1/3	2~3	1/20~1/3	1/7~1/3	1/2~1	1.5~2

　　木材含水率在纤维饱和点以下时，其强度随含水量的增加而降低。当含水率大于纤维饱和点时，仅细胞腔内水量发生变化，与细胞壁无关，所以强度不再降低。同时木材的含水率对各项强度的影响也不一样。

　　为了便于比较，规定以含水率为 15％的强度为标准，其他含水率时的强度可按下列经验公式换算。

$$R_{15} = R_\omega [1 + \alpha(w - 15)]$$

式中　R_{15}——含水率为 15％时木材的强度；

　　　　R_ω——含水率为 w％时木材的强度；

　　　　w——木材试验时的含水率（超过纤维饱和点时仍按纤维饱和点计算）；

　　　　α——含水率校正系数，其值随树种而定，见表 2-55所示。

木材含水率校正系数表　　　　　表 2-55

强度类型	树 种	α
顺纹抗压	红松、落叶松、杉、榆、桦	0.05
顺纹抗压	其他树种	0.04
抗弯	所有树种	0.04
抗剪	不分树种和剪切类型	0.03
顺纹抗拉	阔叶树	0.015

　　2）干缩湿胀造成木材干裂翘曲变形

　　木材另一个显著缺陷是干缩湿胀，即木材在空气中逐步蒸发水分而含水率变小时，会引起体积的缩小，称为干缩；木材在潮湿环境中吸收空气中的水分使含水率增大，又会引起尺寸、体积的胀大，称为湿胀。各种木材的干缩湿胀值是不同的。在同一块木材中，由于木材各向的不均匀性，其各向的干缩湿胀值也不相同，且差异较大，其中纵向（即顺木材纤维方向）最小，径向次之，弦向最大。图 2-106 为木材横截面的干裂情况，图 2-107 为松木的湿胀与干缩图示，表 2-56 为几种常用树种木材的干缩系数。

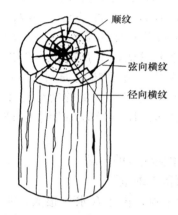

图 2-106　木材横截面的干裂情况

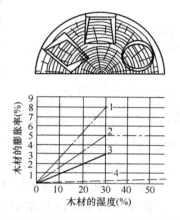

图 2-107　松木的湿胀与干缩示意图
1—体积变化；2—弦向；
3—径向；4—顺纹

常用树种木材的干缩系数　　　　　　表 2-56

树　　种	干缩系数（％）	
	径向	弦向
杉木	0.11	0.24
红松	0.12	0.32
马尾松	0.15	0.30
鱼鳞云松	0.17	0.35
落叶松	0.17	0.40
云南松	0.18	0.34

注：干缩系数：含水率每降低 1％ 所引起的单位长度的干缩量。

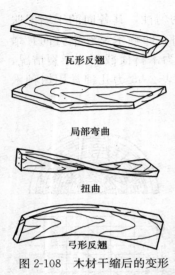

瓦形反翘

局部弯曲

扭曲

弓形反翘

图 2-108 木材干缩后的变形

木材的这种干缩湿胀特性，常常造成木材变形，形成翘曲、局部弯曲、扭曲及反翘等现象，如图 2-108 所示，它会使木结构节点受力松弛，木制品接头开裂、松动等，既影响结构件的受力性能，又影响结构件的外形美观。如北京市某仓库屋盖采用 15m 跨度的杉木屋架，下弦接头为单排螺栓连接，由于螺栓通过髓心，木材干燥收缩后产生的裂缝位于螺孔之间，最终导致屋架下弦被拉脱。

（4）木结构在加工制作和施工中应注意的问题

1）木材在加工配料时，应有预留干缩量

新采伐的木材或从水中运送的木材，由于含水量很大，不宜立即加工配料，且此时加工难度也大，应待适当干燥后再行锯截配料。由于木材失水后有一定的干缩量，所以锯截配料时，应有一定的预留干缩量。表 2-57 所示为根据经验列成的参考表。锯截的板材越厚，预留量应越大。

各种木材制作时的预留干缩量参考值　　　表 2-57

板方材厚度 （mm）	15～ 25	40～ 60	70～ 90	100～ 120	130～ 140	150～ 160	170～ 180	190～ 200
预留干缩量 （mm）	1.0	2.0	3.0	4.0	5.0	6.0	7.0	8.0

注：1．落叶松、木麻黄等树种的木材，应按表中之值加大 30%；
　　2．本表适用于供应原木，并在工地进行锯截和自然干燥时，按设计尺寸应
　　　　预留的干缩量。

2）木结构和木制品用材施工中应严格控制含水率

对于地面以上的承重木结构用材，在制作使用时的含水率

应符合下列要求：

① 对于一般木构件，不得超过 25％；

② 对胶合木结构、木键、木销及结构中其他重要小配件，不得超过 15％；

③ 对承受拉力接头的连接板及板材结构，不得超过 18％；

④ 对通风条件较差的楼板梁及搁栅，不得超过 20％。

对于细木制品用木材，在制作时木材含水率不应超过表 2-58 规定的限值。

细木制品用的木材含水率的限值　　　表 2-58

地区类别	地区范围	门心板、内部贴脸板、踢脚板、压缝条和栏杆	门扇、窗扇、窗台板和外部贴脸板	窗樘和门樘
Ⅰ	包头、兰州以西的西北地区和西藏自治区	10	13	16
Ⅱ	徐州、郑州、西安及其以北的华北地区和东北地区	12	15	18
Ⅲ	徐州、郑州、西安以南的中南、华东和西南地区	15	18	20

3）施工操作中，严格按施工质量验收规范的要求操作

① 用于木门窗的木材，应采用烘干木材，含水率应符合《建筑木门、木窗》JC/T 122—2000 的规定。

② 铺设各种木地板用的搁栅安装时，与墙之间应留出 30mm 的缝隙。

③ 各种木地板（包括底层毛地板）铺设时，与墙之间应留 8～12mm 的缝隙。

④ 对于底层的空铺式木地板，其板下空间高度不应小于 500mm，板下的填土层应予夯实，并保持清洁、干燥，板底应涂刷防腐剂。

⑤ 当木梁或木屋架搁置点位于砌体或混凝土中时，搁置处应做好防腐处理，并有一定的通风条件。

⑥ 木结构件采用夹板连接时，宜采用双排螺栓或采用梅花形布置螺栓。螺栓不宜置于木材的髓心处。

86. 木结构中用于承重结构的木材应重视选材工作

木材是建筑工程中一项重要材料，具有取材容易、结构自重轻、加工制作和安装容易等优点，因此使用极为广泛，但由于树种品种繁多，各项技术性能也有很大差别，使用时应根据不同的使用部位和对材质性能的不同要求，认真做好选材工作，特别是用于屋架、桁条、木梁、搁栅等承重结构部位的木材，这是保证工程质量和使用安全的首要工作。

（1）木材树种和强度指标

木材是一种天然生长的植物，是由许多管状细胞组成的纤维状有机质材料，不同的树种，其细胞组织、形状及细胞之间的彼此关系都有较大差别，因而在木材的顺纹和横纹方向的强度高低也不同。即使是同一树种，由于产地不同，自然环境和生长条件的不同，其木材性能也有较大差异，严格一点讲，就是同一根木材，其边部（亦称边材）和髓心部位（亦称心材）的强度也是不同的。

再者，木材也属各向异性材料，在顺纹方向、横纹方向其抗压、抗拉、抗剪的强度都是不同的。此外，木材还有木节、斜纹、虫蛀、腐朽、裂纹等缺陷，也都会影响木材的整体强度。

为了合理使用木材资源，确保工程质量和安全使用，国家规范对不同树种规定了不同的强度指标，以供设计和施工人员选用。表 2-59 是常用树种木材的设计强度值。

（2）木材含水率和平衡含水率

木材中的水分按其存在形式可分为自由水、吸附水和结晶水。自由水存在于木材的细胞腔和细胞间隙中，吸附水存在于细胞壁中，结晶水的含量通常很少。木材中水分的重量与全干木材重量之比，称为木材含水率。

常用树种木材的设计强度值（N/mm²）　　表 2-59

强度等级	组别	适用树种	抗弯 f_m	顺纹抗压及承压 f_c	顺纹抗拉 f_t	顺纹抗剪 f_v	横纹承压 $f_{c,90}$		
							全表面	局部表面及齿面	拉力螺栓垫板下面
TC17	A	柏木	17	16	10	1.7	2.3	3.5	4.6
	B	东北落叶松		15	9.5	1.6			
TC15	A	铁杉、油杉	15	13	9	1.6	2.1	3.1	4.2
	B	鱼鳞云杉、西南云杉		12	9	1.5			
TC13	A	油松、新疆落叶松、云南松、马尾松	13	12	8.5	1.5	1.9	2.9	3.8
	B	红皮云杉、丽江云杉、红松、樟子松		10	8.0	1.4			
TC11	A	西北云杉、新疆云杉	11	10	7.5	1.4	1.8	2.7	3.6
	B	杉木、冷杉		10	7.0	1.2			
TB20	—	栎木、青冈、椆木	20	18	12	2.8	4.2	6.3	8.4
TB17	—	水曲柳	17	16	11	2.4	3.8	5.7	7.6
TB15	—	锥栗（栲木）、桦木	15	14	10	2.0	3.1	4.7	6.2

注：TC17、TC15、TC13、TC11 为针叶类树种的强度等级；
　　TB20、TB17、TB15 为阔叶类树种的强度等级。

　　在自然状态下的木材，当周围环境的温度和湿度发生变化时，其含水率也会随之增大或减少。当木材中的水分达到与周围空气的湿度相平衡而不再变化时的含水率称为平衡含水率。木材在平衡含水率状态下的强度值比较稳定。在通常情况下，木材含水率每增加 1%，其抗压、抗弯、抗剪的强度将降低 3%～5%。

　　根据国家规范规定，用于承重木结构的木材含水率要求如下：

　　① 对于原木或方木结构不应大于 25%；

　　② 对于板材结构及受拉结构的连接板不应大于 18%；

　　③ 对于木制连接件不应大于 15%；

　　④ 对于胶合木结构不应大于 15%，且同一构件各木板间的

含水率差别不应大于 5%。

（3）木节

树木生长过程中，在树干中发枝的断面就是木节。木节质地比较坚硬，其硬度较周围木材大 1~1.5 倍。木节的木纹方向与树干的木纹方向不一致，既影响木材的力学性质，但又是难以避免的。如以无缺陷木材的强度作为基数 1，当节径与木材面宽为各种不同比例时，构件在各种受力情况下的强度降低系数如表 2-60 所示。

木节对构件的强度降低系数 　　　　表 2-60

构件受力情况	节径与材面宽度的比值							
	1/6	1/5	1/4	1/3	2/5	1/2	3/5	2/3
顺纹受压	0.80	0.80	0.75	0.65	0.60	0.50	0.40	0.30
顺纹受拉	0.52	0.45	0.36	0.27	0.20	0.13	—	—
弯曲	0.68	0.63	0.57	0.44	0.37	0.26	0.17	0.10

由表 2-60 可知，木节对顺纹受拉影响最大，特别是当木节位于材边时影响更大，对顺纹受压影响较小。另外，木节在大构件中对强度的影响较小，在小构件中对强度的影响较大。因此，在规范中根据木节对抗拉、抗压、抗弯等强度的不同影响，分别规定了木节允许的最大尺寸，以确保木构件质量。

（4）斜纹

木材中由于纤维排列不正常而出现的倾斜纹理称为斜纹，它对木材的受力性能有显著的影响。有时在制材时，由于下锯方向不正确，通直的树干也会锯出斜纹来。如以无缺陷木材的强度作为基数 1，当斜纹为各种斜率时，构件在各种受力情况下的强度降低系数如表 2-61 所示。

斜纹对构件的强度降低系数 　　　　表 2-61

构件受力情况	斜纹斜率						
	7%	10%	12%	15%	20%	25%	30%
顺纹受压	0.92	0.86	0.82	0.78	0.70	0.60	0.55
顺纹受弯	0.90	0.82	0.75	0.62	0.50	0.32	0.21
顺纹受拉	0.80	0.65	0.60	0.47	0.32	0.21	0.17

由表 2-61 中可看出，斜纹对木材顺纹抗拉强度影响最大，因此，在顺纹受拉构件中被视为严重缺点。其次，斜纹对弯曲强度的影响也比较大，对顺纹抗压及顺纹抗剪强度的影响较小。

另外，原木中的扭转纹经锯解为成材后，是造成木材干缩时翘曲的原因之一。人为斜纹在同样程度下比天然斜纹的影响更为严重。

87. 木屋架的选料口诀是木屋架受力特征的经验总结

豪氏式木屋架如图 2-109 所示，在屋面结构中使用较为广泛，在施工实践中，总结出如下选料口诀：

上弦：上弦与下弦比较，下弦重要；

　　　上段与下段比较，下段重要；

　　　上面与下面比较，下面重要。

下弦：中间与两端比较，两端重要；

　　　上面与下面比较，下面重要（在中间）。

端节点：上面与下面比较，上面重要。

根据对屋架的内力分析可知，豪氏式木屋架在节点荷载作用下，上弦杆将承受轴心压力，其压力值从屋架上端向下端逐渐增大，而下弦杆将承受轴向拉力，其拉力值从屋架中间向两边逐渐增大，如图 2-109 所示。因此，在木屋架选料时，首先应将最好的、无缺陷的木材用于下弦，因为在受拉杆件中，如存在着木节、孔洞等缺陷时，则拉应力在截面上的分布变得很不均匀，在木节和孔洞附近的拉应力会大大超过该截面的平均拉应力，成为杆件受力的薄弱部位，会促使杆件提早破坏。而对于承受轴向压力的上弦杆件来说，木材上少许缺陷对强度的影响相对较小。根据上述特点，在确保工程质量的前提下，将有少许缺陷的木材用于上弦压杆，较好的木材用于下弦拉杆是合理的，这就是"上弦与下弦比较，下弦重要"的原因。

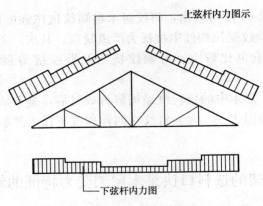

图 2-109　屋架上、下弦杆内力图示意

由图 2-109 可知，上弦杆和下弦杆的内力值，都是在端节处为最大，所以对上弦杆来说，有"上段与下段比较，下段重要"的说法。对于下弦杆来说，有"中间与两端比较，两端重要"的说法。对于端节点来说，下面承受压力，而上面除了承受压力外，还将承受由上弦槽齿传下的剪切力，而木材的顺纹剪切应力又是较差的（表 2-59），所以对于端节点来说，有"上面与下面比较，上面重要"的说法。

88. 应重视木屋架端节点的制作质量 对屋架受力的影响

木屋架的端节点是上、下弦杆受力的交汇点，对屋架的安全使用有着极为重要的影响。在木屋架的制作和安装施工操作中，由于施工人员交底不清或检查不细等原因，常会发生以下一些质量问题。

（1）屋架对墙（柱）的压力中心线不在形心垂线上，使支承体造成偏心受力状态。

在屋架放样、制作操作中，木工老师傅有句口头禅，叫作"三线归中"，即上、下弦杆的中心线和支承体形心垂线（通常为

轴线）应交汇于一点，如图 2-110
所示。当支承体为附墙砖垛时，应
是附墙砖垛的形心垂直线，这样做
将使支承体成为轴心受压杆件，对
支承体稳定受力较为有利。

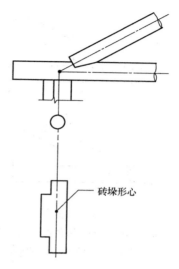

当屋架对支承体的压力线不通过
支承体的形心垂线时，将使支承体成
为偏心受压杆件，对支承体受力和结
构的安全使用都会产生不利的影响。

（2）当上、下弦采用槽齿连接
时，槽齿的承压面偏移上弦中心线，
使屋架上弦成为偏心受压杆件。

当上、下弦采用槽齿连接时，槽
齿承压面应垂直于上弦杆的中心线，

图 2-110 屋架"三线归中"
示意图

并在中心线两侧均匀分布。如图 2-
111 所示，上弦杆的槽齿承压面 ab 应垂直于上弦杆的中心线，而另
一面 bc 则应稍为宽松一点，c 点处可留有一点间隙，使上弦杆的压
力全部作用于 ab 承压面上。

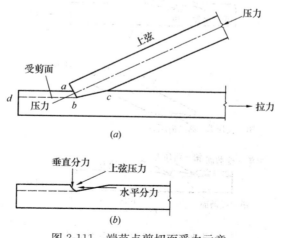

图 2-111 端节点剪切面受力示意

257

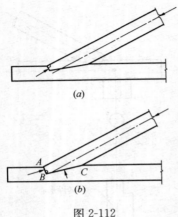

有的槽齿的承压面做成如图 2-112 所示，使承压面不垂直于上弦中心线，或在中心线以上，使上弦杆形成极为不利的偏心受力状态，这在规范上有明确规定是不允许的。

当上、下弦杆采用双槽齿连接时，两个槽齿的承压面也应符合上面的要求。同时，第二个齿深应比第一个齿深至少大20mm，使两个受剪面有一定的距离，以保证各自能很好地受力，如图 2-113 所示。图 2-114

图 2-112

(a) 上弦轴线与承压面垂直但不通过中心；(b) 两个面承担轴向力

所示为两个槽齿的深度相等或接近相等，使两个受剪面接近重合，这样做极易造成端部的剪切破坏。

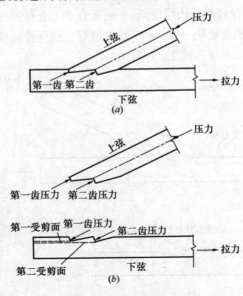

图 2-113　双齿连接受力方式

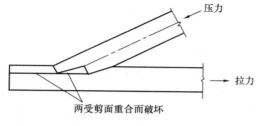

图 2-114　两受剪面重合

（3）下弦杆轴线位置不正确，使下弦杆成为偏心受拉杆件。

下弦杆轴线正确的位置应是：

对于方木屋架，应是槽齿下净截面的中心线；

对于圆木屋架，应是下弦净截面的中心线；因为圆木屋架下弦搁置点需砍削平整，其砍深尺寸与上面的槽齿深度相近，所以轴线即可采用其中心线。

当下弦轴线不符合上面要求时，下弦杆将成为偏心受拉杆件，这对屋架的正确受力和安全使用都是极为不利的。

89. 为什么铺钉实木地板时要规定心材朝上

《建筑地面工程施工质量验收规范》GB 50209—2010 规定在铺钉实木地板时，应心材朝上，这条规定充分顺应了木材的力学特性，是保证实木地板施工质量的一条重要措施。

观察木材的横切面，就能清楚地看到木材是有树皮、边材、心材和髓心等部分组成的，如图 2-115 所示。靠近髓心处颜色较深的部分，称为心材。由于心材生长较年久，所以含水量较小，木质较坚硬，强度亦较高，不易发生翘曲变形。此外，心材细胞已大多枯死，内部储存有较多的树脂、胶质和色素等物质，其他溶液不易浸透，

图 2-115　木材的横切面

故抗腐蚀性能较强；而靠近横切面外部的边材，则和心材相反，它是树木有生命的部分，含水量较高，容易发生收缩、翘曲变形，强度和抗腐蚀性能都较心材差。因此，铺钉木地板时，规定心材朝上，对保证木地板的平整度、耐久性等都有显著的效果。

再看木材各向的收缩变形情况，由于木材构造的不均质性，各方向的收缩和膨胀（即干缩系数）值也大不相同，其中顺纹方向的收缩值最小，径向的收缩值较大，弦向的收缩值最大。图 2-106 是木材横截面的干裂情况。图 2-107 则为松木的膨胀与收缩值图。表 2-56 为几种常用树种的木材横截面径向和弦向的干缩系数。

最后再看单块木地板的翘曲变形情况，如图 2-116 （a）所示，为心材朝上铺钉时木地板的翘曲变形情况，中部向上微微拱起，对两边的板缝影响较小，在使用过程中人体及家具等重量有助于克服木板的翘曲变形。图 2-116 （b）所示则为边材向上铺钉时的实木地板，与心材向上铺钉时相反，收缩变形时两边向上翘起，对两边的板缝影响较大，使用过程中人体及家具等重量不易克服其收缩变形，既影响地板的外形美观，又影响使用效果。

图 2-116　木板的翘曲变形
（a）心材朝上翘曲情况；（b）心材朝下翘曲情况

90. 你知道钉钉子也要懂得力学原理吗

钉钉子，大概每个同志都钉过。但要说钉钉子也要懂得力学原理，也许有的同志不一定体会到。那么，让我们到铺钉木地板的施工现场去实地观察一下吧。我们会看到木工老师傅在铺钉木地板时，不论是暗钉，还是明钉，钉子入木的方向都是斜向的。如果你请教老师傅，钉子为什么要斜向钉入？老师傅会告诉你，钉子斜向钉入比直向钉入要牢，铺钉的地板质量好。这话很有道理。

钉子斜向入木，主要有两个道理：一是在铺钉过程中能促使板缝挤压紧密；二是斜向入木的钉子在地板使用过程中，钉子不容易从木料中松动而拔出。这是什么道理呢？根据力学原理，两力平衡的条件是大小相等，方向相反，并作用在同一直线上。这就不难看出，要将钉子从木料中拔出，就要给钉子一个外力，这个外力的方向应与钉子入木方向相反，其大小应能克服钉子拔出时的摩阻力。这个斜向的力可以分解成一个垂直向上的分力和一个水平方向的分力，如图 2-117 所示。而木地板在使用过程中，直向入木的钉子容易被垂直方向的力所松动而拔起，但斜向入木的钉子在单纯的垂直方向的力作用下，就难于松动而拔起了。如果你用榔头从木料中起过钉子，那就更能体会到，直向入木的钉子一拔就起来，而起斜向入木的钉子则比较费劲。

通过上面简单的分析，使我们认识到钉钉子虽然是很简单的操作，但也有一定的科学道理。在有关铺钉木地板的施工操作规程和施工验收规范中，都有钉子斜向入木的明确要求，因此，在施工中，应该认真按照操作规程和验收规范执行，把工程质量搞好。

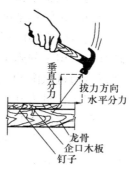

图 2-117　钉子斜向入木

钉子斜向入木的要求，在模板施工中也常常用到，直向入木的钉子，在浇灌混凝土时，由于混凝土对模板产生一定的侧压力，往往容易松动拔出而发生胀模现象。至于钉子从哪个方向斜向入木，那要看模板承受胀力的方向来确定。

据有关资料介绍，某地有一剧场采用的是木制顶棚，施工操作时，由于上下木料之间的钉子大多直向入木的，使用中木料干燥收缩，使钉子在木料中的摩阻力大大减少，结果造成顶棚坠落伤人事故。

91. 砖混结构建筑为何在地震面前不堪一击

我国现阶段虽然钢筋混凝土框架结构逐渐增多，但在广大城乡范围，由于砖混结构建筑施工容易、价格较低而被面广量大的使用着。但砖混结构建筑致命的弱点是，抗震能力差，往往成为地震时倒塌伤人的一大杀手。

大量的震害资料可知，砖混结构建筑抗震能力差的原因，主要有以下几个方面：

（1）砌筑砂浆强度的影响

试验证明，砖砌体的抗压强度远高于抗剪强度，而地震破坏主要由砖砌体的抗剪破坏造成的。因此，提高砖砌体抗剪强度成为提高砖砌体抗震性能的关键。

同样试验也证明，砖砌体的抗剪强度，取决于砂浆强度以及砖与砂浆的粘结度和饱满度。

砌筑砂浆强度离散性偏大是当前影响砌体质量的主要原因。现行《砌体工程施工质量验收规范》GB 50203 明确规定：砌筑砂浆应通过试配确定配合比。但目前仍有不少建筑工地仍然使用体积比计量方法，且量具很不正确，甚至还按经验进行配料的情况。众所周知，水泥、砂子、粉煤灰等材料属于松散物质，装入容器中时是否掀、捺、摇动对体积影响很大。再者，松散材料的体积和其含水率的关系也很大，如砂子的体积，随着含水率的变化，可相差 20%～30%，粉煤灰的体积因含水率的不同，可相差 40%左右。

有关单位曾做了不同计量方法的对比试验，其结果见表 2-62 所示。由表可知，采用重量比其变异系数最大为 0.158，最小为 0.03。而采用体积比的，其变异系数最大为 0.279，最小为 0.025。由此可见，采用重量比比采用体积比误差小，强度及离散性也较稳定。

不同计量方法的对比试验结果　　　　表 2-62

序号	计量方法	平均强度（MPa）	均方差（MPa）	变异系数 C_v
1	重量	3.22	0.510	0.158
2	重量	5.05	0.682	0.134
3	重量	3.90	0.424	0.109
4	重量	2.42	0.021	0.086
5	重量	2.70	0.0813	0.03
6	体积	6.40	1.790	0.279
7	体积	2.81	0.610	0.217
8	体积	2.70	0.536	0.198
9	体积	3.66	0.475	0.129
10	体积	2.94	0.074	0.025

砂浆超时间使用是施工现场的一个普遍现象，也是影响砂浆强度的另一重要因素。砂浆初凝了，加点水调和一下继续使用是常有的事。规范规定砂浆应随拌随用，拌制的砂浆应在拌制后 3h 内使用完毕；当施工期间最高气温超过 30℃时，砂浆应在 2h 内使用完毕。试验资料证明，砂浆超过这个时间使用，会大大降低其强度，在 4～6h 下降 20%～30%，10h 会降到 50% 以上。

（2）砖块砌前洇水不足是砌体抗剪质量差的又一个重要因素。

规范 GB 50203 对砖块洇水作了如下规定：烧结普通砖、烧结多孔砖、蒸压灰砂砖、蒸压粉煤灰砖砌筑前，应提前 1～2d 浇水温润，严禁采用干砖或处于吸水饱和状态的砖砌筑。烧结类块体的相对含水率为 60%～70%，其他非烧结类块体的相对含水率为 40%～50%。现场检测砖含水率的简易方法——与砖截面四周融水深度为 15～20mm 时，视为符合要求的适宜含水率。

洇砖减缓砖吸收砂浆中的多余水分，能把砂浆中的砂骨料吸附于砖的表面，形成吸附粘结，提高砖的粘浆率，能迅速建立砖砌体的临时强度和提高砖砌体的永久抗剪强度。

（3）砌筑操作方法不当是影响砌体抗剪强度又一重要因素。

砌筑操作方法的不当，会影响砌体砂浆的饱满度和砖块的粘浆率。试验资料证明，砖砌体的抗压强度与砂浆的饱满度密切相关，而砖砌体的抗剪强度则与砂浆饱满度和砖粘浆率的双重影响。砖粘浆率是反映砂浆有没有足够的粘结力，把砖块与砖块牢固地粘结为一个整体共同受力和均衡传导。因此，砂浆的饱满度和粘浆率决定着砌体结构的质量。

在实际砌筑操作中，很多瓦工师傅采用铺灰摆砖法，而且铺灰长度也长，如果砂浆稠度不足，砌块洇砖也不够，则等于墙上摆的是干砖，即使外观质量很好，其内在质量却是很差的，严重影响砖砌体的抗剪强度和抗震性能。

92. 从砖墙的突然倒塌谈冬期砌筑施工时应注意阳光面和背光面砂浆不同的冻融影响

某工程为一煤矿的斜井提升绞车房，砖木结构，木屋架、瓦屋面，内燃砖墙体，长 17m、宽 13m，檐高 4.5m，砖墙厚度37cm。于 2 月末开始砌墙施工。当时室外最高气温为－2℃，最低气温为－15℃，时值冬期施工阶段。当砖墙砌至 3.5m 高时，发现北山墙慢慢向南山墙方向倾斜，约 10 分钟后，墙体倾斜值达 100mm，随即用木支撑顶住，后经有关检验人员检查，确认已不能复原，撤掉支撑，墙体立即倒塌。

造成这起事故的主要原因是，施工方案考虑不周，低温下施工时，相应技术措施不力，忽视了初春季节气温变化较大的特点，特别是砖墙向阳光面与背阳光面的温差，造成砌筑砂浆一边开始融化，而另一边仍遭冻结的情况。同时，灰浆层厚度过大，石灰水泥砂浆凝结较慢，在低温下砂浆上墙就遭冻结，没有强度。当向阳光面在阳光照射下慢慢融化时，墙体就向融化方向倾斜，直至倒塌了。

冬季低温下进行砖墙砌筑施工时，可采取以下相应的防冻技术措施：

（1）在砂浆中掺加食盐，使砂浆缓遭冻结，食盐掺量一般为水泥重量的2%，设专人用热水配制溶液，并按当日气温情况及时调整掺盐量，使砂浆能获得一定的早期强度，以保证砌筑的墙体有一定的稳定性。

（2）改混合砂浆为水泥砂浆，砂浆按设计强度等级提高一级。砌筑时砂浆温度保持在+10℃以上，加快水泥在冻结前的水化作用，使砂浆达到快硬早强的效果。

（3）调整组砌方法，采用一顺一丁的"三一砌砖法"，即一铲灰、一块砖、一揉压的砌砖方法，不应采用大面积铺灰的方法。砂浆随搅拌、随运输、随使用，尽量减少热量损失。灰缝厚度控制在8~10mm，每天砌筑高度控制在1.2m。

（4）对砌筑好的墙体做好防冻保暖工作，如用稻草簾子覆盖等。

93. 灰砂砖墙、粉煤灰砖墙、煤渣混凝土小型空心砌块墙等为什么常发生裂缝

灰砂砖、粉煤灰砖、煤渣混凝土小型空心砌块等墙体材料，由于材料来源广、经济成本相对较低，并有较高的抗压强度，所以使用较为普遍，特别是北方，成为常用墙体材料。但用上述墙体材料砌筑的墙体，常发生墙体裂缝，特别是窗洞口处。有的在墙面粉刷后粉刷体产生裂缝、空鼓等质量弊病，使在工程质量验收、评定等一系列问题上产生矛盾，有的甚至诉诸法庭，成为十分头疼的事。

如某机械厂修建了2幢砖混结构仓库，库长60.5m，宽8.5m，高4.32m，工程完工不久，即发现墙体出现裂缝，并不断增宽，一般为1mm左右，最大的达到2.1mm，裂缝大多从窗口下开始，大致垂直向上发展，370mm厚墙由外向里裂缝，檐墙和山墙上都有裂缝。裂缝发展了2个月后，基本上趋于稳定。

事后经调查结果表明：该工程手续完备、程序合法，设计和施工均符合要求。在检查施工日志时发现，该工程砌体原设计为采用 Mu7.5 烧结普通砖，当时因烧结普通砖供应短缺，经协商改用 Mu10 灰砂砖。由于施工单位对灰砂砖的性能缺乏了解，只是简单地按等强度作了替换。其实灰砂砖和烧结普通砖的性能存在着很大差异的。

　　首先，灰砂砖的抗剪强度偏低且不稳定。灰砂砖是以石灰和砂为主要原材料，经坯料制备、压制成型、蒸压养护而成为蒸压灰砂砖的。它的抗压强度与烧结普通砖相当，但抗剪强度平均值仅为烧结普通砖的 80%，并且与含水率有很大关系，当含水率过低或过高时，都将使抗剪强度降低。其影响情况如表 2-63 所示。灰砂砖、粉煤灰砖的干缩率亦比烧结普通砖大得多，约为 0.3～0.6mm/m，其砌体的干缩率比烧结普通砖要高出 1～2 倍。

灰砂砖含水率对抗剪强度的影响　　　　　　　　表 2-63

含水率（%）	砂浆强度（MPa）	砌体抗剪强度（MPa）
3（烘干）	3.79	0.09
7.24（自然状态）	3.79	0.14
16.2（饱和）	3.79	0.12

　　其次，新出厂的灰砂砖随着含水率的逐步减小面自身变形较大，约在 25 天后趋于稳定。

　　其次，灰砂砖的饱和吸水率为 19.8%，与烧结普通砖相当，但其吸水速度比烧结普通砖要慢。

　　在仓库工程施工中，由于灰砂砖的供应也很紧张，所以使用的灰砂砖在砖厂出窑后堆放不到一周就到了工地，甚至有的一出窑便装车运往工地。当时正值 8～9 月份，天气炎热，地表温度高达 40℃，操作工人又不懂灰砂砖的特点，往灰砂砖上猛浇水，使砖的干燥时间大为延长，自身变形加大，抗剪强度大为降低，从而造成砌体严重开裂。

　　对于煤渣混凝土小型空心砌块墙来说，受温度、湿度变化影响比黏土烧结砖要大得多，砌块具有吸湿膨胀、干燥收缩的特点。刚生产的砌块含水率较高，而且内部存在许多封闭、半封闭孔隙阻碍游离水蒸发，如果从生产到砌筑之间的存放期不足，尚未完成自身的收缩变形，甚至还带着制作应力就砌筑上墙，而砌块的自身变形还在继续进行，这就很容易出现墙体裂缝，墙体抹灰后，抹灰层也容易出现裂缝。

砌块墙体对温度变化特别敏感，它的线膨胀系数为 1.0×10^{-5}，是黏土烧结砖的 2 倍，因此，砌块墙体更易出现裂缝。

据有关资料介绍，混凝土小型空心砌块的干缩率为 0.035%，即使干砌块上墙，但遭雨淋后其收缩率也可达到 0.025%，砌块的干燥稳定期需要一年左右，而第一个月将能完成总收缩量的 30%~40%，然后随温度的升高而有所加快。

在实际施工中，对用灰砂砖、粉煤灰砖、以及煤渣、混凝土小型空心砌块等砌筑的墙体，应采取相应技术措施，防止和减少裂缝的产生。

（1）工程上凡采用上述墙体材料的，应提前采购进场（或另设材料堆场），保证砖（砌）块有足够的养护期和存放期，促进砖（砌）块强度的增长和完成自身的收缩变形。存放期间应防水、防潮，以免含水率过高。砖（砌）块上墙时的龄期最少不应少于 28 天，一般应使用龄期 50 天以上的砌块。

（2）砌筑砂浆应与砌块强度相匹配，砂浆强度等级应高于砌块强度等级，一般不低于 M5。根据混凝土小型空心砌块吸水、失水特性，砌筑时应控制合适的含水率，灰砂砖为 5%~8%，干燥高温季节可提前 1~2d 适量浇水。混凝土小型空心砌块为 15%，砌筑面适量浇水，以保证砌筑砂浆强度和砌体的整体性。砌筑应采用坐浆砌法，打满碰头灰，灰缝最好划成凹缝，缝深 3~5mm 为宜。

（3）采用灰砂砖和混凝土小型空心砌块的砌体，设计上宜适量布置圈梁，窗下砌体内可放置 $\phi4 \sim \phi6@100$ 钢筋网片，两端伸入构造柱内。

（4）在砌体与框架柱、构造柱交接处沿竖向增设钢丝网或掛耐碱网格布，重要建筑可满挂钢丝网或耐碱网格布后再抹灰。除挂网外，还宜采用涂料喷点机在墙面（柱面）上喷洒水泥胶水的做法，形成类似凹凸状的涂料面。由于水泥浆加胶水后能在墙（柱）面上有效地粘结，能较好地防止裂缝与空鼓的产生。

（5）砌体一般应在一个月后再做抹灰层，并控制抹灰层厚度，每层不宜超过 10mm，第一层底子灰宜用低强度的混合砂浆作为过渡层，以便与墙基层的强度相匹配。抹灰后还要注意抹灰层的养护。

（6）应对施工操作人员进行认真的技术交底工作，讲清灰砂砖、混凝土小型空心砌块等材料的性能特点、施工方法、施工要求等，同时还要勤于检查督促，发现问题及时纠正。

94. 建筑砂浆试块制作方法的改变使砂浆试块的力学性能更加稳定可靠

建筑砂浆试块的制作方法在 2009 年 6 月 1 日前，采用《建筑砂浆基本性能试验方法》JGJ 70—1990（以下简称 90 标准）的规定：将无底试模放在预先铺有吸水性较好的纸的普通黏土砖（砖的吸水率不小于 10%，含水率不大于 20%）上，一组试块个数为 6 个，分为混合砂浆和水泥砂浆，两种砂浆试块的标准养护条件是不一样的。

2009 年 6 月 1 日后，改用《建筑砂浆基本性能试验方法标准》JGJ/T 70—2009（以下简称 09 标准）的规定：将拌制好的砂浆装入有底试模内，一组试件个数为 3 个，不分混合砂浆和水泥砂浆，养护条件也统一，均为温度 20℃±2℃，相对湿度为 90% 以上。采用混凝土试件强度的确定方法来确定砂浆强度的最终结果。计算过程中要求每个试块强度值要乘上一个换算系数 1.35。

相比之下，09 标准对建筑砂浆试块的制作方法更规范化、更科学化，也使砂浆试块强度值的波动性有所减小，有利于砌体质量的稳定和提高。

(1) 09 标准减少了人为因素和客观因素的影响，可操作性较强

90 标准规定的砂浆试块的制作方法，在实际施工中（施工现场）是很难正确掌握的。如将无底试模放在预先铺有吸水性较好的纸的普通黏土砖上（砖的吸水率不小于 10%，含水率不大于 20%），这种制作要求，看似规定得很具体，其实也很含糊，可操作性差，纸的吸水性"较好"只是一种定向要求。至于普通黏土砖的吸水率不小于 10% 和含水率不大于 20%，在施工现场没有试验设备的情况下，只能凭试块制作人员的直觉和经验了。因此，砂浆试块强度的波动性大是由很大的人为因素和客观因素的。

09 标准将砂浆试块的制作方法做了重大改进，与混凝土试块制作方法一样，改为有底试模，有效地减少了人为因素和客观因素，可操作性强。

(2) 试块底模对试块强度值的影响不可忽视

目前，砌体材料中的新型墙材越来越多，市场份额的占有量也越来越大，各种砌块的吸水特性相差较大。在制作砂浆试块时，用单一的烧结黏土砖作底模的砂浆试块强度来代表实体强度已不太适宜，若用其他墙体材料作试块底模时，将使砂浆试块强度值的波动性更大。

曾有单位选用有代表性的四种墙体材料：烧结黏土砖（代号为 A）、烧结多孔砖（代号为 B）、加气混凝土砌块（代号为 C）、混凝土多孔砖（代号为 D），分别作为底模制作砂浆试块，同时用有底试模（代号为 E）制作的试块进行试验对比（制作材料和制作方法相同），试验结果分别见表 2-64 和表 2-65。

试件抗压强度、底模吸水量、抹平时间、密度试验结果

表 2-64

底模材质	A	B	C	D	E
砂浆试件 28d 抗压强度（MPa）	5.9	6.0	5.1	4.3	3.3
底模吸水量（g）	165	170	160	40	0

底模材质		A	B	C	D	E
抹平时间（min）		30	30	120	360	＞480
密度 （kg/m³）	新拌砂浆	2050				
	砂浆试件 拆模之后	1975	1980	1985	2045	2050
	破坏试验完毕烘干	1935	1940	1925	1935	1910

注：1. 抹平时间：新拌砂浆插捣完毕至将高出试模顶面部分削去并抹平所需时间；
  2. 砂浆稠度 A、B、C 为 75mm，D、E 为 50mm；分层度 A、B、C 为 18mm，D、E 为 15mm；
  3. 砂浆底模吸水量为试件制作完毕 24h 后底模湿重与原重之差；
  4. 拆模砂浆试件密度系根据试件拆模之后马上称重计算；
  5. 烘干砂浆试件密度为做完抗压强度破坏试验之后将试件在 60℃烘至恒重称重计算；
  6. 试验时室温 16～18℃。

底模吸水试验结果   表 2-65

代号	底模				浸水 5min 占总吸水量 （%）	浸水饱和时间 （min）
	规格 （mm）	干重 （g）	吸水饱和重量 （g）	吸水率 （%）		
A	240×115×53	2265	2630	16.1	96.3	10
B	240×115×90	3430	3965	15.6	97.2	10
C	240×115×53	978	1435	46.7	24.1	600
D	240×115×90	3680	3880	5.4	96.4	30

（3）对比试验的数据分析

1）表 2-64 显示：用 B、C、D、E 试模制作的砂浆试件抗压强度分别为 A 的 101.7%、86.4%、72.9%、55.9%。

2）B 与 A 同属黏土烧制而成，故 B 的吸水量、抹平时间、试件拆模与烘干密度均与 A 接近，所以二者的抗压强度近似。

3）C 的吸水量及试件拆模与烘干密度与 A 接近，但抹平时间比 A 延长 90min，其抗压强度比 A 低 13.6%。

4）D 试件烘干密度虽与 A 相同，但试件拆模密度却比 A 重 70kg/m³，吸水量比 A 少 125g，抹平时间比 A 延长 330min，抗压强度比 A 降低 27.1%。

5）E 底模不吸水，抹平时间比 A 延长 450min，试件拆模密度比 A 重 75kg/m³，烘干密度比 A 轻 25kg/m³，抗压强度比 A 降低 44.1%。

6）综上所述不难发现，试件抹平时间较长，其抗压强度偏低，其中典型实例为 C，C 的吸水量虽然与 A 相近，但 C 的抹平时间却比 A 长得多；在吸水量少或不吸水的底模上制作的试件抗压强度亦低，典型实例为 D 和 E。砂浆试件抹平时间的长短实际上反映了新拌砂浆装入试模之后其中一部分水分被底模吸走而导致砂浆失去塑性的过程。表 2-64 所示抹平时间 A 为 30min，而 E 却长达 480min 以上，为 A 的 16 倍。造成如此悬殊差距的原因，可从表 2-65 底模吸水试验得到答案。

7）表 2-65 中 A、B、C、D 的饱和吸水率依次为 16.1%、15.6%、46.7%、5.4%；A 和 B 的吸水率较为接近，C 为 A 的 290.1%，D 为 A 的 33.5%。自浸水开始至达到饱和的时间 A、B 均为 10min，D 为 30min，浸水 5min 时分别达到各自饱和吸水量的 96.3%、97.2%、96.4%，C 自浸水开始达到饱和的时间长达 10h，浸水 5min 时仅为其饱和吸水量的 24.1%。

8）底模浸水试验结果表明 A 和 B 吸水率居中且吸水速度快；C 吸水率高但吸水速度慢；D 吸水率低吸水速度居中；与底模吸水量和吸水速度相对应的试件抹平时间的关系解释如下：由于 A、B 吸水速度快，所以试件抹平时间最短；C 吸水量与 A、B 接近，但因其吸水速度很慢而导致试件抹平时间有所延长；虽然 D 吸水速度较快，但由于其本身密实而造成吸水量较少的内在原因而使得试件抹平时间更长；基于类似与 D 的原因，E 试件的抹平时间最长。

从上述结果可以看出，砂浆试件的抗压强度与试件的抹平时间成反比，而试件的抹平时间长短又取决厂吸水速度和吸水量。将表 2-64 中试件拆模密度值减去其烘干密度值得到与 A、B、C、D、E 相对应的砂浆中游离水的含量依次为 40kg/m³、40kg/m³、60kg/m³、110kg/m³、140kg/m³。从数据中呈现出的规律证明，由于底模材质不同，新拌砂浆中被底模吸附的水分有多少之别，实际上导致了在搅拌时水灰比一样的砂浆自装模插捣至抹平表面这段时间的水灰比发生了变化。在吸水量较大且吸水速度最快的 A 和 B 上制作的试件的实际水灰比最小，所以试件的抗压强度最高；在吸水量近似 A、B 但吸水速度较慢的 C 上制作的试件的水灰比居中，试件的抗压强度略低于 A、B；而在吸水量较小的 D 和不吸水的 E 上制作的试件实际水灰比较大，因此试件的抗压强度比 A 有大幅度的下降，其中在 E 上制作的试件不仅其实际水灰比最大，且因含游离水量最多而造成烘干密度值最低，试件烘干密度的降低也是其强度显著低于 A 的原因之一。

95. 梁垫施工中的力学知识

北京市某高校一幢教学楼为砖墙承重的 5～7 层砖混结构，钢筋混凝土现浇楼盖，楼盖梁支承于砖垛（窗间墙）上，大梁梁垫为 2000mm × 740mm × 1200mm。5 层部分长 27m，进深 14.5m，是内部无柱的空旷建筑，作展览室和阅览室用。1961 年 7 月 20 日 8 时，在工程主体结构和吊顶完成，部分墙体抹灰完成的情况下，5 层部分突然倒塌，当场压死 6 人，重伤数人，倒塌的建筑面积约 2000m² 左右。

在有多方专家参加的事故分析会上，认为倒塌的原因固然很多，但其中大梁梁垫的构造不合理是重要原因之一。原设计按大梁端节点弯矩为零，即大梁与窗间墙之间的连接为铰接进行内力计算的，但是实际上把 1300mm × 300mm 的现浇大梁梁端支承在砖墙的全部厚度上，所设的梁垫长度与窗间墙全宽相等（2m），高度与大梁齐高（1.20m），并与大梁现浇成整体。这种节点构造方案使大梁端部在上下窗间墙间不能自由转动，因此显然不是铰接点，而是接近于刚接点。

为了验证这个问题，清华大学曾为此做结构模型试验。结果表明，大梁与窗间墙的连接是接近于刚接点的框架，而与铰接简支梁相差较远。如果将原设计计算简图的内力分析结果与按框架内力分析结果比较，下层窗间墙上端截面的弯矩与按简支梁算得的差8倍左右，而两种计算简图的轴力 N 却是大致相等的。因此，用框架结构（即实际情况）计算的弯矩和轴力来验算窗间墙的上、下截面的承载能力，其承载能力严重不足，因此引起房屋的倒塌。

这个事故对设计单位和施工单位都是个沉痛的教训，作为设计单位，应将建筑结构的计算假定在图纸会审时向施工单位交底清楚，使施工实际尽量与计算的假定条件相吻合。作为施工单位，也应具有相应的结构知识，应弄清结构计算的假定条件，避免实际施工状况与计算假定条件相矛盾，造成结构构件内力发生变化而造成意外事故。

96. 学校的大门砖垛为什么会折断伤人

报纸上曾报道过河南省某地一小学校课后有几个小学生攀登在学校的大铁门上玩耍、推拉、摇晃，最终造成大门砖垛折断，砖垛连铁门一起倒下，造成多名小学生被砸伤亡的悲痛惨案。

该学校的大铁门建造形式如图 2-118 所示，平时大铁门悬挂

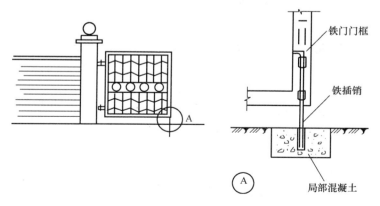

图 2-118　大门现状示意图

273

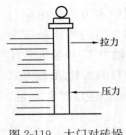

图 2-119 大门对砖垛
产生一个力偶

在砖垛上，关闭时仅有一铁插销插入地面孔洞内作固定。这种构造形式使大铁门对砖垛产生一个悬臂力偶，如图 2-119 所示。当受到一群学生攀登并做推拉、摇晃后，这个力偶在瞬间将增大好几倍，最终将砖垛折断，使砖垛和大门一起倒下，造成伤人事故，这是设计人员和施工人员所始料不及的。

从大门砖垛的安全使用和合理受力角度出发，应做以下两方面的改进：

（1）增加落地滚轮，如图 2-120 所示。增加落地滚轮后，改变了大门悬臂受力的状态，也大大改善了大门砖垛的受力状况，从而提高了大门的安全度。

（2）在铁门下部 1m 高度范围内满焊铁板（或带有小孔洞的铁板），使学生难以攀登，也相应增加了大门的使用安全度。

作为施工单位，也有责任

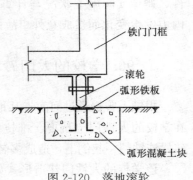

图 2-120 落地滚轮
示意图（A 节点）

对设计图纸中的不安全状况应提出自己的意见和建议，以避免不必要的人员伤亡和经济损失。

97. 脚手架垮塌事故教训之一——随意拆除连墙件造成的垮塌事故

2011 年 3 月 16 日 15 时 15 分，重庆市某 8 层住宅楼建设工地，在一阵狂风袭击下，大楼左侧 25m 高、60 多 m 长的双排落地式钢管脚手架突然"轰"的一声后发生垮塌，几十吨重的钢管、脚手板、安全网和建筑材料等，刹那间"倾泻"而下，堆积成一片 4～5m 高的废墟，正在脚手架上面工作的抹灰工从 20 多 m 的高空跟着坠落下来，顷刻间被埋在废墟中。

事故发生后，消防支队官兵在医疗救护部门的密切配合下，奋力抢救，至 16 时 25 分，成功救出所有被困人员。

该住宅楼长 60m 多，高 25m，垮塌立面脚手架面积约为 1500m²，当时按照《建筑施工扣件式钢管脚手架安全技术规范》(JGJ 130—2001) 相关条文规定，连墙件布置最大间距（竖向）为 3 倍步距，最大水平间距为 3 倍立杆纵距，每根连墙件的覆盖面积满足规范要求，即小于等于 40m² 的规定（当脚手架高度超过 50m 时，连墙件覆盖面积应小于等于 27m²）。在主体结构施工中，脚手架也得到平安使用。但到外墙进行抹灰时，由于连墙体影响施工操作，被抹灰工拆除了一大部分，仅留下了少数几个，施工管理人员也未作认真检查，最终在突遇一阵狂风后垮塌，这个教训是极其深刻的。

同样的事故，在江苏省常州市也发生过一次，2006 年 5 月 15 日，常州市河景花园工地西南角一栋楼房的一排外脚手架，被一阵突如其来的大风吹倒了，7 辆机动车被砸伤，怀德线部分停电 6h。造成这起事故的直接原因也是工人在进行外墙装饰作业过程中，将大部分连墙件拆除所致。

连墙件是脚手架的重要部件，它对脚手架的整体稳定和安全使用起着极其重要的作用。其一是防止脚手架因风荷载的压力（或吸力）以及其他水平力作用下所造成的向内或向外的倾覆事故；其二是对脚手架立杆起着中间支座的作用，减小立杆的计算长度，提高立杆的承载能力。试验证明，增大连墙件的竖向间距（或横向跨度），立杆的承载能力将大幅度下降，这表明了连墙件的设置对保证脚手架的稳定至关重要。

规范 JGJ 130—2011 的第 6.4.6 条规定：连墙件必须采用可承受拉力或压力的构造，并应采用刚性连墙件与建筑结构连接。规范还规定：连墙件应靠近脚手架的主节点设置，偏离主节点的距离不

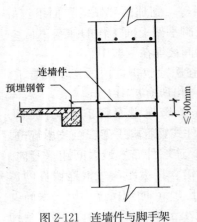

图 2-121 连墙件与脚手架
连接示意图

应大于 300mm，应将内、外立杆同时连接，如图 2-121 所示。

本次垮塌事故的教训，还应十分重视施工中的交底、检查工作。在外墙进行抹灰和装饰施工时，对脚手架的连墙件设置应有调整方案，对确实有碍于施工操作的、需要拆除的连墙件，应在上、下窗口位置或其他部位加以补足、补够，并应先进行补设，后再拆除原有的连墙件。

连墙件拆除的个数、部位以及补足的个数、部位应有详细记录。

2008 年 1 月 4 日下午，常州市某工地还发生一起正在拆除作业的脚手架突然垮塌的事故，造成 3 人重伤，其主要原因也是脚手架的大部分连墙件被提前拆除后造成的。正确的做法应随脚手架的拆除进度逐层拆除，保证脚手架的整体稳定。

98. 脚手架垮塌事故教训之二——严重超载造成的垮塌事故

《建筑施工扣件式钢管脚手架安全技术规范》JGJ 130—2011 第 4.2.2 条规定：

"4.2.2 单、双排与满堂脚手架作业层上的施工荷载标准值应根据实际情况确定，且不应低于表 4.2.2 的规定。"

施工均布荷载标准值

表 4.2.2（原规范编号）

类　别	标准值（kN/m²）
装修脚手架	2.0
混凝土、砌筑结构脚手架	3.0

类　别	标准值（kN/m²）
轻型钢结构及空间网格结构脚手架	2.0
普通钢结构脚手架	3.0

注：1. 斜道上的施工均布荷载标准值不应低于 2.0kN/m²。
　　2. 表 4.2.2 系原规范编号，未编入本书表序中。

规范规定的施工均布荷载标准值，是我国工程建设中长期使用的实际情况的经验总结，也与规范中其他搭设标准相匹配的。脚手架虽然是个临时结构，但它有一定的使用周期，使用过程中的受力情况又较为复杂，干扰因素也较多，所以安全问题应尤为重视，稍有忽视，就会造成架体垮塌的重大安全事故。

2010 年 8 月某日上午 9 时许，江苏省无锡市某一幢正在建设中的 27 层高的主楼外侧，一处 9 层高的落地式钢管脚手架突然发生整体垮塌，对施工作业人员造成重大伤害。

该工程自开工以来，脚手架使用情况一直比较良好，当时已进入外墙面装饰施工阶段，脚手架上有两个工种的工人进行施工操作，第一种是做主楼保温作业的，主要往外墙立面上贴网格布；第二种是干挂外墙大理石板。按照施工工艺要求，外墙面贴完网格布后，再镶挂大理石板。为了抢工期、赶进度，工人直接把大量的大理石板（共放 6 层）堆放在脚手架上，形成严重超载。

一块大理石板的重量为：

$$0.7 \times 0.7 \times 0.04 \times 2800 = 54.88(\text{kg})$$

堆放 6 层后，脚手架上每 m² 的负荷重量为：

$$54.88 \times 6 \div (0.7 \times 0.7) = 672\text{kg} = 6.72(\text{kN/m}^2)$$

上述负荷重量与《建筑施工扣件式钢管脚手架安全技术规范》JGJ 130—2011 表 4.2.2 相比，按装修脚手架均布荷载标准值 2.0kN/m² 计算，已超出 3.36 倍，即使按主体结构施工时脚手架均布荷载标准值 3.0kN/m² 计算，也已超出 2.24 倍，脚手架严重超载，是造成整体垮塌的主要原因，应吸取深刻教训。

又如某工地施工单位对两个塔楼同时进行外装修作业，在两塔楼间搭设了长 13.35m、宽 6m、高 24m 分 8 层的井架运料平台，连接两个塔楼的脚手架，由于平台各层分别堆放着水泥、花砖、砂浆等，总重量近 40t，加上平台搭设小横杆间距 3m 过大，平台严重超载，立杆失稳，当砂浆运至第 6 层平台时，平台倒塌，并将两塔楼的双排外脚手架拉垮，使正在第 4 层至第 8 层平台上作业的 20 名工人随架坠落，造成 2 人死亡、3 人重伤、15 人轻伤的特大伤亡事故。

据《扬子晚报》2009 年 3 月 24 日报道，江苏某市在一旧房外墙面改建施工中，将用风镐拆除的砂浆块、混凝土块都堆放在脚手架上，造成堆载过重，且用风镐拆除作业时，又振动过大并摇晃，造成脚手架大面积坍塌，造成 1 死 3 伤的安全事故。脚手架坍塌现场状况如图 2-122 所示。

图 2-122　脚手架大面积坍塌现场

99. 使用薄壁低合金钢管对脚手架稳定承载能力的影响不可忽视

国家标准《建筑施工扣件式钢管脚手架安全技术规范》JGJ 130—2011 版中的 3.1.1 条明确规定：脚手架钢管应采用现行国家标准《直缝电焊钢管》GB/T 13793 或《低压液体输送用焊接钢管》GB/T 3091 中规定的 Q235 普通钢管，钢管的钢材质量应符合现行国家标准《碳素结构钢》GB/T 700 中 Q235 级钢的规定。同时，3.1.2 条规定了脚手架宜采用 $\phi 48.3 \times 3.6$ 钢管（原 JGJ 130—2001 版中规定脚手架钢管采用 $\phi 48 \times 3.5$）。

在实际工程施工中，由于低合金钢管具有强度较高、耐蚀性较好和变形恢复能力较强等优点，已被广泛应用于脚手架工程。低合金钢管和普碳钢管的技术、经济比较见表 2-66 所示。

很多施工人员认为用 $\phi 48 \times 2.5$ 低合金钢管代替 $\phi 48 \times 3.5$ 普碳（Q235）钢管时，脚手架的承载能力相当，由于自重较轻，脚手架自身荷载也减少了，操作工人的劳动强度也减轻了，似乎只有利而无弊。这是一种错觉。由于多立杆脚手架结构的工作安全主要受其稳定承载能力的控制，当使用壁厚较薄的 $\phi 48 \times 2.5$ 低合金钢管替代 $\phi 48 \times 3.5$ 普碳（Q235）钢管时，其强度承载能力虽然相当，但稳定承载能力却显著降低。当立杆仍采用 $\phi 48 \times 3.5$ 普碳钢管，仅水平杆采用 $\phi 48 \times 2.5$ 低合金钢管时，也会因水平杆对立杆的约束能力减弱而使其稳定承载能力降低。经计算，降低的幅度如下：

低合金钢管与普碳钢管技术和经济参数的比较　表 2-66

序次	项　目	低合金钢管		普碳钢管	比值
		(1) STK-51	(2) SM490A	(3) Q235	(2)/(3)
1	外径×壁厚（mm）	$\phi 48.6 \times 2.4$	$\phi 48 \times 2.5$	$\phi 48 \times 3.5$	
2	截面积 A（mm²）	384.3	357.2	489.0	0.73
3	截面惯性矩 I（mm⁴）	9.32×10^4	9.28×10^4	12.19×10^4	0.76
4	截面回转半径 i（mm）	16.36	16.11	15.78	1.02
5	截面抵抗矩 W（mm³）	3.835×10^3	3.865×1^3	5.078×10^3	0.76
6	屈服点 σ_B（N/mm²）	353	345	235	1.47
7	抗压强度设计值 f（N/mm²）		300	205	1.46
8	抗拉强度 σ_b（N/mm²）	500	490	400	1.23
9	可承受的最大弯矩（kN·m）		≤0.94	≤0.85	1.11
10	耐大气腐蚀性		1.20～1.38	1.00	1.20～1.38
11	每吨长度（m/t）	365	357	260	1.37

注：STK51 为日产钢号，SM490A 的性能由上海鼎新钢管有限公司提供。

　　（1）采用 $\phi 48 \times 2.5$ 低合金钢管的脚手架，在不同 λ（长细比）值范围内稳定承载能力的降低值见表 2-67 所示。由表可知，其降低幅度为 11%～25%。

不同 λ 值范围内脚手架稳定承载能力的降低值　表 2-67

λ	降低系数（%）	附　注
80～89	−10.94	其他计算数值从略
90～99	−14.91	
100～109	−17.56	
110～119	−19.54	
120～129	−21.78	
130～139	−22.53	
140～149	−23.27	
150～159	−23.84	
160～169	−23.83	
170～189	−24.19	
190～209	−24.87	

（2）当脚手架的水平杆件采用 $\phi 48 \times 2.5$ 低合金钢管，而立杆仍采用 $\phi 48 \times 3.5$ 普碳钢管时，其稳定承载能力的降低幅度为 10%～16.5%，其影响因素主要取决于立杆的纵距、横距和步高。

南京市建工局科技处曾委托东南大学土木工程学院研究室对低合金钢管（采用上海鼎新公司产品）在扣件式钢管脚手架和模板支撑架中的应用做了有关试验，试验结果如下：

1）硬度较大的低合金钢管对扣件的扣接能力无影响。

2）低合金钢管水平杆的变形量加大。当 $l_a \leqslant 1.5m$ 时，其变形量不大；当 $l_a = 1.8m$ 时，变形量较普碳钢管大 25%；但仍可满足变形不大于 1/50 的要求。

3）稳定承载能力降低。当 $h = 1.8m$，$l_b = 1.05m$ 时，低合金钢管架在 50～60KN 时出现失稳破坏，比普碳钢管架的 70～80kN 降低了 25%～28.5%。

4）失稳变形的表现不同。低合金钢管架的立杆急速出现侧向变形，卸载后变形能恢复，而普碳钢管架的立杆则缓缓出现侧向变形，卸载后变形不能恢复。

综上所述，采用 $\phi 48 \times 2.5$ 低合金钢管搭设立杆式脚手架应注意以下几点：

1）当普碳钢管脚手架在施工要求的搭设高度和实用荷载之下，其荷载作用的设计值小于其稳定承载能力（抗力）设计值的73％抗力设计值时，采用低合金钢管杆件是安全的，且具有构架自重减轻和操作工人劳动强度降低等明显优点；当荷载作用设计值≥73％抗力设计值时，可否采用应采取谨慎态度，需经严格的核算确定，以确保脚手架的安全。

2）采用低合金钢管杆件的脚手架的步距、立杆横距和立杆纵距宜分别不大于1.8m、1.2m和1.5m，可较好地利用其强度高和重量轻的长处。

3）在任何使用条件下，均应避免出现接近于低合金钢管架临界荷载的受力状态，以避免难以应付的破坏情况出现。

4）脚手架搭设中，应严格防止普碳钢管和低合金钢管混杂使用，施工现场应用不同的外表色彩标注清楚，以便正确应用。

100. 用于扣件式脚手架和模板支撑架的普碳钢管壁厚过薄将成为安全隐患

扣件式钢管是当前建筑施工用脚手架和模板支撑架中最常用的材料，在原《建筑施工扣件式钢管脚手架安全技术规范》JGJ 130—2001中规定宜采用 $\phi 48 \times 3.5$ 钢管，在JGJ 130—2011 版中规定宜采用 $\phi 48.3 \times 3.6$ 钢管。但在实际施工中，壁厚3.5mm 的钢管很少采用。不少建筑施工企业为了降低施工成本，常购买一些壁厚小于3.5mm 的钢管用于脚手架和模板支架上，这给项目施工带来了很大安全隐患。

有关单位对现场使用脚手架和模板支架的扣件式钢管壁厚进行了抽样实测，发现钢管壁厚最薄的不足2mm，大部分在2.2～2.8mm 之间，壁厚3.0mm 以上的钢管很少见，而且壁厚尺寸不一的钢管混杂使用的现象十分普遍。但施工单位在编制脚手架或模板支架专项施工方案的时候，以及复核钢管承载能力的时候，却又常常采用壁厚为 3.5mm 的钢管参数。这种实际使用与方案编制、强度复核两张皮的现象，应引起施工人员的高度重视，因为这里隐藏着很大的安全隐患。

为了验证薄壁钢管在脚手架和模板支架中的安全状况，有关单位对普通钢管进行了相应的试验，其结果如下：

（1）薄壁钢管在扣件拧紧作用下的承受能力情况

在扣件紧固过程中发现，当扣件拧紧力矩达到 40N·m 时〔现行《建筑施工扣件式钢管脚手架安全技术规范》（JGJ 130—2011）的 7.3.11 条第二款规定：扣件螺栓拧紧扭力矩不小于 40N·m，且不应大于 65N·m〕，壁厚 2.0mm 及以下的钢管出现了塑性变形。随着拧紧力矩的增大，其他壁厚的钢管也逐渐出现凹陷、压瘪等变形现象。大部分壁厚在 2.2mm 及以下的钢管，在扣件拧紧到 65N·m 前，钢管因不断向内凹陷，致使扣件拧紧力矩达不到规范规定的最大值 65N·m，壁厚在 2.5mm 左右的钢管，扣件拧紧力矩一般都能达到最大值 65N·m 但少数钢管在此拧紧力矩下发生了塑性变形。壁厚 2.8mm 及以上的钢管，在拧紧力矩达到 65N·m 时，基本未发生变形。

（2）扣件抗滑移承载力情况

1）对于实验前在扣件紧固作用下就发生变形的钢管，当外荷载达到一定数值时，位移值会发生突变，甚至出现扣件滑落。这时因为当钢管发生凹陷后，扣件与钢管之间的摩擦力有所减少，随着外力的增加，扣件逐渐滑离凹陷变形位置，最终出现滑落现象。

2）在扣件紧固作用下没有发生塑性变形的钢管，大部分位移变化比较缓慢、均匀。但对于壁厚小于 2.8mm 的部分钢管，当外荷载增大到一定数值时，发生了位移值突变的现象。在试验完成拆下扣件时，发现钢管在扣件位置也出现了不同程度的变形。

3）在扣件拧紧作用下没有发生变形的钢管，不同壁厚、不同拧紧力矩状态下，测得的扣件位移值较为接近。

（3）钢管轴向受压承载力试验情况

将试验后发生塑性变形和没有发生塑性变形以及未做抗滑

移试验的标准钢管进行轴向受压试验，分析比较试验数据发现，相同壁厚的钢管轴心受压破坏荷载较为接近，但破坏形态有所不同，表面有局部凹陷、压扁等缺陷的钢管，在受压时往往先在其缺陷位置发生弯折，破坏形态类似于压弯破坏。对于表面完好的钢管，受压破坏时，首先在钢管中间位置出现锣鼓状变形，于轴心受压破坏形态较为接近。

（4）应注意的几个问题

1）建筑施工企业应加强对用于扣件式脚手架和模板支架钢管的管理，实测壁厚小于 2.8mm 的普碳钢管不应使用，对有变形、凹陷、压瘪等缺陷的钢管，不得使用。

2）不同壁厚的钢管应用不同的油漆色彩加以区别，防止混杂使用。

3）编制施工组织设计、专项施工方案以及进行扣件式脚手架、模板支架的承载力核算时，应根据实际使用钢管的壁厚进行计算，防止人为地埋下安全隐患。

101. 扫地杆对扣件式钢管脚手架和模板支架的安全性能起重要作用

国家标准《建筑施工扣件式钢管脚手架安全技术规范》（JGJ 130—2011）中 6.3.2 条规定：脚手架必须设置纵、横向扫地杆。

国家标准《建筑施工模板安全技术规范》（JGJ 162—2008）中 6.2.4 条规定：当采用扣件式钢管作立柱支撑时，扫地杆的设置必须符合相关规定，并明确采用 $\phi 48 \times 3.5$ mm 钢管。

两规范对扫地杆的设置都采用强制性条文，充分显示了扫地杆在扣件式钢管脚手架和模板支架中的重要性。

当前，扣件式钢管脚手架和扣件式钢管模板支架的使用极为普遍，同时，这一方面产生的安全事故也占有较高的比例，究其原因，主要是对规范的条文内容学习不透彻，施工操作不规范所致。目前，不少工地搭设扣件式钢管脚手架或模板支架时，往往出现在立杆底部只设置垫板而不设置扫地杆或扫地杆设置不规范的现象，这种做法对脚手架，特别是对模板支架结构的承载能力十分不利，也是极不安全的做法。

（1）压杆稳定基本理论

由欧拉理论可知压杆稳定公式为

$$P_e = \frac{\pi^2 EI}{(\mu L)^2}$$

式中 μL 即为压杆有效长度 l_0，μ 值取决于压杆的端部条件。对施工中用于脚手架的钢管来说，在立杆长度一定的情况下，其承载能力将取决于端部条件，μ 值的大小及其与压杆端部条件的关系如表 2-68 所示。

μ 值的大小与压杆端部条件的关系   表 2-68

类型及编号	1	2	3	4	5
	两端固定	一端固定，一端铰支	两端铰支	两端滑动铰	一端固定，一端自由
计算简图					
μ	0.5	0.7	1.0	1.0	2.0

（2）针对脚手架结构实际工况的设计计算与讨论

1）脚手架的计算

从严格意义上讲，扣件式钢管脚手架节点的实际工况是一种半钢半铰节点，为计算方便和便于对比分析，假定：除扫地杆连接点以外节点具有良好的抗弯性能；扫地杆处的连接节点为铰节点。则：有扫地杆脚手架的力学计算模型与表 2-68（2）类型最为接近，针对其实际工况的计算简图如图 2-123（c）所示；无扫地杆脚手架的底层立杆接地处只有垂直方向的一个自由度受到约束，而在水平面内只有钢管与地面的摩擦约束，故针对其实际工况的力学模型计算简图见图 2-124（c），故 μ 值的大小是表 2-68（2）和表 2-68（5）类型之间的一个数值，当地面与钢管的摩擦力足够大而使钢管在地面不能移动时，$\mu=0.7$；而当地面足够光滑时，$\mu=2.0$。实际工程中的 μ 值应在 0.7 和 2.0 之间。

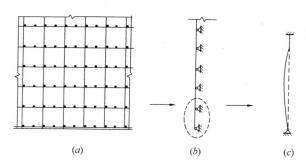

图 2-123　带扫地杆脚于架及简化计算过程图
（a）脚手架局部构架；（b）立杆简化计算图；（c）底层立杆计算简图

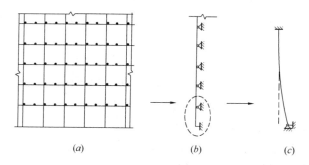

图 2-124　无扫地杆脚手架及简化计算过程图
（a）脚手架局部构架；（b）立杆简化计算图；（c）底层立杆计算简图

假设某工程中脚手架的 μ 值取 0.7 与 2.0 的中间值，即 $\mu=1.35$，令 $P_e^{(1)}$ 为无扫地杆的底层立杆有效极限承载力，$P_e^{(2)}$ 为有扫地杆的底层立杆有效极限承载力，由相关公式（2）可得：

$$\frac{P_{\mathrm{e}}^{(1)}}{P_{\mathrm{e}}^{(2)}} = \frac{\dfrac{1}{\mu_1^2}A}{\dfrac{1}{\mu_2^2}A} = \left(\frac{\mu_2}{\mu_1}\right)^2 = \left(\frac{0.7}{1.35}\right)^2 = 0.27$$

即 $P_{\mathrm{e}}^{(1)} = 0.27 P_{\mathrm{e}}^{(2)}$

2）计算结果讨论

① 由于脚手架立杆的最薄弱部分是底层立杆段，所以底层立杆的有效极限承载力对整个脚手架的有效极限承载力起控制作用，因此底层立杆的稳定性在很大程度上决定整个脚手架的稳定性。

② 由计算结果可知，无扫地杆的立杆有效极限承载力大大小于有扫地杆的立杆。无扫地杆的立杆有效极限承载力并不精确地等于有扫地杆的立杆有效极限承载力的 27%，μ 的取值应根据工程实际情况而定。可以明确的是，无扫地杆脚手架比有扫地杆脚手架承载能力将大幅度下降。

③《建筑施工扣件式钢管脚手架安全技术规范》（JGJ 130—2011）中给出了立杆稳定性计算公式，即：

$$\begin{cases} \dfrac{N}{\varphi A} \leqslant f & \text{不组合风荷载时} \\[2mm] \dfrac{N}{\varphi A} + \dfrac{M_{\mathrm{W}}}{W} \leqslant f & \text{组合风荷载时} \end{cases}$$

以上计算公式是与规范中所规定的脚手架构造要求相对应的，即脚手架必须设置纵、横向扫地杆，如图 2-123（a）所示。而目前许多工地的脚手架（支模架）不搭设扫地杆，如图 2-124（a）所示。无扫地杆的脚手架不能采用规范中的计算公式进行计算，否则计算结果是错误的，也是不安全的。

102. 从一个工地小试验看剪刀撑对脚手架稳定性起的作用

试验目的：弄懂脚手架设置剪刀撑（或称十字撑、斜撑）

的作用。

工具：扎钢筋的钢筋钩。

材料：30～50cm 长的钢筋头 6 根，扎钢筋铁丝少许。

步骤：（1）将 4 根钢筋扎成一正方形如图 2-125 所示。

（2）把方形钢筋架直立在地面上，用一手指从左（或右）角做水平方向推力试验，如图 2-126 所示，将发现它在较小推力的作用下，即发生倾斜，说明钢筋架平面内侧向稳定性较差。

（3）双手水平拿方形钢筋架两边，将发现它极易发生平面外侧向变形。

（4）再在方形钢筋架上扎上两道斜撑，如图 2-127 所示。

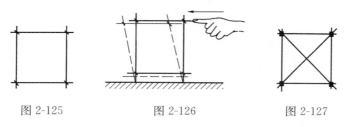

图 2-125　　　　　图 2-126　　　　　图 2-127

（5）重做第（2）、（3）项试验，将发现方形钢筋架平面内侧向稳定性很好，用劲推也不能使它变形。同时，拿成水平后，也不易发生平面外的侧向变形了。

分析：从上面的实验可知，仅用立柱和横杆搭成的脚手架，构成了一个个平行四边形结构。平行四边形有一个特点，这就是不稳定性，即容易改变形状。加了斜撑或剪刀撑以后，就构成了几个三角形结构。三角形也有一个特点，这就是它的稳定性，具有固定不变的形状。因此，脚手架设置剪刀撑或斜撑后，将大大加强纵向和横向的稳固性。三角形的稳定性原理在建筑施工中是经常用得到的。在搭设模板支架中，也应十分重视在支架立杆之间设置剪刀撑，不仅要设立垂直方向的剪刀撑，而且要设置水平方向的剪刀撑，以使搭设的支架稳定坚固。很多工程在浇筑混凝土时，发生模板支架倒塌伤人事故，其中很重要的一个原因是剪刀撑设置数量不足或设置得不够合理。

（五）楼地面、改建装修、拆除施工

103. 怎样提高混凝土地面的承载能力（一）——地面混凝土强度、厚度及地基土夯实质量对地面承载力的影响

混凝土地面，在工业与民用房屋建筑中以及在室外场地中，被广泛采用。它具有施工简便、就地取材、平整干燥和承载力大等很多优点。那么，混凝土地面承载力的大小与哪些因素有关呢？怎样才能提高混凝土地面的承载力呢？

有关试验资料给我们解答了以下一些问题：

（1）地面混凝土的强度与地面承载力的关系

从荷载试验可知，当地面负荷后，混凝土板体在受弯范围内，形成板底受拉、板面受压的状态。图 2-128 是混凝土地面承受荷重后的弯沉示意图。

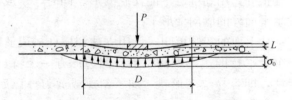

图 2-128　混凝土地面负荷后的弯沉示意图

在逐级加荷作用下，混凝土板体最初呈弹性变形，进而出现塑性变形。混凝土由于抗拉强度较低，往往先从板底开始拉裂。裂缝逐渐延伸到板面，直至板体完全破坏。

混凝土板体的弯拉受力与受压性质不同。它的抗弯强度主要靠胶凝料与粗细骨料之间的粘结力，靠它的密实度。所以在

288

施工中，应注意保证混凝土的施工质量，做到原材料级配合理，水灰比正确，搅拌均匀，施工和易性好，努力提高混凝土密实性，降低空隙率，提高混凝土的抗拉强度。

（2）混凝土地面的厚度与地面承载力的关系

在同一基土质量上对两块厚度不同的（5cm 和 10cm）混凝土板进行荷载试验，直至破坏，测出其承载力大小。试验简图如图 2-129 所示，最终测出的荷载值如表 2-69 所示。

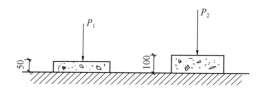

图 2-129　不同厚度的混凝土板在同一基土上做承载力试验

不同板厚的荷载试验值　　　表 2-69

板厚（cm）	极限荷载 P_k（kN）	板厚 h（cm）/5cm	P_k/5cm 厚板的 P_k
5	$P_1 = 149.5$	1	1
10	$P_2 = 217$	2	1.46

由表 2-69 可知，地面混凝土板的承载能力，随着板厚的增加而增加，但不成为规则的比例关系。众所周知，刚性的混凝土地面，实际上是一种受弯构件，而受弯构件的承载能力，应与它的断面高度 h 的平方成正比。当地面厚度由 5cm 增加 10cm 时，其地面承载力应增加 4 倍。但试验结果只增加了 1.46 倍，增加的幅度，比板厚本身增加的幅度还小。

这个试验资料告诉我们，单靠增加混凝土地面的板厚，虽然能提高混凝土地面的承载能力，但提高的效果不显著，也不是一种经济合理的措施。

（3）混凝土地面下填土的夯实质量对地面承载力的影响

将三块板厚都是 7cm，混凝土强度等级相同的板块，在 3 种不同强度的地基土上做承载力试验，试验示意图见图 2-130 所示，测得的数值见表 2-70 所示。

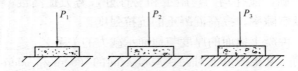

图 2-130　相同厚度的混凝土板在不同地基土上做承载力试验

不同地基土相同板厚的试验结果　　　表 2-70

板厚 (cm)	地基形变模量 E （N/cm²）	板的极限荷载 P_k （kN）	P_k/P（$E=470$N/cm²）
7	470	$P_1=114.5$	1
7	1830	$P_2=185.5$	1.62
7	2810	$P_3=217$	1.90

　　由表 2-70 可知，混凝土地面的承载能力与地基强度（用形变模量 E 值表示）的关系极大，随着 E 值的提高而提高，对于厚度为 5～10cm 的混凝土地面来说，其效果尤为显著。

　　在荷载作用下，刚性板体和柔性地基互相联结，共同工作，作为一个整体，共同抵抗荷载的作用。刚性板体保护着柔性地基，将集中荷载均匀地扩散到大面积的地基上，使地基变形很小，始终处在弹性变形范围内。反过来，柔性地基又承托着刚性板体，阻止和减小刚性板体的变形，使板体不致因弯沉变形过大而产生裂缝，遭受破坏。显然，在正常情况下，整个地面的工作状况主要取决于刚性板体的刚度。但如果忽视了地基土的夯实质量，以致发生地基土沉陷等现象，地基土就不能与刚性板体共同承受荷载，最终会因刚性板体变形过大而遭到破坏。

　　在相同荷载作用下，提高地面下基土的夯实质量（即提高基土的形变模量值 E），能减薄混凝土地面板厚，有效降低地面造价。

　　将两块板厚分别为 10cm 和 7cm 的混凝土试压板，分别放在

形变模量 E 值不同的填土层上做荷载试验（前者 $E=2810\text{N/cm}^2$，后者为 $E=1410\text{N/cm}^2$），如图 2-131 所示，最后的承载力相等，试验数据如表 2-71 所示。

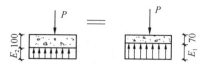

图 2-131　提高地基土形变模量 E 值，减薄混凝土板厚，不降低地面承载力

地基强度与地面承载力试验数值　　表 2-71

板厚（cm）	地基土 E 值（N/cm²）	板的极限荷载 P_k（kN）
7	$E_1=2810$	$P_1=217$
10	$E_2=1410$	$P_2=217$

　　这个试验资料表明，提高地基土的夯实质量后，可适当减薄混凝土地面的板厚，地面承载力可保持不变。因此，提高地基土的夯实质量，对提高混凝土地面的承载力、降低地面造价等有着积极的作用，是一种经济而又合理的措施。

104. 怎样提高混凝土地面的承载能力（二）——地面混凝土板不同边界条件对地面承载力的影响

　　（1）一般混凝土地面，特别是面积较大的混凝土地面，由于施工流水区段的影响，不可能整体无缝。同时，为避免混凝土板块在温度影响下因收缩或膨胀而造成裂缝，也需要设置一定数量的伸缩缝。那么，设置施工缝、伸缩缝后，对地面的承载力有什么影响呢？图 2-132 和表 2-72 的试验资料给了我们十分明确的回答。板的边界条件，对板的承载能力有很大影响。四周为自由的板，受荷后，裂缝开展速度快，承载力低。当四周有相邻板相连时，承载力就提高。与邻板的接触越紧密，承载力提高的值越大。这一试验告诉我们，应当重视混凝土地面接缝处理。紧贴的接缝具有一定的强度，能传递一部分荷载给邻板，从而改善了板的受力性能，提高了板的承载力。

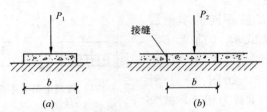

图 2-132　边界条件对混凝土板承载力试验示意图

(a) 四边自由的板；(b) 四边与邻板相连的板

边界条件对混凝土板承载力试验数值　　　　表 2-72

边界情况	四边自由的板	四边与邻板紧密相连的板	四边与邻板用油毛毡或水泥袋纸相隔连接的板
板的极限荷载（kN）	≈1.0	≈2.7	≈1.8

现行《工业建筑地面设计规范》和《建筑地面工程施工质量验收规范》都明确规定了混凝土地面要设置伸缩缝的要求。其中纵向缩缝规定用平头缝或企口缝（图 2-133），并明确规定，缝间不得放置任何隔离材料，必须彼此紧贴。这应该看作是提高混凝土地面承载力的一个有效措施。至于伸缝，则应留置一定缝隙，以保证地面胀缩自由。

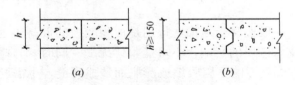

图 2-133　混凝土地面的缩缝

(a) 平头缝；(b) 企口缝

（2）地面混凝土板在板的四边加肋后对承载力的影响：

试验简图如图 2-134 所示，试验数值如表 2-73 所示。

从单块混凝土板的荷载试验可知，刚性的混凝土地面的承载力，以板中为最强，板边次之，板角最弱。所以在施工缝、变形缝等边角处，是地面受力最薄弱的地方，用小铁锤或小木锤做敲击检查时，会有"笃笃笃"的空鼓声，使这一部分的混

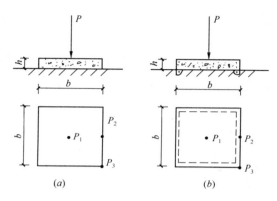

图 2-134　混凝土地面板边加肋后对地面承载力试验示意图

（a）平板；（b）四边加肋的板

混凝土单板不同的边角条件承载力试验数值　　表 2-73

板厚 (cm)	边角条件	基层	承载力（kN）			P_3/P_1
			板中（P_1）	板边（P_2）	板角（P_3）	
7	不加肋	灰土	157.5	103.5	73.5	0.47
7	加肋	灰土	193.5[②]	193.5[①]	133.5	0.69

① 由于加荷配重不够，未继续加荷；

② 边角加强后，板中强度会略有下降。

凝土板处于悬空受力的不利状态，因此板受力后，常常发生起翘变形和损坏。当板的厚度越薄时，这种现象越严重。一般板角的承载力仅为板中承载力的 45% 左右，板边的承载力仅为板中承载力的 65% 左右。在地面设计中，混凝土地面的厚度往往是根据板边或板角的承载力来确定的，这对板中来讲，没有充分发挥作用。如果能改善混凝土板的边角条件，提高板边和板角的承载能力，缩小板边和板中之比，可大大发挥混凝土板体的潜力，使地面各部分的承载能力趋于均衡，也就提高了整个混凝土地面的承载能力。

厚度较薄的混凝土地面采用板边加肋，增加边角刚度的方法，是常用的技术措施之一。从表 2-73 可知，采取板边加肋措施后，能使板中与板角的承载力之比提高较大幅度，因而可大大提高混凝土地面的承载力。这种板边加肋的措施，增加的混凝土用量不多，施工也不太麻烦，而技术经济效果是很好的。当地面设计荷载较大时，采用这种加肋措施，效果将更为明显。许多车间中的车道，常用变形缝与安装车床的地面分隔，车道边缘常采用加肋的加强措施（图 2-135），车间大门坡道的边缘，也常采取加肋的加强措施（图 2-136），这些，都是为了提高其承载能力。

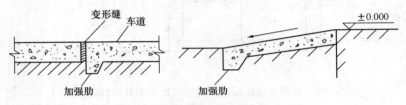

图 2-135　车间车道边缘加肋　　　图 2-136　大门坡道结构示意图

图 2-137 为较简易的一种加肋措施。在夯实好的地基表面，用铁铲铲出一条条面宽 15～20cm 的三角形沟槽，纵横双向，然后浇捣混凝土，使之形成加强的边肋。

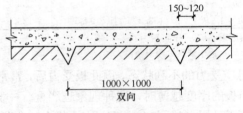

图 2-137　地面简易加肋示意图

105. 混凝土地面为什么要设置一定数量的伸缩缝

《建筑地面工程施工质量验收规范》GB 50209—2010 第 3.0.16 条对建筑地面的变形缝设置作了明确规定：地面变形缝应按设计要求设置，其沉降缝、伸缝、缩缝和防震缝应与结构相应缝的位置一致，且贯通建筑地面的各构造层。

混凝土地面设置伸、缩缝的目的主要是防止混凝土在凝结、硬化过程中产生的收缩变形以及日后因气温变化时产生的胀缩变形所产生的面层裂缝，是保证工程质量的重要技术措施。

（1）混凝土地面在凝结硬化时易产生干缩裂缝

混凝土在空气中凝结硬化时，会发生干缩，这是各种水泥拌合物的一个共同特点。干缩的原因主要有三个。一是水泥浆的化学收缩，水泥浆在水化过程中，胶凝体不断浓缩，因而体积逐渐缩小。这种收缩现象，在初凝到终凝这段时间内比较显著，但其收缩量仅占总收缩量的 $10\%\sim20\%$。二是混凝土在凝结硬化过程中，由于混凝土内多余水分的不断蒸发而引起体积收缩，又称为"失水收缩"。水分蒸发的量越大，蒸发的时间越早，蒸发的速度越快，则混凝土的体积收缩值也就越大。这种收缩量比较大，约占总收缩量的 $80\%\sim90\%$。三是若有二氧化碳（CO_2）气作用时，还会发生碳化收缩。根据试验资料可知，这种体积收缩规律是早期较快，后期缓慢，当由于收缩产生的内应力超过其抗拉强度时，就不可避免地会出现表面裂缝。

图 2-138 为山东省建筑科学研究所试验的水泥砂浆的水灰比与干缩值的关系曲线图。在其他条件相同的情况下，水灰比越大，砂浆的干缩值也越大，也越容易产生干缩裂缝。

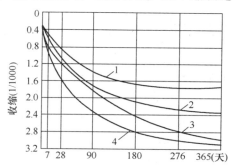

图 2-138 水泥浆的干缩与水灰比的关系

1—水灰比 0.26；2—水灰比 0.45；3—水灰比 0.55；4—水灰比 0.65

（2）混凝土地面因热胀冷缩的影响产生裂缝

混凝土和其他材料一样，也有热胀冷缩的特征，其线膨胀系数 α 为（$10-14$）$\times10^{-6}\times1/℃$。在气温发生变化时，混凝土的膨胀和收缩应力值也很明显。当膨胀或收缩应力值超过其抗拉强度时，混凝土表面就会产生裂缝。(参见本书154."施工中应警惕喜欢惹祸的线膨胀系数"一文)。

(3) 混凝土地面设置伸缩缝是防止产生裂缝的重要技术措施

混凝土地面设置伸缩缝，主要是给混凝土地面在收缩或膨胀时有一定的规律和一定的范围，同时，也有效地释放了面层内的应力。在防止混凝土地面产生裂缝上，人们总结出四句话，即"抗放结合、有抗有放、大放小抗、适时释放"。即大面积上"放"——设缝释放应力；小面积上"抗"——提高面层强度，增设防裂钢筋等。从整体上采取"放"，在小块上采取"抗"，从而有效地防止了地面裂缝的产生。

混凝土地面的伸缩缝的设置见图 2-139 所示。

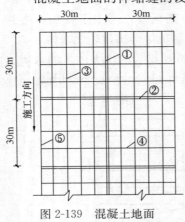

图 2-139　混凝土地面
伸缩缝设置示意图
①—纵向伸缝@30m；②—横向伸缝@30m；③—纵向缩缝@3～6m；④—横向缩缝（假缝）@6～12m；⑤—边角加肋及加筋，做法由设计定

1) 伸缝：为防止混凝土地面在气温升高时由于材料的膨胀性产生挤碎或隆起而设置的伸胀缝。平行于施工方向的伸胀缝称为纵向伸缝，垂直于施工方向的伸胀缝称为横向伸缝。伸缝间距一般为 30m，缝宽20～30mm，上下贯通，缝内填嵌沥青类材料。沿伸缝两侧的混凝土地面常采用加肋或加强措施。伸缝的构造形式见图 2-140。

2) 缩缝：为防止混凝土地面在气温降低时因收缩产生不规则裂缝而设置的收缩缝。平行于施工方向的收缩缝称为纵向缩缝，垂直于施工方向的收缩缝称为横向缩缝。纵向缩缝的间距一般为 3～6m，施工气温较高时，宜采用3m。纵向缩缝一般采用平头缝或企口缝，施工

296

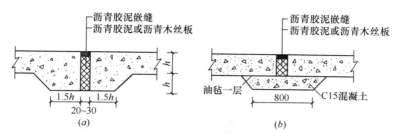

图 2-140 伸缝的构造形式

（a）纵向伸缝—缝两侧采用加肋的形式；（b）横向伸缝—缝两侧采用加强的形式

时缝隙要求紧贴，中间不放置任何隔离材料。横向缩缝的间距一般为 6～12m，施工气温较高时，宜采用 6m。横向缩缝一般采用假缝，假缝内填水泥砂浆。缩缝的平面设置见图 2-139，缩缝的构造形式见图 2-141。

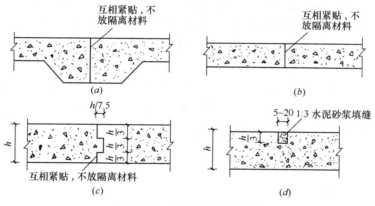

图 2-141 缩缝的构造形式

（a）加肋平头缝；（b）平头缝；（c）企口缝；（d）假缝

106. 为什么预制楼板铺设的楼面上产生的裂缝与板缝的嵌缝质量有关

由预制钢筋混凝土楼板（多孔板、槽形板等）铺设的楼面（或由大型屋面板铺设的屋面、由 T 形梁铺设的桥面等），应十分重视相邻板缝的嵌缝质量，这是提高楼面（屋面、桥面）整体质量、防止产生裂缝的一项重要技术措施。

好的嵌缝，将把一块块单块预制楼板连成一个整体，当一块板面上受到荷载时，相邻两边的预制楼板都能协同工作，互相分担，整体性较强。这好比一排手挽着手的人，要想拉动其中的一个人是很不容易的。因为相邻两边的人将协同一致，分担部分拉力。根据试验证明，预制楼板这种协同工作的作用是十分显著的。板组在荷载作用下，其受力状态好似一根以嵌缝为支座的连续梁，相邻两板能负担总荷载的 $30\% \sim 60\%$，使楼面变成了一个坚固的整体结构。图 2-142 为当荷载作用于槽形板主肋时，相邻边肋的传递系数。而粗糙马虎的嵌缝，则降低板组协同工作的效果，相邻两板形成"独立"的工作状况，当一块板受到较大荷载时，在有一定挠度的情况下，就会使面层出现沿预制板拼缝方向的通长裂缝。同时，还将增加板的弹性变形以及支座处的负弯矩值，促使沿支座处横向裂缝的产生与开展。所以预制楼板的嵌缝质量一定要十分重视，精心施工。

造成预制板板缝嵌缝质量粗劣一般有以下几个原因：首先是思想上对嵌缝工作不够重视。有的施工人员对预制板在荷载作用下的

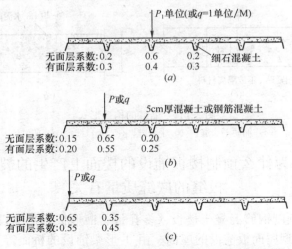

图 2-142　荷载作用于槽形板主肋时相邻边肋的传递系数

298

结构性能和对嵌缝的作用认识不足，在施工中，对嵌缝工作的时间安排、用料规格、质量要求、技术措施等往往不作明确交底，也不重视检查验收。对于一些较宽的板缝，不在板底用模板托起后再做灌缝，而是错误的用石子、碎砖、甚至水泥纸袋等先嵌塞缝底，再在上面浇灌混凝土，形成上实下空，大大降低了板缝的有效断面，影响了嵌缝质量；其次是嵌缝操作时间安排上不恰当，未把嵌缝作为一道单独的操作工序来安排，在预制板安装后不立即进行嵌缝工作，而是在浇筑楼面、地面或其他钢筋混凝土结构时，顺便进行。有的甚至到浇筑楼面、地面找平层或施工面层时才进行嵌缝工作。这样上面各道工序的杂物、垃圾不断掉落至缝中，而灌缝时又不认真清理，结果嵌缝往往是外实内空；第三是嵌缝材料选用不合理，不是根据板缝断面较小的特点，选用水泥砂浆或细石混凝土进行嵌缝，而是用浇筑梁、板的混凝土来嵌缝，使大石子灌入小缝中，形成上实下空的现象；第四是预制板侧壁几何尺寸不正确，有的板的侧壁倾斜角度太小，楼板安装后形成所谓"瞎缝"，使嵌缝工作难以进行。第五是暗敷电线管的影响，在预制楼板上暗敷电线管，往往沿板缝走线，若处理不当就使管子下面形成空隙。

此外，嵌缝养护不认真，嵌缝后，不及时进行养护，致使嵌缝水泥砂浆或混凝土强度达不到规定的要求。嵌缝后下道工序安排过急也有很大影响，特别是一些砖混结构的住宅工程，为了加快施工进度，常常在嵌缝工作完成后立即上砖上料，准备砌墙。而这些施工荷载有时比楼面设计的活荷载大得多。预制楼板受荷载后产生挠曲变形，而灌缝的水泥砂浆或混凝土的强度尚低，致使灌缝材料与楼板之间产生裂缝，虽然这种裂缝用肉眼不易发现，但却影响、甚至失去嵌缝应有的传力作用。

107. 为什么在地坑及设备基础四周的混凝土地面中，要加一些加固钢筋

在工业厂房中，由于生产工艺的需要，常常在混凝土地面

上设置一些地坑或凸出地面的设备基础。由于地面在地坑及设备基础等部位的平面形状突然变化，同时，地面混凝土与地坑及设备基础部分不同时施工，所以在地坑及设备基础的边角处往往造成应力集中的缺陷。混凝土的硬化收缩以及周围气温的冷热变化所引起的内应力也常常在边角处造成胀缩裂缝，如图 2-143 所示。这种裂缝不仅使地面的质量受到影响，对于一些液体较多的车间，特别是有腐蚀性溶液的车间，会造成腐蚀性溶液侵入地下而使地坑、设备基础甚至建筑物的地基基础等受到侵蚀，严重者将造成质量及安全事故。

图 2-143　地面在地坑及设备基础四周裂缝的情况

为了确保地面及地坑、设备基础等的工程质量，减少和避免裂缝的产生，一般在地坑及设备基础四周的地面混凝土中，设置一些防裂的构造钢筋或将地坑或设备基础上口部分的钢筋伸入地面混凝土面层（或垫层）内，将会收到较好的效果，如图 2-144 所示。

108. 烤火烤出的质量事故

今天下午是业务学习活动，主要学习公司下发的一份有关质量事故的通报材料。赵工程师首先通读了一遍通报材料，这是公司第四项目部施工的某开发公司的商品房工程，有三层水泥砂浆地面面层发生严重起砂和疏松现象，局部地方还起壳，必须返工重做，经济损失较大。

据通报材料介绍，该工程工期较紧，为了抢进度，春节放假前几天，铺设了第 6 层至第 4 层水泥砂浆楼地面。由于刚好

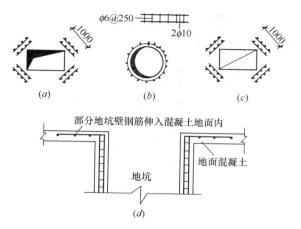

图 2-144　地坑、设备基础四周设置的防裂构造钢筋

(a)、(b) 地坑；(c) 设备基础；(d) 部分地坑壁钢筋伸入混凝土地面内

寒流来袭，气温大幅度下降，昼夜平均温度只有 1℃ 左右。为防止新做的水泥砂浆面层受冻损坏，项目部采取紧急措施，将门窗封闭，并临时调用一批煤球炉子，每间 3 只，昼夜烤火升温 5d。谁知春节后上班一看，大吃一惊，发现面层强度很低，手用力一摸随即脱皮起砂，位于第四层、五层煤炉上方的第五层、六层地面面层，局部水泥砂浆颜色干白，有裂纹，用小锤轻击有空鼓声。

阅读通报材料后，进行了讨论，分析其产生的原因，吸取教训。有人提出应检查水泥质量是否有问题？也有人提出门窗封闭后烤火措施不恰当……我参加工作的时间不长，缺乏这方面的理论知识和实践经验，故只能虚心地听大家的发言。最后由赵工程师做了总结讲话，他详细分析了事故原因，分析得十分透彻，使大家受益匪浅。主要内容介绍如下。

1. 根据《建筑地面工程施工质量验收规范》GB 50209—2010 规定，采用水泥类拌和材料铺设地面面层时，其铺设环境温度不应低于 5℃，并应保持至面层强度不小于设计强度等级标准值的 50%。该工程施工时，昼夜平均温度仅 1℃ 左右，对施工层室内采取烤火升温、保温措施是必要的。

2. 就本工程质量事故而言，用煤炉升温时，忽略了两个很重要的问题：

第一，忽视了将炉子燃烧时的烟气有组织地排放到室外，而是使其滞留于室内。煤炉燃烧时，会产生二氧化碳（CO_2）它的密度为 1.977g/L，比普通空气的密度 1.293g/L 大得多，常处于空气的下层，且扩散慢，又能溶解于冷水中。当它和刚做好的地面水泥砂浆表面层接触后，将与水泥水化后生成的、但尚未结晶硬化的氢氧化钙起作用，生成白色的、粉末状的新物质碳酸钙，这是一种十分有害的物质，它能阻止水泥砂浆内水泥水化作用的正常进行，在面层形成一层厚度不等的疏松层（最厚可达8mm），结果将显著降低面层的强度。通报材料上也讲到当时进行地面压光操作的工人反映，由于对煤炉的烟气没有有组织的排放，房间内又比较密闭，操作时总觉得头晕。在抹压面层时，常看见水泥面层上浮有点点白色浆液，再次抹压后就消失，这就是上面所讲的碳酸钙。这种情况，对温度在−1～10℃之间和24h内铺设的水泥砂浆地面面层，破坏作用尤为明显。空气中的二氧化碳浓度越高，对地面质量的损害也越大。

第二，由于炉子位置固定，又是昼夜自由燃烧（即非有组织排烟），炉火长时间地正对着上一间的同一位置烧烤，致使上一层局部地面温度偏高，水泥砂浆失水过快，凝结也过快，且影响水泥水化作用的深入进行，从而产生地面面层的裂纹和空鼓。

3. 如何避免此类事故的发生，一要进行有组织地排放烟气，二要注意炉火不能直接对着上一层的楼板烧烤，可在中间用铁板（皮）阻隔做散热处理，三要控制加温速度和室内温度，避免升温过快、温度过高，使地面面层内的水分蒸发过快而产生塑性收缩裂缝。

赵工程师的总结讲话，给大家上了一堂业务知识课。在冬期施工中，室内采取升温措施还是很有学问的。

109. 为什么用碾压机碾压碎石垫层（或面层）时，应遵守"先轻后重"的原则

碎石垫层（或面层）是以碎石为主要材料，铺平后经过碾压机的碾压而形成的密实性垫层（或面层），其主要强度是依靠石料之间的嵌固锁结作用。

碾压时要先轻后重是指先用小吨位的碾压机进行碾压，然后用大吨位的碾压机进行碾压。这主要是因为碎石是一种孔隙率较大（一般孔隙率值为40%左右）的松散材料，碾压时的沉实量也较大。如果一开始就用大吨位的碾压机来进行碾压，则往往因一次沉实量过大而使垫层（或面层）起拱形成波浪形，使碾压机的压力变成了向前（或向后）的推力，造成材料向前（或向后）游动，甚至会使碾压机陷塌而难以前进，出现欲速则不达的僵局，也降低了碾压质量。

先用小吨位的碾压机进行碾压，则能避免上述情况的发生，它使垫层（或面层）碎石得到初步嵌挤，有个适当的沉实量，最后用大吨位碾压机进行碾压，就能使碾压机行走平稳，使垫层（或面层）达到紧密、坚实和稳定，不仅质量好，碾压速度也快。

碾压机除了遵守"先轻后重"的原则外，还应控制碾压机的行走速度，一般小吨位碾压机的行走速度每分钟为25～30m，大吨位碾压机的行走速度每分钟为20～25m。

110. 水灰比过大和养护不良是水泥类楼地面产生质量问题的根源所在

水泥类楼地面产生不规则的收缩裂缝和不耐磨损，是常见的质量通病之一。它不仅影响地面的外形美观，而且影响使用效果。究其原因，主要是面层拌合物的水灰比过大和养护不良

303

所致。

1. 严格控制砂浆水灰比，是提高地面施工质量的首要措施。

普通塑性水泥砂浆由于考虑到施工操作等因素，水灰比一般为 0.6～0.7。由于水分较大，造成地面表面层细毛孔增多，抗压强度和耐磨性能都将下降，一旦施工中有所不慎，则地面就会出现起砂、脱皮、裂纹等质量通病。如果采用水灰比为 0.3～0.4 的干硬性水泥砂浆（工地实际操作时，可以手捏成团，落地即散为度），则面层的施工质量将会显著提高。表 2-74 为相同体积配合比、不同水灰比的干硬性水泥砂浆和普通水泥砂浆所做的试块强度对比值。从表中数值可知，干硬性水泥砂浆比普通水泥砂浆的强度提高一倍以上。表 2-75 为用相同的原材料、相同的养护条件下制作的几组不同配合比和水灰比的圆柱体耐磨试件试验值对比表。从表中数值可知，干硬性砂浆试件磨 1000 转后，表面未出现砂粒，并且表面越磨越光亮。而普通水泥砂浆试件磨 800 转后，甚至 500 转后，表面即出现砂粒，呈粗糙状。

相同配合比、不同水灰比的砂浆强度对比表　　表 2-74

体积配合比	R_7（MPa）		R_{28}（MPa）	
	普通	干硬性	普通	干硬性
1：2	18.9		30.6	
1：2.5	15.1	35.7	17.5	48.8
1：2.8	12.8	31.2	17.0	36.4
1：3.0	9.7	21.4	13.1	32.7
1：3.2		20.2		29.0

不同配合比的砂浆试块耐磨情况对比表　　表 2-75

砂浆品种	砂浆配合比	耐磨转数	表面现象
干硬性砂浆	1：2.5 1：2.8 1：3.0	1000 1000 1000	表面光亮、未出现砂粒
普通塑性砂浆	1：2.0 1：2.5 1：2.8	800 500 500	表面粗糙、出现砂粒

水泥类拌合物在空气中凝结硬化时，会发生干缩，这是各种水泥的一个共同特点。干缩的原因主要有以下三个。

（1）水泥浆的化学收缩：水泥浆在水化过程中，胶凝体不断浓缩，因而体积有所减少。这种收缩现象，在初凝到终凝这段时间内比较显著，但收缩量不大，仅占总收缩量的 10%～20%。

（2）失水收缩：水泥砂浆在凝结硬化过程中，由于砂浆内多余水分的不断蒸发而引起的体积收缩，又称为失水收缩。当水分蒸发的量越大，蒸发的时间越早，蒸发的速度越快，砂浆的体积收缩值也就越大。这种收缩量比较大，约占总收缩量的 80%～90%。

（3）碳化收缩：当遇有二氧化碳（CO_2）气作用时，还会发生碳化收缩。但收缩量不大。

根据试验资料可知，水泥砂浆体积收缩的规律是早期较快，后期缓慢。当由于收缩产生的砂浆内应力超过抗拉强度时，就不可避免地会出现表面裂缝。

以上情况说明，要防止和减少水泥砂浆的干缩值，最主要的是要减少砂浆内多余水分的蒸发所引起的体积收缩。因此，控制水泥砂浆的水灰比，不仅对提高面层水泥砂浆的强度有重要意义，也是防止地面产生收缩裂缝的重要措施。这一点对矿渣硅酸盐水泥来讲尤为重要。

水泥砂浆的水灰比与干缩值的关系曲线图。参见前面图 2-138 所示。很明显，水灰比越大，砂浆的干缩值也越大。曲线在 28 天之内的变化值较大，而在 7 天之内的变化尤其显著。

2. 加强水泥地面养护，是提高地面施工质量的重要措施。

水泥地面施工后的养护工作现已越来越引起人们的重视。做好养护，不仅可以使水泥砂浆地面有个良好的凝结硬化条件，而且有效地防止了最关键、也是危害最大的失水收缩。水泥砂浆在潮湿环境中凝结硬化，不但不会产生体积收缩，反而会产生极微量的体积膨胀，这是防止水泥地面产生收缩裂缝的重要措施。目前，不少施工单位在做完水泥地面后，采用蓄水养护的办法，既简化了养护手续，降低了养护费用，又提高了地面施工质量。新规范规定，水泥地面养护时间不应少于 7d，这是最起码的养护时间要求。如果用矿渣硅酸盐水泥做楼地面面层，由于其早期强度偏低，还应适当延长养护时间。有的施工单位偏重进度，使楼地面最起码的养护时间得不到保证，过早上人和使用的结果，往往造成地面起灰、脱皮等质量问题。

图 2-145 为用矿渣硅酸盐水泥配制的 1：2.5：0.55 水泥试件（4cm×4cm×16cm）在不同环境中所测得的干缩值曲线图。由图可知，表面未处理的 1 号试件在干燥环境中 35 天的干缩值达 0.88mm/m，而在湿养条件下的 3 号试件干缩值仅为 0.28mm/m，是前者的三分之一。

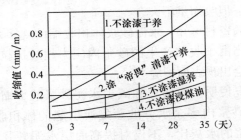

图 2-145　水泥砂浆在不同环境下的干缩值曲线发展情况

111. 盲目加层造成的惨痛悲剧

2000 年 11 月 30 日下午 2 时左右，广东省东莞市东莞镇一幢 3 层楼房突然整体倒塌，有 200 多人被埋入废墟，整条近100m 长的街道完全被混凝土碎块、钢筋和砖块覆盖。

倒塌的房屋原为 1 层，建成多年，由于位置好，生意很红火，房主将 1 层房屋改建加层为 3 层，基础未经持证设计单位设计施工图，地基也未经勘察，房屋加至主体封顶时，钢筋混凝土框架柱在根部和顶部已出现断裂现象，钢筋混凝土柱子的配筋也严重不足。当年建造的 1 层房屋的地基是建在赤岭工业区的一条人工排污沟上，施工单位仅在河沟上铺上水泥砂浆后就盖起了 1 层店铺。事后经勘察地基承载力反为 40kPa，承载力严重不足，最终地基失稳导致 3 层楼房整体倒塌。事故导致 7 人死亡，200 多人受伤，教训十分惨痛，如图 2-146 所示。

房屋加层是调整房屋结构的重大事件，必须由持证勘察单位对房屋地基土层进行详细勘察，然后由持证设计单位设计施工图，其首要问题应根据上部荷重对地基基础进行加固处理。如果只重视上部结构的加强处理，忽视对地基基础的加固处理，往往会由于地基承载力不足而引起基础变形或不均匀沉降，导致墙体和楼面结构开裂，甚至造成房屋整体倒塌。

基础的加固处理方法很多，图 2-147～图 2-153 为几种施工较为方便的加固处理方法，供参考。

图 2-146　倒塌事故现场一角

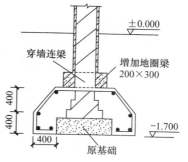

图 2-147　基础加宽作法

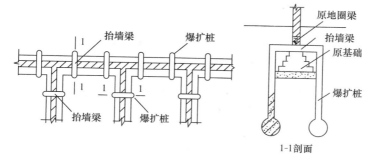

图 2-148　爆扩桩加固示意

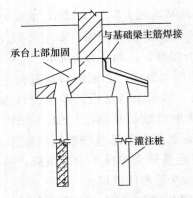

图 2-149　承台锥形扩孔灌注桩

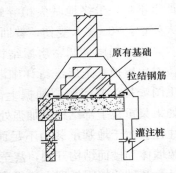

图 2-150　外包承台加固灌注桩

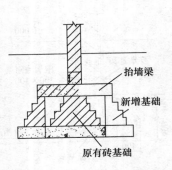

图 2-151　支撑于砖基础的抬墙梁

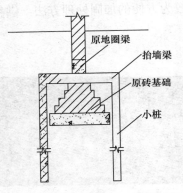

图 2-152　支承于小桩的抬墙梁

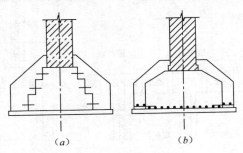

图 2-153　基础加宽形式示意

(a) 刚性条形基础加宽；(b) 柔性条形基础加宽

112. 后沿墙在改建过程中由承重墙变成挡土墙
而造成倒塌伤人事故

（1）事故概况

1989年8月20日，广东某镇一旧楼在改建中后沿墙倒塌造成伤人事故。该旧楼建于1976年，砖混结构、两层，后因山坡上建房，其后墙被杂填土埋成类似地下室墙，如图2-154所示。该旧楼由于上面楼层压力、楼板支撑及一层横隔墙等的共同作用，十几年来，后墙平安过去。1989年7月，该旧楼拆建，为方便新建施工，拆除方案决定将后墙留下，作挡山坡土用。8月10日，该旧楼仅剩下后墙未拆，此时的后墙，上部失去原楼层的压力和楼板支撑，内侧又失去原一层横隔墙的支撑，后墙墙身成为一个高3m、厚24cm的悬臂构件，承受着墙后杂填土的水平推力。8月18日，民工开始在后墙内侧挖坑，8月20日，整个后墙突然向内

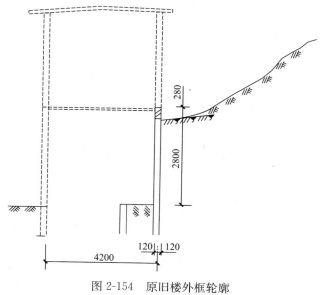

图 2-154　原旧楼外框轮廓
（实线表示拆除后、倒塌前的状况）

侧倒覆，造成多人受伤事故。后对后墙的挡土能力进行力学验算，按规范该墙需要安全系数为 2.5，而验算结果安全系数只有 0.145。

（2）事故原因分析

1）拆除方案决定将底层后墙留下，作挡山坡土用，但没有任何相应的安全措施，这是错误的。在上面楼房及楼板等拆除后，后墙实际上起到了挡土墙的作用，但它又是一个悬臂构件，如图 2-155 所示，由于墙壁厚度较薄，仅为 24cm，在墙后杂填土水平推力的作用下，终被推跨。这是事故的主要原因。

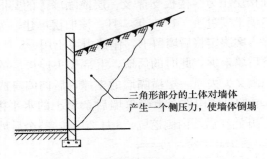

三角形部分的土体对墙体
产生一个侧压力，使墙体倒塌

图 2-155　二层砖墙及楼面拆除后，后墙成了挡土墙

2）施工操作人员缺乏基本的建筑结构、力学方面的知识。

后墙在堆积土的水平作用下已经十分危急，又在内侧进行挖土，减少了后墙正面起稳定作用的土压力，从而加快了后墙的倒塌进程。

3）拆除施工前没有进行认真的技术交底工作，具体施工操作人员又盲目蛮干，最终造成严重安全事故。

（3）事故教训

1）本项拆除工程虽有施工方案，但拆除方案决定将底层后墙留下作挡山坡土用，又没有任何相应的安全措施这显然是明显的错误。说明此施工方案没有经过专家论证，仅仅是自己编制、自行施工而已，对拆房施工的复杂性没有真正的认识，对拆除施工的安全管理也不重视，这是应吸取的教训之一。

2）有关拆除施工操作规程规定：当拆除某一部分建筑物

时，应当采取相应的防范措施，防止另一部分建筑物倒塌，造成安全事故。事实证明只有严格按照规范、规程进行施工操作，才能达到安全生产。

（4）防范措施

1）首先应对建筑拆除工程施工的复杂性要有足够的认识，建筑拆除工程施工中，有很多的科学道理和力学知识。拆除施工前，应根据拆除工程的现场环境和结构特点，编制有针对性的施工组织设计（方案），并报主管部门和现场监理工程师审查批准并签字，必要时应经专家进行论证。

2）对施工操作人员加强拆除施工业务知识的学习、培训，提高施工操作人员的业务水平，杜绝拆除施工中的盲目蛮干现象。

3）建立行之有效的安全生产管理制度，并定期组织检查，提高按规章制度办事的自觉性，养成尊重科学的良好习惯。

113. 在单层厂房内进行增层改建，如何处理好不同结构体系的和谐共存

随着经济改革和工业产品结构调整，须对原有部分工业厂房建筑进行改造。有些单层工业厂房利用其内部高大空间的有利条件，进行增层改建，收到了良好的社会和经济效益。由于单层工业厂房原有的结构受力体系大多是排架结构，而增层改建部分的结构受力体系大多是框架结构，如何处理好新、老结构体系之间的关系（从上部结构到基础设置），并使之和谐共存，一方面改建后既要符合新的使用功能，并具有相对完整性；另一方面还要使原有结构尽可能不被破坏，并尽量利用原有结构，达到节约的目的，是增层改建中须重点解决的问题。

（1）工程实例

现介绍两个改建工程的实例：

1）实例一

图 2-156 为某市接插件总厂某分厂 2 幢排架结构车间的平面

图和剖面图。该厂房建于 20 世纪 80 年代初期，建筑物跨度 12m，柱距 6m，檐口高 7m，每幢建筑面积为 823m²，因产品结构调整，在停产数年后，转卖给市电子中等专业学校，经在室内进行增层改建后，两幢车间分别成为具有 20 个教室的教学楼和能住 500 余名学生的宿舍楼。另原锅炉房在室内进行增层改建后成为教职工食堂。图 2-157 为增层改建成外走廊式的教学楼平面图和剖面图，图 2-158 为增层改建成内走廊式的学生宿舍楼平面图和剖面图。

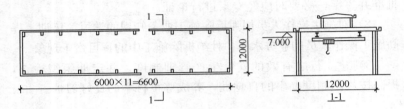

图 2-156　排架结构车间平面及剖面示意

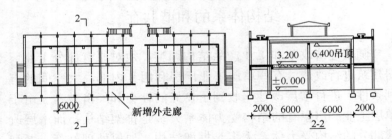

图 2-157　改建后教学楼平面图及剖面图

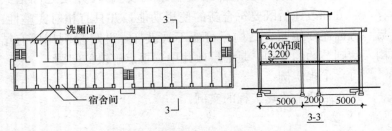

图 2-158　改建后学生宿舍平面及剖面图

312

2）实例二

图 2-159 为原某市柴油机厂铸造车间的平面图和剖面图。该车间系排架结构，建于 20 世纪 90 年代初期，建筑面积 5000m²，三跨（跨距为 15m，18m，15m），柱距 6m，檐口高度 10.9m。因产品结构调整和城市规划等因素而中途停建。1995 年 4 月，市政府决定将其改建为展览中心。经在室内增加一层，装饰后成为一座具有 11000m² 的双层展览馆，取得了良好的社会效益和经济效益。图 2-160 为增层改建后的平面图和剖面图。

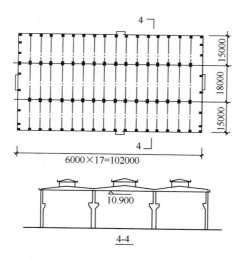

图 2-159　原厂房平面及剖面示意

（2）改建设计要点

1）受力体系分开设置

增层部分的结构受力体系宜和原厂房结构受力体系分开设置，以免改变原厂房的结构受力性质，保证使用安全。新的增层结构成为一个完整的受力体系，结构受力明确，避免了新老结构相互影响或重组新的结构受力体系的麻烦。

当原厂房结构承受荷载较大，而新的增层结构荷重较小时，也可对原受力结构和基础做适当加固后，将新结构荷重直接加

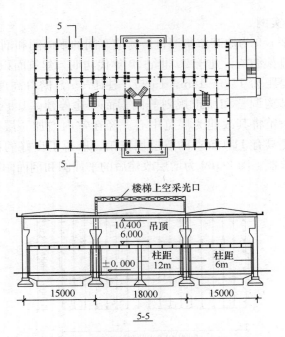

图 2-160　改建后的建筑平面及剖面示意

到原结构上。

2）基础设计

当增层结构受力体系独立设置时，增层部分的基础须与原厂房基础分开设置，单独承受增层部分传来的荷重。本文实例一中图 2-157 所示为新老基础轴线错开布置的形式，实例二图 2-160 所示为新老基础位于同一轴线，但基础相互脱离布置的形式。新基础的埋深不宜超过原基础，宜和原基础相同。当增层部分层数较多或荷重较大时，亦可采取加固地基的形式，以避免挖土深度过深或基础底面积做得过大而造成施工困难。

① 新基础应力取值

原厂房基础经过多年工作，有了一定沉降值后进入稳定状态。改建为民用建筑后，取消了行车荷载，则基础荷载相应减少，故一般不会再继续沉降。为避免新的增层结构的基础沉降值过大，基础应力的取值应小于原基础的应力值，其减小幅度可在 10%～30% 之间（土质较差者宜取上限值）。

②　新老基础的相互影响

基础设计中，当新老基础间距较小时，如图 2-160 所示，应考虑其相互影响，必要时可适当增加基础间距，尽量减少相互影响。

③　新基础沉降计算

控制新基础的沉降值，减少新老基础间的沉降差，是基础设计中的关键。在考虑上述两方面的因素后，算出的基础沉降值如偏大时，应适当调整基础面积，或对基础下土层进行适当加固，以减小其沉降值。

（3）构造及消防设计

1）新基础如在靠近原基础处作悬挑处理时（图 2-161），在设计上应提出构造措施以保证悬挑结构正常受力，以防由于施工失误造成挑梁直接搁置原基础上，造成原基础不均匀沉降。构造措施如图 2-161 所示，确保挑梁底部和两侧留有一定空隙。

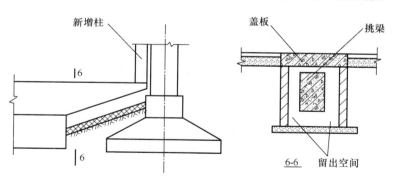

图 2-161　构造措施之一

2）增层楼面与原厂房的柱、梁、墙等结构应做分离处理，其间隙可取 60～70mm，满足抗震需要，缝隙用泡沫塑料板填嵌，以保证各自受力，避免相互影响。边沿处宜设翻边沿子，以免冲洗地面时污水流入下面，其构造措施如图 2-162 所示。

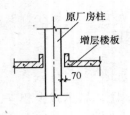

原厂房柱

增层楼板

70

图 2-162　构造措施之二

3）原工厂厂房改建成民用建筑后，使用人数大为增加。应考虑增设安全疏散楼梯。若室内难以安排，应在山墙处增设疏散楼梯，并按消防要求设置消火栓等。

（4）施工注意事项

1）基础挖土时应防止超挖，当需进行抽水处理时，应尽可能保持原基础土层中的水位稳定，防止因水位突然下降而造成原基础不均匀沉降。

当新基础在原基础附近做悬挑处理时，施工中应做认真的技术交底，确保悬挑部分与原基础土层之间留有一定空隙。

2）对原厂房结构不得随意进行剔凿，如削弱断面，焊接钢筋、铁件等。特别值得注意的是，不得破坏厂房的屋盖及柱间的支撑系统，不得在屋架及支撑系统上搭设脚手架或悬挂起重设备等重物。

3）对原厂房局部损伤部位，如裂缝、剥落、锈蚀等，应精心修补。涉及结构性问题，应与设计单位商定好修补方案后再施工。

114. 应重视装饰装修施工产生的安全隐患

房屋建筑的装饰装修起着保护建筑结构、延长建筑使用寿命以及美化环境、美化生活等作用，越来越被人们所重视，成为工程建设的重要环节。但有些装饰施工企业和业主用户由于缺乏基本的建筑结构和安全方面的知识，盲目追求时尚装饰，因而给建筑本身和装修后的日常使用留下安全隐患，有的已产生安全事故，造成损失。这是需要加以注意的。装饰装修施工中常见的安全隐患，主要有以下几个方面：

（1）随意拆墙，特别是拆除承重墙体：在砖混结构的住宅工程和办公楼等工程中，设计上都设置了一定数量的纵、横向承重墙体，这些承重墙体对楼面荷载起着承托和传递作用。另外，从抗震角度讲，承重墙体有着较大的空间刚度，一旦发生地震，在地震力的作用下，它能阻止和减小建筑物的变形和破坏，因而有着良好的抗震性能。但在有些装修工程施工中，片面追求大空间、大门（窗）洞的装饰效果，盲目扩大门（窗）尺寸，随意拆除（或部分拆除）承重墙体的现象时有发生。有的对拆除的墙体虽做过一定的补强措施，但只能保证承重安全，对建筑物的整体抗震性能仍是一个削弱。尤其是对建筑物两端的房间以及楼梯间旁的房间，其危害性更大。一旦地震发生，这些薄弱部位首先变形、坍塌，继而波及其余。因此在装饰装修施工中，应严禁随意拆除承重墙体。

对于非承重墙，尽管主要起分割作用，但也起着一定的支撑作用，对房屋结构内力分配是有正面影响的，因而有利于加强房屋整体抗震能力。此外，填充隔墙等非承重墙还可以延缓、削弱地震带来的横向冲击波。因此，非承重墙同样不能随意拆除的。

（2）在楼面装修装饰施工中，楼面荷载超重：在楼面上进行装修，主要是铺设各种地面材料，这里有一个增加楼面荷重的问题。施工企业在进行装修时，首先应了解该建筑楼面的设计负荷值，即设计的静荷载值和使用动荷载值。楼面的设计静荷载是指地面构造层所产生的固定荷载。使用动荷载，根据国家规范要求，不同功能的建筑有不同的使用动荷载标准值。如住宅工程、办公楼工程等建筑，其楼面的设计标准动荷载值为 $1.5 \sim 2.0 \mathrm{kN/m^2}$；人流较多的建筑，如商场、剧场等，其设计动荷载标准值为 $3 \sim 3.5 \mathrm{kN/m^2}$。根据楼面荷载的总值，最终计算确定楼板的厚度和钢筋的配置。

如果楼面超过荷载设计的标准限值，就会形成超载现象。当超载到一定程度时，楼板就会产生裂缝现象或断裂塌落事故。

在楼面装修施工中，应特别重视铺设花岗石或大理石的面层，这在家庭装饰和办公室等工程装饰中使用较多。花岗石和大理石面层的构造通常为：在楼板基层上先做 $20 \sim 30 \mathrm{mm}$ 厚水泥砂浆找平层，然后用 $40 \mathrm{mm}$ 厚水泥砂浆做结合层铺设板材面层。很明显，仅 40mm 厚水泥砂浆结合层和 25mm 厚花岗石板材面层两项，其楼面荷载值已接近 $1.5KN/m^2$，而实际使用中产生的动荷载，就使楼板处于长期超载状态。如果铺设时不慎将结合层或板材厚度再超厚一点，则超载现象更严重。这对楼面使用，不能不说是个安全隐患。

（3）在楼板上随意凿洞穿管：楼板是建筑物的重要承重构件，不管是现浇混凝土楼板，还是预制的多孔混凝土楼板，其钢筋配置都是经过认真计算而确定的。有的工程在装修施工中，特别是在改造工程的装修施工中，由于增设管线或调整管道位置等原因，需要在楼板上打洞，常常将楼板内的受力钢筋打断，楼板承载力的削弱是显而易见的。楼板上打洞越多，产生的安全隐患越严重。如确实需要在楼板上打洞，应先确定好打洞的位置、孔径、数量等再进行施工，并做必要的加固补强措施，以确保楼板安全使用。

（4）大量使用可燃性装饰材料，直接在墙体上凿槽埋设电线，加大用电负荷等，容易导致并加重发生地震时可能产生的火灾隐患。

（5）室内增加超负荷吊顶或安装大型灯具、吊扇等，剔凿顶板，切断楼板中的受力钢筋埋下安全隐患。

（6）破坏厕所、厨房间地面防水层，使楼板墙体遭受浸蚀，降低其强度，从而削弱建筑物的抗震能力。

115. 在现有建筑物的承重墙上如何稳妥地开设门（窗）洞口

在现有房屋的改建施工中，因功能需要，在承重墙体上开设门（窗）洞口是常有的事。一般都先拆除墙体，然后在新设的门（窗）洞口上方增设一根钢筋混凝土墙梁。这种施工方法容易影响墙体正常受力，也容易使墙体产生裂缝等问题。现介绍一种既施工方便、又安全可靠的施工方法供参考。具体做法如下：

（1）在拟增设的门（窗）洞口上确定新设置的钢筋混凝土墙梁位置（墙梁截面尺寸及钢筋配量应经设计计算确定）。

（2）凿除墙梁位置的墙体。为保持原有墙体的正常受力状态，凿除墙体应分段进行，每段以300～500mm为度，并及时用事先预制好的混凝土方块体进行撑垫牢固。垫块高度同墙梁高度，宽度宜为墙体宽度的一半，下部用薄钢片刹紧，整个墙梁位置墙体凿除后的情况如图2-163所示。

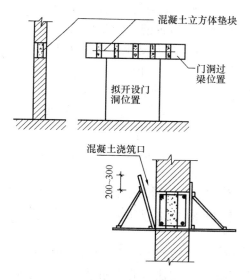

图 2-163　砖墙上增设门洞的方法

（3）绑扎墙梁钢筋。先将计算确定的箍筋数量均匀分布于混凝土垫块之间，然后穿放主筋和架立筋，最后绑扎成型。

（4）立墙梁两边模板。视承重墙体厚度情况确定两边模板的支模方法。如对常用240mm厚墙体，墙梁模板可一边紧贴，一边斜放，成为浇筑混凝土的入口，如图2-163所示。斜放模板高度应高出墙梁上口200～300mm。如墙体厚度较厚，一边浇筑混凝土有困难时，则两边模板都应斜放，以利于混凝土浇筑密实。浇筑混凝土时，应留置试块。

（5）浇筑墙梁混凝土。应分层浇筑，宜先浇筑墙梁厚度的 1/2～2/3，最后浇筑上口，这样容易使上口混凝土密实。不宜采用从一头向另一头斜淌的方法，这样容易使墙梁上口形成空隙。模板斜放一侧的混凝土应浇至斜放模板上口。

（6）混凝土养护。浇筑墙梁混凝土前，应将两侧模板和上下墙体浇水湿润。浇筑混凝土后，应每天浇水数次，以使模板和墙体保持湿润。

（7）拆模并修凿平整。视气温情况，当混凝土达到设计强度等级的 30％以上时（以留置的试块试压值为准），可将两侧模板拆除，并轻轻凿除多余的混凝土，使墙梁表面与墙体表面相平（扣除粉刷层）。拆除模板后，仍应继续养护 7～10 天。

（8）根据墙梁长度，对照规范规定的拆除底模时混凝土强度要求，拆除墙梁下部的墙体。拆除时应分皮进行，不得用铁锤猛击的方法，以免造成墙体及墙梁受伤。

（9）安装门（窗）框并完成门（窗）框周边墙体的粉刷工作。

116. 工程改建中将楼面板做叠合处理是提高楼面板承载力的一个有效方法

在对已有建筑进行改建时，由于使用功能的改变，常需增加楼面荷载，因而需对原有建筑的楼面进行必要的加固改造，对原楼面板进行叠合处理（称为"叠合板"楼面）是提高楼面承载力的一个有效方法。

（1）叠合板的形成

将原楼面板上的找平层、面层（原约 40～50mm）等非结构层凿除后，用高一个强度等级的混凝土与原楼面板浇筑成钢筋混凝土叠合层，厚度以 40～50mm 为宜，使楼面板的结构自重与原楼面板相近，但承载力却提高较多，尤其对预制多孔板楼面，经叠合处理后不仅提高了承载力，而且使原拼装式楼面的整体性能和抗震性能也有较大改善。叠合板内的配筋应经计算确定，通常用 $\phi 6 \sim \phi 8$，间距常用 100～150mm。叠合板施工中，必须将原有非结构面层全部凿除干净，经清洗晾干，浇筑新混凝土层时，宜刷一度水泥浆，边刷浆边浇筑混凝土，使新、旧混凝土结合紧密成一个整体。

（2）楼面板叠合后挠度变形分析

现以板宽 1000mm、板厚为 105mm 的预制多孔板为例，该板为简支板，现做 40mm 迭合处理。

简支板的挠度计算公式为：

$$f_{max} = \frac{5q_0 L^4}{384EI}$$

在 q_0（荷载）、L（跨度）、E（形变横量）相同情况下，挠度值 f 与板的惯性矩 I 成反比关系，即 I 越大，板的挠度就越小。而惯性矩 I 与板的高度值的三次方成正比关系，其计算公式为：

$$I = \frac{1}{12}bh^3$$

由上可知，当 b 值一定时，h 值越大，惯性矩 I 值也越大。楼面板迭合前的惯性矩值 I_1 为：

$$I_1 = \frac{1}{12} \times 1000 \times (105)^3$$

楼面板迭合后惯性矩值 I_2 为：

$$I_2 = \frac{1}{12} \times 1000 \times (145)^3$$

两者相比：$\dfrac{I_2}{I_1} = 2.6335$

说明在相同荷载、相同条件下，楼面板经迭合 40mm 后，其惯性矩值将比原来的提高 2.6335 倍，亦即楼面板的刚度提高了 2.6335 倍，对楼面板减少挠曲变形极为有利。

（3）楼面板叠合后的强度及承载力分析

楼面板的强度应力计算公式为：

$$\sigma = \frac{M}{W}$$

应力值 σ 与楼板承受的弯矩 M 成正比，与截面模量 W 成反比。

楼面板截面模量计算公式为：

$$W = \frac{1}{6}bh^2$$

楼面板叠合前的截面模量值 W_1 为：

$$W_1 = \frac{1}{6} \times 1000 \times (105)^2$$

楼面板叠合后的截面模量值 W_2 为：

$$W_2 = \frac{1}{6} \times (145)^2$$

两者相比：$\dfrac{W_2}{W_1} = 1.907$

由上可知，当楼板内应力值 σ 与原来值相同时，由于截面模量 W 提高了 1.907 倍，所以承受的弯矩值 M 可相应提高 1.907 倍。因弯矩 M 的计算公式为：

$$M = \frac{1}{8}q_0 L^2$$

当楼板跨度 L 一定时，叠合后的楼板其楼面荷载 q_0 可相应提高 1.907 倍。

（4）工程实例

某工程原为机关办公楼，楼面结构用 105mm 厚多孔板，楼面活荷载标准值为 2.0kN/m²。后改建为商业用房，楼面活荷载标准值调整为 3.5kN/m²。采用在楼面多孔板上做 40mm 叠合板处理，楼板厚度由原来的 105mm 增加到 145mm。该工程改建后使用情况一直正常。

117. "楼坚强"真的很坚强吗

在用机械拆除方法或用爆破拆除方法拆除房屋建筑物（构筑物）时，选择其正确的力点，击中建筑结构的受力要害部位，就能使它在瞬间迅速垮塌，如图 2-164 所示。反之，如果力点选择不正确，不能击中建筑结构的受力要害，则将会出现炸而不倒的

"楼坚强"尴尬局面，既产生不利影响，又造成经济损失。

图 2-164　大厦成功爆破拆除

　　据 2009 年 6 月 17 日《扬子晚报》报道，广西梧州某房地产开发公司于 5 月 19 日将原梧州市制药厂的一幢 9 层楼工作车间作爆破拆除时，竟出现了炸而不倒的尴尬局面。在一阵爆炸声响过和滚滚烟尘散去之后，本来该倒塌的楼层却依然屹立在原地，只是原有 9 层变成了 7 层，底下的一、二层被炸掉了，楼体也倾斜了，如图 2-165 所示。大楼被当地网友和媒体奉送了一个美名——"楼坚强"。

(a)　　　　　　　　　　(b)　　　　　　　　　　(c)

图 2-165　用爆炸拆除法将楼房爆破成"楼坚强"图示
　　(a) 5 月 19 日第一次爆破后，"楼坚强"虽倾斜但很坚挺；
　　(b) 5 月 20 日，有关方面动用钩机拆楼，可大楼还是"不为所动"；
　　　　(c) 仅存最后 1 根支柱，"楼坚强"仍然屹立

323

据报纸报导，5 月 19 日爆破失败后，第二天用一台钩机（估计是挖掘机，作者注）拉着数条绑在楼层上的钢丝绳，想将没爆破完的楼层拉倒，但最后也没有成功。直到 6 月 5 日，用"拆楼王"（估计是镐头机，作者注）进行拆除施工，报纸戏称出现了"鱼死网破"的局面，"楼坚强"虽然倒了，但也砸坏了"拆楼王"的长臂，造成很大经济损失。此外，按合同约定，工期推迟一天罚款人民币 5000 元。可见此事件对施工单位在社会信誉和经济上的损失是巨大的。

无独有偶，据 2009 年 8 月 3 日《扬子晚报》报导，8 月 2 日土耳其北部省份昌克勒的一个建筑拆除工地，在拆除一幢建造于 1928 年、高 25m 的原面粉厂厂房时，也是用的爆破拆除法。爆破发生后，整幢大楼像火柴盒一样向前翻滚了 180°后，在烟尘中"倒立"一旁，报纸戏称宁愿"翻筋斗倒立"也不解体，再一次出现爆破后的"楼坚强"奇观。

"楼坚强"真的很坚强吗？否也，这是力点选择不当造成的。

这里介绍一下由我国工程泰斗、建桥巨匠茅以升先生建设钱塘江大桥后，又亲自指挥炸毁大桥的事例。

钱塘江大桥于 1935 年 4 月 6 日正式开工，于 1937 年 9 月 6 日在全国人民的抗日浪潮中全线贯通。凌晨 4 时，第一列火车驶过钱塘江。

8 月 14 日日本飞机首次对大桥进行了轰炸，之后常来骚扰。11 月 16 日，国民党南京军方为阻止日本侵略者越过大桥侵入我东南腹地，派人携带一车炸药、电线、雷管，命令立即炸毁五跨钢梁，使其坠入江中。后会同浙江省政府共同商议，根据战事态态，炸桥时间可略稍推迟，但炸药应立即埋没。茅以升痛苦地告诉军方人员，光炸毁五跨钢梁，修复还较容易，要使敌人一时难以修复，还必须同时炸毁一个桥墩，这在大桥设计时已在靠南岸的第二个桥墩里，特别准备了一个放炸药的长方形洞。茅以升还告诉军方人员，炸毁钢梁时，炸药应放在钢梁的要害杆件部位。军方人员于 16 日晚上将炸药、电线、雷管在一个桥墩、五跨钢梁上埋设完毕。

11月17日，浙江省政府命令尚未完全完工的公路桥开放通车。这天过桥人员有10万多人，桥上拥挤得水泄不通。也有很多人在桥上走个来回，以长志气。殊不知，火车、汽车、人群都是在埋设的炸药包上经过的。

12月22日，战火逼近杭州，沪宁铁路已不能通行，钱塘江大桥成为撤退的惟一后路。这一天撤退过桥的机车有300多辆，客货车有2000多辆。

12月23日下午1时，炸桥命令到达，但桥上难民如潮，一时无法下手。等到五点钟，隐约看见敌人骑兵来到桥头，江天暮霭，才断然禁止通行，开动起爆器，一声巨响，满天烟雾，通车不到两个月的钱塘江大桥，就此中断。第二天，杭州沦陷。建桥者亲手毁桥，成为中外建桥史上的罕事。

在用机械或爆破方式拆除建筑物时，除应选择构件要害部位进行打击或爆破外，还应形成一个合适的破切口，使建筑物朝着预定的倒塌方向迅速倒塌。

图2-166所示为某工程前后两幢建筑物同时采用爆破拆除时的破切口、起爆顺序及雷管段别设置示意图，实践证明，该工程爆破拆除施工非常顺利成功。

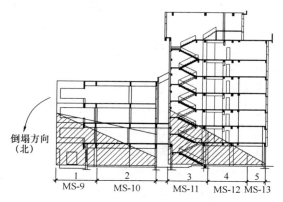

图2-166　某工程前后两楼爆破切口、起爆顺序及雷管段别示意图

118. 逆作法施工技术拆除高楼施工工艺

日本东京市内一栋标志性高层建筑——赤坂王子酒店大厦就是用逆作法拆除方法从下往上进行拆除的。赤坂王子酒店大厦由于它建造年头已久，需拆除重建。该建筑高 138.9m，因位于闹市区，不能使用常规的爆破、机构拆除、铁球撞击等拆除方法进行拆除。为此，日本大成建设集团研制出最先进的"缓降法"，将大厦从下往上进行逐层拆除施工。

具体拆除方法和施工步骤如下：

（1）先拆除底层的门、窗和各种管线以及内、外墙体、仅留出几十根支撑大厦的框架柱子。施工后状况如图 2-167（a）所示。

（2）将其中一根柱子在顶上四周的梁下作临时支撑，稳固后，在其下部截去千斤顶的一个行程（约 700mm）和千斤顶的底座高度后，随即用千斤顶抵紧，随后拆去柱子顶上四周梁下的临时支撑材料。由于整栋大楼由几十根柱子坚强的顶着，在一根柱子上截去一段后并随即抵紧千斤顶的施工过程时间很短，不会对大厦安全产生影响。其施工后状况如图 2-167（b）所示。

（3）重复上述"2"的施工方法，随后将所有柱子在下部逐根截去相同尺寸后，用同样型号的千斤顶抵紧，直至所有柱子都截去相同尺寸，并全部用统一型号的千斤顶顶着为止。至此，大厦所有的上部重量都落在几十个千斤顶上。施工状况如图 2-167（c）所示。

（4）将千斤顶统一动作下降一个行程（即 700mm），整座大厦也就平稳下降了 700mm。施工后状况如图 2-167（d）所示。

（5）重复上述"1～4"的动作，整座大厦就第二次下降。当下降到第二层楼面时，将楼面结构层拆除后继续按上述方法进行施工，直至顶层落地，拆除施工即告结束。

逆作法拆除高楼施工过程如图 2-167 所示，这种拆除方法基本在室内和低空进行操作，不受天气因素影响，安全系数较大，也大幅度减少了粉尘、噪声对周边环境的影响，特别适合于城市市区超龄高楼的拆除施工。

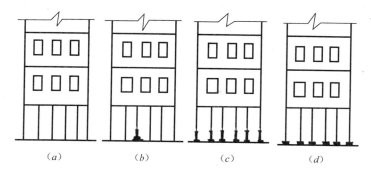

图 2-167　逆作法从下往上拆高楼施工图示

(a) 将底层门、窗、管线、墙体全部拆除，仅留支撑大厦上部结构的框架柱子；(b) 将其中一根柱子在下部截去千斤顶的一个行程（约 700mm）和千斤顶的底座高后，用千斤顶抵紧；(c) 将所有柱子逐根截去相同尺寸后，用同一型号的千斤顶抵紧，大厦全部重量落在所有千斤顶上；(d) 将千斤顶同步统一下降一个行程（约 700mm），整座大厦就平稳下降了 700mm

当然采用这种逆作法拆除高楼时，也要高度重视拆除施工过程中高楼本身的安全、稳定，特别是在第 3 步骤施工时，要防止因地震、暴风雨等恶劣自然灾害对高楼的安全稳定造成袭击和威胁。为此，应在柱群中选择几根起关键作用的柱进行特别加固措施，使高楼一旦遇到意外受力，仍能起到稳定作用。

（六）结构安装分部工程

119. 建筑设备如何吊（搬）运至室内安装位置（一）

建筑设备吊运至室内安装位置，是很多工程项目都会遇到的一个很普遍的施工内容。建筑设备安装的时间大多安排在主体结构封顶之后，这时，塔式起重机和汽车式起重机已不方便使用，必须另行组织吊运设备进行吊装施工。由于大多数建筑设备都为整体安装，单体重量重、外形尺寸较大，施工中安全问题较为突出，所以必须认真编制单项吊装施工方案，当单件重量在 10t 及以上时，应按住建部建质〔2009〕87 号文《危险性较大的分部分项工程安全管理办法》，其吊装施工方案应通过专家论证后方可组织实施。

　　施工单位在最初阅读施工图纸时，就应向建设单位了解建筑物内设置的有关建筑设备情况——诸如数量、楼层位置、重量、尺寸等，以做到心中有数。

　　施工单位在会审设计图纸时，应将建筑设备吊运问题向建筑结构设计人员提出相应建议，如果必须整体运入的话，则可在浇筑地下室顶板或楼板时，预留设备进入的孔道，如图 2-168 所示。并在外墙的相应位置亦留有通道。当有多层地下室时，则应在每层地下室的同一位置上预留孔道，待设备进入地下室后，再将孔（通）道封闭。同时，还须借用现有结构的梁、柱、板等构件作为吊点或支点使用。如果现有结构的梁、柱、板等构件不能承担建筑设备吊装施工中的受力问题，则可建议增设专用梁或加强现有梁、柱、板等结构件来完成建筑设备的吊装问题。

　　图 2-169 所示为在二层楼面设置一根专用大梁的办法，将建

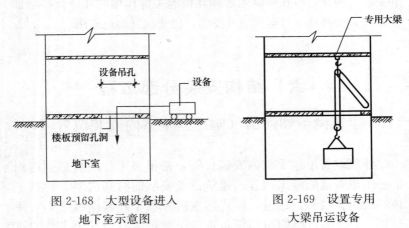

图 2-168　大型设备进入
地下室示意图

图 2-169　设置专用
大梁吊运设备

筑设备滑移到洞口上方后吊装下
放的示意。

图 2-170 所示为用三角吊架
支撑在楼板上，将建筑设备滑移
到洞口上方后吊装下放的示意。
施工前应核算楼板的支承能力，
必要时应在地下室内增设局部支
承架，将三角吊架的支撑重力传
递到支承架上。

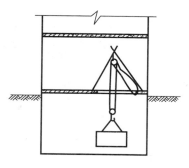

图 2-170　用三脚杆吊运设备

120. 建筑设备如何吊（搬）运至室内安装位置（二）

建筑设备运至施工现场后，
往往会与安装此设备的建筑物有一段水平距离。重型物体如何
进行水平距离搬运？在不使用起重吊装设备的情况下，常采用
的方法是滑移法或滚动法，能收到很好的效果。

1. 滑移法

如图 2-171 所示，设备对地面的垂直正压力为 P，与地面的
摩擦阻力为 N_1，当牵引力 F_1 大于 N_1 时，设备就被向前滑移拉
动。摩擦阻力 N_1 与地面表面的光滑程度有关，越是光滑，其
N_1 值越小，反之越大。表 2-76 为有关材料之间的滑动摩擦
系数。

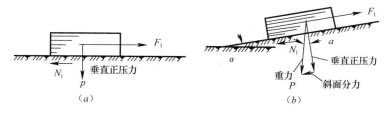

图 2-171　滑动摩擦力分析图

（a）平道上滑移；（b）坡道上滑移

滑动摩擦系数 表 2-76

摩擦物体		摩擦系数
木排在水泥地面		0.50
木排在土地面		0.55
木排在卵石地面		0.60
木排在木板面		0.65
木排在雪面上		0.10
木排与钢	不加油	0.60
	加油	0.15
钢排在冰面上		0.035
钢排在水泥地面		0.40
钢排在土地面		0.30～0.40
钢排在卵石地面		0.42～0.49
钢排在木板面		0.40～0.50
钢排在钢板面		0.20～0.30
钢排在钢轨上	不加油	0.10
	加油	0.04
钢排在雪面上		0.06～0.10

滑移时所需的牵引力 F_1（kN）可用下式计算（图 2-171）：

在平道上 $\qquad F_1 > N_1 = Pf$

在坡道上 $\quad F_1 > N_1 = P\cos\alpha \cdot f \pm P\sin\alpha$

$$= P\cos\alpha(f \pm \tan\alpha)$$

因 α 角很小， $\cos\alpha \approx 1$， $\tan\alpha = \dfrac{1}{n}$

可改写成 $\qquad F_1 > N_1 = Pf \pm \dfrac{P}{n}$

式中： N_1 为滑动摩擦力（kN）；

$\qquad P$ 为物件重力（kN）；

$\qquad \alpha$ 为坡面与道路的水平夹角（°）；

$\qquad \dfrac{1}{n}$ 为滑道的坡度，上坡时为正，下坡时为负；

$\qquad f$ 为滑动摩擦系数，可按表 2-76 取用。

应该指出的是：启动时的摩擦力大于运动中的摩擦力。因此在计算滑移牵引力时，一般应再乘以启动附加系数 k_g， $k_g =$

2.5～5.0。

　　为了减小摩擦阻力 N_1 值，常常人为的为搬运物体创造一个适当的滑道，这样能取得很好搬运效果。如果在重物下放置 2～3 根与前进方向平行的钢管，上面再涂上一点牛油之类的润滑剂，则滑移时更加省力。如果你到北京，去故宫参观时，请注意看一看保和殿后面的一块云龙阶石，这是一块巨大的青石，长 16.57m，宽 3.07m，厚 1.7m，重达 200 多吨，采自北京西南的房山区，距北京有 100 多里路。如何把这块巨石运到北京呢？就是在现在，这么重的巨石也是难以搬运的，何况交通运输工具落后的古代呢！原来我国勤劳智慧的劳动人民，利用冰运解决了这个难题。当时的皇帝发布军令，沿途百姓每隔一里路挖一口井。到冬天，从井内汲水泼成一层厚厚的冰道，然后用旱船拖拉，直至北京。真是一石采运，动用万人之多。厚厚的冰道，既是我国劳动人民智慧的表现，也是千百万劳动人民的血泪凝成的。

　　现在，滑移法除了用于重物在地面水平搬运施工之外，也常常用于高空屋面网架结构组拼后在水平方向进行滑移施工。图 2-172 为某影剧院屋面网架在二楼搭设的临时操作平台上逐段组拼后在两边檐口梁上进行高空滑移施工的图示，用滑移方法解决了屋面网架高空组装就位问题。

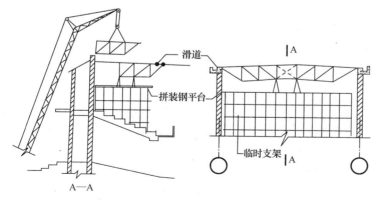

图 2-172　屋面钢网架空中滑移安装示意图

2. 滚移法

滚移法的主要装置由上下走板（或称滚道）与滚轴（或称滚杠）组成。一般上下走板多用木板、钢板、钢轨；滚轴则用钢管（或在管内满灌混凝土）或大直径圆钢；滚轴的长度应比走板的宽度大 300～400mm。一般钢管滚轴的直径为 100～150mm，圆钢可为 50～100mm。为避免相互卡住，滚轴的间距应为 2.5 倍滚轴直径。滚移时，滚动摩擦力 N_2（kN）可用下式计算（图 2-173、图 2-174 示）。

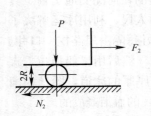

图 2-173　平道上滚移滚动　　　图 2-174　坡道上滚移滚动
　摩擦力分析图　　　　　　　　　摩擦力分析图

（1）在平道上滚移时

$$N_2 = \frac{P(f_1 + f_2)}{2R}$$

滚移时所需的总牵引力 F_2（kN）为：

$$F_2 = K \frac{G(f_1 + f_2)}{2R}$$

当 $f_1 = f_2$ 时　　　$F_2 = K \frac{Gf_2}{R}$

式中：P 为滚轴的竖向压力（kN）（滚杠重力忽略不计）；

G 为物件总重力（kN）；

K 为因走道板与滚轴表面不平及滚轴方向不正等问题引起的阻力增加系数，一般取 $K = 2.5～5.0$（钢材与钢材取下限值，木材与木材取上限值）；

332

R 为滚轴外圆半径（cm）；

f_1，f_2 分别为沿上滚道（滚杠与排子面）和沿下滚道（滚杠与地面）的滚动摩擦系数，按表 2-77 取用。

滚动摩擦系数 表 2-77

摩擦物体	摩擦系数	摩擦物体	摩擦系数
滚杠在水泥地面	0.08	滚杠在木面上	0.20～0.25
滚杠在沥青路面	0.01	滚杠在钢轨上	0.05
滚杠在土地面	0.15	滚杠在钢板面上	0.05～0.07

（2）在坡道上滚移时

$$F_2 = K \frac{G\cos\alpha(f_1 + f_2)}{2R} \pm KG\sin\alpha$$

同样改写成 $F_2 = KG\left(\dfrac{f_1 + f_2}{2R}\right) \pm K\dfrac{G}{n}$

当 $f_1 = f_2$ 时 $F_2 = K\dfrac{Gf_2}{R} \pm K\dfrac{G}{n}$

启动时的牵引力 F_g(kN) 为：

$$F_g = K_q\left(G\frac{f_1 + f_2}{2R} \pm \frac{G}{n}\right)$$

式中：K_q 为启动附加系数，钢滚杠对钢轨时为 1.5；对木料时为 2.5；对土地面时为 3～5。

121. 1t 的卷扬机为什么能起吊升起 10t 的重物

在结构工程吊装施工中，常通过滑车的省力原理，用小吨位卷扬机完成大吨位重物的安装任务。

滑车有单门的，也有多门的，如图 2-175 所示。滑车按使用方式的不同，可分为定滑车和动滑车两种。定滑车在使用中是固定的，它可以改变力的方向，但不能省力，如图 2-176（a）

333

所示；动滑车在使用中是随着重物的移动而移动，它能省力，但不能改变用力的方向，如图 2-176 (b) 所示。

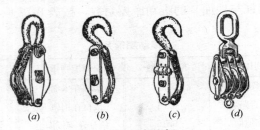

图 2-175　铁滑车

(a) 卸甲式；(b) 吊钩式；(c) 开口滑车；(d) 三门滑车

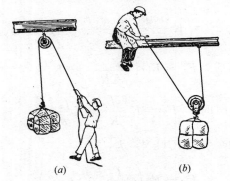

图 2-176　定滑车和动滑车

(a) 定滑车；(b) 动滑车

　　如果将定滑车和动滑车联在一起组成滑车组，则能兼收两者的优点，既能省力，又能改变用力的方向。用单门滑车组成的滑车组，其省力值约为 50%，考虑摩擦损失等因素，滑车组引出绳（俗称"跑头"）的实际拉力值为重物的 53%，即实际省力 47%。当所用滑车的门数越多，省力也越多。各种滑车组在提升重物时，所需的拉力见表 2-78。

　　当起吊的重物较重时，常采用门数较多的滑车组成滑车组，如表 2-78 中采用十绳穿绕的滑车组，其跑头拉力仅为重物重量的 12%，即重量为 10t 的重物，只用 1.2t 的卷扬机就能起吊提升了，其省力值达 88%。

滑车组的跑头拉力　　　　　　表 2-78

走几	走 1	走 2	走 3	走 4	走 5	走 6	走 7	走 8	走 9	走 10
示意图										
效率	0.96	0.94	0.92	0.90	0.88	0.87	0.86	0.85	0.83	0.82
跑头拉力 S	1.04Q	0.53Q	0.36Q	0.28Q	0.23Q	0.19Q	0.17Q	0.15Q	0.13Q	0.12Q

　　注：1. 表中数值是按滑动轴承计算结果；
　　　　2. Q—所吊物体的重量。

　　有些重物长度较长或体形较大，在起吊时，也常采用双联或多联滑车组的形式，如图 2-177 所示为一双联滑车组工作示意图，它有两个跑头，用两台卷扬机同时牵引，不但加快了起吊提升的速度，同时，卷扬机的牵引力也可以更小了。

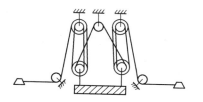

图 2-177　双联滑车组

　　有些大型构件，如屋面网架，面积大，重量重，如采用滑车进行起吊提升时，常采用多联滑车组的工作形式，此时应注意多个滑车组的跑头牵引速度（即卷扬机速度）应同步一致，保证网架平稳提升，避免发生翘曲现象。

122. 怎样合理确定构件的吊点位置

　　为了使结构吊装作业中构件起吊平稳，便于就位操作，避免出现歪斜、翻转、裂缝等现象，在结构吊装前，必须正确和合理地确定构件的吊点位置。有些构件在结构设计时，吊点位置已经确定，而有些构件的吊点位置往往由施工单位自行确定。对于形状不规则的构件，在确定吊点位置时，还应考虑吊索的内力大小。

那么，怎样合理地确定构件的吊点位置呢？或者说，在确定构件的吊点位置时，应注意哪些问题呢？

首先，应了解构件的重心位置。重心，就是构件各部分重量的合力作用点。我们可以认为，构件的全部重量都作用在重心上，并且以重心为中心点，左右、上下的重量是均衡分布的。因此，确定吊点位置就必须符合下面两点要求。

（1）吊点必须在构件重心的铅垂线上（图 2-178）。如果有两个以上吊点时，吊钩必须在构件重心的铅垂线上（图 2-179）。这样，才能使构件起吊后保持左右平衡。不然，构件起吊后会出现歪斜或旋转现象（图 2-180）。这是因为构件离地后，重力和吊钩的起吊力不在一条直线上，形成一个力偶的缘故。这样，不仅使构件难以安装就位，影响安装速度，而且，会影响安装质量，甚至会发生事故。

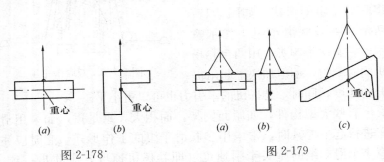

图 2-178   图 2-179

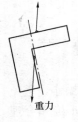

图 2-180

对于矩形、圆形截面，外形规则的构件确定重心位置是不困难的，一般都在构件左右、上下对称轴线的交点上（图 2-179a），而对于外形不规则的构件，应进行必要的计算，以求出正确的重心位置。

（2）吊点位置必须在构件重心的水平线以上（图 2-181、图 2-182），使构件起吊后保持上下平衡。如果吊点在构件的重心水平线以下，当构件起吊后，将会在空中翻转，造成质量或安全事故。

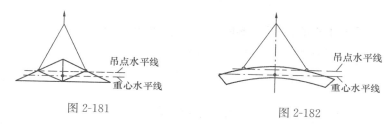

图 2-181

图 2-182

确定匀质材料制成的构件的重心位置，可采用下面的计算公式：

$$a = \frac{\Sigma S}{\Sigma F}$$

式中　a——构件的重心到某轴线的距离（纵向、横向应分别求）；

　　　S——构件平面面积对某轴线的面积矩；

　　　F——构件平面的面积。

〔例〕　一构件平面尺寸如图 2-183 所示，试求构件的重心位置（纵向、横向）。

计算步骤如下。

（1）设定轴线位置（以计算方便为准），如图 2-184 所示，现以构件底边的边线为 x 轴，最左边的边线为 y 轴。

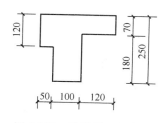
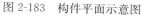

图 2-183　构件平面示意图

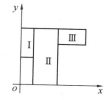

图 2-184　设定轴线位置示意

（2）将构件平面分为三部分，设分别为Ⅰ，Ⅱ、Ⅲ。

（3）计算三部分面积：

$$F_1 = 120 \times 50 = 6000 \ (\text{mm}^2)$$

$$F_2 = 250 \times 100 = 25000 \ (\text{mm}^2)$$

$$F_3 = 120 \times 70 = 8400 \ (\text{mm}^2)$$

（4）求重心位置。先求纵向位置，即 x 方向值。

求三部分面积对 y 轴的面积矩：

$$S_{1y} = F_1 \times x_1 = 6000 \times \frac{50}{2} = 150000(\text{mm}^3)$$

$$S_{2y} = F_2 \times x_2 = 25000 \times \left(50 + \frac{10}{2}\right) = 2500000(\text{mm}^3)$$

$$S_{3y} = F_3 \times x_3 = 8400 \times \left(50 + 100 + \frac{120}{2}\right) = 1764000(\text{mm}^3)$$

$$\text{重心的纵向位置 } x \text{ 值} = \frac{\Sigma S_y}{\Sigma F} = \frac{150000 + 2500000 + 1764000}{6000 + 25000 + 8400}$$

$$= \frac{4414000}{39400} = 112.03(\text{mm})$$

（5）求重心的横向位置，即 y 方向值。求三部分面积对 x 轴的面积矩：

$$S_{1x} = F_1 \times y_1 = 6000 \times \left(250 - \frac{120}{2}\right) = 1140000(\text{mm}^3)$$

$$S_{2x} = F_2 \times y_2 = 25000 \times \frac{250}{2} = 3125000(\text{mm}^3)$$

$$S_{3x} = F_3 \times y_3 = 8400 \times \left(250 - \frac{70}{2}\right) = 1806000(\text{mm}^3)$$

$$\text{重心横向位置 } y \text{ 值：} = \frac{\Sigma S_x}{\Sigma F} = \frac{1140000 + 3125000 + 1806000}{6000 + 25000 + 8400}$$

$$= \frac{6071000}{39400} = 154.09(\text{mm})$$

最后标注构件的重心位置，如图 2-185 所示。

如果所取轴线设置于构件平面图形的中间时，计算中应注意面积矩 S 值的正负号。

其次，对于外形不规则的构件，在确定吊点位置时，还应该考虑吊索的内力大小。因为吊索的长度和角度不同，承受的内力大小也不同。对于同一构件的多根吊索，内力大小不宜相差过大，见图 2-186（a）。合理的吊点位置，应使吊索与吊钩垂线的夹角相等，即角 1 和角 2 相等。通过简单的力三角形分析，见图 2-186（b），可以知道这时两根吊索的内力是相等的。如果像图 2-186（c）那样设置吊点，即角 2 大于角 1，同样作 1 个力三角形，图 2-186（d），可知构件的重量主要由左边的吊索承担，而右边吊索的负载却很小。当两角数值相差越大时，两根吊索负载不均等的现象就越严重，这对构件吊装是极其不利的，起吊后，构件容易产生旋转现象，故应力求避免。

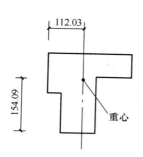

图 2-185　构件的重心位置

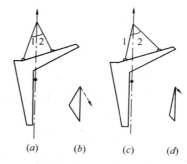

图 2-186　外形不规则的构件吊点

再次，对于比较细长的构件，如柱、桩、连系梁等，或者吊点以外悬挑部分比较长的构件，还应复核吊装过程中构件的配筋情况，防止起吊过程中出现裂缝。因为构件在吊装过程中的受力情况与吊装完成后的受力情况往往是不同的，有时甚至是截然相反的。当构件为单吊点起吊时（图 2-187），吊点部位 A 将产生最大的负弯矩值 M_A，在 B 点离地前，在 AB 之间将产生最大的正弯矩值 M_{max}，这时构件的受力情况如图 2-188 所示。理想的吊点位置应使 $M_A = M_{max}$，通过计算，可知吊点 A 恰当的位置

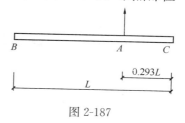

图 2-187

339

是 $AC=0.293L$。当构件为两吊点起吊时，在起吊过程中，构件的受力情况如图 2-189 所示，吊点 A、D 处产生最大的负弯矩值 M_A、M_D，AD 之间产生最大的正弯矩值 M_{max}。同样，理想的吊点位置，应使 $M_A = M_D = M_{max}$。通过计算，可知 A、D 两点恰当的位置，应使 $AC=BD=0.207L$。

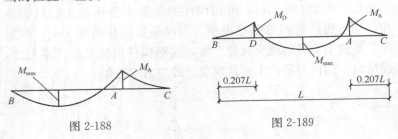

图 2-188　　　　　　　　　　图 2-189

123. 人字拔杆在一瞬间变成独脚拔杆，造成断裂倒塌伤人事故的教训

这是发生在 30 多年前的一起安全事故，现在回忆起来，仍然惊心动魄。人字拔杆竟在起吊重物落地前一瞬间断裂倒塌，刚好打在起重指挥长身上，指挥长当场死亡，现场一片混乱。

(1) 起重方案

如图 2-190 所示，用木制人字拔杆整体放倒井架塔吊的塔身主体。人字木拔杆每根长 5.5m，节点高 5m，井架塔身长 15m。该施工方法已经多次使用，均安全无恙。

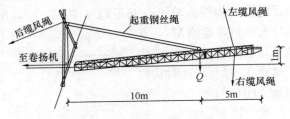

图 2-190　井架塔吊落地瞬间图示

340

（2）本次操作情况

人字拔杆立好、准备工作就绪后，先调整井架塔身原有的四周钢丝缆风绳，使后面的松弛，前面的收紧，让井架塔身平稳地向前成 $10° \sim 15°$ 倾角，然后启动系结人字拔杆与井架塔身间起重钢丝绳的卷扬机，使它缓缓放松。同时，井架塔身前面的两边钢丝缆风绳同步徐徐收紧，使井架塔身保持垂直而平稳的态势缓缓下落，如图 2-191 所示。

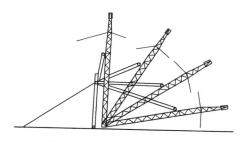

图 2-191　井架塔身下落示意

当井架塔身离地仅有 1m 多高时，左边原来收紧的钢丝缆风绳突然松了一下，井架塔身即时向右一甩，人字拔杆的左边拔杆悄然离地，右边拔杆抖动弯曲一下后突然折断，刚好打向站在旁边指挥的起重指挥长身上，指挥长倒在血泊之中。

（3）事故原因分析

用人字拔杆整体放倒或扶起重物的施工方法，操作简单，工作效率较高，也是比较安全可靠的。本次施工时，人字拔杆的承载力经过计算，是安全有余的。问题出在井架塔身离地 1m 时，因左边钢丝缆风绳的突然松动，使原来保持垂直平稳下降的井架塔身向右一甩，这一甩，改变了人字拔杆原来的平衡受力状态，左边拔杆悄然离地，整个井架塔身的重量在瞬间突然全部落在右边拔杆上，终因超过右拔杆的极限承载力而使其迅速折断，惨祸在瞬间发生。

事故后对人字拔杆的受力情况进行了分析计算。

(1) 井架塔吊塔身主体重力

塔身高 15m，由三节组成，每节 5m，顶端有转体齿轮及电动机等附件。

1）塔身主体系采用∟70×6 角钢制成，∟70×6 角钢每米重力为 64.06N，总重力为 3.85kN。

2）腹杆采用∟50×5 角钢，∟50×5 角钢每米重力为 37.7N，总重力为 3.60kN。

3）转体齿轮及电动机等附件重力计 1.55kN。

起重钢丝绳系结在塔身主体 10m 高度处，因此吊点处的重力为：

$$Q = (3.85 + 3.60) \times \frac{10}{15} + 1.55 = 6.52(\text{kN})$$

(2) 起重钢丝绳与人字拔杆的受力分析

塔身主体放倒简图如图 2-190 所示。随着塔身主体的逐步放下，起重钢丝绳的受力也逐步加大，在落地前的一瞬间到达最大值。这时吊点处的受力状况如图 2-192 所示。吊点处的力三角形如图 2-193 所示。

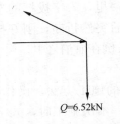

Q=6.52kN

图 2-192　吊点处的受力示意图

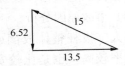

6.52　　15　　13.5

图 2-193　吊点处的力三角形图

由图 2-193 可知，起重钢丝绳在井架塔身主体落地前的一瞬间受力最大，其值为 15kN，该力将由人字拔杆后面的钢丝缆风绳和人字拔杆本身来平衡。当塔身主体处于水平、平稳状态落地时，人字拔杆和起重钢丝绳以及后面的缆风绳组成一个受力平衡体系，其节点受力状况见图 2-194，力三角形见图 2-195。

图 2-194　节点处受力示意图

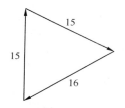

图 2-195　节点处力三角形图

由图 2-195 可知，两根人字拔杆在井架塔吊的塔身主体即将落地的一瞬间，由起重钢丝绳传来的压力最大，其值为 15kN。

起重钢丝绳滑轮组采用 4 绳穿法，通向卷扬机的绕出绳拉力为 0.28P，即 $0.28 \times 15 = 4.2$ （kN），此力对拔杆也产生压力。

考虑 1.2 的动力系数，两人字拔杆的总压力为：$1.2 \times (15 + 4.2) = 23.04$ （kN）

人字拔杆的正立面如图 2-196 所示，下面两底脚分开距离为 3m，通过作力三角形，可求出每根人字拔杆的受力值为 12kN，见图 2-197。

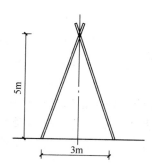

图 2-196　人字拔杆示意

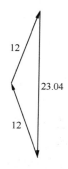

图 2-197　人字拔杆力三角形图

（3）人字拔杆承载力计算

人字拔杆系采用杉圆木，全长 5.5m，稍径为 12cm，结扎点在 5.2m 处，结扎点净高 5m。因结扎点处均衡受力，可近似看作轴心受压。

中段直径 $d = 12 + (0.8/\text{m}) \times (5.5/2) = 14.2$ （cm）；

长细比计算：计算长度 $l_0 = 5.2$（m）；

回转半径：$r = \dfrac{d}{4} = \dfrac{14.2}{4} = 3.55$（cm）；

长细比：$\lambda = \dfrac{l_0}{r} = 520 \div 3.55 = 146$；

折减系数：查得 $\varphi \approx 0.135$。

该人字拔杆已使用多年，允许应力取 0.8kN/cm^2，则拔杆的允许承载力为：

$$\frac{\pi d^2}{4} \times 0.8 \times 0.135 = 17.1 \text{(kN)}$$

安全系数为 $17.1 \div 12 = 1.425$，安全。

（4）在塔身主体突然向右一甩后拔杆的受力情况

当塔身主体突然向右一甩时，左边的拔杆突然离地，右边的拔杆在一瞬间由人字拔杆变成了独脚拔杆，由原来的两拔杆共同受力变成了独杆受力，其值为 23.04kN，已达到了单根木拔杆的允许承载力 17.1kN 的 1.35 倍，右边木拔杆瞬间断裂，惨祸即刻发生。

（5）应吸取的教训

起重施工操作是技术性很强的一个分项，重物在起吊（或降落）过程中，使起重设备各部分杆件的受力情况处于不断变化之中，因此，各操作岗位应在指挥长的统一指挥下一丝不苟地进行操作，绝不能有丝毫的松懈麻痹思想。本案在操作过程中，如果井架塔身两面的钢丝缆风绳始终处于松紧适度情况下，则整个吊装过程将会极其顺利，可是由于左边缆风绳一瞬间的松动，就改变了整个人字拔杆的受力状态。因此，维持起重机械的正常工作非常重要。

124. 井架吊篮为什么会有吱吱呀呀的响声

某工地在主楼的南、北两侧裙房各安装了一台井架，以保证裙房的施工进度，可南侧一台井架的吊篮在上下运行中老是发出吱吱呀呀的响声，先以为是滚轮与导轨的接触面上缺少润滑，可加了润滑油后依然有响声。仔细一查，发现滚轮与导轨的接触面上，一面很紧，一面很松。再看一看井架的垂直度，发现向北发生倾斜，而井架基础没有明显变化。

为彻底查清吊篮响声和井架倾斜的原因，项目部邀请了机管人员、机修人员以及井架安装工师傅一起进行会诊，以便彻底进行根治。经过现场仔细察看，原因终于找到了，原来井架四面缆风绳的安装角度存在问题。如图 2-198 所示，安装在井架顶端的四根缆风绳 a、b、c、d，其中 b 与 d 不在对角方向的直线上，而是存在一定的夹角。由力的合成与分解原理可知，b 与 d 一对缆风绳将使井架产生朝 c 方向的一个合力，如图 2-199 所示。再说 a 与 c 一对缆风绳，虽然安装在对角方向的直线上，但与地面的夹角不同，如图 2-200 所示，缆风绳 a 与地面夹角大，而缆风绳 c 与地面夹角小，两绳的松紧程度相同，结果造成井架向 c 方向倾斜。

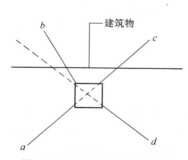

图 2-198　缆风绳 b 与 d 不在
对角方向的直线上

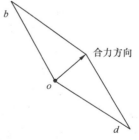

图 2-199　b、d 两缆风绳产生
一个朝 c 方向的合力

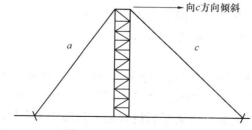

图 2-200　a、c 两缆风绳与地面的夹角不同，使井架向 c 倾斜

原因找到后，立即由安装工师傅将缆风绳的安装角度（平面方向和垂直方向）进行了调整。调整后吊篮上下运行平稳，响声也彻底消除了。真想不到看似很简单的缆风绳，也存在着一定的力学知识。

125. 在结构件吊装施工中，应严格防止不稳定结构形体停置较长时间

在建筑结构的吊装施工中，建筑形体由开始的单个构件逐步变成平面组合结构，并通过各构件之间的焊接、铆接以及螺栓连接等多种形式予以稳定，直至固定，最后形成牢固的空间立体结构，即固定结构。在整个吊装施工过程中，建筑结构形体一直处于不稳定和不安全状态，容易在外力的诱发下发生变形，甚至发生倒塌事故。因此，在吊装施工过程中，应严格按照施工操作顺序，对已吊装、就位的构件及时进行校正、焊接、固定，安装支撑，形成稳固的空间结构。任何松懈麻痹思想，都将造成严重后果。

（1）事故实例一

辽宁省某发电厂主厂房扩建部分全长 66m，发生事故一跨的跨度为 30m，柱距为 6m，柱为钢筋混凝土双肢柱，其断面为 500mm×2200mm，基础顶面以上的柱高为 44.55m。事故部分的局部平面见图 2-201，柱子外形见图 2-202。

1981 年 5 月 12 日吊装Ⓔ列柱时，发生由南向北的柱与板一起倒排事故，共计倒塌四十余米高的双肢柱 12 根，柱间的梁式板 53 块，直接损失约 82000 余元。

主要原因分析：

1）施工技术措施不当：施工准备中没有认真熟悉图纸，对柱与板在吊装过程中的稳定性考虑不足，因此所编制的吊装技术措施针对性不强，未能起到指导施工和保证安全的作用。

2）片面追求进度，违反施工顺序。施工中为加快吊装进度，

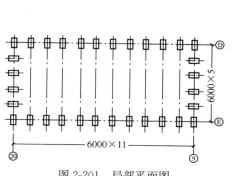

图 2-201　局部平面图

图 2-202　柱子外形图

在下部柱与梁式板之间未形成刚性节点前，就吊装上部构件。

3）柱与梁式板吊装后，没有及时进行焊接固定。施工图要求梁式板与柱焊接后，浇筑混凝土使形成刚性连接，参见图 2-203。按照图纸要求ⒺⓈ轴线 12 根柱与 55 块板共有 220 个节点，这些节点共有 528 个钢筋坡口焊和 616 条焊缝，发生事故前钢筋一根也未焊，板与柱钢牛腿的连接处也只焊了 220 条焊缝，节点处混凝土尚未浇筑。

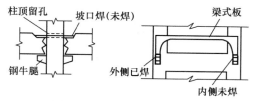

图 2-203　柱与梁式板的连接

4）没有及时解决施工中发生的问题：如现场焊工不足，既不迅速增加焊工，又不调整吊装速度；而且工程的土建施工与吊装之间工序穿插也很不协调等。

5）质量管理不严：预制构件部分预埋件存在质量问题，发现问题后没有及时在地面上采取补救处理。

6）安全管理不力。从施工准备起安全措施就不得力。虽然在

E列柱的南北两端设置缆风绳，在⑩～⑬轴线间的第一节柱间设剪力缆绳，但是并未认真贯彻，没有向工人明确交代缆风绳的重要性，致使北端缆风绳及⑩～⑬轴间的剪刀缆绳被他人解除，南端拴在挡风柱上的缆绳也有一根被解脱，事故发生前Ⓔ轴柱南端仅有两根1/2英寸的钢丝缆风绳，其中一根还拴在临时电话线杆上，另一根拴在地面预制构件上，倒塌后检查可见一根缆风绳被拉断，另一根拴在电话线杆上的缆风绳被连根拔出，拖出16m。

7）大风影响：事故发生时，工地上出现了8级大风，由于没有及时了解气象预报，因此也无相应的技术安全措施。当Ⓔ列柱受到较大的风荷载后，柱与梁式板组成的框架失稳而倒排。

（2）事故实例二

江苏省某外资水泥厂地处长江边，20世纪90年代，新建一门式刚架结构的仓库建筑，门式刚架结构系全钢结构，形式如图2-204所示。在吊装施工时，天气很好，可谓风和日丽。在吊装施工中，片面追求施工进度，违反施工操作顺序，第一天将所有门式钢架吊装拼接结束，而将刚架柱腿之间以及刚架伸臂之间的剪刀撑等构件留作第二天进行。然而，天有不测风云，到夜里凌晨4时左右，江中突然刮起一阵大风，将已吊装好的门式刚架一推到底，幸好的是倒塌发生在夜间，没有造成人员伤亡，但经济损失巨大，工期也被迫延长近3个月。

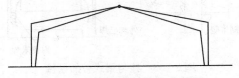

图 2-204　仓库刚架结构示意图

（3）应吸取的教训

1）在结构吊装施工中，必须严格按照施工顺序，对已吊装就位的构件，必须及时进行测量校正，焊接（或浇筑混凝土）固定，防止不稳定的结构形体停置较长时间，更不宜盲目隔夜。

2）吊装施工前，应认真做好准备工作，对需吊装的构件应进行质量检查，发现问题的，应在地面上及时处理后再吊装。对吊装中需要的有关材料（如焊条、垫铁等）及施工人员（如焊工等）应及时到位，切不可匆忙应对，顾此失彼，最终造成不应有的事故损失。

126. 拖曳高宽比较大的设备时，怎样选择力的作用点

力有三要素：大小、方向、作用点。合理选择力的作用点是安全施工的重要保证。

工人在室内安装设备，如果没有适用的起重机械，往往需要用撬杠配合人力或机械（车辆、卷扬机等）用拖曳的方法使其就位，遇到高宽比较大的设备，如万能试验机、冲床、空气锤等，应防止被拖曳的设备倾翻，发生人身、设备事故。合理选择拖曳力的作用点，是防止设备倾翻的措施之一。

图中 2-205（a）中，拖曳力 F 的作用点高于重心位置，它与摩擦力 f 成对出现，当未施加拖曳力 F 时，设备与滚笼（或地面）之间的摩擦力 $f=0$；当施加了力 F，但设备没有移动时，$f=F$；当 $F>f$ 时，设备由静止状态转变为运动状态。若 $M_1=Fh$ 是使设备向前倾翻的力矩，$M_2=Ga$ 是使设备保持稳定的力矩。

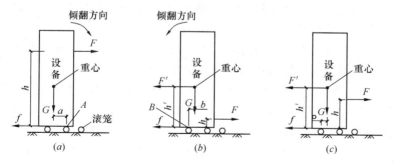

图 2-205　设备拖曳过程中受力情况示意

（a）力 F 作用点位置偏高，设备有向前倾翻趋势；（b）力 F 作用点位置偏低，设备有向后倾翻的趋势；（c）力 F 作用点位置略低于重心高度，拖曳过程平稳

力 F 作用点的位置越高，力矩值 M_1 也越大，当 $M_1 > M_2$ 时，设备将绕着 A 点按顺时针方向旋转，当 G 的重力作用线超越了 A 点的位置，设备则向前倾翻。因此拖曳力 F 作用点的位置不应高于重心高度。

图 2-205 (b) 中，力 F 作用点的位置较低。拖曳力 F 越大，设备由静止状态转变为运动状态的加速度越大，设备有向后倾翻的趋势。这就像一个人站立在汽车上，汽车快速启动时，人的脚随着汽车底板向前运动了，但身体的重心在惯性力的作用下，还保持着静止状态，身体就会向后仰倒。设备保持静止状态的惯性力 $F' = F - f$，$M' = F'h$，是使设备向后倾翻的力矩。当 $M' > Gb + Fh$ 时，设备绕着 B 点向后倾翻。因此拖曳力 F 作用点的位置也不宜选择得太低。

那么拖曳力 F 的作用点选择在什么位置合适呢？应该选择在比重心略低的位置，如图 2-205 (c) 所示，当其满足公式 $F'h \approx Gb + Fh$ 时，被拖曳的设备则能较为平稳地向前运行。当然，在设备顶部绑扎缆绳，使其前后左右保持平衡，有时也是很需要的。

127. 同样直径的钢丝绳为什么最小破断拉力不一样

钢丝绳有多种规格型号，施工现场常用的钢丝绳是光面纤维芯交互捻钢丝绳。

钢丝绳最小破断拉力的大小不仅与钢丝绳的公称直径有关，而且与钢丝绳结构形式和公称抗拉强度有关。

《一般用途钢丝绳》GB/T 20118—2006 将钢丝绳公称抗拉强度分为 4 个等级：1570MPa、1670MPa、1770MPa、1870MPa，抗拉强度等级越高的钢丝绳，其破断拉力越大。

同样公称直径、同样公称抗拉强度等级的钢丝绳，丝数少的钢丝绳比丝数多的钢丝绳破断拉力大。例如：公称直径 11mm，公称抗拉强度 1570MPa，6×19+FC 钢丝绳的最小破断拉力是 58.3kN，6×37+FC 钢丝绳的最小破断拉力是 56.0kN，因此在日常工作中，选择使用钢丝绳时，不仅需要选择钢丝绳的直径，而且要指明钢丝绳结构形式和公称抗拉强度。

现将施工现场常用的 6×19＋FC 和 6×37＋FC 钢丝绳的力学性能摘录于表 2-79 和表 2-80 中。

6×19＋FC 钢丝绳力学性能　　　　　表 2-79

钢丝绳公称 直径（mm）	钢丝绳公称抗拉强度（MPa）			
	1570	1670	1770	1870
	钢丝绳最小破断拉力（kN）			
8	30.8	32.8	34.8	36.7
9	39.0	41.6	44.0	46.5
10	48.2	51.3	54.4	57.4
11	58.3	62.0	65.8	69.5
12	69.4	73.8	78.2	82.7
13	81.5	86.6	91.8	97.0
14	94.5	100	107	113
16	123	131	139	147
18	156	166	176	186
20	193	205	217	230
22	233	248	263	278
24	278	295	313	331
26	326	346	367	388
28	378	402	426	450
32	494	525	557	588
36	625	664	704	744
40	771	820	869	919

6×37＋FC 钢丝绳力学性能　　　　　表 2-80

钢丝绳公称 直径（mm）	钢丝绳公称抗拉强度（MPa）			
	1570	1670	1770	1870
	钢丝绳最小破断拉力（kN）			
8	29.6	31.5	33.4	35.3
9	37.5	39.9	42.3	44.7
10	46.3	49.3	52.2	55.2
11	56.0	59.6	63.2	66.7
12	66.7	70.9	75.2	79.4
13	78.3	83.3	88.2	93.2
14	90.8	96.6	102	108

钢丝绳公称直径（mm）	钢丝绳公称抗拉强度（MPa）			
	1570	1670	1770	1870
	钢丝绳最小破断拉力（kN）			
16	119	126	134	141
18	150	160	169	179
20	185	197	209	221
22	224	238	253	267
24	267	284	301	318
26	313	333	353	373
28	363	386	409	432
32	474	504	535	565
36	600	638	677	715
40	741	788	835	883

128. 为什么吊索之间夹角越小允许
吊起的吊物重量越重

起吊物件时，可以采用单吊点、双吊点、四吊点绑扎方法，如图 2-206 所示。吊索之间的夹角越小，吊索可吊起的吊物重量越重。

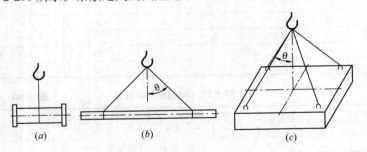

图 2-206　几种绑扎方法示意

(a) 单吊点；(b) 双吊点；(c) 四吊点

单根吊索承受的力按下面公式计算：

$$P = \frac{Q}{n} \times \frac{1}{\cos\theta} = k_1 \frac{Q}{n}$$

式中　P——单根吊索承受的力；

Q——吊物重量；

n——吊索的根数；

k_1——随吊索与吊垂线之间夹角 θ 变化的系数，见表 2-81。

随 θ 角度变化的系数 k_1 表 2-81

θ	0°	10°	15°	20°	25°	30°
k_1	1.0	1.02	1.04	1.06	1.10	1.15
θ	35°	40°	45°	50°	55°	60°
k_1	1.22	1.31	1.41	1.56	1.74	2.0

由表 2-81 可知，吊物重量 Q 和吊索根数 n 一定时，系数 k_1 越大（θ 角度越大），吊索承受的力也越大。因此，在起重作业中捆绑吊索时，应掌握以下专业知识：

（1）吊索间的夹角（2θ）越大，单根吊索的受力也越大；反之吊索间的夹角越小，单根吊索的受力也越小。吊索间的夹角小于 60° 为最佳，不允许超过 120°。

（2）捆绑方形吊物时，吊索间的夹角有可能达到 170° 左右，此时吊索承受的拉力将达到吊物重量的 5～6 倍，吊索很容易被拉断，危险性很高。另外，夹角过大还容易造成吊索脱钩。

例如：用一根直径 12mm，6×37＋FC 1570 钢丝绳制成的吊索，采用 2 吊点捆绑方式，吊运一个 1000kg 的重物，吊索的最小破断拉力是 66.7kN，取安全系数 $k=8$。

$$吊索允许拉力 = \frac{最小破断拉力}{安全系数} = \frac{66.7}{8} = 8.3kN$$

当吊索之间夹角是 60°（$\theta=30°$）时，吊索承受的力；

$$P=k_1\frac{Q}{n}=1.15\times\frac{1000}{2}=5.75kN<8.3kN，安全；$$

当吊索之间夹角是 90°（$\theta=45°$）时，吊索承受的力；

$$P=k_1\frac{Q}{n}=1.41\times\frac{1000}{2}=7.05kN<8.30kN，安全；$$

当吊索之间夹角是 120°（$\theta=60°$）时，吊索承受的力；

$$P=k_1\frac{Q}{n}=2.0\times\frac{1000}{2}=10.00kN>8.30kN，不安全。$$

129. 为什么钢丝绳端要使用套环

施工现场需要自制一些吊具来完成物料的提升工作，如砖笼、混凝土料斗等，用钢丝绳作为这些吊具的吊索或者用钢丝绳拉住悬挑脚手架、卸料平台的悬臂端。

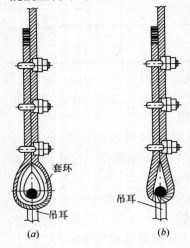

在钢丝绳与吊具的连接处，应该使用套环（又称三角圈）来增大吊索的曲率半径，起到保护吊索弯头处的钢丝不易折断的作用，如图 2-207（a）所示，但现在的普遍情况是不使用套环，如图 2-207（b），使吊索的起重能力大大降低。

根据试验资料，钢丝绳的起重能力与钢丝绳使用时所呈现的曲率半径有很大关系，曲率半径越小，钢丝绳的起重能力越低，如图 2-208 所示。

图 2-207 套环对吊索的保护
(a) 有套环保护；(b) 无套环保护

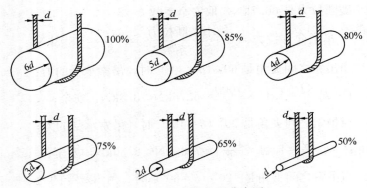

图 2-208 起吊钢丝绳曲率图

当钢丝绳的曲率半径大于等于 $6d$（钢丝绳公称直径）时，

钢丝绳起重能力不受影响，达到 100%；当钢丝绳曲率半径是 5d 时，起重能力降低到 85%；当钢丝绳曲率半径是 4d 时，起重能力降低到 80%；当钢丝绳曲率半径是 3d 时，起重能力降低到 75%；当钢丝绳曲率半径是 2d 时，起重能力降低到 65%；当钢丝绳曲率半径是 1d 时，起重能力降低到 50%。

因此在钢丝绳端应正确使用套环，别让事故发生在不起眼处。

130. 为什么粗钢丝绳不可替代细钢丝绳使用

某项目经理发现自己塔机的起升钢丝绳每隔 3～4 个月就要更换一次，便考虑更换粗一点的钢丝绳以延长其使用寿命。这种想法是否可取？我们不妨分析一下钢丝绳报废的原因。

由于磨损、腐蚀会使钢丝绳直径变细，由于机械损伤会使钢丝绳断股、折断、麻芯外露，但是使钢丝绳报废的最主要原因是钢丝的疲劳破坏。

钢丝绳正常使用时，需要多次反复在卷筒、滑轮上弯曲，里层的钢丝受压，外层的钢丝受拉。例如某根钢丝在通过 A 滑轮时可能处于内侧，呈受压状态，到了 B 滑轮时可能又处于外侧，呈受拉状态，在交替应力的作用下，钢丝出现了疲劳破坏形成断丝，少量的断丝并不影响钢丝绳的正常使用，当一个节距内的断丝数达到规定的报废标准时，这根钢丝绳就需要更换了。

为了减缓钢丝的疲劳程度，机械设计规定了卷筒、滑轮直径与钢丝绳直径的倍率关系，倍率越大钢丝的疲劳破坏程度越小。如果选用较粗的钢丝绳，而卷筒、滑轮的直径不相应改变的话，结果使倍率变小，加剧了钢丝的疲劳程度。

再者，滑轮槽的宽度与钢丝绳的直径也存在匹配关系，换成粗的钢丝绳后，钢丝绳落不到槽底，两侧受压，如图 2-209 (b) 所示，更会加剧钢丝的磨损程度，缩短钢丝绳的使用寿命，因此更换钢丝绳时，应根据塔机使用说明书中的要求，选择相同直径、相同结构形式、相同抗拉强度等级的钢丝绳。

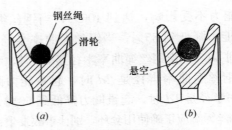

图 2-209　钢丝绳在滑轮槽中的状态
(a) 正确；(b) 错误

131. 结构件吊装施工中，应谨防结构件长时间偏载

　　结构件在设计计算时，其承受的荷载大多以同时间和均衡状态出现的、但在实际施工中，如结构件吊装施工中，其荷载状态往往与设计状态存有差异，即产生不同时间和不均衡的加载状态，这对结构件的受力是极为不利的，严重时会造成质量或安全事故。

　　[例1]　某市一制材厂锯木车间为排架结构，跨度 15m，开间 4m，屋面为三角形钢筋混凝土屋架和倒凵形钢筋混凝土挂瓦板。图 2-210 (a) 为该车间北端侧视图，⑦～⑩轴线之间为木材进口上料平台，故采用一榀混凝土型钢组合托架梁。混凝土设计强度等级为 C30，起吊强度规定不小于设计强度的 70%。图中 A、B、C、D 代表三角形屋架部位。屋面施工采用桅杆式扒杆吊装屋架及屋面板，吊装方向由 A→D 方向进行，吊完 B 屋架及 AB 跨屋面后，扒杆移至 C→D 之间，按吊装计划，先吊屋架 D 及端跨屋面，然后吊屋架 C 及 BC、CD 两跨屋面，最后将扒杆就地放倒。

　　由于山墙上一水平支撑标高位置有误，D 屋架吊完后，相隔 44h 才起吊 C 屋架及 BC 跨屋面，致使托架梁较长时间地承受不均匀（不对称）荷载，上弦产生严重裂缝。托架上弦中心线实测弯曲值为：D 点下挠 10mm，而 C 点上拱 15mm，如图 2-210 (b)、(c) 所示。

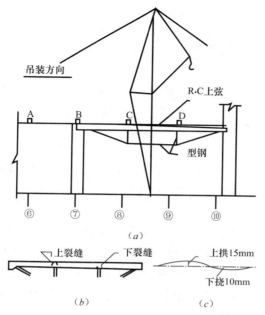

图 2-210　锯木车间北端侧视图

结构设计时按均匀对称受力情况计算和配筋，未考虑 C、D 两点不同时受力的不利因素，而这种情况在实际施工中是经常发生的。根据屋面吊装的施工顺序，也是难以避免的。

本事故处理的方法是上弦全长用角钢打箍包裹，使上弦成为 1 根角钢桁架梁。

[例 2] 某钢厂中板车间，为两跨连续钢筋混凝土预制装配式厂房，屋架跨度 24m，柱网 6m×24m，生产工艺要求两跨中间柱网设一 24m 托架梁（下沉式桁架），承托屋面两跨各 3 榀屋架及屋面荷载。吊装施工是先将两跨柱子安装就位，再进行屋架、屋面板吊装。在起重机行至托架梁部位时，先起吊托架梁就位，然后吊装屋架、屋面板。当第一跨的 3 榀屋架及屋面板荷载作用于托架梁之上后，对托架梁产生了较大的偏心荷载。当第一跨的屋面全部吊装结束后，发现托架梁下弦向外侧偏移 2cm，随即抓紧第二跨屋面结构安装。原以为将第二跨 3 榀屋架

及屋面板荷载就位后，能消除托架梁下弦偏位复原，实际情况偏移仍保持原状。考虑到下沉式桁架托架梁具有良好的稳定性，在两跨屋面对称荷载作用下，对托架梁横向位移是个制约，结构是安全的，最终未作处理，但这不能不说是个质量缺陷，在实际施工中，应采取有效措施加以避免的。

[**例 3**] 1983 年宁夏某某县一钢屋架工程，由于单坡盖瓦相隔时间较长，造成钢屋架失稳塌落事故。

132. 吊装施工中，结构件起吊后在空中的姿态应尽量与安装就位时的姿态吻合

结构件在吊装施工中，应十分重视起吊后在空中的姿态，通过吊点的位置选择，应尽量使其在空中的姿态同安装就位时的姿态吻合，这样不仅能使吊装施工顺利进行，也有利于提高安装质量，同时能避免吊装施工中产生的很多麻烦事，甚至产生的质量或安全事故。

某工程有 4 根跨河钢制拱形管，分别架设于两岸 2 个钢筋混凝土支墩上。钢拱形管为 Φ529 无缝钢管，用硅酸钙作了保温层。两岸支墩中心跨度为 40m，支墩截面 800mm×800mm，顶部为斜面成 60°，斜面上安装了钢板制作的管道支架。

吊装使用的是 1 台 100t 的汽车起重机，但第一次吊装就使 E 支墩产生了 15mm 的大裂缝，如图 2-211 所示。分析其原因，主要是由于钢拱形管的两吊点（B、C）位置欠妥，使拱形管起吊后，A、D 两端不呈水平，当 D 点已落在支墩 E 上后，A 端离支墩 F 还有 300mm 多，如图 2-212 所示。施工中又错误的采用了先在 D 点处将拱形管与支墩上的钢支架作点焊连接，然后落钩使 A 端下降，使拱形管在重力作用下以 E 点处的钢支架为转轴转动，从而使 E 支墩造成严重裂缝。

如果拱形管起吊后 A、D 两端呈水平状，基本同时下落到 E、F 两支墩的钢架上，作短暂轴线对中校正后，两端同时点焊

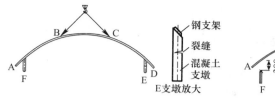

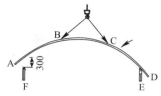

图 2-211　事故现场　　　　图 2-212　一次吊装
　　　　情况示意图　　　　　　　　过程示意图

连接，则整个吊装过程就很顺利，安装质量也好。

　　在吊装施工中，如果水平结构件起吊后形状不水平，或是相反，斜向安装的结构件，起吊后反而成了水平状，这两种状况在落钩就位时，都会对先支点的部位产生一个水平推力，同时也增加就位时的难度，轻则用撬棍撬拨，或用缆绳施加拉力，重则用倒链葫芦或绞关硬性纠偏，极易造成安全事故。

　　图 2-213（a）所示为某市园博园的一个展馆剖视图，屋面径向主桁架为弧形钢结构，一端落地支承，另一端支承于屋面

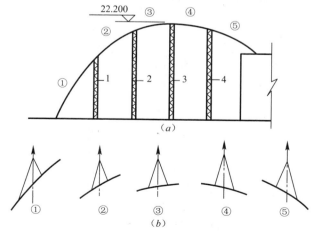

图 2-213　某市园博园展馆现场吊装示意

（a）某园博园展馆径向剖视图；

1、2、3、4—安装屋面弧形钢桁架时的临时支架；

（b）5 段钢桁架不同的吊装空中姿态

结构上，高度为 22.20m，分 5 段不同弧度的结构件在工厂制作，现场吊装安装时，在①～④个临时支架上进行空中拼接成型，临时钢支架四面用钢丝绳作缆绳固定。

由于 1—5 段弧形钢桁架的形状都不同，因此，要求起吊后在空中的姿态都不一样。通过详细计算，确定每段弧形钢桁架的吊点位置和吊索长度，以保证起吊后在空中的姿态与安装就位时的姿态尽量吻合，如图 2-213（b）所示。最终顺利完成了安装任务。

图 2-214 为某援外体育场看台顶棚主钢桁架吊装拼接示意图，分 4 段不同形状分别吊装，在空中临时平台上拼接。4 个吊装段起吊后在空中的姿态也要求与就位拼接时的姿态吻合。4 个吊装段的重量分别为 3.48t、4.89t、7.48t 和 13.5t，重心点距离塔吊中心分别为 14.960m、26.413m、34.825m 和 42.081m。

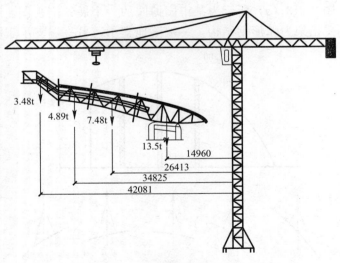

图 2-214　主桁架各段吊装位置示意

图 2-215 为林织铁路纳界河特大桥钢桁拱拼装照片图示。纳界河特大桥位于贵州省清镇市与织金县交界处，全长 810m，主跨 352m，桥址处轨顶至水面高差约 320m。该桥为上承式钢桁

拱桥，跨度是目前世界单线铁路同类桥型之最。

从照片图示可知待拼装钢桁拱在空中的姿态与已拼装完成部分的姿态是一致的。

（a）　　　　　　　　　　　（b）

（c）

图 2-215　纳界河特大桥钢桁拱拼装图示意

（a）纳界河特大桥远景；（b）钢桁拱拼装段起吊后的空中姿态；

（c）钢桁拱已拼装部分的姿态

注：2014.5.16《中国建设报》6 版.

133. 钢屋架屋面为何会突然垮塌

这是前苏联某钢铁厂冷轧车间钢屋架屋面吊装施工中因临时改变构件安装顺序而发生的一起重大安全事故。

该厂房车间为钢筋混凝土排架结构的单层厂房，24m 跨度，6m 开间，屋面采用型钢屋架，上铺大型屋面板，中间 8m 为天窗间屋面。吊装施工方案规定的吊装施工顺序为：

钢屋架安装（校正稳固）→屋架支撑系统安装→屋面板安装（两边从檐口开始均衡向上安装）→天窗架及支撑系统安装→天窗屋面板安装（从两边均衡向上安装）→转入下一榀屋架及屋面系统安装。

①～②轴线间的屋架及屋面系统是按上述施工方案的顺序进行的。当③轴线的屋架搁置完成，屋面板的铺设顺序不知为什么作了临时变动，仅在屋脊处设置了水平系杆后，就先吊装③轴线天窗架，并铺设天窗架上的屋面板（是从两边向中间铺设的）。在天窗架上的屋面板铺设好不到 5 分钟，③轴线的钢屋架首先发生扭曲垮塌，继而将①～②轴线间两榀钢屋架连同屋面板一起拉塌，造成一死三伤的重大安全事故，损失惨重。厂房平面及剖面见图 2-216 所示。

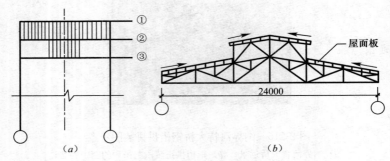

图 2-216 某厂房平面及立面

(a) 厂房平面图；(b) 钢屋架、屋面板搁置图

钢屋架具有强度高、重量轻、韧性好、连接方便、便于制作和安装，有利于缩短施工工期和文明施工等优点，特别适用于厂房高、跨度大、具有中、重级工作制大吨位桁车的车间，或振动荷载较大的车间。但钢屋架也有制作要求精细、构件比较柔细、本身侧向刚度较小、在运输及吊装施工中对支撑系统的要求高等特点，要求其施工方案更加缜密，稍有疏忽极易造成质量或安全事故。

钢屋架的设计是按节点荷载计算的，当屋面板搁置在节点处并焊接固定后，一方面给屋架增加了节点荷载，另一方面也给上弦压杆在节点处得到了支撑和固定，使上弦压杆在平面外的计算长度得以缩短，逐步趋于设计计算状态，从而保证了屋架的侧向稳定，亦即保证了屋架的承载能力。

本来事故中，随意改变屋面板的安装顺序后，使屋架上弦杆在天窗脚部位首先作用了一个集中荷载，同时使屋架上弦杆平面外的计算长度因得不到屋面板的适当支撑而比设计计算长度大大增大，经事后事故调查组验算，屋架垮塌时，屋架上弦杆的计算长度比原设计的计算长度增大近 3 倍，长细比达到 200 多，上弦杆的实际应力超过极限（临界）应力一倍左右，最终造成上弦杆平面外失稳而很快垮塌。

屋架（屋面）结构设计中，设置了完整的支撑系统——上、下水平系杆、上、下水平剪刀撑和纵向剪刀撑等，吊装施工中，这些支撑系统应与屋架（屋面）的吊装进度同步进行安装，以保证屋架（屋面）系统的整体稳定，否则，极易产生安全事故，这是个深刻的教训。

134. H 型屋面钢梁瞬间发生扭曲事故的教训

（1）事故概况

某单层工业厂房跨度 36m，开间 6m。采用混凝土柱、H 型钢屋面梁；钢梁高 700～1300mm、腹板厚 8mm、翼缘宽 200mm、翼板厚 10mm。该屋盖系统设有 3 道钢管支撑，28 道 [型檩条。于 2004 年 4 月 7 日从一端的山墙开始安装，至次日 9 时，已安装 9 榀钢梁。由于钢梁垂直度和轴线积累偏差不断增大，安装困难也不断增加；于 9 时 30 分采用 2 个倒链加钢丝绳对其中的第 5 榀钢梁进行牵引"纠偏"。由于牵引力很大，地锚钢筋的弯钩被拉直，牵拉绳突然脱钩反弹，9 榀钢梁瞬间全体扭曲下挠，檩条压曲（部分折断），详见图 2-217。随着时间的推移，肉眼可见钢梁扭曲下挠逐渐增大。为防止整体倒塌，被迫尽快拆除。

图 2-217　H 型钢屋面梁扭曲状况

（2）事故原因

1）客观原因。该 H 型钢梁跨度很大，截面较高，侧向刚度较小，腹板宽厚比较大。加上土建施工时，柱顶螺栓不够准确，钢梁制作时，支座底板（支承垫板）已进行预扩孔，致安装偏差较大。

2）主观原因。吊装钢梁时，为减少吊车台班费，钢梁支撑系统还未安装完毕及校正固定，即行安装下一榀钢梁。经现场查实，吊装过程中，3 道钢管支撑仅安装了 1 道，为总数的 1/3；28 道 [形檩条仅安装了 4 道，为总数的 1/7，致已安装的 9 榀钢梁仍未形成稳定的空间体系，并出现较大的垂直度及轴线偏差。在积累偏差较大的情况下，用 2 台倒链拉住第 5 榀钢梁的上翼缘，强行纠偏，牵拉绳脱钩，反作用力致 9 榀钢梁瞬间全体扭曲。

（3）事故教训

该事故的根本原因是错误施工，未及时安装及固定屋面梁的支撑系统，致已安装的 9 榀钢梁仍是可变体系。此种情况若遇大风也可能造成扭曲（甚至倒塌）事故。

1）钢构件安装后应立即校正，待轴线位置和垂直度校正正确后，应立即进行永久性固定（必要时增设缆风绳充分固定），下班前，已安装的钢结构应形成稳定的空间体系。切忌安装一大片后再进行校正。如果在安装时不对主要构件进行校正，而在连成整体后再对单个构件进行校正，不但纠偏困难，还容易发生工程事故。

2）比之混凝土构件，钢构件的侧向刚度较小、腹板宽厚比较大，应采取防止构件扭曲损坏的措施。构件的捆绑和悬吊部位，应采取防止构件局部变形和损坏的措施。各种支撑的拧紧程度，以不将构件拉弯为原则。

3）预埋铁件位置及钢构件制作偏差过大，是安装偏差过大的重要原因之一。因此，各道工序均应按施工技术标准进行质量控制，每道工序完成后，应进行检查、验收。否则，不得进行下道工序。

4）屋面钢结构吊装前，应对土建工程的跨度、标高、柱距、预埋件（螺栓）位置等主要尺寸进行交接验收，如有偏差，应在地面上对屋面构件进行处理后再进行吊装，以避免产生积累误差。

5）在构件吊装施工中，当发现部分尺寸有偏差时，应采用正确的处理方法消除误差，切忌用倒链、撬棍等工具强行纠偏。

135. 都是 HRB 335 级钢惹的祸——吊环断裂造成的伤亡安全事故

这是发生在多年前某吊装工程施工中的一起重大伤亡安全事故，12m 长的钢筋混凝土薄腹梁才刚刚吊起离地 2m 多，一只吊环突然断裂，吊装指挥长被突然坠落的薄腹梁压住，当场气绝身亡。现场人员现在谈起这件事，还心有余悸，脸色会发生陡变。

在事后的事故调查中发现，薄腹梁吊环是用 HRB 335 级钢筋制作的，为防止吊环在使用中折断或开裂，还采用了热弯处理。

根据我国当时国家标准《混凝土结构设计规范》（GB 50010—2002）第 10.9.8 条规定："预制构件的吊环应采用 HPB 235 级钢筋制作，严禁使用冷加工钢筋。"后来修改后的 GB 50010—2010规范第 9.7.6 条也明确规定："吊环应采用 HPB 300 级钢筋制作……"

对于吊环用钢筋，除必须满足强度要求外，还应满足变形能力的要求，即应有较好的延性。钢筋的延性通常以伸长率和冷弯性能指标来衡量。大家知道，HPB 235 级钢筋和 HPB 300 级钢筋属软钢性质，其延性好，伸长率也较大，冷弯性能也较好。HRB 335 级钢筋虽然强度高，但其延性则比 HPB 235 级钢筋和 HPB 300 级钢筋要差得多。再说吊环在吊装施工中，将承受直接的动荷载作用，重复作用下的动荷载具有明显的冲击等动力特征，因此，对钢筋的延性要求很高。规范规定吊环钢筋应采用延性良好的钢筋制作，以减少和防止由于钢筋延性不好而导致吊环产生裂缝和折断。

钢筋热弯时的火焰温度可达 3000℃ 以上。钢筋在 100℃ 以上时，钢材的抗拉强度、屈服强度和弹性模量都有所变化，总的趋势是强度降低及塑性增加。当温度为 250℃ 左右时，抗拉强度略有提高而塑性降低，此时的热加工可能导致钢筋产生裂缝而使吊环钢筋开裂或折断。

吊环在吊装施工中的受力情况是极其复杂的，在确定吊环钢筋所需面积时，规范规定钢筋的抗拉强度设计值要乘以其折减系数，折减系数中考虑的因素有构件自重荷载分项系数 1.2，吸附作用引起的超载系数 1.2，钢筋弯曲后的应力集中对强度的折减系数 1.4，动力系数 1.5，钢丝绳角度对吊环承载力的影响系数 1.4。因此，对于 HPB 235 级钢筋来讲，它的抗拉强度设计值 $f_y = 210\text{N}/\text{mm}^2$，所以吊环钢筋实际取用的允许拉应力值为：

$$210/(1.2 \times 1.2 \times 1.4 \times 1.5 \times 1.4) = 210/4.23 \approx 50\text{N}/\text{mm}^2 \, 。$$

（GB 50010—2010）规范第 9.7.6 条规定吊环用钢筋应采用 HPB 300 级钢筋制作，其抗拉强度设计值为 $f_y = 270\text{N}/\text{mm}^2$，所以吊环钢筋实际取用的允许拉应力值为：

$$270/4.23 \approx 65\text{N}/\text{mm}^2 \, 。$$

规范还规定，当一个构件上设有 4 个吊环时，应按 3 个吊环进行计算，这些措施，都是为了保证吊环在吊装施工中的安全可靠、万无一失。

136. 预制钢筋混凝土柱进行垂直度检测时,不能忽视阳光照射的影响

　　林敏从学校毕业后,就被招聘来公司上班了,被分配到第三项目部承建的一个大型厂房工地当实习施工员,好多同学都羡慕他机遇好。

　　工地上这几天正进行钢筋混凝土预制柱的吊装施工,项目经理分配给他的任务是,和测量员用 2 台经纬仪同时在两个方向进行柱子垂直度的测量校正工作,他负责 6m 开间方向柱子垂直度的测量校正,这工作在学校毕业实习时做过,今天再做可谓熟门熟路了。但毕业实习仅仅是了解一下测量过程和方法而已,现在则是真刀真枪的进行工作了。昨天,他俩一起同木工工长对将要起吊安装的预制柱进行了弹线,即校正垂直度用的 x 和 y 方向的柱子中心线,一切都很顺利。

　　该厂房工程东西向布置,18m 跨度,6m 开间,预制钢筋混凝土柱和屋架、大型屋面板,檐口高(即柱子 ±0.000 以上高度)为 15m,柱子截面为 1100mm×600mm。昨天下午开始用汽车起重机从西向东起吊南侧一排柱子,12 根柱子一个下午全部插入基础杯口,他和测量员用 2 台经纬仪在柱子的 2 个方向很快作了测量校正,并对柱子作了临时固定。林敏觉得好像一列士兵队伍迎着午后的骄阳,一刷齐的挺立着,他看得心里乐滋滋的。

　　为稳妥起见,决定明天上午将 12 个杯口灌注混凝土并作最终固定,同时安装柱间第一道水平连系梁。

　　下午下班时,太阳还没有落山,林敏没有马上休息,他又扛了经纬仪去复测一下下午安装的柱子,他负责校正的在 6m 开间方向的垂直度,这一测让他吃了一惊,怎么每根柱子都有偏差,而且都是由西向东偏歪,西边第一根柱子偏歪值达 8mm,其他柱的偏歪值从西向东逐渐减少到 2~1mm。这是怎么一回事,测量用的经纬仪前两天特地进行了一次校验,其精度是没

有问题的，下午测量时每根柱也是上下一条直线的，怎么半天下来柱子就发生偏歪了呢？发生这样的偏歪，明天上午杯口混凝土就不能灌注了，工期也要往后延迟了。他立即向测量员作了汇报，告知这一情况，测量员听了林敏的复测情况后，表情比较平静的说："没事，明天上午仍按计划进行杯口混凝土的灌注和柱间水平连系梁的安装。"接着他又说："这是阳光照射后，柱子的迎光面混凝土受热膨胀的结果，热胀冷缩么！明天早上你如果再测量一下看看，也许柱子又不偏歪了！"

第二天林敏起了个大早，一到工地就扛上经纬仪进行复测工作。咦！果然根根柱子笔直无偏。太阳光的热量能对柱子产生这么大的偏歪力，这真让林敏学到了一个新知识——太阳光产生的热力不可忽视。

测量员告诉林敏，很多建筑吊装书本上都有提醒，太阳光照射后，由于阳面和阴面的温差会使柱子有一个水平偏差的问题。水平偏歪的数值，与温差数值、柱子的长度及截面厚度尺寸有关，一般为 3～10mm，有些特别细长的柱子，可达 30mm。所以一般都建议最终校正柱子垂直度的时间宜放在早上或阴天等不受阳光照射的时间进行。测量员还告诉林敏，据有关资料介绍，法国巴黎的埃菲尔铁塔，由于热胀冷缩的关系，夏天比冬天高出 120mm。

（七）升降机械和塔机使用

137. SCD200/200 施工升降机，为什么安装对重时的额定提升重量是 2000kg，而未安装对重时的额定提升重量是 1000kg

施工升降机有多种型号，施工人员可以从型号对施工升降机的工作原理、额定载重量有个初步了解。下面是施工升降机型号的表示方法。

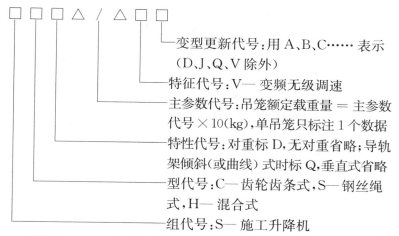

变型更新代号:用 A、B、C…… 表示
（D、J、Q、V 除外）

特征代号:V— 变频无级调速

主参数代号:吊笼额定载重量 = 主参数
代号×10(kg),单吊笼只标注 1 个数据

特性代号:对重标 D,无对重省略;导轨
架倾斜(或曲线)式时标 Q,垂直式省略

型代号:C— 齿轮齿条式,S— 钢丝绳
式,H— 混合式

组代号:S— 施工升降机

SCD200/200 表示是齿轮齿条式施工升降机,有对重,每只吊笼的额定载重量是 2000kg,根据说明书中的规定,在没有安装对重时,每只吊笼的额定载重量是 1000kg。

为什么不安装对重时的额定载重量仅 1000kg? 这是由施工升降机传动机构的提升能力决定的。

所谓对重即沿着导轨架上下运行的配重铁块。施工升降机的对重钢丝绳,绕过导轨架顶端的头架滑轮,一端固定在吊笼上,另一端固定在对重上。吊笼上行时,对重下降;吊笼下行时,对重上升,对重的重量平衡了一部分吊笼的重量,使驱动吊笼上升的力减小。

例如某 SCD200/200 施工升降机,每只吊笼安装有 2 个传动机构,每个传动机构的功率是 11kW,额定提升速度 36m/min,每个传动机构的额定驱动能力约 1450kg。每只吊笼的空载重量是 1830kg,每块对重的重量是 1300kg。

安装了对重,在吊笼内装载 2000kg 物料时:

驱动吊笼上升的力≈1830＋2000－1300＝2530kg,每个传动机构的驱动力≈2530/2＝1265kg＜1450kg。

未安装对重，在吊笼内装载 1000kg 物料时：

驱动吊笼上升的力≈1830＋1000＝2830kg，每个传动机构的驱动力≈2830/2＝1415＜1450kg。

如果未安装对重，在吊笼内再装载 2000kg 物料时：

驱动吊笼上升的力≈1830＋2000＝3830kg，每个传动机构的驱动力≈3830/2＝1915kg＞1450kg。传动机构将因超载而损坏，可能引发吊笼坠落事故。

目前还有一种不配置对重的 SC200/200 施工升降机，每只吊笼的额定载重量也是 2000kg。这是为什么？

这种型号施工升降机不配置对重，每只吊笼安装有 3 个传动机构。每只吊笼的空载重量是 1900kg。

驱动吊笼上升的力≈1900＋2000＝3900kg，每个传动机构的驱动力≈3900/3＝1300kg＜1450 吨。

因此，施工单位在使用施工升降机时，应根据使用说明书的规定，装载物料或乘员人数，不得超载使用。

138. 为什么距离塔身越远，允许吊起的吊物重量越轻

塔式起重机简称塔机，亦称塔吊。工作能力的计量单位是"吨•米"（t•m），如 40t•m 塔机、80t•m 塔机等。有些施工人员误解力矩与力的区别，错误地说成"40t 塔机"、"80t 塔机"。实际上塔机的起重量是个变数，随工作幅度的变化而变化，因此通常用力矩单位"吨•米"做为塔机工作能力的计量单位。

很多人都接触过杆秤，塔机的平衡原理与杆秤类似。

将物件悬挂在秤钩上，移动秤砣在秤杆上的位置，当秤杆呈水平状态时，秤砣在秤杆上所处位置处的刻度值便是物件的重量。物件越重秤砣向外的位置越远。

塔机的起重臂、平衡臂相当于杆秤的秤杆，平衡重相当于秤钩上悬挂的物件，吊钩上的吊物相当于秤砣，平衡重的重量

和位置是固定的，而吊钩的位置是可以移动的。要保持塔机平衡，在距离塔身较近的位置可以吊起较重的物件，而距离塔身较远的位置只能吊起较轻的物件。物件的重量以"吨"计，吊钩至塔身中心线的水平距离被称为"幅度"，以长度单位"米"计。物件重量与幅度的乘积称为"力矩"，是一个基本衡定值，如果超出这个衡定值达到极限程度，塔机将失去平衡，发生倾覆事故。因此塔机的工作能力以"吨·米"计，这是个力矩的概念，而不是单纯的起重量"吨"的概念，幅度越大，可吊起的吊物重量越轻。

1台QTZ40塔机的额定起重力矩是40t·m，图2-218和表2-82是这台塔机的起重特性曲线图和起重性能表，反映了起重量与工作幅度之间的关系。

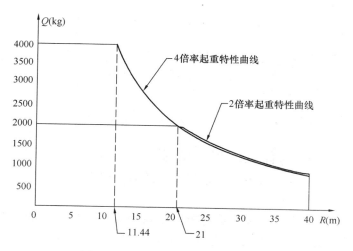

图2-218　QTZ40塔机起重特性曲线

表、图的作用一样，表中的数值更精确一些，图中的曲线看起来更直观一些。

以前一些规范曾以千牛·米（kN·m）作为塔机工作能力的计量单位，《塔式起重机》GB/T 5031—2008仍以吨·米（t·m）

QTZ40 塔机的起重性能表　　　　表 2-82

R (m)		1.7～11.44	12	13	14	15	16
Q (kg)	a=4	4000	3789	3458	3176	2933	2722
	a=2	2000	2000	2000	2000	2000	2000
R (m)		17	18	19	20	21	22
Q (kg)	a=4	2536	2372	2226	2095	1976	1869
	a=2	2000	2000	2000	2000	2000	1910
R (m)		23	24	25	26	27	28
Q (kg)	a=4	1771	1682	1600	1524	1455	1390
	a=2	1812	1723	1641	1565	1496	1431
R (m)		29	30	31	32	33	34
Q (kg)	a=4	1330	1274	1221	1172	1126	1083
	a=2	1371	1315	1262	1213	1167	1124
R (m)		35	36	37	38	39	40
Q (kg)	a=4	1042	1004	968	933	901	870
	a=2	1083	1045	1009	974	942	911

注：表中 a 为起升钢丝绳的倍率，即系挂吊钩的钢丝绳数量；R 为吊钩的工作幅度，即吊钩中心至塔身回转中心线的水平距离；Q 为起重量，不包含吊钩的重量，但包含吊具（如混凝土料斗、砖笼、吊索等）的重量。

作为塔机工作能力的计量单位，这样更易理解，$1t \cdot m \approx 10kN \cdot m$。

139. 为什么塔机上既要配备起重量限制器又要配备起重力矩限制器

　　起重量限制器和起重力矩限制器是塔机上最重要的两个安全保护装置。不少人对这两个安全保护装置的作用区分不清，认为都是限制起重量的，只要其中有一个起作用就可以了：这种认识是错误的，因为两者保护的对象不同，保护的工作范围也不同。要说清这两者的区别，先从它们的工作原理说起。

　　起重量限制器通常安装在起重臂根部的转向滑轮处，或者塔顶的转向滑轮处，如图 2-219 所示。

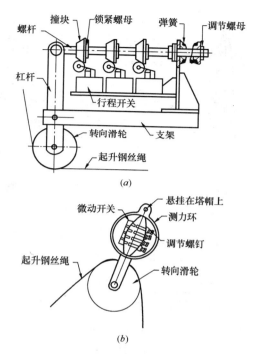

图 2-219　两种起重量限制器结构示意

(a) 安装于起重臂根部；(b) 悬挂于塔顶上

使起重量限制器动作的信息来源于起升钢丝绳的张力。吊物的重量越重，起升钢丝绳的张力越大，撞块（或调节螺钉）的位移量越大。当吊物重量达到所设定的重量时，撞块（或调节螺母）触及行程开关（或微动开关）的触头，切断起升机构上升方向的电源，吊物不能被提升，但可下降。

起重力矩限制器有两种，一种是拉伸式的，焊接在塔顶的后弦杆上；另一种是压缩式的，焊接在塔顶的前弦杆或者桅杆式塔机平衡臂的上弦杆上。两种起重力矩限制器如图 2-220 所示。

使起重力矩限制器动作的信息来源于塔机钢结构的受力变形。塔顶的后弦杆受拉，采用拉伸式的力矩限制器；塔顶前弦杆或者桅杆式塔机平衡臂的上弦杆受压，采用压缩式的力矩限

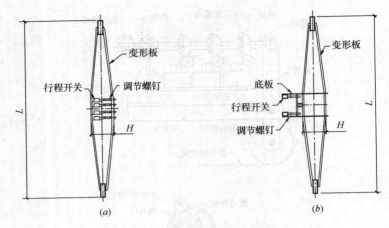

图 2-220　起重力矩限制器结构示意

(a) 拉伸式；(b) 压缩式

制器。由吊物重量形成的起重力矩越大，钢结构的变形量越大。当起重力矩达到所设定的起重力矩值时，调节螺钉触及行程开关的触头，切断起升机构上升和变幅小车向前方向的电源，吊物不能提升，变幅小车也不能向前运行。

　　起重量限制器和起重力矩限制器两者的作用是不同的。例如前例中的 QTZ40 塔机，如果仅配置起重量限制器，当起升钢丝绳穿绕倍率 $a=2$ 时，允许吊起的吊物最大重量为 2t，不管变幅小车处于哪个幅度位置，起升钢丝绳承受的张力都是相同的，起重量限制器不会动作。当工作幅度超过 21m，例如 30m 幅度处，起重力矩将达到 $2t \times 30m = 60t \cdot m$；40m 幅度处，起重力矩将达到 $2t \times 40m = 80t \cdot m$，均大大超过了 40t·m 的额定起重力矩，塔机将发生倾覆事故。也就是说起重量限制器对工作幅度在 21～40m 范围不起安全保护作用。

　　如果仅配置起重力矩限制器，当起升钢丝绳穿绕倍率 $a=2$ 时，在 20m 工作幅度处，起重量要达到 2t；在 10m 工作幅度处，起重量要达到 4t；在 5m 工作幅度处，起重量要达到 8t；起重力矩达到 40t·m 时，起重力矩限制器才会动作。在如此大的起重量

374

下，起升钢丝绳可能被拉断，起升机构也可能被拉坏。也就是说起重力矩限制器对工作幅度在 1.7～21m 范围不起安全保护作用。

综上所述，虽然两个安全保护装置都是限制起重量的，但其工作原理、保护对象、保护范围是不同的，必须同时有效。两者的区别见表 2-83。

起重量限制器和起重力矩限制器的区别　　表 2-83

	起重量限制器	起重力矩限制器
工作原理	使其动作的信息来源于起升钢丝绳的张力，限制最大起重量	使其动作的信息来源于塔机钢结构的变形，限制最大起重力矩
保护对象	起升机构、钢丝绳、吊钩	钢结构、塔机基础
保护范围	起重特性曲线图中，水平直线的幅度范围，例如前例 QTZ40 塔机，2 倍率状态时，1.7～21m 幅度范围；4 倍率状态时，1.7～11.44m 幅度范围	起重特性曲线图中，曲线的幅度范围，例如前例 QTZ40 塔机，2 倍率状态时，21～40m 幅度范围；4 倍率状态时，11.44～40m 幅度范围

140. 为什么塔机 4 倍率状态时的最大起重量比 2 倍率状态时的最大起重量大

40t·m 及以上的塔机，起升钢丝绳通常有两种穿绕方法，如图 2-221 所示。

图 2-221 (a) 中的上滑轮与吊钩连接，吊钩上方有 4 根钢丝绳承担重力，习惯称为 4 倍率，塔机使用说明书中写成 "a＝4"；拆掉上滑轮与吊钩的连接销轴，收绕起升钢丝绳，使上滑轮上升抵住变幅小车的下部图 2-221 (b)，此时吊钩上方仅有 2 根钢丝绳承担重力，习惯称为 2 倍率，塔机使用说明书中写成 "a＝2"。

有人错误地认为：塔机 4 倍率状态时的起重量是 2 倍率状态时的 2 倍，只要改变起升钢丝绳的倍率就可以提高起重量。这种认识是错误的，我们不妨再看一下前例中 QTZ40 塔机的起重性能表（表 2-82）和起重特性曲线图（图 2-218）。

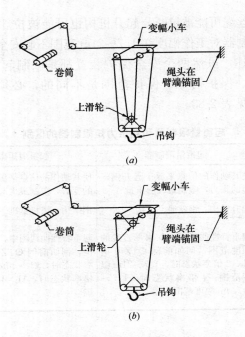

图 2-221 起升钢丝绳穿绕方法示意

(a) 4 倍率工作状态；(b) 2 倍率工作状态

从表和图中可以看出，在工作幅度 1.7～11.44m 范围内，4 倍率工作状态的额定起重量是 2 倍率状态的 2 倍；在工作幅度 11.44～20m 范围内，4 倍率的起重量比 2 倍率的起重量大，但不足 2 倍；在工作幅度 20～40m 范围内，4 倍率的起重量比 2 倍率的起重量还略小一些。因此准确的说法应该是：塔机 4 倍率状态时的最大起重量是 2 倍率状态时最大起重量的 2 倍。

为什么存在这种现象？这是由起升卷扬机的牵引能力和塔机的抗倾覆能力共同决定的。如果卷扬机的牵引力是 1t，忽略吊钩重量和起升钢丝绳的摩擦阻力不计，4 倍率状态时，起升机构的提升能力＝4×1＝4t；2 倍率状态时，起升机构的提升能力＝2×1＝2t。

当超过了最大起重量限定的相应最大工作幅度后，卷扬机

376

的牵引力虽然不变，但是再提升这么多的重物就超过了塔机的额定起重力矩，这时塔机上设置的起重力矩限制器这一安全保护装置将发生动作，起到限制最大起重力矩的作用。

141. 风力对塔机的使用、安装工作有什么影响

所有塔机使用说明书中都规定了塔机工作状态和安装架设时允许的最大风力等级，塔机使用和安装架设时必须严格按照塔机使用说明书中的规定执行。

《塔式起重机》GB/T 5031—2008 中规定：安装架设时塔机顶部风速不大于 12m/s，工作状态时塔机顶部风速不大于 20m/s，非工作状态时风压按 GB/T 13752 规定。

《建筑机械使用安全技术规程》JGJ 33—2001 中规定：风力在四级及以上时，不得进行塔机升降作业。塔机在使用作业中如遇六级及以上大风或阵风，应立即停止作业。

以上两个标准，一个对风速作了规定，一个对风级作了规定，看似不一致，实质是一样的。风级是按离地 10m 高的平均风速确定，离地高度越高风速越大，塔机的高度远大于 10m，塔机顶部的风速也远大于离地 10m 的平均风速。

塔机的高度高，塔身截面相对较小，属于高耸起重设备，风力对塔机的作用荷载较大，特别是遇到极端恶劣天气，风力对塔机的安全影响更大。

表 2-84 提供了风力等级、风速与风压的特性，塔机用户在使用或者安装、拆卸塔机作业时，应根据当地的天气预报和风的特性，严格按照以上规定执行，不可盲目冒险作业。

风力等级、风速与风压对照表   表 2-84

风级	风名	风速 V_w (m/s)	风压 P_w (N/m²)	风的特性
0	无风	0~0.2	0~0.025	静，烟直上

风级	风名	风速 V_w (m/s)	风压 P_w (N/m²)	风的特性
1	软风	0.3~1.5	0.056~1.4	人能辨别风向，但风标不能转动
2	轻风	1.6~3.3	1.6~6.8	人能感觉有风，树叶有微响，风标能转动
3	微风	3.4~5.4	7.2~18.2	树叶及微枝摇动不息，旌旗展开
4	和风	5.5~7.9	18.9~39	能吹起地面灰尘和纸张，树的小枝摇摆
5	清风	8.0~10.7	40~71.6	有叶的小树摇摆，内陆的水面有小波
6	强风	10.8~13.8	72.9~119	大树叶枝摇摆，电线呼呼有声，举伞有困难
7	疾风	13.9~17.1	120~183	全树摇动，迎风行走感觉不便
8	大风	17.2~20.7	185~268	微枝折毁，人向前行走感觉阻力甚大
9	烈风	20.8~24.4	270~372	建筑物有小损坏，烟囱顶部及屋顶瓦片移动
10	狂风	24.5~28.4	375~504	陆上少见，见时可使树木拔起或将建筑物摧毁
11	暴风	28.5~32.6	508~664	陆上很少，有则必是重大损毁
12	飓风	大于32.6	大于664	陆上绝少，其摧毁力极大

注：1. 天气预报中为确定风力分级测量的风速是离地 10m 的平均风速；

2. 风压与风速的关系按公式 $P_w=0.613V_w^2$ 计算，风速的计量单位是 m/s，风压的计算单位是 N/m²。

142. 为什么禁止在塔身上悬挂标语牌

《建筑机械使用安全技术规程》JGJ 33—2001 中规定：动臂式和尚未附着的自升式塔式起重机，塔身上不得悬挂标语牌。为什么作这样的规定？我们不妨从力学的角度进行分析。

塔机的塔身是格构式桁架构件，其结构充实率一般在 0.3

左右。也就是 $1m^2$ 的结构轮廓面积实际迎风面积是 $0.3m^2$，悬挂了标语牌就增加了塔身上的迎风面积，使塔身上承受的水平荷载和力矩荷载增大。

例如在一台 QTZ40 塔机的塔身上，从 $15\sim25m$ 高度悬挂 $1.2m$ 宽度的标语牌，塔身上增加迎风面积 $A=12m^2$，标语牌平均高度 $h=20m$。根据《塔式起重机设计规范》GB/T 13752—1992 的规定，风力系数 $C_w=1.2$，工作状态时计算风压 $p_{w2}=250Pa$，作用于标语牌上的风荷载：

$$F_w=C_w p_{w2} A=1.2\times250\times12=3600N=3.6kN$$

由标语牌上风荷载形成的风力矩：

$$M_w=F_w h=3.6\times20=72kN\cdot m$$
$$Q'=M_w/R=72/40=1.8kN\approx180kg$$

该力矩作用相当于 $40m$ 工作幅度处的吊物重量增加了 $180kg$。该塔机 2 倍率状态时 $40m$ 工作幅度处的额定起重量是 $911kg$，增加了 $180kg$ 相当于超载 20%。由于这种力矩是作用在塔身和基础上，不反映到起重力矩限制器上，起重力矩限制器对这种"超载"起不到安全保护作用。

如果在暴风侵袭非工作状态时，作用于标语牌上风力形成的风力矩，对塔机安全性的影响就更大了。

GB/T 13752—1992 规定，在离地面高度 $0\sim20m$ 时，非工作状态的计算风压 $p_{w3}=800Pa$。

作用于标语牌上的风荷载：

$$F_w=C_w p_{w3} A=1.2\times800\times12=11.5kN$$

由标语牌上风荷载形成的风力矩：

$$M_w=F_w h=11.5\times20=230kN\cdot m$$

该塔机非工作状态时的倾覆力矩值是 $1090kN\cdot m$，悬挂标语牌比不悬挂标语牌时的倾覆力矩值增加了约 21%。

143. 这台塔式起重机为何倒了

2010 年 12 月 31 日上午 10 时许，某建筑工地发生一起

QTZ31.5 塔机倾覆事故，造成塔机司机和 1 名地面人员受伤，塔机倾覆情况如图 2-222 所示。

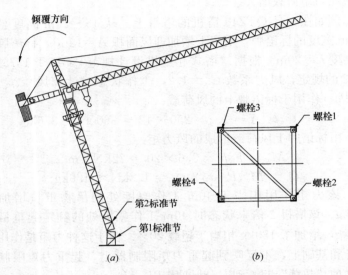

图 2-222　1 台 QTZ31.5 塔机倾覆示意
(a) 塔机倾覆示意；(b) 标准节端部连接示意

事故原因是，塔身的第 1 与第 2 标准节之间 4 颗 M33 连接螺栓中有 3 颗（图中螺栓 1、2、3）松动，因严重锈蚀而无法紧固，塔机修理人员决定用焰割的方法更换这 3 颗连接螺栓。割掉螺栓 1 后，未及时将替换螺栓安装上去就开始割螺栓 2，螺栓 2 的螺母剖开后，塔机向东倾覆。

应该怎样更换标准节连接螺栓才能保证安全？这得先了解塔身的受力情况。塔机不吊物时，平衡臂方向的后倾力矩大于起重臂方向的前倾力矩，起重臂方向的塔身主肢承受拉力，平衡臂方向的塔身主肢承受压力。正确的修理方法应按以下步骤进行：

（1）更换标准节连接螺栓应选择在风力不大于 4 级时进行，以降低风力对塔机稳定性的影响。

（2）在更换连接螺栓 1 前，应将起重臂的方向指向螺栓 4，平衡臂的方向指向螺栓 1，此时螺栓 4 承受拉力，螺栓 1 承受压力，割掉螺栓 1 后及时将替换螺栓安装上去。

（3）起重臂旋转 90°，将塔机的起重臂指向螺栓 3，平衡臂指向螺栓 2，更换螺栓 2。

（4）同样道理，将起重臂旋转 180°，将塔机的起重臂指向螺栓 2，平衡臂指向螺栓 3，更换螺栓 3。

由上可知，塔机的产权单位、安装单位应做好塔机安装前的检查、保养工作，避免出现塔机安装工作结束后再更换标准节螺栓、回转支承连接螺栓的现象。迫不得已必须更换时，应根据塔机的平衡原理，正确确定起重臂的指向，将需要更换的螺栓置于平衡臂下方，处于受压状态，并且拆掉一颗螺栓后必须及时安装一颗螺栓。

144. 为什么禁止起重机械斜吊重物

先看一起事故案例。1998 年某日，某建筑工地在使用 QTZ25 塔机吊运混凝土，起重臂回转不到位时，即斜拉起吊离起吊垂直线约 2m 的混凝土料斗，料斗被缓慢向前拖动，此时起重指挥邵某正背朝塔机与他人讲话，司索工马某见状大叫闪开，塔机制动不及，料斗撞向邵某，信号工邵某躲闪不及被撞击倒地，不治身亡。（摘自《建筑施工特种作业人员安全技术考核培训教材——塔式起重机司机》）

起重机械斜吊作业，不仅会引起吊物晃动，从受力角度分析还会造成起重机械超载事故。

从图 2-223 中可以看出，斜吊作业时，起重臂上不仅存在由吊物重量产生的反作用力 Q，而且存在由吊物与地面之间摩擦力产生的反作用力 f，此时塔身根部 A 截面承受的弯矩值 $= QR + fH$，增加了一个附加的阻力矩 fH，塔机越高或地面的摩擦阻力越大，附加阻力矩 fH 的值越大，塔机有可能因超力矩而发生倾覆事故。

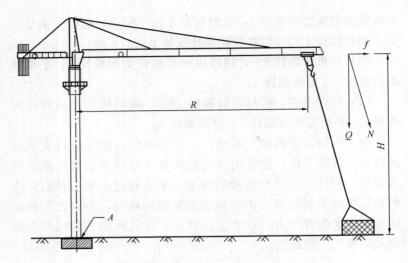

图 2-223　塔机斜拉吊物受力示意图

起重机械禁止斜吊重物！

145. 塔机停用时，为什么不可以用缆风绳
固定起重臂方向

施工现场有时会出现这种情况：由于塔机的安装位置选择不当，起重臂的旋转范围内存在高耸的障碍物（如楼房、烟囱等），塔机不能全方位旋转。为了防止塔机停用时起重臂随风转动撞击到障碍物上，往往有人建议，用缆风绳固定起重臂的方向（习惯说法"下锚"）。这种做法是违反操作规程的，也是极其危险的。

塔机上部结构随风自由旋转是塔机自身的一个安全保护功能。由于起重臂的长度大于平衡臂的长度，当塔机停用且风力较大时，作用于起重臂上推动上部结构转动的风力矩，大于作用于平衡臂上阻止上部结构转动的风力矩，塔机自动转到顺风方向，即风从平衡臂吹向起重臂方向，如图 2-224（a）所示。此时塔机上的迎风面主要是塔身和塔顶，迎风面积小，风力作用于塔机的力矩荷载和水平荷载也较小，而且由塔机自重荷载产生的后倾力矩平衡了一部分风力矩，使作用于塔身底部的力矩值减小。

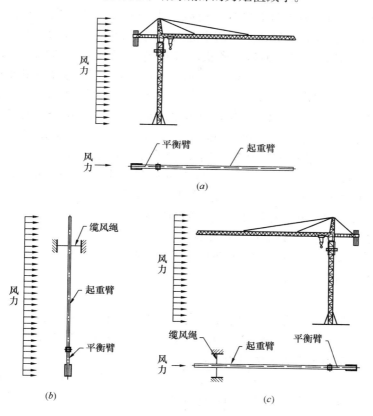

图 2-224　非工作状态时风力对塔机的作用示意
（a）起重臂随风转动，风从平衡臂吹向起重臂方向；（b）起重臂的方向固定，风向垂直于起重臂；（c）起重臂的方向固定，风从起重臂吹向平衡臂方向

　　将起重臂"下锚"后，塔机上部结构不能随风转动，有可能出现风向垂直于塔机的起重臂方向，如图 2-224（b）所示；也有可能出现风从起重臂吹向平衡臂方向，如图 2-224（c）所示。

　　当出现图 2-224（b）所示情况时，塔机上的迎风面不仅是塔身和塔顶，而且还有起重臂和平衡臂的侧面，迎风面积大，承受的风荷载大，作用于塔机底部的风力矩也大。

当出现图 2-224（c）情况时，塔机上的迎风面积虽然没有增加，但风力矩与塔机自重荷载产生的后倾力矩方向一致，产生叠加效应，其倾覆力矩值也远大于图 2-224（a）的受力状况。

例如，一台 QTZ80 塔机，起重臂的长度 $l_1=52\text{m}$，高度 $h=1.2\text{m}$，平衡臂的长度 $l_2=12\text{m}$，最大独立高度时起重臂和平衡臂距基础顶面的高度 $H=46.5\text{m}$。根据《塔式起重机设计规范》GB/T 13752—1992 的规定，离地面高度 $>20\sim100\text{m}$，非工作状态的计算风压 $p_{w3}=1100\text{Pa}$，取起重臂和平衡臂的风力系数 $C_w=1.0$，结构充实率 $\omega=0.3$，前后片挡风折减系数 $\eta=0.57$。

图 2-224（a）中，由塔机自重荷载产生的后倾力矩 $M_G=453.2\text{kN}\cdot\text{m}$，非工作状态时风荷载产生的前倾力矩 $M_{w1}=2230.3\text{kN}\cdot\text{m}$，作用于塔机底部的倾覆力矩标准值 $M_{k1}=M_{w1}-M_G=2230.3-453.2=1777.1\text{kN}\cdot\text{m}$。

图 2-224（b）中，起重臂和平衡臂的迎风面积：

$$A=\omega(1+\eta)(l_1+l_2)h=0.3\times(1+0.57)\times(52+12)\times1.2=36.2\text{m}^2$$

非工作状态时作用于塔机起重臂和平衡臂上的风力：

$$F_{w3}=C_w p_{w3}A=1.0\times1100\times36.2=39.8\text{kN}$$

作用于塔机上的风力矩：

$$M_{w2}=M_{w1}+F_{w3}H=2230.3+39.8\times46.5=4081.0\text{kN}\cdot\text{m}$$

作用于塔机底部的力矩标准值：

$$M_{k2}=\sqrt{M_G^2+M_{w2}^2}=\sqrt{453.2^2+4081.0^2}=4106.1\text{kN}\cdot\text{m}$$

$$M_{k2}/M_{k1}=4106.1/1777.1=2.31\ \text{倍}$$

图 2-224（c），作用于塔机底部的力矩标准值：

$$M_{k3}=M_{w1}+M_G=2230.3+453.2=2683.5\text{kN}\cdot\text{m}$$

$$M_{k3}/M_{k1}=2683.5/1777.1=1.51\ \text{倍}$$

图 2-224（b）工况和图 2-224（c）工况，作用于塔机底部的力矩值分别是图 2-224（a）工况的 2.31、1.51 倍，如此大的

力矩值足以使塔机发生倾覆事故。

当然，如果没有出现极端恶劣天气，塔机也许不会发生事故，但是我们对安全生产工作绝不可以抱有侥幸心理。

当塔机不能全方位自由旋转时，可考虑采取以下一些措施防止起重臂碰撞障碍物：

（1）如果塔机的起升高度尚未达到说明书中规定的最大独立高度时，将塔机升高至最大独立高度，起重臂在障碍物上空转动；

（2）拆除起重臂的加长臂和相应的平衡重数量，减少起重臂的长度，臂端至障碍的水平距离不少于 0.6m；

（3）选择其他位置，重新安装塔机。

采用（2）、（3）两种方法，可能会减少塔机工作范围对施工作业面的覆盖面积，对施工生产有一定的影响，但体现了生产服从安全的理念。

146. 塔机的平衡重为什么要分两次安装到位

先看两起塔机事故案例。

案例 1： 某工地拆卸 1 台 QTZ80 塔机，用 25t 汽车式起重机吊起塔机的起重臂，当起重臂拉杆松弛时，塔顶突然折断，两臂坠落，如图 2-225 所示。

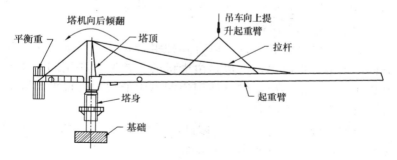

图 2-225　事故原因示意

事故原因是：在没有拆除部分平衡重的情况下，就将塔机起重臂吊起，此时塔机的前倾力矩消失，后倾力矩立刻增大，超过了塔顶结构的承载能力，塔顶折断，造成此次事故。

案例2：2002年4月21日，北京某工地，在安装一台QTZ63塔机时，平衡臂向下弯折，整体结构损坏严重，工人1死1伤。

事故原因：这台塔机的塔顶是桅杆结构的，安装时先安装平衡臂，然后安装部分平衡重，再安装桅杆和起重臂，当工人安装好平衡臂，在安装第2块平衡重时，平衡臂向下弯折。事后查阅该塔机的使用说明书，说明书中未说明安装平衡臂后，首次安装平衡重的数量和具体位置，经事故调查组计算，安装2块平衡重时，平衡臂下弦杆的强度和稳定性均不满足要求。

塔机的安装、拆卸工作应根据力矩平衡原理，将不平衡力矩值限制在一定的范围内，正常的作业步骤如图2-226所示。

为什么平衡重需要分两次安装到位？这是由塔机的抗倾覆能力决定的。

从力学角度分析，如果在安装了平衡臂后将平衡重全部安装上去，此时没有起重臂的平衡作用，塔机的后倾力矩很大，塔机将发生向后倾翻的事故，如果未安装平衡重就将起重臂安装上去，此时塔机的前倾力矩很大，塔机将发生向前倾翻的事故，因此塔机的平衡重必须分两步安装到位。

同样道理，在拆除塔机时，应该先拆卸掉一部分平衡重，使塔机处于图2-226（d）所示的状态，拆除起重臂后，再拆除剩余的平衡重和平衡臂。

大多数塔机的起重臂可以有几种组合长度，起重臂越长配置的平衡重数量越多，这也是由塔机的平衡原理决定的。在安装塔机时，一定要根据塔机使用说明书中的规定，根据不同的起重臂长度配置不同数量的平衡重。

有时受施工现场场地条件限制，不能按图2-226所示的步骤安装或拆除塔机，在编制塔机的安装、拆卸方案时，必须考虑采取相应措施，把塔机的不平衡力矩值限制在一定的范围内。

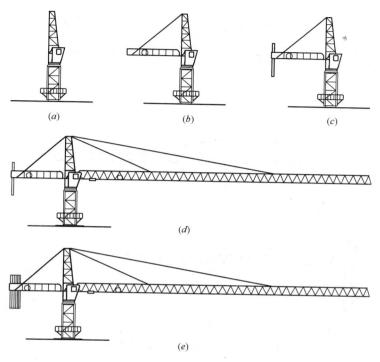

图 2-226　塔机安装步骤示意

(a) 依次将塔机的底座、塔身基础节、顶升套架、回转平台及过渡节、塔顶、司机室安装到位；(b) 安装平衡臂；(c) 根据说明书中的规定安装部分平衡重，并放置在说明书中规定的位置；(d) 安装起重臂；(e) 安装剩余的平衡重

例如，在未拆除起重臂前就需要把全部平衡重和平衡臂拆除时，可按图 2-227 所示的方法实施。

（a）安排 2 辆吊车作业，1 辆用于拆除平衡重和平衡臂，1辆吊车将起重臂的端部吊住，但吊索必须微微弯曲处于不受力状态，因为如果此时吊索受力将使塔机的后倾力矩立即增大，发生如图 2-226 所示的向后倾翻事故；

（b）随着平衡重逐步减少，吊住起重臂端部的吊索逐渐受力，防止塔机发生向前倾翻的事故；

（c）在拆除平衡臂后，双机抬吊将起重臂拆至地面；

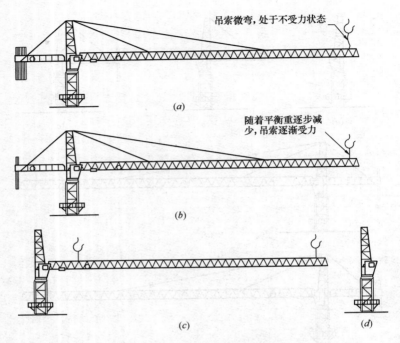

图 2-227　一种非正常拆除塔机方法示意

（d）按序拆除塔机的司机室、塔顶、回转平台及过渡节、顶升套架等。

施工现场的情况各异，安装、拆卸塔机的方法也应因地制宜。编制塔机安装、拆卸方案时，必须根据塔机的平衡原理，把塔机安装、拆卸过程中各工况的不平衡力矩值控制在一定的范围内。

147. 塔机"顶升"作业时，为什么起重臂的方向必须指向顶升套架引进平台的正前方

先看一起塔机事故案例：1996 年，山东某银行 11 层营业楼工地，一台 QTZ25 塔机在降塔作业时，发生塔机倾翻事故，2 人死亡 1 人重伤，塔机报废。

造成事故的原因是：降塔作业时，作业人员既没有将起重臂对着顶升套架的正方向，也没有在吊钩上挂一节标准节作为配重，使顶升部分处于平衡状态。由于顶升部分处于不平衡状态，顶升套架的导向滚轮与塔身严重卡阻，套架下降受阻，发出刺耳的"咔咔"声，作业人员没有检查其原因，而是错误地左右摆动起重臂强行降塔，导致活塞杆与顶升横梁连接处的螺栓破坏，活塞杆与顶升横梁脱开，顶升套架失去支承，顶升套架以上部分在重力作用下坠落，砸在下一节标准节上，巨大的冲击力把平衡臂的拉索拉断，两节平衡臂从连接处断开坠落，在前倾力矩的作用下，塔身上部的 4 节标准节弯折，套架及套架以上部分滑脱坠落。

自升式塔机"升节"或"降节"作业是指液压顶升油缸将顶升套架顶起，在塔身顶端安装标准节，使塔机逐步升高的过程；或者拆除最上一节标准节，使塔机高度逐步降低的过程。

顶升套架有两种：一种是顶升套架位于片式塔身的内部，液压顶升油缸位于顶升套架的中心，习惯称为"内套架"；另一种是顶升套架位于塔身的外围，液压顶升油缸位于顶升套架的后侧，习惯称为"外套架"，外套架的结构如图 2-228 所示，目前使用的自升式塔机绝大部分是外套架结构。

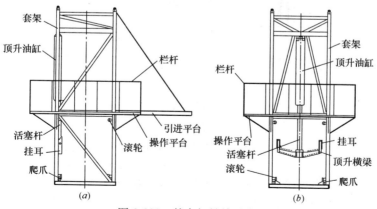

图 2-228　外套架结构示意
(a) 侧视图；(b) 后视图

塔机使用说明书规定，外套架结构的塔机在"顶升"作业时，起重臂的方向必须指向顶升套架引进平台的正前方，并且不得转动。大部分的安装、拆卸人员都清楚这一规定，但对为什么做这样的规定却不甚明白，时常因为受施工现场环境所限，而违反这一规定冒险作业，酿成事故。

为什么起重臂必须指向顶升套架引进平台的正前方？这得从塔机上部结构的平衡原理说起。

塔机顶升作业时，顶升套架及以上部分的结构重力由顶升油缸支承。为了保持顶升油缸前后平衡，需要用塔机自身的吊钩吊起一个配平物件（通常是1节标准节），停置在起重臂适当的位置，如图 2-229 (a) 所示。

当图 2-229 (b) 所示受力情况满足公式 $F_1 \times a_1 \approx F_2 \times a_2 + F_3 \times a_3$ 时，顶升油缸支承反力 F_0 与 F_1、F_2、F_3 的合力大小相等，方向相反，在同一条作用线上，塔机顶升套架及以上部分

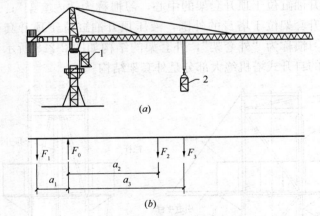

图 2-229　升节作业及上部结构平衡原理示意

(a) 升节作业；(b) 上部结构平衡原理

1—待安装标准节；2—配平用标准节；F_0—顶升油缸对塔机上部结构的支承反力；F_1—顶升油缸后侧重力荷载的合力；F_2—顶升油缸前侧重力荷载；F_3—配平物的重力；a_1—F_1 至顶开油缸的水平距离；a_2—F_2 至顶升油缸的水平距离；a_3—F_3 至顶升油缸的水平距离

390

处于平衡状态。

当起重臂的方向指向顶升套架引进平台正前方，如图 2-230 (a) 所示时，顶升油缸支承反力 F_0 的作用点对正起重臂和平衡臂的中心线，顶升油缸的前后左右均保持平衡，顶升套架升、降自如。

当起重臂的方向不指向顶升套架引进平台正前方，如图 2-230 (b) 所示时，顶升油缸的位置并不随着起重臂的转动而变化，此时顶升油缸支承反力 F_0 的作用点不再对正起重臂和平衡臂的中心线，也就是 F_0 与 F_1、F_2、F_3 的合力虽然大小相等，方向相反，但不在同一条作用线上，两者之间存在一个偏心距 e，塔机上部结构有侧向倾翻的趋势。

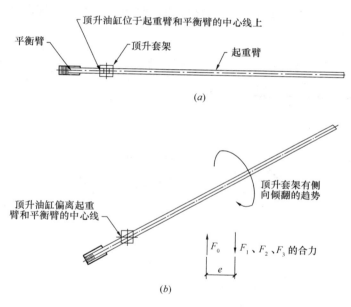

图 2-230　顶升油缸与起重臂中心线的相对位置示意
(a) 起重臂指向顶升套架引进平台正前方；
(b) 起重臂不指向顶升套架引进平台正前方

另外，当起重臂的方向不指向顶升套架引进平台正前方时，将待安装的标准节吊运至引进平台上，或将拆除下来的标准节从引进平台上吊运至地面，势必存在斜吊现象，这在操作规程中也是严格禁止的。

为什么会出现起重臂不指向顶升套架的正前方？这一现象的发生多与塔机基础的定位有关。由于当初基础位置选择不当，在塔机拆除时发现起重臂或者平衡臂被障碍物（在建建筑物、相邻建筑物或者脚手架）阻挡，起重臂指向顶升套架引进平台正前方就无法正常降节，因此抱侥幸心理将起重臂偏转一个角度，结果酿成事故。

编制塔机基础方案、确定塔机位置时，方案编制人员应对塔机的安装、拆卸方法有所了解，给塔机的起重臂、平衡臂预留出升、降作业通道，提供良好的作业环境，不应出现图 2-231所示的几种情况。

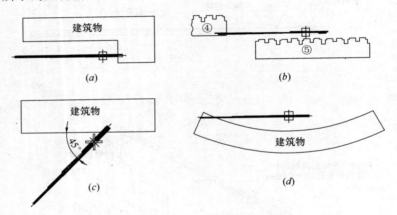

图 2-231　塔机无法降节的几种情况

(a) 平衡臂被建筑物阻挡；(b) 起重臂被相邻建筑物阻挡；
(c) 十字形基础方向旋转了 45°；(d) 起重臂被弧形建筑物阻挡

148. 塔机非正常安装、拆卸作业时的
受力状况及风险分析

自升式塔机的安装、拆卸方法分为正常安装、拆卸作业和

非正常安装、拆卸作业。

正常安装、拆卸作业是指，按照塔机使用说明书中规定的步骤，在最低位置组装塔机，然后加节升高；或者先把塔机降至最低位置，再进行塔机解体作业。

非正常安装、拆卸作业是指，在塔机组装时在底座上多安装了一部分标准节，或者塔机未降节到最低位置就对塔机进行解体作业，塔机起重臂、平衡臂等部件需在较高的位置安装或拆除。如图 2-232 所示。图中塔机的起重臂尚未安装或已拆除。

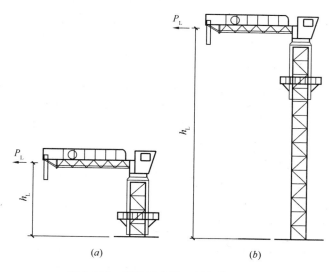

图 2-232　塔机的安装、拆卸作业示意
（a）正常安装、拆卸作业；（b）非正常安装、拆卸作业
P_L—回转离心力；h_L—离心力矩计算高度

造成非正常安装，拆卸的原因有两个：

（1）塔机安装位置选择不当，不能按正常步骤升节或降节；

（2）工人图省事。

从力学角度分析，塔机的非正常安装、拆卸作业存在风险，塔身底部的应力值较大，原因有以下两点：

① 塔机的塔身属于压弯构件，当塔身上保留较多的标准节时，塔身的长细比增大，其稳定性降低。其道理就像一根二十多厘米长的筷子，你可以很轻易地将其折断；如果把这根筷子截短到 5cm，你将很难将其折断。

② 在塔机组装或者解体作业过程中，有时需要调整平衡臂的方向，平衡臂转动时会产生离心力，塔机越高，由离心力形成的离心力矩值越大。

例如某 QTZ40 塔机，塔身为 4 肢格构式构件，塔机标准节高度 2.5m，塔机最大独立高度时安装 12 节标准节，塔机回转速度 0.6r/min。当塔机的部分平衡重和起重臂已拆除，平衡臂上保留 1 块平衡重时，在重力、重力矩、风力矩、离心力矩的共同作用下，各种高度状态时塔身底部的应力值见表 2-85。

某 QTZ40 塔机各种高度状态时塔身底部应力值　表 2-85

塔身标准节数量（节）	2	3	4	5
塔身高度（m）	7.2	9.7	12.2	14.7
塔身底部应力（N/mm^2）	43.0	44.7	46.6	48.8
应力倍数（倍）	1.00	1.04	1.08	1.13
塔身标准节数量（节）	6	7	8	9
塔身高度（m）	17.2	19.7	22.2	24.7
塔身底部应力（N/mm^2）	51.4	54.3	57.7	61.5
应力倍数（倍）	1.19	1.26	1.34	1.43
塔身标准节数量（节）	10	11	12	
塔身高度（m）	27.2	29.7	32.2	
塔身底部应力（N/mm^2）	65.9	70.8	76.3	
应力塔数（倍）	1.53	1.64	1.77	

注：1. 计算风压按 150Pa 取值；
　　2. "应力倍数"是指，用某一高度状态时塔身底部的应力值，除以正常作业状态时塔身底部的应力值。

从表 2-85 可以看出，如果在最大独立高度状态时对这台 QTZ40 塔机进行解体作业，塔身底部的应力值是正常拆卸状态时的 1.77 倍，极易造成机翻人亡的安全事故，而且，在高空从事安装、拆卸作业，对工人的心理状态也有一定的影响。

塔机的安装、拆卸工作应尽量避免非正常安装、拆卸作业，实在不可避免时，应在安装、拆卸方案中计算每一作业步骤时的塔机基础抗倾覆稳定性和塔身结构强度，确保安全施工。

149. 为什么必须将塔机下支座与顶升套架之间连接牢固后才能拆除下支座与塔身之间的连接螺栓

2008 年 12 月 11 日下午 3 时许，某建筑工地，工人在做一台 QTZ40C 塔机升节前的准备工作时，塔机突然倾翻，1 人死亡，2 人受伤。

事故原因：下支座与顶升套架之间的 4 根连接销轴，仅安装了东南角的 1 根，其他 3 根未安装。在这 4 根销轴未全部安装到位的情况下，工人提前拆除了下支座与塔身之间的 8 套连接螺栓，当变幅小车向后移动时，塔机失去平衡，上部结构向平衡臂方向倾翻。如图 2-233（a）所示。

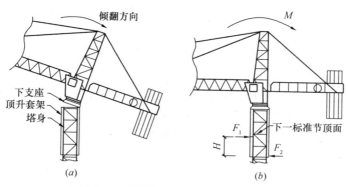

图 2-233　事故情况及顶升套架受力示意
（a）事故情况示意；（b）顶升套架受力示意

为什么必须把下支座与顶升套架之间连接牢固后，才能拆除下支座与塔身之间的连接螺栓？这也是由塔机的平衡原理决定的。

塔机未吊物时，平衡臂方向的力矩值大于起重臂方向的力矩值，上部结构存在一个后倾力矩 M，塔机有向后倾翻的趋势。当下支座与顶升套架之间连接牢固后，下支座与顶升套架形成整体，后倾力矩 M 通过顶升套架内的导向滚轮将力 F_1 和 F_2 传递到塔身上，力 F_1 和 F_2 大小相等，方向相反，但不在同一条直线上，$M=F_1×H$，使塔机上部结构保持稳定。如图 2-233（b）所示。当下支座与顶升套架没有连接时，就拆除下支座与塔身之间的连接螺栓，此时塔机下支座及以上部分仅仅是搁置在塔身上，失去了约束，塔机因此向后倾翻。

塔机升节或降节前，均需要拆除下支座与塔身之间的连接螺栓，但这项工作必须是在下支座与顶升套架之间已牢固连接后进行。塔机升节或降节工作结束，必须及时将下支座与塔身之间的连接螺桂安装齐全，将不平衡力矩直接传递到塔身上，塔机才能投入正常使用。这一点必须千万牢记！

在"顶升"作业过程中还有一点必须注意的是，顶升套架内上一层滚轮的位置绝对不允许超越下一标准节顶面的高度，如图 2-233（b）所示，否则上一层滚轮将失去在塔身上的支承点，力 $F_1=0$，$M≠F_1×H=0$，后倾力矩 M 将使上部结构倾翻。

150. 何为组合式塔机基础

随着地下空间的利用，很多工程的地下室范围比上部建筑结构的占地面积大得多，塔机需要安装在地下室基坑内部。组合式基础是适应这种工程特点的理想形式，具有以下优点：

（1）避免了深埋塔机基础带来的施工困难。

（2）塔机在现场基坑大面积开挖前安装，基坑开挖时塔机已可投入使用，有利于提高地下工程的施工进度。

（3）地下室的底板、顶板不用预留大面积孔洞，不用二次浇筑混凝土，地下室内不会出现积水，塔机的底部结构不会浸泡在水中，方便工人检查、紧固塔机地脚螺栓，对安全生产有利。

组合式基础由钢筋混凝土承台（或钢结构平台）、格构式钢架、混凝土灌注桩三部分组成。承台通常设置在地下室顶板上面。

组合式基础采用逆作法施工，其结构形式和施工顺序如图 2-234 所示。

格构式钢架的钢柱材料可选用钢管、格构式钢桁架，型钢

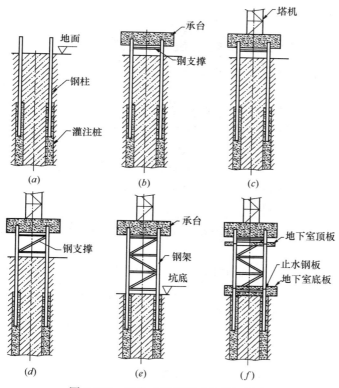

图 2-234 组合式基础形式及施工顺序

(*a*) 在塔机安装位置打 4 根混凝土灌注桩，桩径和桩长根据计算确定。每根桩中插入 1 根钢柱，钢柱中心线与桩的轴线重合；(*b*) 在钢柱之间焊接水平钢支撑，浇筑混凝土承台（或焊接钢结构平台），承台尺寸根据计算确定，并满足塔机底部结构尺寸的需要；(*c*) 安装塔机，验收合格后即可投入使用；(*d*) 随着地下室基坑分层开挖，每开挖一层，在钢柱之间及时焊接一层斜支撑、水平支撑；(*e*) 基坑开挖结束，所有钢支撑焊接结束。钢柱、钢支撑剪刀撑共同组成格构式钢架；(*f*) 沿钢架杆件周围焊接止水钢板，浇筑地下室底板和顶板

平台的钢柱材料可选用 H 型钢。钢柱下端伸入灌注桩的锚固长度不宜少于 2.0m，且应与基桩的纵向钢筋焊接。

计算格构式钢架强度和桩顶作用效应时应计入钢架的自重荷载。

格构式钢架按《钢结构设计规范》GB 50017—2003 中压弯构件进行计算。

151. 为什么要安装塔机附着装置？附着撑杆的布置形式有几种

自升式塔机附着装置的作用是减小塔身的计算长度，把作用于塔身的弯矩、水平力和扭矩传递到建筑物上，增强塔身的抗弯、抗扭能力。

附着装置由附着框、附墙座、撑杆三部分组成，常见的结构形式有三杆附着方式和四杆附着方式，如图 2-235 所示。

附着装置的制作、安装应注意以下几点：

（1）撑杆结构必须含有三角形的单元，因为只有三角形可以保持结构稳定。

（2）撑杆与建筑物墙面之间的夹角 θ 在 60°左右为宜，两附墙座之间的间距 b 与塔身中心至建筑物墙面之间的距离 L 存在着一定的比例关系，L 的尺寸大，b 的尺寸也相应增大。

（3）撑杆的长度与 b、L 两个尺寸相关，应根据实测长度配置。当 b、L 两个尺寸超出塔机使用说明书中给定的尺寸时，用户不应简单地将制造商提供的撑杆接长使用，因为撑杆长了，其长细比和强度均发生了变化，有可能因撑杆失稳而发生塔机倾覆事故。加长的撑杆应专门设计。

（4）最上一道附着装置至起重臂下弦杆的垂直距离被称为自由端高度，自由端高度不得超出塔机使用说明书中的规定。

（5）附墙座应尽量安装在建筑物的主梁、柱上，当安装在次梁上时，用户应校核次梁的结构强度，必要时增加结构中的钢筋配置量。

398

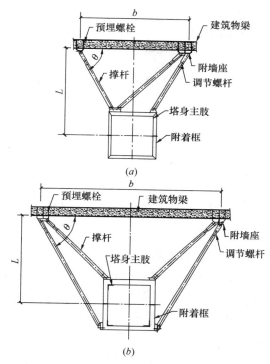

图 2-235　附着装置

(a) 3 杆附着方式；(b) 4 杆附着方式

（6）塔机安装到最大独立高度时，必须先安装附着装置再升高，塔机拆除降节时，必须先降节，再拆除附着装置。

（7）附着装置以下塔身的垂直度偏差不得超出 2‰。

（八）综合管理

152. 为什么不能随意改动设计图纸

问：下图为两个简易的附墙吊架。吊架 1（图 2-236）为设计方案，吊架 2（图 2-237）为业主要求更改后的施工方案。两个吊架的回转半径、钢丝绳和钢管的用料均相同。请问图 2-236 改成图 2-237 后对吊架的吊重量有何影响，为什么？

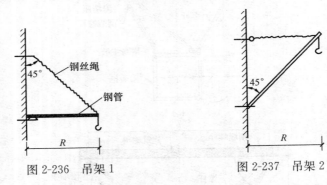

图 2-236　吊架 1　　　　　　　　图 2-237　吊架 2

答：吊架由原设计方案改为施工方案后，吊重量将明显下降，其值约为原设计吊重量的 70% 左右。

假设吊架 1 的设计吊重量为 Q，根据建筑力学中力的分解与合成的定理，吊重量 Q 可分解成一个水平压力 $S_{压1}$（由钢管承担）和一个斜向拉力 $S_{拉1}$（由钢丝绳承担）。它们的力三角形如图 2-238 所示。$S_{压1} = Q$，$S_{拉1} = 1.414Q$。

如果吊架 2 的吊重量同样为 Q，那么，钢管和钢丝绳的受力情况又怎样呢？我们也可以用同样的方法作一个力三角形，如图 2-239 所示。$S_{压2} = 1.414Q$，$S_{拉2} = Q$。

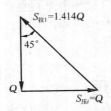

图 2-238　吊架 1 力三角形

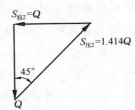

图 2-239　吊架 2 力三角形

通过这两个力三角形可以清楚地看出，吊架 2 中，钢丝绳所承受的拉力较吊架 1 小；而钢管所承受的压力则大大超过了

400

吊架 1。也就是说，钢丝绳安全有余，而钢管则安全不足。如果使 $S_{\text{压}2}$ 也等于 $S_{\text{压}1}$，则吊架 2 的吊重量应为：$Q \times \cos 45° = Q \times 0.707 = 0.707Q \approx 0.7Q$。

再说，吊架 2 中钢管的长度为吊架 1 中钢管长度的 1.414 倍。对于受压杆件来说，除了考虑所受压力的大小以外，还应考虑杆件的纵向弯曲的影响，即长细比的问题。同样截面的杆件，长度越长，长细比的影响越大，承载力越小。从这一点来说，吊架 2 的吊重量还应低于 $0.7Q$。

通过以上分析可知，如果将原有设计方案吊架 1 改为吊架 2 是不合理的，会明显降低吊架的吊重量。

在建筑施工现场，设计修改不通过原设计单位，只有建设单位和施工单位意见一致就作修改的事常有发生，这是违反基本建设管理规范要求的，有的已造成严重的质量或安全事故。

如广州市某工程采用人工挖孔桩基础，桩长 20～30m，其地下室深基坑支护原设计采用地下连续墙截水，建设单位嫌造价太高，与施工单位达成口头协议，取消了地下连续墙。在人工挖孔桩开挖施工中，大量抽水，地下室土方尚未开挖，已造成与之紧邻的某 8 层办公楼严重倾斜、下沉、开裂，大楼工作人员被迫紧急搬出的事故，未完成部分改为钻孔灌注桩。后办公楼业主向建设方提出 800 万元的索赔要求，有关方面无法达成协议而诉讼至法庭。值得一提的是，改变深基坑支护设计虽然是施工单位应建设单位的要求，但无任何文字依据。法庭上建设单位矢口否认，施工单位只好单独承担了"擅自改图"的责任。

又如 2003 年 11 月 3 日，湖南"衡州大厦"火灾中，20 名消防官兵壮烈牺牲。事故责任人开发商李某、施工单位施工员魏某等被逮捕法办，其中一项控罪是，楼梯口原设计为两个，开发商为增加销售面积，擅自决定取消一个；为降低成本，设计图中的 5 个屋顶水箱均未建。施工人员明知开发商的要求违法，仍予实施。其恶果是火灾时居民少了一个逃生之路；无水救火，加剧了火势的蔓延。

153. 正确理解规范"非正常验收"条文 对结构安全性能的要求

《建筑工程施工质量验收统一标准》CB 50300—2001 第 5.0.6 条明确了建筑工程质量验收中的非正常验收规定,条文全文如下。

当建筑工程质量不符合要求时,应按下列规定进行处理:

(1) 经返工重做或更换器具、设备的检验批,应重新进行验收;

(2) 经有资质的检测单位检测鉴定能够达到设计要求的检验批,应予以验收;

(3) 经有资质的检测单位检测鉴定达不到设计要求、但经原设计单位核算认可能够满足结构安全和使用功能的检验批,可予以验收;

(4) 经返修或加固处理的分项、分部工程,虽然改变外形尺寸但仍能满足安全使用要求,可按技术处理方案和协商文件进行验收。

上述规范条文十分明确地规定了当建筑工程质量不符合验收要求时的不同处理方法。当工程质量(主要指检验批)不符合规范验收要求时,既不能采取不负责任的态度轻易放纵,也不能采取简单的不分青红皂白的态度轻率地"一棍子打死"。应该既坚持工程质量,又要运用科学的、实事求是的态度予以处理,既要有原则性,又要有灵活性。这是新规范在工程质量验收方面的重大突破,也是规范人性化管理的一个重要方面。整个条文适用于四种不同情况的非正常验收。正确理解和掌握非正常验收的规范条文,对保证工程质量、加快施工进度、降低建设成本,都具有十分重要的意义。

现以某一根(组)钢筋混凝土大梁为例,说明对规范非正常验收条文的正确应用。

(1) 第一种情况:是指检验批验收时,发现其部分主控项

402

目不能满足规范的验收规定，或部分一般项目超过允许偏差限值不符合验收要求时，应及时进行处理的检验批。其中属于严重影响使用功能或观感质量的缺陷，施工单位应予以返工重做；一般的缺陷应通过翻修或更换器具、设备、部件予以解决。当施工单位采取了相应的措施后，应重新组织验收，如能符合相应专业工程质量验收要求的，则应通过验收，并认定为合格。

例如在大梁钢筋检验批验收时，发现受力钢筋的品种、规格或是连接方式不符合设计要求，另外箍筋间距大小不一，预埋件、预留孔洞位置有偏差等问题。很明显，前者属严重影响使用功能和结构安全的主控项目内容问题，应予以返工重做；而后者则属于一般项目中的允许偏差限值问题，只需返修处理就行了。当施工单位经过返工和返修，钢筋施工质量符合验收规范要求后，则应重新组织验收，并认定为合格。重新验收的范围应是整个验收批，不能仅仅是第一次验收时被抽到的部分。

（2）第二种情况：如上述钢筋混凝土大梁检验批验收时，其他检验项目都合格，惟独混凝土试件的强度达不到设计要求，如混凝土设计强度等级为 C30，而试件检测结果平均为 28MPa。这时，不应轻率地采用推倒重来的做法，应请具有相应资质的法定检测单位对混凝土强度进行检测。例如采用回弹仪做回弹检测或在构件上采用钻芯取样等方法，检验构件实际的混凝土强度等级，如能确定混凝土实际强度等级达到设计要求时，则该检验批仍应认为通过验收，认定为合格。

（3）第三种情况：如经有相应资质的检测单位检测鉴定，混凝土还是达不到设计要求的强度等级，在差距不是很大的情况下，经原单位请有相应资质的设计单位核算，认定仍能满足结构安全和使用功能要求时，则该检验批仍可予以验收。如上述钢筋混凝土大梁，试件检测的混凝土强度平均为 28MPa，通过现场回弹仪回弹检测和钻芯取样检测，混凝土实际强度同样为 28MPa。这时，可以请原设计单位进行核算。一般情况下，国家规范、标准给出了结构安全的最低限度要求，结构设计时，多少总会留有一定的余量。如设计单位实际设计的混凝土强度只需 27MPa，为安全和施工要求，选用 C30。混凝土试件检测和用回弹仪或钻芯取样检测，都是混凝土实际的强度 28MPa，虽未达到 C30 的设计要求标准值，但仍大于 27MPa，是能保证结构安全的，可予以验收。

以上三种情况都应视为符合规范规定、质量合格的工程，只是管理上或施工中出现了一些不正常的情况，使施工资料证明不了工程实体质量，经过补充一定的检测手续，证明工程实体质量能满足结构安全和使用功能要求时，给予通过验收是符合规范规定的。

（4）第四种情况：是比上述三种情况更为严重的质量问题，经检测单位检测和原设计单位核算，均不满足设计要求，即影响结构安全和使用功能。这种情况下，尚有以下两种处理方法。

1）经与建设单位、设计单位协商后，可采用适当调整大梁使用荷载的方法，如将梁上的砖隔墙改用轻质隔墙：将 240mm 砖隔墙改为 120mn 砖隔墙或取消梁上的隔墙，将原来单间房改为双间房使用等措施，来降低大梁上的线荷载，以满足大梁的结构安全使用要求。如采用上述措施并经设计单位核算后，认定能满足结构安全和使用功能要求的，可予以通过验收。

2）当不能采用上述 1）的方法时，如能采用一定的技术方案，对大梁采用加固处理，如采用外包角钢、贴扁钢等方法，或设置支撑、增设牛腿等技术措施后，使大梁能保证安全使用的基本要求，虽然改变了构件的外形尺寸，甚至造成一些永久性的缺陷，影响到一些使用功能，但避免了社会财富的更大损失。给问题比较严重但可采取技术措施进行加固、修复的质量问题一条出路，不能指责为轻视质量回避责任，当然责任方应承担相应的经济和赔偿责任，这种做法也符合国际上"让步接受"的惯例，称为按技术处理方案和协商文件验收。

第四种情况实际上是工程质量达不到验收规范的合格规定，应算在不合格工程范围。但从客观上讲，若在采取技术处理方案（包括加固补强）后，能达到保证结构安全和使用功能的，不能一概采用推倒报废的简单做法，进行协商验收，这是新规范的一个重大突破。

（5）需要指出的是，新规范明确了非正常验收的规定，但绝不是对质量问题的宽容和迁就，并不表示凡是质量事故都可以不要报废，采取技术措施，进行协商验收。对于那些即使通过返修或加固处理后仍不能满足安全使用要求的检验批，或分部工程、单位工程，则应严禁验收，并坚决予以拆掉重做，这是新规范第 5.0.7 条的内容，应认真贯彻执行。

154. 施工中应警惕喜欢惹祸的线膨胀系数

热胀冷缩是建筑材料的一个重要物理性能，通常用线膨胀系数 α 这一指标来衡量其热胀冷缩值的大小。

对建筑工程来说，线膨胀系数这个指标，似乎被谈论得不多，但它却是一个喜欢惹祸的指标，建筑物产生的很多裂缝与它有关，因此，从设计到施工都应十分重视。建筑结构件大多由线膨胀系数值不同的建筑材料组合而成，它们之间的差值越大，胀缩变化值的差异也越大，惹祸也越多。

（1）什么是线膨胀系数

国家标准《建筑结构设计术语和符号标准》GB/T 50083—97 中规定，线膨胀系数是表示材料在规定的温度范围内以规定常温下的长度为基准，随温度增高后的伸长率和温度增量的比值，以 $1/℃$ 或 $1/K$ 表示。常用建筑材料的线膨胀系数 α 值见表 2-86 所示。

常用建筑材料的线膨胀系数 α （$10^{-6} \times 1/℃$）　表 2-86

材料名称	α	材料名称	α
钢材	10.5～11	砖瓦	5.5
黄铜棒	19.3	砖砌体	5
铝板	20.7	混凝土	10～14
铝铸件	22.2	水泥砂浆	10～14
木材	5～8	花岗石	8.3
建筑石材	4～7	大理石	3.5～4.4
玻璃	8.8	陶瓷	3.6

（2）因胀缩产生的事故实例

① 某市一单层厂房，跨度 21m，长度 66m，两端间和中间 4m 宽的走道采用混凝土垫层上做整体水磨石地面，铜条嵌缝，一气呵成，水磨石走道两侧为无砂水泥地面，横向沿轴线每开间设一道伸缩缝，内灌细砂，施工时间为 12 月上旬，昼夜平均气温为 5℃。第二年夏季，气候十分闷热，一天下午 3 时许，车间内突然响起一声闷雷似的爆裂声，长 66m 的水磨石走道在接近中间部位炸开一个 2m 长的大裂口，两侧的无砂水泥地面安然无恙。

② 1999 年 6 月 13 日下午 2 时 30 分，重庆市解放碑广场，在重庆百货公司与新潮商场之间的数十米花岗石地面，随着一声沉闷的爆裂声而拱起。正在此处信步的游人，忽然间在地面上弹跳了一下后，还以为地震了。后查其原因是由于气候炎热，采用密缝铺设的花岗石地面在高温受热后产生膨胀引起。

③ 2001 年 7 月 2 日下午 3 时许，武汉市气象局附近的路面被炸开了一道 2～3m 长的大口子。附近一小店店主说，突然间地面响起了一声很闷的爆裂声，地面和房子都晃了两晃，还以为地震了。后查其原因是水泥混凝土路面施工时伸缩缝留置不够，路面在烈日下受热膨胀而被挤破。

④ 某高校图书馆系两层砖混结构，平屋面，秋冬季节施工，竣工后半年多，发现二层两端的窗台下出现 45°斜裂缝，如图 2-240 所示。在正常天气时，斜裂缝的宽度从早上到下午是变化的，即早上裂缝极细微，经太阳照射后，下午裂缝渐宽，太阳落下后，裂缝又渐渐缩小，周而复始循环变化，夏季更为明显。

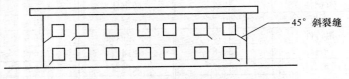

图 2-240　二层两端窗台下出现 45°斜裂缝

⑤ 某家庭客厅系采用釉面砖铺设，夏季高温时在住户指导下施工。地面用 1：2 水泥砂浆找平，釉面砖用纯水泥浆密缝铺贴，四周抵紧墙壁。在初冬的一个深夜，客厅内突然响起一阵咯咯的爆裂声，客厅中间部分的釉面砖发生空鼓，少数釉面砖被胀裂。

（3）原因分析

线膨胀系数告诉我们，建筑结构件在温度变化时会产生胀缩现象。当结构件处于无约束的自由状态时，不会产生不利结果，但当胀缩受到约束时，尽管线膨胀系数 α 的值很小，但在结构件中将产生一定的膨胀力或收缩力，这种膨胀力或收缩力大到一定程度时，将对结构件造成损害，轻则裂缝，重者破坏。

实例 1、2 和实例 3 是属于同一种类型的事故，都是在高温季节时地面受热膨胀造成的。以实例 1 为例，该地夏季气温高达 35℃ 以上，与水磨石地面施工时的温差高达 30℃，此时水磨石走道地面的膨胀值可用下式计算：

$$\Delta L = \alpha \cdot L \cdot \Delta T$$

式中　α——水磨石材料线膨胀系数，由于较密实，取 14×10^{-6}（1/℃）；

　　　L——水磨石走道长度，取 66m；

　　　ΔT——高温季节气温与水磨石地面施工时的温差，取 30℃。

$$\Delta T = 14 \times 10^{-6} \times 66 \times 30$$
$$= 0.02772\text{m} = 27.72\text{mm}$$

计算结果说明，在炎热的季节，66m 长的水磨石走道地面面层将膨胀 27.72mm，在中间未设伸缩缝，两端又抵紧砖墙的情况下，膨胀力只有在中间的薄弱部位寻找出路了。

实例 4 中窗台下的 45° 斜裂缝，是由于屋面在太阳光照射下，现浇的钢筋混凝土屋面层、天沟、檐口圈梁受热后的膨胀值远远大于砖砌体膨胀值的缘故，两者的膨胀值之差使砌体内产生了一定的拉应力，两端窗台处是砌体最薄弱的部位，所以常在此产生 45°斜向裂缝。

至于实例 5，为什么会在初冬的深夜出现爆裂呢？这是由于温度下降时，不同材料的收缩值差异所造成的。该住户客厅平面尺寸为 4.2m×5.2m，如上所述，该客厅地面系夏季高温季节铺贴，施工时房间内温度高达 35℃以上，垫层用水泥砂浆和粘贴用的纯水泥浆强度等级又高，其热胀冷缩值也大。当进入初冬时，气温下降较多，深夜客厅气温在 5℃左右，在此情况下，地面的水泥砂浆垫层和纯水泥浆粘结层所产生的收缩值，为釉面砖收缩值的 3～4 倍，从而使釉面砖受到一个向地面中心的挤压力。由于釉面砖密度较高，铺贴时又采用密缝铺贴方式，四周抵紧墙壁，最终导致釉面砖崩裂而向上拱起。

（4）施工中应注意的问题

① 在施工室外水泥混凝土道路、场地时，应根据施工期温度和当地夏季最高、冬季最低的温差情况，按地面工程和道路工程规范要求，留置一定数量的伸缩缝，其做法应符合规范要求，伸缩缝中间用沥青胶泥或沥青木丝板填嵌。

室外场地铺设花岗石或地砖地面时，不宜采用密缝铺贴。如果必须采用密缝铺贴时，应每隔 2～3m 设一道宽 8～10mm 的缝。铺贴及嵌缝的砂浆强度不宜过高，可用水泥石灰膏砂浆。

② 对于室内混凝土地面，在夏、冬季节不采用空调的房间，也应按规范要求设置一定量的伸缩缝。对于工业厂房，通常每一轴线留置一道缝。地面与周围墙壁间可用一层油毡隔离。

③ 对于实例 4 所示的砖混平屋顶结构建筑，应重视屋面保温隔热层的设计，尽量避免大气温度对其产生的冷热影响。窗台下面，特别是建筑物两端间的窗台下，应增设一道钢筋混凝土过梁，或在砌体内增设一道钢筋网层。

④ 室内铺设釉面地砖时。宜留 1～3mm 缝隙。并不应与四周墙壁抵紧。找平、粘贴及擦缝用砂浆，宜用水泥石灰膏砂浆。

⑤ 吊装测量中，极易受到阳光照射的影响。特别是对细长

408

柱子的垂直度测量，应注意由于阳光的照射，使柱子的阳面和阴面产生温差，造成柱子向阴面弯曲，影响垂直度测量质量。故垂直度测量或复测宜利用早晨或太阳落山后以及阴天进行，以提高测设质量。

155. 水浮力——可贵的施工资源

由滴水和涓流形成的江河湖海，你可曾想到，它们是我们建筑施工中重要的合作伙伴，也是一种可贵的施工资源。

根据物理学上的阿基米德定律可知：物体浸在水（液体）中时，水（液体）对物体将产生一定的浮力作用，其浮力的大小，等于物体排出水（液体）的重量。

水的浮力在工程建设中有重要的作用和影响，合理地利用它，将成为工程建设的有力助手，若是忽略它的存在，它将给你带来很多麻烦，甚至造成质量或安全事故。

（1）从浮运谈起

几百吨、甚至成千上万吨重的庞然大物，或是几十米、上百米长的巨型物件，怎样进行长距离运输？又怎样进行安装？即使现代化的交通运输工具——飞机、火车也是难以进行的，而采用浮运则能成功地解决这个难题。

浮运，顾名思义，是利用水的浮力在江河湖海中进行运输。它既是一种古老原始的运输方法，也是一种有效的现代运输方法。它特别适合于超重超长物件的运输，在桥梁、隧道建设中，更被广泛采用。

福建漳州有一座宋代建造的大石桥——虎渡桥。巨大的石梁宽七尺，高五尺，长七丈多，重达二百多吨。建桥时是如何把石梁架设到桥墩上去的呢？原来聪明的桥梁工人们是巧妙地利用浮运技术来完成运输和架桥任务的。为了使巨型石梁便于搬运，防止折断，首先在石梁上涂上黄泥，用麻筋绳子裹绑，晒干，使它成为滚圆的石柱，然后滚到木架上运至河边，装上木排，再利用涨潮，把它浮运至桥位，当落潮时，巨大的石梁就准确地架设于两端的桥墩上了。这是多么巧妙的施工方法啊！它充分反映了我国劳动人民的聪明才智。

由桥梁专家茅以升自行设计、自行施工的我国第一座现代化的双层铁路公路联合桥——钱塘江大桥，在施工过程中，用于桥墩下部的钢筋混凝土沉箱和桥身部分的钢梁等大型物件的运输和安装也多次采用了浮运的施工方法。

浮运架桥法的最早记载见于周亮工的《闽小记》中"激浪以涨舟，悬机以弦牵"的描述。周亮工为明代人，距北宋建桥时相隔已数百年，他的记述，究竟是根据明代桥梁施工情况所作的描述，还是从北宋建桥时的历史资料转引得来，还待考查。据分析，"激浪以涨舟"就是利用潮汐的涨落，控制运输船只的高低位置，以便于桥梁构件的浮运、起落、就位，和现代的浮运架桥法基本相同。"悬机以弦牵"，是指当时的一种吊装设备，它的起重装置的一部分应是悬空的，所以称"悬机"，从"悬机"牵引构件就位、架设桥梁，与现代应用各种土法吊装设备架桥其原理也基本一样的。

现代采用浮运架桥时，不仅利用潮汛的涨落，还可利用船上的抽水设备，人为地增加船的浮升能力，以加快施工进度。

采用浮运架桥法有很多优点，不仅能加快桥梁建造的进度，而且在施工过程中，河流可以少断航或不断航。还能减少水上作业，有利于安全生产。同时还可减少好多临时设施，因而可以降低造价。

现在，浮运技术也被应用到江河、海底隧道建筑中。1958年6月1日建成的古巴哈瓦那港口水底隧道，其中水中部分采用了预制管段、浮运沉放的施工方法。

每个预制管段宽 21.85m，高 7.1m，长 107.5m，如图 2-241 所示，像一艘巨型客轮。每个管段的钢筋混凝土建造体积为 6500m³，全重达 16000 多吨。在附近临时船坞中制作后，由七八艘拖轮拖着浮运到江中指定位置，再缓缓下沉到海底的隧道基础上，如图 2-242 所示。这种施工方法进度快、水上作业时间短，是一种比较先进的施工方法。

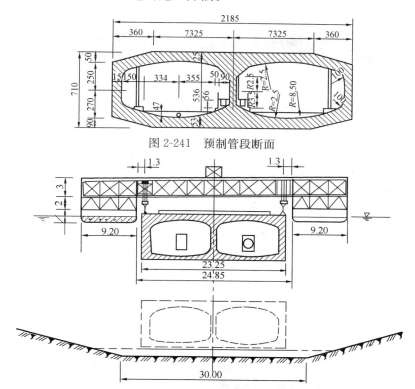

图 2-241　预制管段断面

图 2-242　预制管段吊在钢桁梁上准备下沉

2000 年建造的上海市外环路黄浦江隧道也采用了预制管段、浮运沉放的施工方法。这是由我国自行设计、施工的沉管隧道，其规模位居亚洲第一、世界第二。

上海外环隧道东起浦东三岔港，西至浦西吴淞公园附近，全长 2880m，其中沉管段长 736m。每节管道宽 43m，高 9.55m，管节内设 3 孔 8 条机动车道，最长的一节长 108m，自重达 45000t。如图 2-243 所示。制作管段的船坞设在黄浦江东岸，共有两个，其中 A 坞占地面积 4.2 万 m^2，B 坞占地面积 8 万 m^2，相当于 12 个足球场那么大，开挖深度达—13.9m。

图 2-243　　上海市外环路黄浦江隧道断面图

用先在陆上建造干坞，然后在内制作管段，最后干坞开闸灌水将管段浮运至预定的设计位置沉放到位是当今国际上出现的一种新的隧道施工方法，它始于 1910 年美国的底特律河隧道，迄今为止，世界上已有 100 多条沉管隧道，其中横截面宽度最大的是比利时亚伯尔隧道，宽为 53.10m。

始建于 1907 年的上海百年外白渡桥，桥长 104m，是上海第一座钢结构桥。2008 年 4 月被整体搬移进入工厂进行全面大修。于 2009 年 2 月经全面整修后，分南、北两段乘船浮运到原来桥位，利用涨潮时的高水位顺利安全的架设到原来的桥墩上，如图 2-244 所示。

图 2-244　　上海外白渡桥北段桥身由驳船装载后回归原位

2009 年施工建设的镇江二重基地，其中有二根钢桁车梁，跨度 50m，其起重量为 850t，自重达 760t，在南通船厂制作完成后，由大驳船水运至镇江建设工地，用起重量为 1000t 的浮吊起吊安装就位。

（2）冰运——水力浮运的另一种形式

你见过冰上扬帆吗？

在北极寒冷地区，有一种张着帆在冰层上滑行的冰船，这种冰船的船底和冰面之间的接触面极小，所以摩擦力也很小。这种冰船不仅作为运输工具使用，也给文体爱好者作为文体活动之用。他们特别喜欢在逆风中行驶，他们往往能在每小时 80km 的风速中得到每小时 100～160km 的前进速度，甚至更高的速度。在严寒的北国风光中，同样可以看到风帆点点，千舟竞发，与江南水乡的江河湖海可以媲美。

冰运——除了在冰冻的河道上进行运输之外，在我国古代，还有采用人造冰河进行运输的记载。如果你到北京去故宫参观时，请注意看一看保和殿后面御路上镶有一块长方形的巨大石雕，名曰"云龙阶石"。在这块又大又厚的青石上雕有九条腾飞的巨龙，出没于流云之间，下面为海水江崖。石雕的四周刻有卷草纹图案。整块石雕构图极为严谨壮观，形象生动，雕饰精美，堪称我国古代石雕艺术中的瑰宝。石料为艾叶青石，长 16.57m，宽 3.07m，厚 1.7m，重 200 多吨，采自北京西南的房山区，距北京有 100 多里路，如何把这块巨石运到北京呢？就是在现在，这么重的巨石也是难以搬动的，何况交通运输工具落后的古代呢？原来我国勤劳智慧的劳动人民利用冰运解决了这个难题。当时的皇帝发布军令，沿途百姓每隔 1 里路挖一口井，到冬天，从井内汲水泼成一层厚厚的冰道，然后用旱船拖拉，直至北京。真是一石采运，动用数万人之多。厚厚的冰道，既是我国劳动人民智慧的表现，也是由千百万劳动人民的血泪凝成的。

156. 你会堆放东西吗（一）——楼板上堆放东西的力学知识

如果有人问你："你会堆放东西吗？"你一定会觉得有点荒谬，谁不会堆放东西？！但到建筑工地去走一走，看一看，你就会发现，很多建筑材料、构件的堆放是很不合理的，有的已造成了严重的质量或安全事故。人们从一些教训中得到一条经验，堆放东西也有很多力学知识。

先说在楼板上堆放东西不当造成的几起事故实例吧：

实例 1：这是发生在黑龙江省哈尔滨市南岗区的一幕悲剧。某建筑公司土建施工队进行旧楼房拆除施工作业，将三楼顶层水箱房拆下的近 4m³ 的残土堆积在三楼的预制钢筋混凝土的楼板上，由于楼板负荷过重，使楼板断裂并逐层塌落，一砸到底把正在地下室研究工作的队长、副队长、施工员、安技员等 8 人砸在里面，造成当即死亡 5 人，一人经抢救无效死亡，2 人轻伤的重大伤亡事故。

实例 2：山西省文水县某营业办公楼工程，于 1990 年 4 月 28 日凌晨 4 时 30 分，二层 5 块预应力空心楼板突然断裂坍塌，并砸断一楼 6 块预应力空心楼板，造成一起重大倒塌事故。

经事故调查，经过情况是这样的：4 月 27 日三层砖墙基本完成，只余 5 道内隔墙未砌筑，计划 28 日全部砌完。工地负责人杜某、李某商议后决定，为不受白天停电影响，决定当晚加班上料，指派 5 名工人加班为每道隔墙上砖 500 块，合计 2500 块。同时交代砖堆放在距离隔墙 80cm 的范围外顺隔墙排放，加班工人晚上 9 时开始堆放砖，12 时完成任务。28 日凌晨 4 时 30 分，二层的 5 块预应力空心楼板突然断裂坍塌，并砸断一层 6 块预应力空心楼板。

事后经事故调查组核算，空心楼板严重超载，以致楼板弯矩达到允许荷载弯矩的 2.24 倍，是造成事故的直接原因。

实例 3：某地一办公楼工程，于 1993 年 10 月 29 日晚施工到四层顶时，由于①～②轴线空心楼板断裂，造成 4 人死亡，2 人重伤的重大安全事故。其中一个重要原因是楼板超载过多。经事故调查组核实，每块断裂楼板上堆放红砖 288 块，码放在板中 1.5m 范围内。10 月 30 日现场实测砖的平均重为 26N/块，每块楼板上砖块总重量达 7300N，板的跨中最大弯矩为 5475N·m。该工程设计选用 GB 436—335—5 预制圆孔板，设计允许弯矩值为 4650N·m，断裂板上施工荷载造成的最大弯矩值超过设计允许值 17.8%。

414

看来，在楼板上堆放材料或构件等东西，也有很多科学道理。

首先，在楼板上堆放东西，要注意楼板的设计负荷量值。楼面不像地面，堆放多一点无所谓。各种楼板的设计厚度和钢筋配置是根据不同的用途而不同的。设计人员根据国家规范要求，有一定的限值，它既要考虑使用，又要避免过于保守，造成浪费。例如宿舍工程，楼面的设计负荷量值为每平方米 2kN，学校教室、会议室的楼面设计负荷量值为每平方米 2～2.5kN。楼面堆放的东西重量如超过限值，就形成超载，当超载到一定程度，楼板承受不了时，就会发生裂缝，甚至造成断裂塌落事故。在质量、安全工作检查中，经常看到一些砖混结构工程，在砌墙阶段，楼面堆放很多红砖，使楼面负荷处于严重的超载状态，如以满铺二层侧砖计算，每平方米的红砖数量就达 150 块之多，其重量每平方米达 4kN，危险性是显而易见的。

其次，要注意堆放的位置，同样的重量，集中堆放与分散堆放，对楼板内力的影响差别很大，由本书图 1-28 可知，跨中弯矩值将相差一倍。又如图 2-245 所示，同样 10kN 的东西，堆放在一块 4m 长的楼板上，图 2-245（a）表示集中堆放于板的跨中；图 2-245（b）表示分开堆放于两边 1/4 处；图 2-245（c）表示均匀分散于板面。根据力学计算可知，图 2-245（a）使楼板产生的内应力将比图 2-245（b）、（c）大 1 倍。

再次，对于预制板楼面，在堆放材料之前，应先做认真的嵌缝，并待嵌缝混凝土达到一定的强度后，方可堆放物料。

由预制钢筋混凝土多孔板铺设的楼面，是由嵌缝将一块块单块的多孔板连接成一个整体楼面的，由荷载试验可知，当一块板面上受到荷重后，通过板缝将

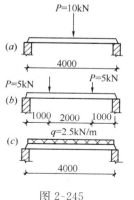

图 2-245

迅速传递至相邻的多孔楼板上,使之相互协同工作,形成较强的整体性,本书中图 2-142 所示是荷载作用于槽形板的主肋时,相邻边肋的传递系数。

由图 2-142 可知,预制楼板通过板缝,其协调工作的作用是十分显著的。板组在荷载作用下,其受力状态好似一根以嵌缝为支座的多跨连续梁,相邻两板能负担总荷载的 $35\% \sim 60\%$,使楼面变成一个坚固的整体结构。

有的施工工地,片面追求施工进度,楼板搁置完成后,不进行嵌缝就在楼板上堆放建筑材料,或是嵌缝一结束,不待嵌缝材料有个良好的凝固时间,就匆匆在楼板上堆料、搭脚手架进行砌筑施工,使板缝受到振动而失去应有的粘结效果,将大大降低板组之间的协同工作效果,相邻两板形成"独立"的工作状态,当一块板上受到较大荷载时,轻者将使楼板产生裂缝,重者将断裂坠落,造成伤亡事故。

157. 你会堆放东西吗(二)——围墙边堆放东西的力学知识

工地围墙在施工现场是属于临时设施,起着分隔空间和安全防卫的作用。工地围墙一般不需要正规的施工图纸,很多工地围墙用黄泥砂浆砌筑,有的甚至砌成空斗墙,以便于工程竣工后拆除回收砖块。

近几年来,全国各地多次发生由于施工时在围墙边堆放材料不慎致使围墙倒塌,造成人员伤亡和财产损失的重大事故,原国家建设部曾于 2001 年 7 月发出紧急通知,要求切实加强工地围墙安全的专项治理。现摘录几起典型的工地围墙坍塌事故实例:

实例 1:这是发生在浙江省庆元县某小学的一场悲剧,某建筑队正在围墙外边给学校施工教学大楼,他们把 10t 生石灰紧靠着围墙堆放,使围墙成了挡土墙。由于前几天生石灰遭到雨淋,体积逐渐膨胀,对围墙的侧压力也逐渐增大。一天下午,一段高

2m、长 7m 的围墙突然倒塌，在围墙边正玩得兴奋的一群小学生，来不及躲闪，其中 6 个学生被埋在砖砾和滚烫的石灰下面，虽经抢救，最终造成 2 人死亡、2 人重伤、2 人轻伤的悲惨事故。

实例 2：2001 年 5 月 11 日 22 时 10 分，山西省宏图建设有限公司长治分公司商品房工地发生围墙倒塌事故，造成 3 人死亡。当晚因工地需要卸下两车砂子（共 36m³），由于施工场地狭小，卸砂汽车停在工地围墙（高 2m、宽 0.24m）外侧向围墙内卸砂。卸完砂子后，在清理外边遗散砂子时，因围墙内侧堆砂较多，墙体突然向外倒塌，将墙外 3 名工人砸死。

实例 3：2001 年 5 月 12 日，乌鲁木齐新界大厦工地围墙发生倒塌事故，造成 19 人死亡、25 人受伤。施工单位在开挖大厦基坑施工中，违反规定将大量土方堆放在围墙内侧与基坑之间宽 7m、长 35m 左右的自然地面上，泥土及砂石挤压围墙产生了很大的侧压力，造成堆土段向外倒塌，倒塌情况如图 2-246 所示。

图 2-246　乌鲁木齐市新界大厦工地事故现场

在围墙内侧，又用钢管搭成架子安装了广告牌，钢管架子以围墙为支撑，事故当日的大风，也对围墙起了摇动破坏作用。

实例 4：2001 年 6 月 18 日，四川省绵阳市某施工单位施工的鼓楼商住区 B 区工程在施工现场围墙内侧堆放了砂石等建筑材料，致使近 30m 长的围墙向外侧倒塌。围墙外刚好是一菜市场，倒塌事故正发生于上午 9 时人流较多的时刻，造成砸死 2 人、砸伤 24 人的重大安全事故。

实例 5：2001 年 6 月 20 日，湖南省株洲市某小学围墙外侧因堆积大量的施工土方，在连续阴雨的情况下，造成泥土疏松滑塌挤压围墙，致使围墙倒塌，使正在围墙旁玩耍的小学生中4人惨死、5人受伤，其中一名伤势较重。

实例6：2008年11月9日，南京市八宝东街一建筑工地，近50m长的围墙突然倒塌，围墙外面是马路停车场，11辆沿墙停靠的小轿车被倒下的整块墙体砸得面目全非。围墙倒塌原因主要是内侧堆放了大量的土方，连日阴雨天，积土被雨水浸泡，挤压围墙所致。

(1) 围墙不是挡土墙

为什么全国各地屡次发生工地围墙倒塌伤人事故呢？其主要原因是工地上很多人把围墙当成挡土墙使用了，这是很危险的事。

围墙，从结构上讲，属于悬臂式自由结构，它仅承受自身的垂直荷载和一定的侧向风荷载，如在围墙边堆料，围墙就成了挡土墙。我们知道，任何散料物体都有一定的自然止息角度，见图2-247所示。材料如紧靠围墙堆放，自然止息角以上的部分物料将对围墙产生一定的侧向压力，见图2-248。当物料堆放到一定高度时，即当其侧压力值大到一定程度，围墙承受不住时，围墙将立即倒塌。

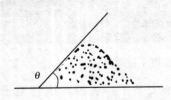

图 2-247　散料物体的
自然止息角

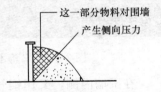

图 2-248　物料对围墙
产生侧向压力

挡土墙是能够承受一定的侧向压力的结构件，在进行挡土墙设计时，既要进行地基土的抗压强度验算，又要进行挡土墙的抗倾覆验算和抗滑动验算，因此，挡土墙具有相应的稳定性和安全性。

(2) 在围墙边堆放东西应注意的问题

① 散装的建筑材料，如砂子、石子以及土方等，不应紧靠

围墙堆放。必须靠近围墙堆放的，应如图 2-249 所示，不应使围墙产生侧压力。

② 预制混凝土构件也不宜靠近围墙边堆放。如靠近围墙堆放，层数不宜太多，否则预制混凝土构件对地面压力过大，造成地面下沉或下陷，致使围墙产生歪斜等安全隐患。如图 2-250 所示。

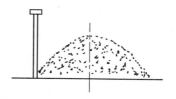

图 2-249　建筑材料靠近围墙堆放的方法

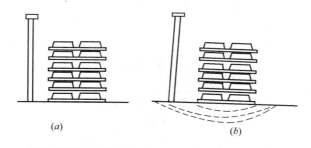

图 2-250　围墙边堆放预制混凝土构件太多，造成地面下沉、围墙歪斜

③ 钢筋混凝土屋架等高大构件以及钢管等脚手材料，不应斜搁在围墙上，如图 2-251 所示，这样容易压塌围墙。应另行搭设稳固的架子（用钢管或木材）予以搁置。

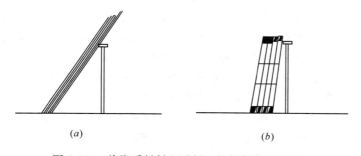

图 2-251　将脚手材料和混凝土构件依靠在围墙上
（a）脚手钢管、毛竹等材料；（b）混凝土屋架、天窗架等

158. 你会堆放东西吗（三）——预制构件堆放中的力学知识

在建筑施工现场，经常有很多混凝土预制构件需要堆放，为了减少不必要的构件损坏，必须重视构件堆放场地的处置。较好的堆放场地如图 2-252 所示，应先进行夯实或辗压平整，然后再铺一层厚 20～30mm 的级配砂石，使场地略高于自然地面，周边设有排水沟，防止场地雨后积水泡软基土而造成下沉。堆放构件前，在顺构件长度方向先通铺两条垫板，然后将构件的支点方木置于垫板上。

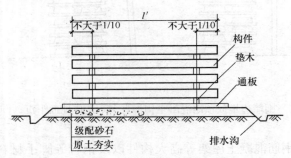

图 2-252　正确的堆放场地

一般预制混凝土构件自重都是很大的。以圆孔板为例，每块板重量大都在 600～1000kg 左右，每垛构件以 6 块计，则传至最下面一块板的每个支点上的压力将近 2～3t，若堆放场地不碾压、不铺砂石也不铺通板，而将垫木直接放在自然地坪上，垫木将被压入土内，尤其在土质松软或积水低洼地区将更为严重，结果使最下一块构件造成断裂（图 2-253）。

由图 2-253 可见，当最下一块构件的垫木压入土内时，在上部板的荷重作用下，最下一块构件底部将受到均布的基土反力（类似反梁），但构件的受力主筋是在构件断面的下面，上面只有少量的构造配筋，承受不了这样大的荷载产生的内力，结果跨中

420

就产生裂缝或折断。所以，在施工准备工作中，一定要先把构件堆放场地的准备工作做好，避免构件损坏，力求文明施工。

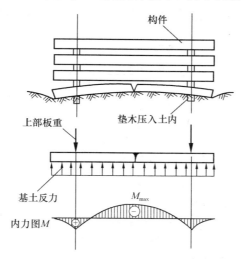

图 2-253　不夯实（或辗压）的场地

在一些施工现场，有时会看到一些断裂残破的混凝土构件，这些构件的报废，并非因混凝土强度不够或钢筋断面不足，主要是在运输、堆放过程中，因支垫位置错误，而导致开裂或折断，给国家造成不应有的损失。

预制构件的堆放（包括在运输车中放置），其支点应根据构件的配筋情况，符合或接近于正常使用的受力状态。以简支梁、板为例（如过梁、圆孔板），其受力主筋位于构件下面，上面只配有少量构造钢筋。正常工作状态为梁下两端简支，堆放支点必须根据上述特点来确定。一般支点距梁（或板）端不宜大于 $L/10$（L 为构件长度），支点上下必须对齐，否则将会出现下列种种情况：

（1）构成悬臂受力（图 2-254），支点距梁（或板）端过远，当断面上面的构造钢筋不能满足悬挑部分因构件自重产生的力矩时，梁（或板）将在支点断面的上部发生裂缝或折断。

（2）上下支点偏位（图 2-254），当构件多层堆放时，因上下支点不对齐而产生支点偏心矩，下面的构件在上面构件重量和自身悬臂重量作用下，将产生弯矩，当构件层数较多时，弯矩值是很大的，支点断面上的构造钢筋不能满足，便造成开裂或折断。

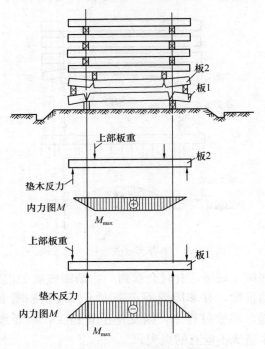

图 2-254　支点错误板开裂

（3）主筋不正常受力（图 2-255），若梁板反放或梁侧放，即使支点位置正确，但跨中底筋断面不足，在构件自重作用下，也会在跨中断面产生裂缝或折断。

所以，在堆放场地中，应认真垫好预制构件的垫木。若一旦垫错位置，花费大量人力物力得来的构件，就会变成废物。

159. 超载——建筑施工安全生产的隐性杀手

如果你到建筑施工现场去走一圈，不经意间你会发现不少

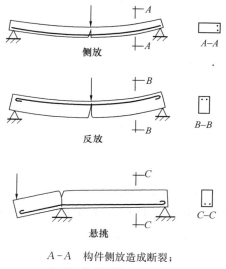

$A-A$　构件侧放造成断裂；
$B-B$　构件倒放造成断裂；
$C-C$　构件悬臂太长造成断裂。

图 2-255　钢筋位置对构件堆放的影响

超载现象，基坑（槽）边堆放挖出的土方及堆放基坑（槽）内须用的材料、楼面上堆料过多、脚手架上堆料过多、工地围墙边堆料过多、施工电梯人员超载过多……现场施工人员、操作人员对这些超载现场似乎司空见惯，实际上这都是安全生产的危险源，是安全生产的隐性杀手，有的已造成重大安全事故。

1. 2006 年 2 月 26 日下午四、五点钟，南京市某市政工程公司安排 3 名工人到某路段挖沟槽安装污水管道，管沟长 19m，宽 0.8m，深 2.9m。挖沟时没有放坡，也没有打内支撑，挖出的土方又都堆放在沟槽边，沟槽边还放了铺设的管道。晚上 9 时左右，沟槽挖好并放下管道后，3 人下到沟底固定管道接口。刚下到沟底没多久，突然沟南边的路面塌方，倒下的一大片泥土、砖石将 3 人掩埋在下面，闻讯赶来救人的工友们将 3 人从坍塌的土方中扒出后送往医院抢救，最终造成一死二伤的悲剧。

423

这起安全事故主要是施工中没有按照规范规定挖沟槽时应进行放坡（或打支撑）、沟槽边堆放挖出的土方及管道材料形成超载所致。

在沟槽边堆放土方与在地面上堆放土方是两种完全不同的力学状态，在地面上堆放土方，只是使地面上增加重力，最多使地面产生向下的压缩变形，没有什么危险性。而在沟槽边堆放土方则情况就不大一样了。如图 2-256 所示，挖沟槽土方施工时，两边有两块三角形土体，这两块三角形土体是具有滑动倾向的不稳定土体，尽管挖土方时不一定坍塌下来，但在外力影响下，如振动或土体浸水酥软后，这三角形土体就很容易坍塌下来。挖土越深，这块三角形土体范围越大，其斜坡线视土体性质而定，土质越好，斜坡线越陡；土质越差，斜坡线就平。为保证安全施工，规范规定挖沟槽土方时应进行放坡或打水平支撑，以保证三角形土体不滑动。本工程在挖土方施工时，既没有放坡，又没有打水平支撑，而且还将挖出的土方和铺设的管道堆放于沟槽边，对三角形不稳定土体增加了附加压力，加速了不稳定土体的滑动。

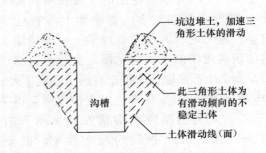

图 2-256　沟槽边堆土的安全危害

当土质均匀且地下水位低于基槽（坑）或管沟底面标高时，其开挖深度不超过表 2-87 时，挖方边坡可作成直立壁不加支撑。挖方深度在 5m 以内不加支撑的边坡最陡坡度应符合表 2-88 的规定。

424

直立壁不加支撑挖方深度　　　　　表 2-87

土的类别	挖方深度（m）
密实、中密的砂土和碎石类土（填充物为砂土）	1.00
硬塑、可塑的粉质黏土	1.25
硬塑、可塑的黏土和碎石类土（填充物为黏性土）	1.50
坚硬的黏土	2.00

深度在 5m 内的基槽（坑）、管沟边坡的最陡坡度　表 2-88

土的类别	边坡坡度（1∶m）		
	坡顶无荷载	坡顶有静载	坡顶有动载
中密的砂土	1∶1.00	1∶1.25	1∶1.50
中密的碎石类土（填充物为砂土）	1∶0.75	1∶1.00	1∶1.25
硬塑的粉土	1∶0.67	1∶0.75	1∶1.00
中密的碎石类土（填充物为黏性土）	1∶0.50	1∶0.67	1∶0.75
硬塑的粉质黏土、黏土	1∶0.33	1∶0.50	1∶0.67
老黄土	1∶0.10	1∶0.25	1∶0.33
软土（经过井点降水后）	1∶1.00	——	——

注：静载指堆土或材料等，动载指机械挖土或汽车运输作业等。

2. 天津市某大厦高 29 层，地下 2 层，地下连续墙厚 0.8m，基础底板厚 1.2m，在土方挖至基坑底、正待安装基坑水平支撑时，因急于做基础底板混凝土施工准备工作，将大量钢材堆放于基坑一侧，使地面随即出现一条平行于连续墙的一条裂缝，当时对 50m 长的连续墙进行检测时，发现其轴线已向内移动 50mm，随即责令工地立即将钢材移走卸荷，并加快进行内支撑安装，再用大吨位千斤顶支顶。连续墙的移位误差已不能恢复，但避免了连续墙倾覆事故的发生。现场施工人员倒吸了一口冷气"好险哪！"

在土方施工中，考虑日后回填土方的需要，挖土方时，除外运部分外，施工现场留存一部分土方是正常的，也是周密施工、经济运作的表现，但绝不能紧靠基坑（槽）边堆放，应有一定的安全距离。施工中应交底明确，并认真检查落实，避免发生安全事故。

3. 1986 年 3 月 21 日，黑龙江省化工建设公司某土建施工队，在哈尔滨市南岗区民益街 32 号进行旧楼施工作业时，将三楼顶层水箱房拆下来的近 4m³ 的残土堆积在三楼地板上，致使旧地板负荷过重，这些残土碎砖连同旧楼板逐层塌落，把正在地下室研究工作的队长、副队长、安技员、施工员等 8 人砸在下面，造成当场死亡 5 人，1 人经抢救无效死亡，另 2 人负伤的重大安全事故。

这起事故是楼板严重超载造成的，这起事故的直接责任者是该队的施工工长张某，也是这次事故的幸免者，他在现场指挥施工，忽视安全，违章作业，导致事故发生。南岗区人民法院依法公开审理了此案，判处他有期徒刑 3 年，缓期 4 年执行。

4. 某建筑公司对两个塔楼同时进行外装修作业，在两塔楼间搭设了长 13.35m，宽 6m，高 24m，分 8 层的井架运料平台，连接两个塔楼的脚手架，由于平台各层分别堆放着水泥、花砖、砂浆等，总重量近 40t，加上平台搭设时小横杆间距 3m 过大，平台严重超载，立杆失稳，当砂浆运至第 6 层平台时，平台倒塌，将两塔楼的双排外脚手架也拉垮，使正在第 4 层至第 8 层平台上作业的 20 名工人随架坠落，造成 2 人死亡、3 人重伤，15 人轻伤的特大安全事故。

5. 2012 年 9 月 13 日下午 1 时 26 分，武汉市一工地上，1 台载人施工升降机从 30 层（约升至 100m 处时）因钢丝绳断裂突然坠落至地面，升降机内 19 人全部遇难。据称有三人因挂篮内挤满了人未能搭上，最终幸免于难。2008 年 12 月 27 日，湖南省长沙市一建设工地也发生过一起载人施工升降机挂篮坠落事故，造成 17 人死 1 人重伤的重大安全事故。

这两起施工升降机挂篮坠落伤人事故报纸上虽然对坠落原因未有最终报导，但挂篮超载肯定是其中重要原因之一。

426

160. 加载试验——处理某些工程质量事故的简明直观而又有效的手段

在施工实践中，经常会碰到现浇钢筋混凝土梁或楼板面产生裂缝的问题，给业主在心理上造成很不好的负面效应，并由此在甲乙双方之间产生一连串的矛盾和尴尬。当经过多方相关单位人员参加的技术会诊会后，如仍难确定裂缝产生的主要原因或难以断定裂缝对结构安全的影响程度时，采用加载试验的方法，是处理此类质量事故简明直观而又有效的手段，能收到良好的效果。

沿海某市一幢住宅楼工程，框架结构，地下 1 层，地上 7 层，总建筑面积 2.8 万 m²，1～2 层为商业用房，3 层以上为居住用房。基础采用大直径钻孔灌注桩。第 7 层西段楼板设计厚度为 100mm、120mm，混凝土强度等级为 C30。该部位混凝土于 2008 年 1 月 16 日晚开始浇筑，至 17 日凌晨结束。混凝土采用市区预拌混凝土，泵车运输，机械振捣，一次浇筑量约 580m³，19 日即发现楼板面出现多处裂缝，涉及范围约 160m²，集中在最后浇筑部位。

经多日连续观察，发现楼板面裂缝呈无规则分布，多为表面性平行线状或网状浅细裂缝，裂缝宽度多在 0.05～0.5mm 之间，最大的达 1.5mm，裂缝长度最长的为 300mm，裂缝总数达 120 多条，全部为非贯穿性裂缝，深度最深为 16mm，裂缝大多集中在楼板的角部和跨中。

对此，组织相关单位技术人员进行了认真分析，查阅了施工单位用料记录和混凝土记录，也查阅了监理人员的监理记录，排除了施工单位偷工减料、混凝土强度不足、模板支撑不均匀沉降变形等因素，认为应属于混凝土早期塑性收缩裂缝，主要原因是供应的预拌混凝土存在坍落度较大等容易产生收缩裂缝，当时气温又较低、初期养护又不到位等诸多因素综合造成的。

为弄清裂缝对楼板承载力的影响，提出由设计单位对产生裂缝部位的楼板承载力作全面校核，结果也满足规范要求。

为消除业主的心理影响，给未来用户一个安全保证，最后确定选定两块楼板（选定的原则是：板面裂缝最严重，最可能发生结构问题的部位）在混凝土强度达到设计强度后，进行静载试验，以检验楼板在设计荷载作用下，其承载力及变形是否满足规范要求，然后确定是否返工和加固处理方案。

1. 加载方式：静载、均布荷载，用红砖堆载，非破坏性试验检验。

2. 荷载取值：考虑到静载试验仅为短期荷载，与长期荷载引起的效应不一样，决定将荷载取值定为设计荷载标准值的 1.65 倍，即：$1.65 \times 150 + 1.2 \times 160 = 440 \text{kg/m}^2$（$160 \text{kg/m}^2$ 为地面、顶棚粉刷装修重量）。

3. 加载时间：24h。

4. 观测方法：在所试验的楼板中间底部设置一只百分表，板的四周梁的中间位置各设置一只百分表，并都调整读数到 0 值。此时，上下层楼面均不得有任何荷载作用。板的挠度为板中百分表值减去 $1/4 \times$（四周梁的挠度之和）。每次加载以后，读取百分表的读数时，只允许 1 人进入，人多将影响百分表读数的精确性。最后将观测记录绘制成荷载——挠度曲线图。

5. 加载方法：加载分 5 次进行，每次 90kg/m^2（其中第 5 次加载 80kg/m^2）每次加载必须在半小时内完成，加载后观测 2h，即 2.5h 加一次荷载，直到荷载加满为止。

6. 观测频率：每 2.5h 观测一次板的挠度和裂缝开展情况，第 19h 后开始卸载，每次卸去 90kg/m^2，分 5 次卸完。每次卸载半小时内完成，再观测半小时，第 24h 时全部结束。

7. 检测项目：(1) 挠度检测：以楼板的挠度观测为主，裂缝发展的观测为辅。允许挠度取值：按板的短边跨度的 1/200

428

取值，即［f］＝L/200。（2）裂缝检测：静载开始前，先将已有的主要裂缝用红铅笔在楼板面和楼板底标出其长度和起止位置，在静载试验达到最大荷载时检验裂缝开展和延伸段的开裂宽度。一般认为，延伸段的裂缝开展宽度在 0.3mm 以内时，认为无影响，卸去全部荷载后再观测板面裂缝有无延伸，做出主要裂缝情况图，并标出裂缝延伸段长度和宽度。

8. 确定试验楼板的报废条件：（1）当实际挠度 f≤［f］时，表示该处试验楼板有效。当 f≥［f］时，表示该处试验楼板报废。（2）当裂缝延伸段的裂缝宽度超过 0.3mm 时，则认为该部位楼板报废。

9. 检验结果：（1）楼板承载力未出现承载能力极限状态；（2）挠度值检验符合设计的检测指标；（3）加载过程中未发现原裂缝增长，也未发现新裂缝产生。

10. 裂缝成因分析：根据检测结果结合施工资料进一步分析，各方一致认为该楼板裂缝属于塑性干缩裂缝。塑性干缩裂缝的产生主要是水泥浆在凝结硬化形成强度的过程中，由于混凝土内外水分蒸发程度不同而导致变形不同的结果。混凝土受外部条件的影响，表面水分损失过快，变形较大，内部湿度变化较小，变形亦较小。较大的表面干缩变形受到混凝土内部约束，产生较大拉应力而产生裂缝，相对湿度越低，水泥浆干缩值越大，干缩裂缝越容易产生。

11. 处理方案：（1）板面裂缝处理：1）对于裂缝宽度小于或等于 0.3mm 不贯通的一般裂缝，可先将裂缝清洗干净，用低黏度的环氧胶泥树脂浆液对裂缝进行高压灌缝修补。2）当裂缝宽度大于 0.3mm 时，应沿裂缝凿成 V 字形凹槽，清洗干净并干燥后，用化学灌浆泵，用高渗透、收缩性较小的改性环氧树脂胶液对裂缝进行填塞、涂刮处理。3）垂直主筋方向的危险结构裂缝，采用结构胶粘贴扁钢（－30×3）加固补强，板缝用环氧树脂胶液高压灌缝。（2）楼板表面处理：增做一层 C40 厚 45mm 喷射混凝土，内设 Φ_4@150×150mm 的细钢丝网片。

12. 处理效果：经多年使用，观测，没有发现新的肉眼可见裂缝，满足正常使用要求，证明处理方案合理可行。

161. 造成地震人员伤亡的主要是建筑物——警示非承重墙也不能随意拆除

2008年5月12日14时28分，我国四川省汶川县发生8级强烈地震。这次突如其来的重大自然灾害给人民生命财产造成了巨大损失，倒塌房屋数以万计，据民政部门统计，这次地震造成四川、甘肃、陕西、重庆、云南、山西、贵州、湖北等省市共3万多人死亡。

美国科罗拉多大学的一位专家曾经说过："造成伤亡的是建筑物而不是地震。"地震中房屋等建筑物的倒塌是造成人员伤亡的主要原因。据有关资料统计，建筑物的破坏和倒塌造成的人员伤亡占伤亡人数的95%。1960年2月9日，摩洛哥城发生了一次5.9级地震，由于建筑物建在松软的沉积土层上，造成大量房屋倒塌，夺去了约1.25万条生命。

大家都知道，日本是一个多地震的国家，但地震并没有给日本带来巨大的人员伤亡等损失。2003年9月26日，日本北海道地区发生里氏8级大地震，只造成1人死亡、2人失踪和500余人受伤，绝大部分建筑物保持完好。美国的西海岸也是地震的多发区，2004年11月4日，美国阿拉斯加发生7.8级大地震，强烈地震造成该地区输油管道临时关闭，未遭到破坏，只是个别道路和房屋受损，没有造成人员伤亡。事实证明，提高建筑物的防震、抗震水平，是避免造成重大人员伤亡的最重要途径。

近10多年来，大规模的城市建设和开发热潮，迅速改变着城市面貌和人民的居住水平，但也随之而来的房屋改建热和住房装修热则给人们带来了不少隐含的、但不可忽视的安全隐患。房屋在改建、装修过程中，门洞移位或加大，部分墙体被拆除，大大降低了建筑物的防震、抗震水平。经过多方面的宣传教育，现在，承重墙不能随意拆除，已成为大部分人的共识，而非承重墙则被错误的认为它并不是承重结构，仅起分隔空间的作用，可以随意拆除或移位，这是一个很大的认识误区。非承重墙尽管主要起分隔空间的作用，但它对承重墙体及其他承重结构起着连结、支撑的作用，对房屋结构的内力分配是有正面影响的，因而有利于加强房屋整体抗震能力。再者，隔墙等非承重墙体还可以延缓、削弱地震时带来的横向冲击波。非承重墙体如拆改不当，便会成为整个建筑物的薄弱环节，在地震中首先受到损害，而与之相连的承重墙体即使未被拆改，也必将受到连带影响。

5月12日四川省汶川县发生地震后，南京市房管局房屋安全鉴定处派出首批房屋安全鉴定专家赶赴灾区，对彭州市交通局办公楼进行安全鉴定时发现，损毁较为严重的1号楼原始结构经过了较大改变，有些地方原本有隔墙的，但被拆除或开了洞，有些地方原本没有隔墙的却增建了。与1号楼结构相似的另一栋办公楼几乎没有拆改，受损程度相对轻得多。

综上所述，地震给人们带来的灾难是严重的，但通过提高建筑物的防震抗震水平，可以减少灾难的损失。在房屋进行改建和装修时，一定不能随意拆除墙体结构，以保证建筑物具有良好的防震、抗震性能。

162. 一幢"刚柔并济、完美结合"的抗震大楼
——马那瓜美洲银行大楼设计中结构控制的思路分析

1972年，尼加拉瓜的马那瓜市发生了一次大地震，很多平房和多层建筑被夷为平地，框架结构的高层建筑也破坏严重，唯有著名结构学者林同炎先生设计的美洲银行大楼仅有局部连系梁损坏，整座大楼仍然昂首挺立，成为抗震设计的一个奇迹。

高层建筑结构主要受水平荷载作用的控制，其高度越高，水平荷载的影响越大。水平荷载通常有风荷载和地震作用。这两种水平荷载对高层建筑结构的要求，有时可能是相互矛盾的。

在风荷载的作用下，高层建筑结构会发生侧移，侧移值的大小与风荷载值、高层建筑的总刚度有关。当风压一定时，高层建筑的总刚度越小，产生的侧移值越大。如果侧移值过大，会造成楼面不呈水平，电梯沿竖向轨道出轨等问题，工作或生活在大楼里的人的感觉亦很不舒服，成天左右摇晃、必然寝食难安。因此，从抗风的角度考虑，要求高层建筑结构的总刚度大一点好，使得它在风荷载作用下的侧移值尽可能小，以保证房屋结构各部位的正常使用，使人的感觉亦舒服一点。

但从地震的角度考虑，是不是也要求高层建筑结构的总刚度越大越好呢？回答恰恰相反，从地震作用的角度考虑，它要求高层建筑结构的总刚度小一些好，或者说其柔度大一点好。地震时，地面主要振动周期为几分之一秒，如果高层建筑的自振周期与之相近的话，可能引起共振，这对房屋造成的破坏是十分可怕的。这就是为什么在设计高层建筑时，从抗震角度考虑，希望其房屋总刚度小一些好。

由上可知，对同一个建筑结构，抗风和抗震对它提出了完全不同的要求，结构设计师应该怎样解决这个矛盾呢？

著名结构学者林同炎先生设计的马那瓜美洲银行大楼巧妙地解决了这个矛盾。该建筑位于尼加拉瓜的马那瓜市，是当地最高的建筑物，18层，高达61m。他把它设计成一个正方形的大筒体建筑，平面尺寸为23.35m×23.35m。到上面标准层时，也是正方形，边长为11.6m×11.6m，标准层由4个小的L形筒用连系梁连接而成，形成正方形大筒体的一边。在平常风荷载和规范规定的地震作用下，整个大筒刚度很大，起着整体作用。同时，他又故意在连系梁上开了些洞，成为人为的薄弱环节，一旦发生较大的地震作用时，保证连系梁首先破坏，从而使大筒体瓦解，由 4 个 L 形小筒体单独工作，以减轻地震作用造成的危害，达到整体房屋不倒塌的目的。1972 年马那瓜发生的大地震，完全证实了林同炎先生的设计思路是十分正确的。

地震以后，有位专家对美洲银行大楼作了动力分析，得出了它在连系梁起作用时和不起作用时结构的不同反应，如表 2-89 所示。

美洲银行大楼的动力分析　　　　　　　　表 2-89

项　目	连系梁起作用 （4 个 L 筒共同工作）	连系梁不起作用 （4 个 L 形筒单独工作）
振动周期（s）	1.3	3.3
基底剪力（kN）	27000	13000
倾覆力短（kN·m）	93000	37000
顶部位移（mm）	120	240

由表 2-89 可知，地震时，连系梁破坏后不起作用，房屋的振动周期加长，由 1.3s 变成 3.3s，刚度降低，柔度增加。顶部位移由 120mm 变成 240mm，位移加大，振动剧烈，这当然不好，不过它却换来了基底剪力降低，从 2.7 万 kN 变成 1.3 万 kN，降低了近一半，倾覆力短也从 9.3 万 kN·m 变成 3.7 万 kN·m，降低 36%。这就保证了美洲银行大楼在震后巍然屹立。

当今人们对地震的认识水平还是很低的，我们无法保证房屋在地震作用下不遭破坏，如果能做到以某些结构构件破坏为条件，去换取房屋不整体倒塌的结果，还是十分值得的，林同炎先生这种结构概念设计思想是值得学习和推广的。

163. 从宝带桥的倒塌谈拱形结构的力学特性

公元 1863 年 9 月 29 日，突然一声巨响，闻名中外的苏州宝带桥一拱接一拱地崩塌了。这是怎么回事呢？

苏州宝带桥如图 2-257 所示，是一座总长 317m、有 53 个拱形桥孔的古石拱桥，始建于唐朝，历经沧桑。公元 1831 年由

图 2-257　苏州宝带桥

林则徐主持又对它进行过一次大修。然而仅隔 30 余年，怎么会突然崩塌呢？

原来这是清朝反动统治者勾结外国侵略者镇压太平天国农民革命军的一个铁的罪证。

公元 1860 年 6 月初，太平天国农民革命军从无锡挥戈东下，势如破竹，大败清军，一举占领苏州，引起了清皇朝的极大震惊，当时的江苏巡抚李鸿章派他的军阀武装，勾结英国侵略者戈登所统领的洋枪队，向苏州一带的太平军反扑过来。太平军为了加强防卫，在苏州外围修筑了许多营垒，宝带桥附近就是当时一组重要营垒所在地。

公元 1863 年 9 月 28 日凌晨，中外反动派合伙对宝带桥的太平军营垒发起了突然袭击，他们兵分五路，水陆合攻，先集中攻打宝带桥以东的太平军营垒。太平军官兵顽强作战，英勇抗击，但终因寡不敌众，被迫西撤。

戈登坐在"飞而复来"号轮船上指挥着洋枪队作战。为了使他坐的"飞轮"得以通过宝带桥去进攻桥西的太平军营垒，悍然于 9 月 28 日下令将桥的大孔拆去，结果造成全桥一半桥孔的连续倒塌。

拱形结构在土木建筑工程中是常见的一种结构形式，它具有结构轻型美观、受力合理、用材节省、建筑空间通畅等诸多优点。因此，从民用建筑到公共建筑、工业建筑，从桥梁工程到隧道工程等被广泛采用。

拱形结构建筑的应用在我国有悠久的历史，早在 2000 多年前的秦汉时代就有砖拱券墓和砖穹隆墓，从元朝开始用砖拱建造地面上的房屋，明朝时出现了用砖拱券结构的碉楼和结构使用砖拱而外形仿木建筑的无梁殿以及城楼、鼓楼等建筑。

拱形结构建筑形式多样，丰富多彩，被誉为千古独步的河北

434

赵县赵州桥，是我国古代拱形桥梁结构的光辉范例，由工匠师李
春主持建造于隋朝大业年间
（公元 605～617 年），距今已
有 1400 年的历史了，是一座
敞肩式单孔圆弧形石拱桥，如
图 2-258 所示。苏州葑门外的
宝带桥则是一座连续拱形式
的石拱桥，建于公元 816～

图 2-258　河北赵县赵州桥

819 年的唐朝，是驰名中外的多孔石拱桥，像一条飘带一样飘落
人间。

　　各种拱形结构，与梁式结构有一个显著的不同点，就是在
拱脚处除了有向下的垂直压力外，还有一定的横向水平推力，
见图 2-259 所示。横向推力的大小与拱的高跨比，即跨高和跨度
之比有关。拱的高跨比值越小，推力就越大。单跨的拱，常用
拉杆来抵抗这种横向推力，如图 2-260、图 2-261 所示。对于拱
桥，常用坚固的桥台来作抗推结构。对于多跨连续拱，在均布
荷载作用下，中间拱脚处两边的横向推力相互抵消，只是到了

图 2-259　梁式结构与拱形结构的不同受力特点
（a）梁式结构支座处仅有垂直压力；（b）拱形结构支座处
既有垂直压力，又有水平推力

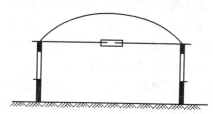

图 2-260　设有拉杆的拱形结构建筑

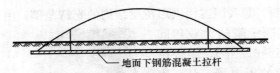
图 2-261　某大会堂（餐厅）的拱形结构拉杆
埋设于地坪下面

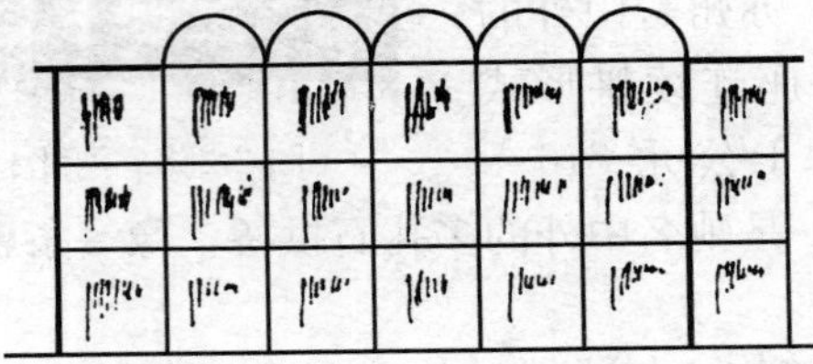

图 2-262　屋面为连续拱形式的住宅建筑

图 2-263　桥台承受拱
桥的横向水平推力

尽头处，需设置抵抗横向推力的结构。图 2-262 所示为常见的采用连续拱屋面的建筑外形，在两端各设置一开间平屋面，以抵抗横向水平推力。多跨的连拱桥，尽头的横向推力将由桥台来承担，见图 2-263 所示。

对于拱形结构的这种横向推力，在施工中应予高度重视，不然，会造成严重的质量或工伤事故。这在以往的砌筑工程和钢筋混凝土工程的施工及验收规范中以及在操作规程中，都有明确规定。如原《砖石工程施工及验收规范》第 4.4.3 条第三款规定：多跨连续拱的相邻各跨，如不能同时施工，应采取抵消横向推力的措施。对于筒拱拆模，第 4.4.6 条也提出了具体要求：应在保证横向推力不产生有害影响的条件下，方可拆移。有拉杆的筒拱，应在拆移模板前，将拉杆按设计要求拉紧。

对这些规定应认真理解和执行。上面所说的宝带桥北端 26 孔的突然崩塌，正是拆除了其中的一孔后，拱桥的横向推力失去平衡的结果。戈登在寄回英国的报功信中不打自招地写道：

"宝带桥是一座长 300 码、有 53 个孔洞的大桥，可惜这桥的 26 个拱洞突然在昨天崩塌了……桥崩塌时发出震人的响声，我的小船险些被碎片击沉……这桥的崩塌恐怕应归咎于我，因为我曾拆去它的一个拱洞，让轮船驶入太湖。"

可是，南端 26 孔为什么却安然无恙呢？原来，宝带桥的设计别具匠心，为了不阻碍大水时泄洪，同时也为了节约建桥的人工、材料以及减轻对地基的压力，建桥者采用了断面尺寸较小的桥墩。但是，从北端起数的第 27 号桥墩，砌筑成又宽又厚的刚性桥墩，见图 2-264 所示。这种桥墩能抵抗一定的横向推力。戈登拆去了宝带桥位于刚性桥墩北边的一孔，结果使北端 26 个拱洞全部崩塌，但刚性桥墩以南的 26 个拱洞却完好无损。这充分可以看出，刚性桥墩的重大功能。这种设置刚性桥墩的做法，在建造现代的连拱桥时，也常常被采用。

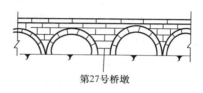

第27号桥墩

图 2-264　第 27 号桥墩为刚性桥墩

将一个或数个桥墩修筑得比其他各桥墩坚强得多，在某些孔倒塌时，这些桥墩能抵抗横向推力，对其他拱洞能起保护作用。极为难能可贵的是在 1000 多年以前，建造宝带桥的古代工匠，已经掌握了这种连拱特性，充分显示了我国古代工匠的惊人智慧。

164. 拱形结构力学特性的两个工地小实验

（1）连续拱在横向推力作用下连锁倒塌的工地小实验

试验连拱桥（连续拱）在横向推力作用下连锁倒塌以及设置刚性桥墩的作用。使用的材料为红砖 20～30 块，还有极少许砂浆。

具体做法步骤如下：

1）将红砖搭成图 2-265 所示的四孔连拱桥的形式。

2）拆去四孔中任意一孔，其他三孔因横向推力作用立即倒塌。

3）将红砖搭成像图 2-266 所示六孔连拱桥的形式，中间设置一个象征性的"刚性桥墩"。

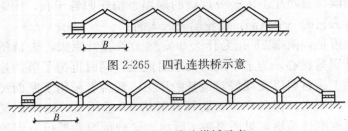

图 2-265　四孔连拱桥示意

图 2-266　六孔连拱桥示意

4）在"刚性桥墩"左边或右边，拆去任意一孔，将会发现其余二孔因受横向推力的影响也相继倒塌，但在"刚性桥墩"另一侧的三孔，因"刚性桥墩"抵抗了横向推力，因而安然无恙，没有倒塌。

5）改变拱的跨度 B，看横向推力与拱的高跨比的关系。将会发现 B 值越小，横向推力越小；反之，B 值越大，横向推力也越大。

试验分析如下：

1）连续拱在拱脚处产生横向推力，将向两边的相邻拱圈传递，相邻拱脚有大小相等、方向相反的推力给予抵抗。一旦某一拱圈损坏，横向推力失去平衡，就会造成连锁反应，导致全拱倒塌。

2）设置"刚性桥墩"后，情况就发生了变化，"刚性桥墩"能有效地抵抗横向推力，一个拱圈的破坏仅造成刚性桥墩一侧拱圈的倒塌，但不会波及拱桥整体。

施工中要求认真执行的操作规程和验收规范等，都是建立在科学试验和经验总结基础上的，执行这些规定时，一定要精心施工，才能确保工程质量。

（2）拱形结构横向推力的直观性工地小实验

拱形结构横向推力小试验的目的是使操作人员能够直观地

认识和了解拱形结构的横向推力情况，在施工中重视横向推力的影响，避免造成质量或工伤事故。

1）试验工具、材料

① 直径 12～16mm 钢筋 6 根，$l=1.5～2.0$m（应取同一品种的钢材）。短钢筋 9 根，$l=0.20$m。

② 红砖 20～30 块。

③ 细铁丝 1 根，$l=2.0$m。

④ 剪刀 1 把。

⑤ 选一块平整且光滑的地面，或一块刨光的木板。

⑥ 少许润滑油。

2）试验程序

① 将 6 根钢筋弯曲成如图 2-267 所示的曲线状，其中跨度均为 D 值，拱高为 H、H_1、H_2 的各 2 根。在顶部和两侧下部用 $l=0.2$m 的短钢筋头焊牢，使相同拱高的两拱形钢筋连成一空间拱形结构，宽 0.2m。

图 2-267　钢筋弯曲成拱的示意

② 将上述拱高为 H 的拱形钢筋架放置在平整且光滑的地面上，或放置在平整且刨光的木板上。在支点处适当涂一点润滑油，使拱形钢筋架在受力后能自由滑动。支点处还应设有刻度标志，或用有刻度的纸贴在支点处。

③ 记录拱形钢筋架两支点间的距离（即原始距离）。

④ 在拱形钢筋架上放置红砖，做简易荷载试验，如图 2-268 所示。每次以 3～5 块为一组，一边放置红砖，一边观察拱形钢筋架在支点处的滑动情况，并记录下两支点间的距离变化。从试验可以看到，随着拱形钢筋架上红砖数量的增多，两支点逐步向外延伸，两点间距离不断扩大。

⑤ 卸去红砖。将拱形钢筋架两支点处用细铁丝缠牢，注意不改变其跨度 D 值，如图 2-269 所示。

重复试验程序④的操作，将观察到由于铁丝的缠牢，拱形

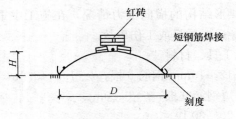

图 2-268　拱形钢筋架加载试验

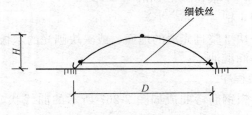

图 2-269　铁丝连接两支点示意

钢筋架支点向两边滑动情况有所约束。随着所加红砖数量的增多，铁丝将越绷越紧，铁丝承受了因横向推力而产生的拉力。

用剪刀轻轻将绷紧的铁丝剪断，注意操作安全，即可看到拱形钢筋架在瞬间向两边突然滑动延伸，严重时会倒塌。如果所堆红砖不倒塌，则拱形钢筋架向两边延伸后即趋于稳定。

⑥ 将拱高为 H_1 的拱形钢筋架放置在试验程序②所述支点处，重复试验程序③～⑤的操作，观察拱形钢筋架在支点处的滑动情况，并记录下相应变化数据。

⑦ 将拱高为 H_2 的拱形钢筋架重复做上述试验，观察和记录拱形钢筋架在支点处的滑动情况和变化数据并记录。

3）试验结果分析

① 拱高为 H 的拱形钢筋架，在受荷试验过程中，可明显看到，随着上面所堆红砖数量的增加，拱形钢筋架在支点处逐渐向外延伸。这说明荷载越大，所产生的横向推力越大，向外延伸的值也越大。

② 在支点处缠牢铁丝后，拱形钢筋架在荷载作用下所产生

440

的横向推力将由铁丝承担，支点处向外滑动的趋势受到约束。但铁丝一旦剪断，横向推力作用即在瞬间发生，支点向外滑动。这提醒人们，对于设有横向拉杆的拱形结构（钢筋混凝土拱或砖拱等），拆模前应先上好横向拉杆。拆除设有横向拉杆的拱形结构时，应最后拆除横向拉杆，上述程序一旦颠倒，极易产生质量或工伤事故。

③ 对于拱高为 H_1 和 H_2 的拱形钢筋架，其拱高值 H_1 小于 H，H_2 大于 H。比较 H_1、H_2 和 H 不同拱高值的三个拱形钢筋架在每次加荷（即加红砖）时在支点处的滑动情况和延伸数值可以看出，每次加荷后，拱高为 H_1 的钢筋架比拱高为 H 的钢筋架向外滑动延伸的数值大，而拱高为 H_2 的拱形钢筋架的滑动延伸值则小。说明在拱形结构中，在跨度一定的情况下，拱高值越小，横向推力值越大。

165. 为什么多跨连续梁（板）每跨的配筋是不相同的

多跨连续梁（板）在工程建设中应用极为广泛，不同跨数的连续梁，其跨中的最大弯矩值 M 是各不相同的，充分利用好连续梁这一受力特性，可以节省投资，降低工程造价，但若忽视连续梁的受力特性，也将会造成不应有的工程质量或安全事故。

图 2-270 所示为单跨简支梁结构计算图示，在均布荷载 q 作用下，其跨中最大弯矩 M 值为：

$M = \dfrac{1}{8}qL^2 = 0.125qL^2$，并按此值进行配筋设计的。

图 2-271 为二跨连续梁结构计算图示，在同等跨度 L 和同等均布荷载 q 作用下，其跨中最大弯矩 M 值为：

$M_1 = M_2 = 0.070qL^2$，并在中间支座处产生负弯矩值：

$$M_B = 0.125qL^2$$

对比图 2-270 和图 2-271，其跨中最大弯矩值 M，图 2-271 中明显减少了很多，仅为图 2-270 跨中 M 值的 56%（$0.070 \div$

0.125＝0.56）。这说明按连续梁受力特性设计的梁可以有效减少配筋数量，因而可节约投资，降低工程造价。

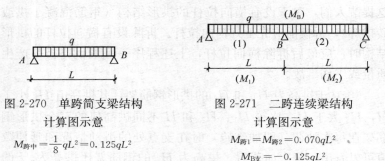

图 2-270　单跨简支梁结构　　　　图 2-271　二跨连续梁结构
　　　　　计算图示意　　　　　　　　　　　计算图示意

$$M_{跨中}=\frac{1}{8}qL^2=0.125qL^2$$

$$M_{跨1}=M_{跨2}=0.070qL^2$$
$$M_{B支}=-0.125qL^2$$

　　图 2-272 为三跨连续梁结构计算图示，在同等跨度、同等均布荷载作用下，其各跨的跨中弯矩值 M 又和二跨连续梁不同，其值分别为：

$$M_1=M_3=0.080qL^2;$$
$$M_2=0.025qL^2$$

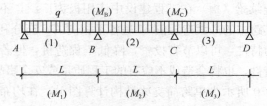

图 2-272　三跨连续梁结构计算图示意

$$M_{跨1}=M_{跨3}=0.080qL^2;\ M_{跨2}=0.025qL^2$$
$$M_{B支}=M_{C支}=-0.100qL^2$$

中间支座处产生的负弯矩值为：$M_B=M_C=0.100qL^2$

　　对比图 2-270、图 2-271 可知，图 2-272 中间跨的跨中最大弯矩值 M 仅为图 2-270 中 M 值的 20%（0.025÷0.125＝0.2），为图 2-271 中 M 值的 35.7%（0.025÷0.070＝0.357）。这说明若按三跨连续梁受力特性进行设计配筋，其受力性能更合理，

442

节约投资也更有效。

图 2-273 和图 2-274 分别为四跨连续梁和五跨连续梁的结构计算图示。

由上可知，在实际施工中，应懂得并掌握好连续梁的受力特性，并严格按设计图纸的配筋进行施工，才能确保施工质量。

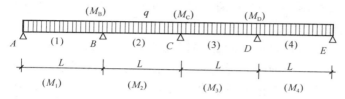

图 2-273 四跨连续梁结构计算图示意

$M_{跨1} = M_{跨4} = 0.077qL^2$；$M_{跨2} = M_{跨3} = 0.036qL^2$

$M_{B支} = M_{D支} = -0.107qL^2$；$M_{C支} = -0.071qL^2$

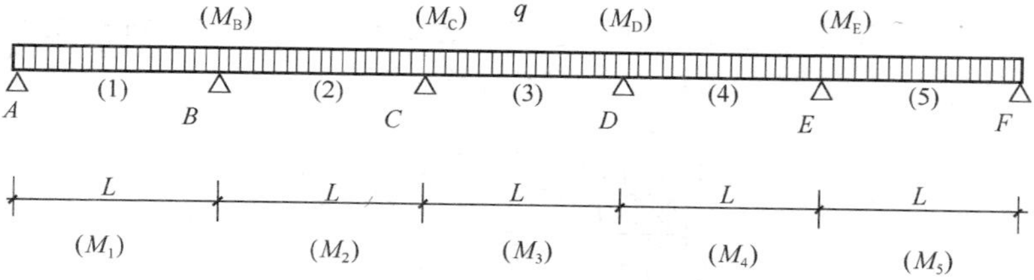

图 2-274 五跨连续梁结构计算图示意

$M_{跨1} = M_{跨5} = 0.078qL^2$；$M_{跨2} = M_{跨4} = 0.033qL^2$；$M_{跨3} = 0.046qL^2$；

$M_{B支} = M_{E支} = -0.105qL^2$；$M_{C支} = M_{D支} = -0.079qL^2$

在拆除工程施工中，掌握好连续梁的受力特性更为重要。有的工地在拆除多跨连续梁（桥）施工中，既不弄清楚原有设计意图，又不采取相应的安全技术措施，随意采用爆破或镐头机进行拆除施工，结果造成多跨倒塌的惨痛的安全事故，教训深刻。

如图 2-272 所示，如拆除一三跨连续梁工程，如果随便从 AB 边跨或 CD 边跨开始拆除，则中间的 CD 跨立刻从三跨连续梁的中间跨变成了二跨连续梁，跨中的最大弯矩值 M 将从原来的 $0.025qL^2$ 瞬间变成了 $0.070qL^2$，其值增大了 2.8 倍：

$$0.070 \div 0.025 = 2.8$$

其严重性是显而易见的，造成坍塌伤人事故也是必然的。

2009年5月17日16时24分，湖南省株洲市在红旗路拆除一钢筋混凝土连续高架桥，当用机械将109号～110号两个桥墩间的桥面拆除后，突然自102号～109号桥墩之间的七跨桥面一跨接一跨坍塌，砸毁正在桥下行驶和塞车的车辆27台，砸死9人，砸伤16人。桥面坍塌原因报纸上虽未公布，但估计与连续梁的特性有关。

上海市在对外滩道路进行改造时，需拆除部分高架桥体，其中有预应力钢筋混凝土连续箱梁结构和曲线型连续钢箱梁结构。拆除施工单位针对原有结构和工程位于闹市区的特点，详细编制了施工组织设计方案，箱梁底下用钢管搭设起满堂支架，如图2-275所示。施工中合理释放预应力钢筋的预加应力。按照起重机械的吊运能力和载重汽车的装载能力，用液压片锯和液压链锯对桥面大体积混凝土进行分段、分块并对称地进行切割后起吊外运，最终顺利地完成了拆除施工任务。

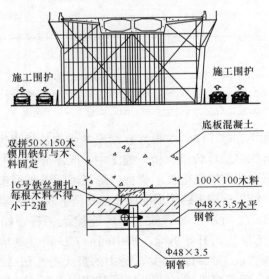

图2-275　满堂支架与梁底混凝土紧固示意图

166. 剖析几种不当压缩合理工期、加快施工进度的技术措施

在市场经济形势下，建设工程的施工进度超越合理工期的速度越来越快，似乎在认识上形成了一种趋势，工程施工速度有多快，施工企业的施工技术水平就有多高，国家"工期定额"的合理工期被束之高阁，建设单位在招投标中，常常随意压缩合理施工工期，施工企业则以超常规的施工工期作为承诺来争取施工业务。

众所周知，国家工期定额通常是依据规范、典型工程设计、施工企业的平均水平等多方面综合因素制订的，具有一定的合理性和先进性，它对工程施工质量、安全生产起着十分重要的保证作用。我国法律法规明令禁止随意压缩合理工期。如《建设工程质量管理条例》第 10 条规定："建设工程发包单位不得任意压缩合理工期。"

应当承认，施工企业根据自身实际的技术专长、管理水平和施工经验，适当超越国家工期定额的做法应该予以肯定，并应及时总结推广，以带动全行业的技术进步。但也有不少施工企业，特别是一些中、小施工企业，常采取的加快施工进度的技术措施值得探讨，有的已给工程质量带来隐患，甚至造成质量或安全事故。

例如，有些施工单位通过压缩必要的技术间歇和省略次要的施工工序来达到加快施工进度的目的，这显然是很不妥当的。如钢筋混凝土楼板在混凝土浇筑完成后，需要有一个凝结、硬化、养护的技术间歇，以便使楼板达到一定的强度后再进行上一层施工作业，但很多工地为了抢工期，常常在混凝土终凝后不久就在上面进行施工作业，搭脚手、立模板、扎钢筋、堆材料、拖拉钢管、钢筋等施工材料和设备，造成施工荷载过早地加到混凝土楼板上，同时也影响了楼面的浇水养护，这就造成了为什么设计单位通过计算不会出现的可见裂缝，而在施工中

出现了可见裂缝。施工单位对此的解释是"这是混凝土的温度裂缝",更有"权威"的解释是"混凝土都是带裂缝工作的","没有裂缝的混凝土是没有的等等"。

在砌筑工程施工中,由于压缩必要的施工技术间歇,同样造成砌体工程很多质量问题,特别是砖混结构住宅,被压缩到4~6天一层,砌筑规范规定砌体每天的砌筑高度不得大于1.2m,而实际上一层墙一天就到顶了,第二天木工就进场立圈梁、构造柱的模板、尚未凝固的墙体在被敲打过程中振出裂缝,甚至移位的事也常有发生。

广州市某公园内,一座主体结构已完工的钢筋混凝土拱桥于2000年9月在挖掘机的轰鸣声中被拆除了。了解内情的建筑界同仁对此无不痛心疾首、扼腕叹息:"山桥的拆除仅仅缘于一条裂缝呀!"一条难以补救的裂缝毁了一座造价40多万元的拱桥,留下了一连串发人深省的教训。

该桥址原有一座石拱桥,因年久失修不安全,公园决定将其改建为一座跨越湖面的单跨钢筋混凝土拱桥。工程于1999年4季度开工,当年完成了10根直径1.5m的钻孔灌注桩施工,2000年春节后开始拱桥的拱座和拱券施工。该桥跨度为24.5m,桥宽6.74m,矢高2.722m,拱券采用等截面,均厚0.8m,约137m³ 的C40混凝土拱券于5月2日浇筑完成。根据合同要求,该桥应于6月份交付使用。为了抢工期,仅养护了几天,就由项目经理安排砌筑桥两侧均厚0.6m,最高处达1.5m的毛石挡墙,并随即往挡墙内回填0.2~1.5m的石粉和土并夯实。5月20日开始扎桥面钢筋、浇筑路面混凝土(厚300mm)。5月26日开始拆拱券底模,当即发现拱券顶部开裂,该裂缝位于拱顶下缘,缝长同桥宽,裂缝宽度0.5~2.0mm。经专家会议分析,这是一条难以补救的裂缝,确定拱桥将予报废拆除。这是抢工期措施不当造成的一起重大质量事故。

当前,在混凝土结构的模板支撑设计中,普遍采用早拆体系的技术措施来加快施工进度,但很多工地则是简单的认为,在模板中间搭设一条带状独立的支撑系统，即使楼板跨度较大，也是如此施工，使楼板在施工荷载作用下，成为图 2-276 所示那样的受力状态，使楼板中部的板面极易造成通长裂缝。更有错误的做法，是先将楼板支撑系统全部拆除后（此时楼板混凝土尚未达到设计强度等级要求），再在中间重新搭设一条"后撑系统"，表面看来是撑住了，但混凝土楼板由于强度等级未到设计要求，在全部支撑拆除后，在上面施工荷载作用下，必将产生楼板中部的板底裂缝。楼板经过这样一上一下的折腾，往往使裂缝成为上下贯通裂缝，其危害性是显而易见的。

（a）   （b）

图 2-276 楼板受力情况分析

（a）正常情况下，楼板中部承受正弯矩；

（b）中间增加支撑后，楼板中部上面出现负弯矩

167. 应重视施工时差造成的结构受力错位

建筑施工中，有时因前后工种产生交替或因胶结材料凝固期的需要等原因，使得前后施工工序之间存在一定的时差，这种施工时差容易使结构受力产生错位，如被忽视或处理不好，容易造成质量或安全事故。

1. 某住宅小区公共地下车库位于栋号之间的公共绿地下面，施工期正值夏季多雨季节。设计单位考虑的防浮措施主要有下面三个方面：一是地基中设置了抗拔的钢筋混凝土管桩，桩头钢筋按规范要求锚入地下车库的底板中；二是地下车库顶板覆土一定厚度加上绿化作为压重；三是车库外围回填土后，土体与车库外墙壁产生的摩阻力。

地下车库从开工挖土到顶板混凝土浇筑完成，一路都很顺利。7月上旬，地下车库底板和外墙的后浇带也封闭完成，正准备进行外围坑边回填土施工时，突然下一场多年罕见的大暴雨，地下车库很快被浸泡在一片汪洋之中，地下车库外围的地面水，还从车辆进出口的坡道处流进室内。

等到雨停，将地下车库室内及外围坑内的积水抽干后，发现地下车库多根混凝土柱子在与顶板交接部位出现了明显的受力裂缝，经测量，柱子还有明显的被上抬的现象（10～30mm），地下车库底板局部也出现多处细微裂缝。一切情况表明，地下车库在雨水浸泡时已经产生上浮现象，地下抗拔管桩锚入底板中的部分钢筋有可能被拉脱。

在事故分析会上，设计单位介绍了地下车库抗浮设计情况，完整的数据说明了设计单位在抗浮设计上是没有问题的，下拉、上压的防浮措施十分到位，也很可靠。施工单位介绍了地下车库的施工过程，施工程序、施工质量都按设计要求和规范规定进行，并有施工监理单位道道验收、监督把关，也无懈可击。最终大家一致将意见集中统一到了"施工时差"上，即在地下车库顶板混凝土浇筑完成后与顶板上面覆土施工以及坑外四周的防水作业、回填土施工之间存在着一定的时差，并由此使地下车库结构造成了受力错位，从而出现上浮现象。这在实际施工中是容易被忽视的，应引起足够的重视。

施工时差是客观存在的，有时也是难以避免的，施工中应制订相应的技术防范措施，防止因施工时差造成建筑结构的受力错位而引发质量或安全事故。本案例中，在地下车库顶板上面覆土尚未完成的情况下，若外墙后浇带迟一点浇筑，下雨时，让坑外积水流入室内，也可解决问题。

2. 悬挑结构件施工中的"施工时差"现象

图 2-277 所示为单层厂房外墙檐口常见的节点设计图，雨篷或天沟是个独立的悬挑结构件。很明显，它靠屋架传来的屋面荷载作为压重，维持着稳定。在施工中，雨篷或天沟施工在先，屋架安装在后，在屋面施工结束之前，其下面的模板支撑架是不能拆除的，有的工地疏于技术交流，认为只要雨篷或天沟的

混凝土强度达到设计要求后即可拆除模板支撑架，结果造成雨篷或天沟的倾覆安全事故。

图 2-277 所示的工程，在工程拆除施工中，也要十分加以注意，在拆除屋面结构前，要先将雨篷或天沟沿外墙边凿断拆除，或者先用支架将雨篷或天沟顶住，如果疏于防范，则在拆除屋架后，将会造成雨篷或天沟倾覆坠落安全事故。

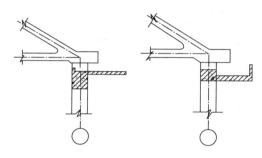

图 2-277　檐口节点设计示意图

很多楼房屋面四周的钢筋混凝土天沟，也是悬挑结构，在建设（或拆除）施工中也应十分注意防止发生倾覆坠落事故。

168. 关于施工误差、允许偏差和误差积累

建筑工程的施工操作在现阶段仍然存在着大量的手工操作，由于各操作人员的业务熟练程度、技术水平的高低差异以及建筑原材料的质量状况等因素，出现一些施工误差是难免的，为此，每本国家标准施工质量验收规范上，都列有各分项工程的质量允许偏差值，这是施工质量验收规范的实事求是精神和人性化的体现。但在实际施工中，仍应本着认真负责、一丝不苟的精神进行施工操作和质量检验，尽量把施工误差消除在每道工序之中，不能因为国家规范上有了允许偏差的规定而放松要求。在实际施工中，特别应注意误差积累和误差叠加的现象，因为这两种情况极易造成质量事故和安全事故。

如天津市某五金机械厂仓库工程，结构为砖柱、木屋架。砖柱截面尺寸为 50cm×50cm，柱高 4.5m，屋架跨度为 12m，间距 4.2m。砖柱砌筑完成后，立即进行屋架吊装，用扒杆人力推盘起吊。第一榀屋架安装就位后用线坠吊直，屋架垂直度无误后即用缆风绳固定，亦在砖柱上端固定。第二榀屋架安装后以屋脊处的木檩条间距控制其垂直度，照常理应该没有问题的，也就不再用线坠逐榀检验其垂直度了。待完成多榀屋架吊装时，发现屋架出现一边倒现象，倾向第一榀屋架方向，经检查倾斜 10cm。由于工期紧迫不容返工处理，于是经研究，决定采用用缆风绳牵动屋脊，带动所有屋架一起纠偏的方法。这一错误决策，把砖柱顶端视为屋架支座固定端。由起重班长指挥人力转盘牵引，起先稍加用力未见动静，于是加大用力，突然间"轰隆"一声巨响，屋架连同砖柱，在柱体根部断裂倒塌，其他屋架一榀榀地倾倒，起重班长站在前面，躲避不及而不幸被砸。

误差叠加也容易造成质量事故或安全事故。仍以屋架吊装为例，屋架在柱顶上搁置时，轴线水平方向允许偏差为 10mm，屋架垂直度又允许偏差 10mm，如果这两个偏差处于同一方向，则在屋脊处的偏离轴线叠加后成为 20mm，就超出了规范要求了。如果相邻屋架在另一方向同样产生 20mm 的误差，那最终屋面结构的安装就难以进行或安装存在很大的质量或安全隐患了，因此，施工过程中应随时检查质量情况，将施工误差随时消除，特别是防止产生误差积累，使小误差逐步变成大误差，最终酿成质量或安全事故。

169. 上海倒楼事故给我们留下哪些深刻教训

2010 年 6 月 27 日凌晨 5 时 30 分左右，位于上海市闵行区莲花南路、罗阳路的"莲花河畔景苑"小区中一幢 13 层的在建住宅楼（即 7 号楼）齐根倒塌，数十根基础混凝土管桩被整齐折断，直挺挺地整体倒覆在地，仰脸朝天，而楼身却几乎完好。事故震惊全国建筑界，很多干了一辈子建筑的人都惊呼："见过房屋倒塌的，但没见过这么塌的！"倒塌的楼房情况如图 2-278 所示。

图 2-278　上海倒覆楼房

虽然这次倒楼事故原因很复杂，但认真梳理一下后，还是能让人吸取很多深刻教训的。

根据上海市政府 7 月 3 日公布的调查结果，房屋倾倒的主要原因，首先是紧贴 7 号楼北侧在短期内堆土过高，最高处达 9～10m，这是造成倒楼的诱因。楼房倒塌前，河岸边的防汛墙已明显向外偏移，这说明了地面下一定深度内的土层产生了滑移。土层的滑移将产生相应的水平推力，而这水平推力不是单方向的，而是对四周同时产生的，即对楼房下的基础管桩也同样产生水平推力。倒楼前几天，又降了大雨，雨水不断向土层渗透，使土层的含水量达到饱和状态，这样一方面加大了土层滑移的动力，另一方面使管桩周围的土层含水量加大，使土层对管桩的摩阻力有所减小，从而大大降低了管桩对侧向水平推力的抵抗能力。

其次是紧邻大楼南侧的地下车库基坑正在开挖，开挖深度达 4.6m，基坑边距倒塌楼房仅有 7～8m，施工时又降低了地下水位 5m 左右，这样必然对主楼管桩基础产生水位压力差。由于基坑仅做了简单的支护，造成主楼地基下部的土层有向车库基坑方向滑动的倾向，这又在另一方向减弱甚至消除了基础管桩对侧向水平推力的抵抗能力。一旦楼房前、后的水、土压力差值加大，身单力薄的基础管桩将很容易产生整体平移，如剪刀一般剪断了楼房的基桩，使大楼整体倒覆。

再次，有关建筑结构专家认为，设计上采用管桩基础和高承台是大楼的先天不足。管桩抗压好，但不抗拔，抗水平方向的剪切应力的能力也差。用于高楼的桩基础，一般采用钢筋混凝土端承桩或摩擦桩，按上海地区的地质情况，通常采用摩擦桩，即通过桩与土壤的摩擦力，承担大楼的全部重量。同时还要保证桩基在基础土壤中不产生过大的不均匀沉降，桩基的侧向也应具有一定的刚度，能抵御由于风和地震引起的水平作用力，保证楼房的抗倾覆稳定性。此外，国家现行标准《建筑地基基础设计规范》和《建筑桩基技术规范》都有明确规定，高层建筑应采用低承台桩基，即基础在土壤中要有一定的嵌固深度。现本工程采用高承台方案，在地下车库开挖以后，高桩承台下面的那段桩身容易凌空，桩身变成了柱身，这对于配筋率很低、钢筋又很细的管桩来说，不能不说是个灾难性的因素。图 2-279 所示为楼房倾覆综合分析图。

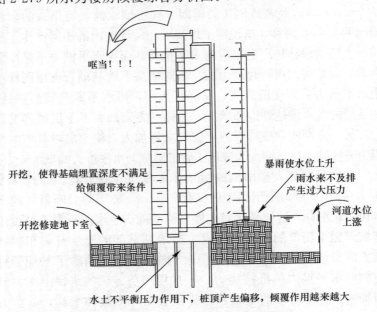

图 2-279　楼房倾覆综合分析图

170. 转体造桥——桥梁施工的创新

在江苏省苏南运河整治工程施工中,有多座桥梁采用了桥体在岸边预制后转体合拢的施工新工艺,取得了很好的技术经济效果。这种造桥施工新工艺设计构思新颖独特,它改变了造桥水上作业的习惯工艺和艰苦环境,开创了陆地造桥的崭新局面。

(1) 转体造桥工艺

转体造桥工艺通常应用于河中不设桥墩,跨河主孔的跨度又较大的桥梁工程。施工中,将桥梁跨河的主孔桥体一分为二,分别在河流两岸的陆地桥墩上,顺着河岸立架浇筑桥体结构混凝土。在浇筑桥体结构混凝土前,应在桥墩顶面设置供转体用的磨盘,即在桥墩上表面设置磨心,上部桥体结构的下表面设置磨盖,与下面的磨心吻合,成为磨盘,待上部结构的混凝土达到设计强度等级标准值后,按设计要求进行预应力筋穿束、张拉,然后用千斤顶在磨盘处作用外部动力,使上部桥体缓缓旋转,到达设计位置。在两岸桥体旋转完成后,最后处理中间接头部位,桥梁就合拢贯通。整个工艺可概括为"岸边造桥,转体合拢"两句话。平面布置如图 2-280

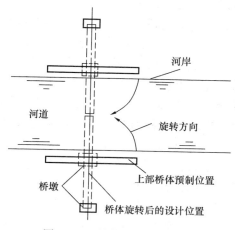

图 2-280 转体造桥工艺示意

所示。转体造桥的桥形结构较多，有箱形连续梁、空腹式拱梁组合连续梁和单空腹拱梁组合体等。

图 2-281 所示为苏南运河苏州段某桥梁结构示意图，该桥桥形结构为空腹式拱梁组合连续梁，主跨 145m，上部结构为三跨连续拱梁组合体系，跨河主孔跨度为 75m，两边辅孔跨度各 35m。该桥采用转体施工新工艺，将桥梁上部结构一分为二，左右各带一辅跨为一个转体，转体宽度为 17.5m，纵向长度为 71.5m，分别在河流两岸的陆地上浇筑混凝土后转体合拢。

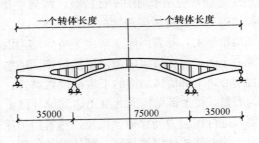

图 2-281　苏州段某桥梁结构示意图

（2）转体磨盘形式

采用转体施工工艺有两大技术要点，一是两边转体重应大致相等，能在磨盘上平稳转动；二是磨盘的设计和施工质量至关重要，便于桥体转动。目前采用的磨盘有两种构造形式。

图 2-282 所示为在桥墩上设置一个现浇混凝土球形铰的构造示意图。该球形混凝土铰也称磨盘的磨心，上部桥体的旋转部分设置相应的磨盖，周边还对称设置数个钢筋混凝土支撑脚，用于控制转动时转体不平衡引起的倾斜，并用作转体驱动力的传力杆。转体所需的驱动力由千斤顶提供，在支撑脚所在的环形道上设置若干个缺口，用于设置千斤顶后座。磨心顶面涂有润滑油脂，转动时起润滑作用，以减小摩擦阻力。如某桥一转体，上部总重量达 1200t，转体施工时旋转 83°，共用 3h，充分显示了转体造桥新工艺施工方便、工艺简单和安全可靠的特点。

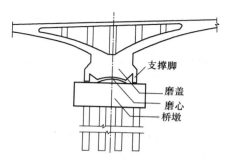

图 2-282　磨盘构造形式之一

图 2-283 为另一种平面型磨盘形式，磨心由钢板和四氟乙烯板组合成一个滑动平面，凹于桥墩中 1.5cm。磨盖由不锈钢板和普通钢板粘合而成，中间设有定位圆杆，磨盖与墩帽连接而成。这种磨盘的优点是转体过程比较平稳，同时在桥梁使用阶段可代替固定盘式支座及活动盘式支座的作用，使拱梁组合体系的受力和变形更趋合理。

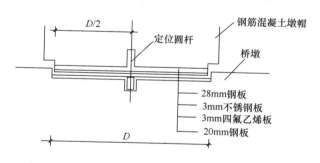

图 2-283　磨盘构造形式之二

施工实践证明，对于恒载偏心方面的影响，球面型磨盘较容易调整转体时的倾斜度，而平面型磨盘调整比较困难。因此，对平面型磨盘而言，一方面要严格控制磨心平面的水平精度；另一方面尽量使转体结构恒载重心相对于磨盘中心不偏心或少偏心，以便减小转体中悬臂端的高程误差（即倾斜度）。

对转体时的摩擦系数而言，采用四氟乙烯板加不锈钢板的平面型磨盘更小一些，使用润滑油作润滑更优良。某桥采用平面型磨盘形式，顺利完成了上部桥体结构总重量1940t的转体施工。贵州省贵阳市一转体桥重达7100t。

图2-284为2008年全国首例铁路V形墩转体桥实现转体对接的施工情况。

图2-285为2008年石家庄市环城公路跨石太铁路转体斜拉桥正进行转体对接的施工情况。斜拉桥转体重量16500t，转体角度75.74°，两项指标均居世界同类桥梁之最。

图2-284　铁路V形墩转体　　　　图2-285　转体斜拉桥进行
　　实现转体对接情况　　　　　　　转体对接时的施工情况

（3）技术经济效果

① 在通航的航道上，采用转体施工工艺，可基本上达到不断航施工的要求，具有明显的社会效益。对船舶流量大、断航困难的河段造桥尤其适宜。

② 由于上部桥体在陆地上施工，施工设备简单，施工方便，质量容易控制，安全也较有保障。

③ 对于连续体系的箱梁结构，采用转体工艺与通常所用的挂篮施工相比，具有结构合理、施工荷载小、节约施工用料和降低造价等优点，据有关资料显示，钢材可节省15%～25%，造价可降价15%～20%。

171. 变形缝——建筑物忠实的安全卫士

一座建筑物在落地生根之后，在以后其生命的全周期内，除承受正常的静、动荷载之外，还将承受来自大自然的风、雨、雪、温度变化、地基沉降以及地震等各种自然灾害的考验，为此，建筑设计人员在设计中给建筑物人为的设置了多种变形缝，使它们成为建筑物忠实的安全卫士，使建筑物在日后漫长的使用过程中，能积极而有效的减少很多裂缝的产生，使建筑物从外形到内在保持完整性和整体性。

1. 伸缩缝（又称温度伸缩缝）

建筑结构件和建筑材料会随着温度的变化产生伸长或缩短，这是众所周知的热胀冷缩道理。混凝土在凝结硬化过程中也会产生收缩现象。由于这种伸长或收缩在结构成型之后将受到一定的约束，结果就会在构件内产生一定的拉伸（或压缩）应力，当这种拉伸（或压缩）应力超过结构件或材料的极限承受力时，就会在表面或内部出现裂缝或破坏，具体参见本书 154 页 ."施工中应警惕喜欢惹祸的线膨胀系数"一文。

为了防止和减轻结构件（材料）因胀缩变化而引起建筑物产生的裂缝，当建筑物长度超过一定数值时，在建筑物平面适当位置设置一道或多道缝隙，让结构件有个自身胀缩的自由，这种缝就是伸缩缝，亦叫温度伸缩缝。由于地表以下温度变化较小，所以伸缩缝只做在房屋基础±0.000 以上的结构中，基础部分一般不设置伸缩缝。伸缩缝的宽度通常为 50mm，中间填沥青麻丝板，不得有硬块材料在缝中抵紧，外墙面用镀锌铁皮或不锈钢薄板单面锚固牢。

图 2-286～图 2-289 为地面、楼面、屋面温度伸缩缝常用做法图示。

2. 沉降缝

建筑物通过基础将上部荷载传给了地基土，地基土在上部荷载作用下，产生压缩变形，使建筑物产生沉降。采用桩基的建筑物，也会产生沉降，只是沉降数值相对偏小一点。当建筑物的上部结构形体变化较大，或层数相差较多，或地基土性质发生差异变化，或在靠近老建筑旁建造新建筑等情况时，常会

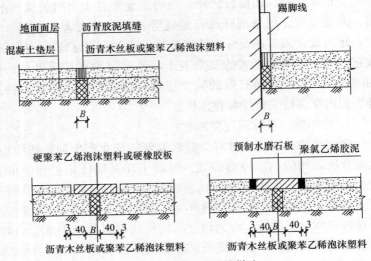

图 2-286 地面变形缝做法

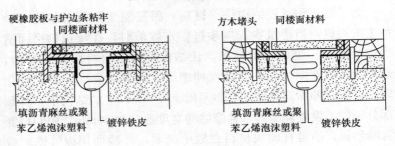

图 2-287 楼面变形缝做法

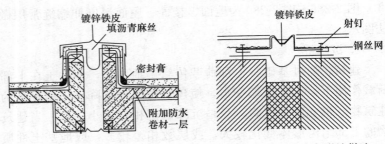

图 2-288 屋面变形缝做法　　　图 2-289 外墙变形缝做法

458

造成因房屋不同部位的沉降差异而造成墙面或楼面出现裂缝，影响房屋的安全使用和外观质量。

为了防止和减轻房屋不均匀沉降对建筑物造成的伤害，从建筑物基础开始至上部结构设置一道或多道缝隙，使各部分的地基沉降相对自由，这就是沉降缝。沉降缝宽度通常也为50mm，缝中和外墙面的做法要求同伸缩缝。

3. 防震缝

在地震区域，建筑物在地震波（纵向、横向、水平、垂直地震波）的影响下，会发生振动、摇晃，建筑物高度越高，其晃动幅度越大，这在结构上称为鞭梢效应。当建筑物外部形态比较复杂，或房屋各部分的高度、刚度和重量等相差悬殊时，在地震发生时，由于各部分的自振频率不同，在各部分的连接处必然会引起相互碰撞和挤压，从而造成房屋墙体或楼面开裂甚至破坏。

为了避免上述情况的发生，在建筑物的上部（±0.000以上），沿不同的结构部位设置一道或多道缝隙，尽量减少地震时相互间产生的碰撞和挤压，这就是防震缝，亦叫抗震缝。防震缝宽度通常为70～90mm，中间不填任何东西，也不允许缝中有硬块材料抵紧。外墙面处理同伸缩缝。

建筑物中设置了多种变形缝后，虽然可以防止和减轻由于结构件（材料）胀缩变形、地基土不均匀沉降和地震作用给建筑物造成的伤害，但它毕竟也给建筑物带来了一些麻烦，成为建筑物的薄弱部位，不仅影响美观，还容易造成渗漏等弊病，因此，有时可将三缝合一使用，即达到一缝多用的目的。同时在施工中，对变形缝的施工要求应认真交底，认真检查，精心处理和加以保护。对变形缝处使用的预埋木砖、镀锌铁皮、沥青麻丝板等材料应保证材料质量和施工质量，使变形缝真正成为建筑物的安全卫士。

172. 建筑结构件应怎样起拱才是科学合理的

《建筑施工模板安全技术规范》JGJ 162—2008 的 6.1.2 条—5 明确规定：现浇钢筋混凝土梁、板，当跨度大于 4m 时，模板应起拱。当设计无具体要求时，起拱高度宜为全跨长度的 1/1000～3/1000。

《混凝土结构工程施工规范》GB 50666—2011 的 4.4.6 条规定：对跨度不小于 4m 的梁、板，其模板施工起拱高度宜为梁、板跨度的 1/1000～3/1000。起拱不得减少构件的截面高度。

需要模板安装时起拱的钢筋混凝土结构件，除了梁、板之外，钢筋混凝土屋架、桁架等也有相应的起拱要求。此外，钢屋架、木屋架等结构件在施工制作时，也有相应起拱的要求。

在实际施工操作时，模板怎样起拱一直存在着两种不同的认识和做法：一种做法是梁、板的底板中央按跨度抬高 1/1000～3/1000，梁、板上表面仍保持水平；另一种做法不仅梁、板底部中央按跨度抬高 1/1000～3/1000，上部中央也相应抬高 1/1000～3/1000。两种起拱方法，究竟哪一种对结构件的受力较为合理？哪一种符合设计和规范要求呢？肯定的回答是后一种起拱方法，即上下一起抬高 1/1000～3/1000 的做法是合理的，也是符合设计和规范要求的。

模板安装时要求起拱，其作用主要有以下几个方面：

一是混凝土浇筑过程中，模板支架难免会有一定的下沉量，特别是支撑于填土地面上的模板支架；二是模板支架拆除后，混凝土梁、板结构件在自重或荷载作用下会产生一定的挠曲下沉量，跨度越大，这种挠曲下沉量也会越大，它也会对结构件的受力产生不利的影响，对于屋架、桁架等构件来讲，这种挠曲将使各杆件偏离原有的设计位置，而起拱以后则使它们在荷载作用下可以处于原有的设计位置；三是人们视觉观感上的需要。建筑界流行有一句建筑谚语叫"凹天花，凸地坪"意思是说在施工天花板

（即顶棚）时，中间要适当向上凹一点，而施工楼地面时，中间要适当凸起一点，两者都说得是起拱的意思。对于顶棚来说，中间适当凹上一点，不但使顶棚结构受力合理，而且也满足了人的视觉要求，因为绝对水平的顶棚，看上去会有一种下垂的感觉，跨度越大，下垂感也越大。这是人的视觉误差，但对人的心理状态来讲是很不舒服的，会产生一种不安全感。因此在施工顶棚时，中间应有一定的起拱高度。对于地面，同样如此，由于人的视觉误差的影响，绝对水平的地面，看上去会觉得中间有下凹的感觉，地面面积越大，这种下凹感觉也越大，同样产生不舒服的感觉，而施工时中间向上凸起一点，人的视觉感受就大不一样了。

那么，为什么起拱要求只给出一个 1/1000～3/1000 的范围而不是一个固定值呢？这是因为在具体施工过程中，由于模板的跨度不同、材质不同、支撑的方法不同、牢固程度差异等因素，不便给予一个定值，比较恰当的方法是在图纸会审时，与设计人员商定一个起拱数值。

在实际施工中，若采用下面抬高上面仍是水平的做法，实际上在梁、板的中间部位将截面高度人为的减小了一个起拱值，这对结构件的承载力是一个明显的损失。同时，正如上面所说，拆模后在梁、板自重影响下会产生一定的挠曲下沉量，使梁、板下面变平了，而上面产生凹下的现象，造成上、下都不舒服，上、下面都要在粉刷、装修施工中采取相应的技术措施进行调整。因此，"下抬上平"的起拱方法不论在技术上还是经济上都是很不合理的，而采用上、下同时抬高的起拱方法才是科学合理的。

《混凝土结构工程施工规范》GB 50666—2011 的 4.4.6 条最后一句话："起拱不得减少构件的截面高度"，实际上对起拱的做法作了个总结；施工中应该严格执行。

173. 高楼无端常摇晃，原是共振惹的祸

2002 年 6 月，位于上海市漕宝路东兰兴城内的一个新建小

区发生了高楼摇晃怪事。这个小区名叫"蕙兰苑",主要是6层楼的多层住宅,此外还设计了三幢11层楼的小高层。当居民满怀喜悦的搬进三幢小高层新居时,却发现高楼在不停地摇晃,最先发现的是搬进8楼的葛先生,家里的吊灯来回晃个不停,摆得好好的餐桌自己会挪位,脸盆里盛满的水总是会溢出。葛先生90多岁的老母亲被晃得头晕眼花,还摔过一跤。接着,住在10楼的高老伯家的摇晃感更明显,水平如镜的金鱼缸里居然掀起了波浪,晃得厉害的时候水甚至从鱼缸里溅了出来,坐在房间的沙发上就像坐在摇篮里一样……

住户一开始还以为发生了地震,但打电话向上海市地震局询问后,回答是根本没有,但三幢楼房仍夜以继日地摇晃着。

房屋开发商接到住户投诉后,开始认为住户"神经过敏",没有理睬。后来实地查看后,发现三幢小高层楼房果然都在摇晃。他们百思不得其解,东兰兴城先后建造了几十幢楼房,从未听说过哪一幢楼房摇晃。"蕙兰苑"从规划、设计、到建设,所有手续流程都符合国家规范要求,为什么其他楼房都平安无事,偏偏就这三幢小高层楼房日夜摇晃呢?

为了彻底查清这起"楼房摇晃"的怪现象,房屋开发商于2003年1月聘请上海地震工程研究的专家进行检测。他们在小区附近进行了50多次布点测试。经过一个多月的日夜监控,终于发现引起楼房摇晃的"震源"是距蕙兰苑800多米的塔星石材厂,这个厂有4台大型锯石机日夜轰鸣,经测试,锯石机工作时的振动频率与蕙兰苑三幢小高层固有的振动频率相一致,从而引起了楼房的"共振"。

这种楼房摇晃的现象在河北省石家庄市也发生过,该市的义堂小区和延东小区有两幢住宅楼也不定时的发生摇晃,放在桌上的瓶子能倒下,电灯能摆起来,立放的自行车也摇摇欲坠。经历过邢台地震和唐山大地震的老人都说:"至少相当于4级地震。"可是小区内结构相同、相邻的住宅楼却纹丝不动。住在楼内的居民纷纷叫苦不迭:"花钱买了一幢能晃动的房子。"少数

462

迷信者也摇唇鼓舌："房子盖的风水不好，镇住龙尾巴了。"等谣言惑众。

共振是当振动体在周期性变化的外力作用下，若外力的频率与振动体固有频率很接近或相等时，振动的幅度会急剧加大。建筑物虽然重量很大，也逃脱不了共振的威力。

据上海市地震工程研究所专家测试，塔星石材厂锯石机切割石头的工作频率为 90 次/min，即 1.5 赫兹，这一工作频率恰好与蕙兰苑三幢 11 层楼房的固有频率相一致。由于楼房的固有频率与其自身高度、建筑材料、房屋结构等多种因素有关，因此，小区的 6 层楼房固有频率远低于锯石机的 1.5 赫兹，故没有产生共振。

原因找到后，在科学数据面前和政府部门的多方协调下，塔星石材厂最终对锯石机作了改造，两台锯石机正向运转，两台锯石机逆向运转，并调整了机器的安置方向，已达到抵消一部分振动，改变设备频率的效果。

锯石机改造后，蕙兰苑的居民虽然感到晃动的幅度减小了，但仍没有从根本上消除晃动。更为棘手的是，与塔星石材厂一路之隔处又新建了三幢小高层，经过检测，房屋比蕙兰苑摇晃得更厉害。地震专家认为，最彻底的解决方案是石材厂迁出这个人口密集的居民区。

建筑方面专家指出：楼房设计一般只考虑房屋的抗风、抗震、承重、结构强度、变形、沉降等指标，对房屋自身的振动频率一般不予考虑。如果当初规划时环境检测部门多作一项"振动频率"的指标，这起罕见的高楼共振纠纷案也许可以避免。

据有关资料介绍，历史上曾有因共振现象造成的桥毁人亡的惨痛事例：

1906 年，在俄国彼得格勒的爱纪华特大桥上，走过一支沙皇军队，步伐整齐，唰唰作响，大桥顿时摇晃起来，并越晃越厉害，在一声巨响后，大桥突然垮塌了，士兵纷纷落水，伤亡惨重。经过调查，破坏者就是受害者，士兵整齐的正步走所产生的振动周期与桥梁固有的振动周期相同，共振导致了桥毁人亡。

我国唐朝，有个寺庙的磬（注）常常不敲自鸣，突然来的磬声，使和尚惊恐不安，疑神疑鬼。此事被当时管理宫中音乐的太乐令遇见，他作了试验和解释，原来此磬与前殿的钟音调相同，由共振而发生了共鸣，前殿敲钟，磬就自鸣。后来把磬锉了几下，改变了固有频率，也就不响了。

注：磬，古代打击乐器，形状像曲尺，用玉或石制成。佛教用的打击乐器，常用铜制成。

174. 一次成功的拆墙换梁（柱）施工实践

（1）工程概况

某饭店，系 20 世纪 70 年代建造的一幢砖混结构楼房，主楼五层，局部六层。1～2 层为餐饮营业用房，3～5 层为住宿客房，随着餐饮营业情况的变化，原来的小空间已不适应当前经营需要，为此，对 1～2 层中的部分承重横墙提出了拆墙换梁（柱）扩大空间的改建要求。

本次改建范围其平面图和剖面如图 2-290。要求拆除的承重横墙为㉔和㉕两轴 1～2 层的砖墙，使底层形成五开间的大空间，二层形成四开间的大空间。改建后的平面和剖面如图 2-291 所示。

由图 2-290 的 1-1 剖面可知，原结构㉒—㉔轴之间的底层和㉕～㉗轴之间的 1～2 层均为两个开间的大空间，楼面结构设有纵横钢筋混凝土承重梁。㉓轴二层和㉖轴三层楼面的钢筋混凝土承重梁，不仅承受本层楼面荷重，还承受上面各层通过砖墙传下的多层荷重，并通过纵向钢筋混凝土大梁，分别传给㉔轴和㉕轴砖墙。也就是说，㉔的㉕轴两道承重砖墙承受着㉓～㉖四道轴线间的全部上部荷重，它对结构的稳定和安全起着重大作用，因此，对这两道墙的拆除改建有一定的难度和较大的风险。

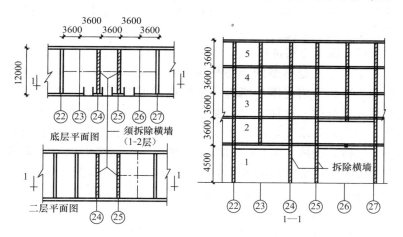

图 2-290　改造前底层、二层平面图及剖面图

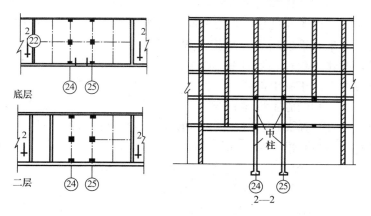

图 2-291　改造后底层、二层平面图及剖面图

本项目在拆墙换梁（柱）改建过程中，上面3～5层客房照常营业，因此，必须确保㉓～㉖轴之间上部结构的稳定与安全，这是改建工程成败的关键所在。为此，必须在㉓～㉖轴之间架设稳固的临时支撑，各个环节须作认真的承载力计算，并有充分的安全度，做到安全上万无一失。

465

改建工程在确保安全和质量的前提下，力争加快施工速度，避免在改建施工期间受到意外情况的影响。事先准备工作要细、实，施工应尽量连续一气呵成。

（2）施工方案选择

本次改建是典型的承重墙体托换项目，通常有两种方法，一种方法是利用支撑为所拆墙体卸载，再拆除墙体，然后施工梁柱托换结构。这种方法托换结构施工较简单，施工速度也较快，但支撑要求高，难度大。第二种方法是先凿除托换结构处部分墙体，先施工好托换结构，待托换结构施工完成并达到承载力要求后再拆除其墙体，这种方法难度较小，但施工速度慢。经过综合考虑，从营业需要出发，最终选用第一种方法。

（3）施工程序的设计

拆墙换梁（柱）改建工程不同于正常的工程施工，没有一套现成的施工程序可循，必须根据工程实际改建情况作出精心安排。工作改建过程中，安全问题尤为突出，一点微小的疏忽，可能带来严重的后果，故施工程序必须首先考虑安全问题。此外，改建工程往往场地狭小，施工操作环境较差，施工程序的设计要有利于施工操作。

本工程的施工程序如下：

1）进行临时支撑设置方案比较和支撑承载力设计计算，并进行支撑材料准备和支撑搭设操作人员技术交底工作；

2）拆除㉔和㉕两轴新设钢筋混凝土柱基部分的砖墙，下面拆至原条形基础面（即改建后的钢筋混凝土基础底面）；

3）浇筑钢筋混凝土柱基至地面平，混凝土满浇，以利于临时支撑搭设；

4）搭设㉓～㉖轴1～2层全部临时支撑；

5）拆除㉔和㉕轴1～2层砖墙；

6）立底层柱和梁模板、扎钢筋、浇筑底层柱混凝土至梁底；

7）浇筑底层钢筋混凝土梁；

8）立二层柱和梁模板、扎钢筋、浇筑二层柱混凝土至梁底；

9) 浇筑二层钢筋混凝土梁；

10) 待混凝土强度达到设计强度等级要求后，先拆除梁侧模和柱模板，经外观检查无异常后，拆除大梁支撑；

11) 拆除临时支撑（从上往下拆除）；

12) 修补楼面和墙等部位的损坏处；

13) 装饰工程施工。

（4）临时支撑设计

1) 各轴荷重计算

① ㉓轴：原轴向承重梁承受着 2～5 层砖墙及楼面的荷重，经计算，其每米线载合计：163kN/m。

② ㉖轴：该轴与㉓轴相比，上部荷重少一层砖墙和一层楼面，经计算，㉖轴每米线载合计 127kN/m。

③ ㉔、㉕轴：该两轴拆除 1～2 层砖墙后，其上部荷重同㉖轴，每米线载亦为 127kN/m。

2) 支撑承载力计算

本工程根据单位现有材料，采用 $\phi 48 \times 3.5$ 和 $\phi 150 \times 6$ 两种钢管作临时支撑，其承载力计算如下。

① $\phi 48 \times 3.5$ 钢管的承载力可按下式计算：

$$P = A \cdot f \cdot \varphi$$

式中　P——钢管承载力（牛）；

　　　A——钢管截面积，$A = 489 \text{mm}^2$；

　　　f——钢管的抗压强度，$f = 205 \text{N/mm}^2$；

　　　φ——稳定系数，由长细比 λ 查得，$\lambda = \dfrac{l_0}{i}$，l_0 为计算长度，i 为钢管截面回转半径。

现以底层为例，层高 4.5m，减去楼板和面层厚 15cm 及上下垫木（铁）厚 22cm，钢管净长为 4.13m。支撑搭设时，除顶部和底部作统长拉结外，中间每隔 1.5m 采用一道纵、横向拉结，以提高其支撑的整体性，缩短计算长度 l_0。现 l_0 拟用 4.13m/2，即 2.065m，$\phi 48 \times 3.5$ 钢管查得 $i = 15.78$mm，则计

算得长细比 λ 为 131，查得 $\varphi = 0.383$。

由此可得每根钢管的承载力为：

$P = A \cdot F \cdot \varphi = 489 \times 205 \times 0.383 = 38393N = 38.4kN$

② $\phi150 \times 6$ 钢管，计算方法同上，其 l_0 按全高 3.8m 计算，（支撑于轴向梁下）每根钢管承载力为 402kN。

3）支撑布置方案

本工程临时支撑因用两种钢管材料，故拟用两种支撑形式。一是㉓和㉖轴采用 $\phi150 \times 6$mm 粗钢管直接沿轴向钢筋混凝土梁作支撑，支撑范围为中间 6m，纵横梁的交叉点处采用双支撑，㉓轴撑至二层梁底，㉖轴撑至三层梁底。支撑简图如图 2-292 所示。经计算，支撑承载力超过荷载设计值二倍以上。

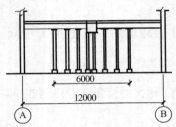

图 2-292　支撑图示意一

二是㉔轴和㉕轴因考虑拆墙换梁（柱），故支撑方式有所不同，采用 $\phi48 \times 3.5$mm 钢管在离轴线 550mm 处（留出操作位置）外，沿轴线全长作三排均匀满堂式支撑，纵横向间距各为 400mm。每排均设剪刀撑。三层楼面处用 I22a 工字钢作横向托墙处理，托梁支点与下面三排钢管支撑的中心位置对齐。支撑简图如图 2-293 所示。经计算，支撑承载力超过荷载设计值三倍以上。

工字钢托梁设计，计算简图如图 2-294。承载力也达到安全要求。

4）垫木（铁）设置

工字钢托梁垫木（铁）：用 200mm×250mm 通长木方作垫板，两端支点及中间砖墙处用 200mm×200mm×10mm 铁板，托梁与铁板之间用刹刹紧。

$\phi48$ 钢管满堂支撑垫木（铁）：每排支撑上端用 100mm×150mm 通长木方紧贴楼板底，钢管与木方之间设 100mm×100mm×8mm 铁板一块。下端用 100mm×100mm×8mm 铁板一块，用刹刹紧。

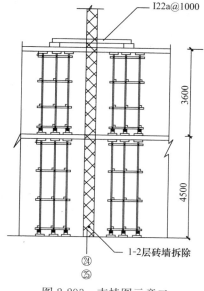

φ150 钢管支撑垫木（铁）：每排支撑上端用 250mm×250mm×10mm 铁板顶紧梁底，下端用 200mm×250mm 通长木方作垫板，钢管与垫板间用 250mm×250mm×10mm 铁板一块，用刹刹紧。

（5）质量安全措施

1）严格按设计的施工程序进行施工，不得随意颠倒；

2）临时支撑既要保证每根钢管均为受力，又要纵横连成整体，支撑工作结束后，要认真检查验收，达到要求后，方可进行下道工序施工；

图 2-293　支持图示意二

3）大梁混凝土浇筑时，应在浇筑洞口（每米在楼面设一个浇筑洞口）均匀下料，均匀振捣，如图 2-295 所示。

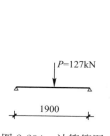

图 2-294　计算简图

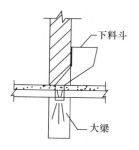

图 2-295　大梁混凝土浇筑

4）拆除模板和临时支撑，应待混凝土达到设计强度等级，并注意先后顺序；先拆柱子模板和大梁侧模，待检查无异常情况后，再拆除大梁支撑，最后拆除临时支撑（从上往下拆）；

5）进行信息化施工管理，对临时支撑情况和上部 3～5 层砖墙、楼面等部位每天进行 2 次检查，逐日做好记录，发现异常情况时，应及时分析研究，采取措施，确保安全施工；

6）拆除 1～2 层砖墙时，应逐皮拆除，防止大块往下掀倒而造成意外事故。

（6）问题与教训

1）本工程在拆除㉔～㉕轴 1～2 层砖墙后数日，发现五层相应部位的轴向承重墙和中间走廊墙上出现斜向裂缝，裂缝宽1～2mm。分析其原因，主要是所有支撑上下采用的 5 道统长垫板和 3 道对刹均为木质材料，有一定的弹性压缩变形，累计在一起足以使刚性的砖砌体出现裂缝。由于支撑整体上稳定可靠，裂缝一次出现后未有进一步发展，因而未造成严重结构性破坏。裂缝墙面最后作了修补处理。

2）改建工程设计除掌握原始资料外，亦应作必要的勘察工作，对地基承载力有个全面、可靠的认识，避免在基础处理上造成浪费或不足，确保改建工作安全。

附："托梁换柱"另一种施工方法的简要介绍。

（1）采用 H 型钢支撑（如图 2-296 所示），逐步在需设置托换梁处的墙体上沿梁长方向间隔 500mm 开洞，为便于 H 型钢支撑放入，洞口高度和宽度分别比钢支撑尺寸大 10mm。钢支撑用钢楔顶紧，并灌入结构胶，以保证钢支撑与原有砖墙圈梁紧密连接，如图 2-297 所示。

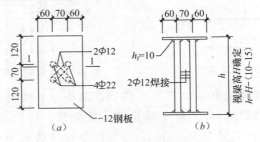

图 2-296　钢支撑示意

(a) 正视；(b) 1—1 剖面

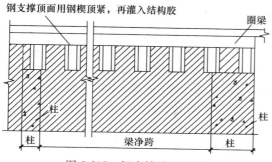
图 2-297 钢支撑放置示意

（2）待结构胶固化后，检查上部结构变化情况，将洞间剩余墙体全部拆除。拆除墙体采用人工或小型电锤开凿，不得用大锤或其他机械开凿。如有圈梁，应将梁底凿毛平整，清理干净。

（3）绑扎托梁钢筋，支立托梁模板，如图 2-298 所示。支模时应使混凝土浇筑面比圈梁底高 50mm。

（4）浇筑托梁的混凝土应有较好的流动性和密实性，宜加入微膨胀剂，宜用人工振捣密实。

（5）为保证新浇筑的混凝土与原有圈梁的共同工作，除对圈梁底进行凿毛并充分湿润外，同时在原有圈梁中植入钢筋与新浇混凝土连接，如图 2-299 所示。

（6）拆除梁下墙体，宜用人工拆除方法。

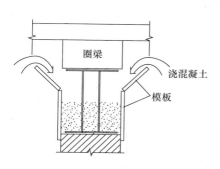
图 2-298　混凝土浇筑示意

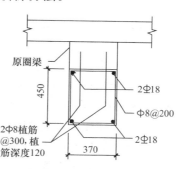
图 2-299　托换梁示意

175. 关于温度裂缝的几点认识

在建筑工程中，温度裂缝长期困扰着人们，被无奈的称为通病、顽症。其实，热胀冷缩是一个自然现象，有它自身的规律，在工程建设中，如能掌握它、并妥善地处理好，就能有效减少温度裂缝的产生，这是需要设计单位和施工单位共同重视、密切配合的问题。很多文献资料对温度裂缝的产生和控制都作过精辟的论述。

（1）约束与温度裂缝

从理论上讲，当构件处于无约束状态时，构件的热胀冷缩一般不会产生内应力，因此也不会产生裂缝。但是在工业与民用建筑中，绝对没有约束的构件几乎不存在的，只是约束的形式不同，约束的值大小不同而已。例如，上部结构就受地基的约束，砖混结构中的楼盖、屋盖与墙体之间相互约束着，框架结构的楼层与楼层之间通过框架柱，相互的约束着。同一构件因两侧的温度不一致，或材料的不均匀性而导致内部约束等等。

当温度变化引起的约束应力超过构件的抵抗强度时，裂缝就不可避免地发生了。

（2）胀、缩值的差异将产生裂缝

在同一温度区段内，由于各种材料的线膨胀系数不同，或同种材料所处的环境温度不同，都会产生伸、缩差。

若以 50m 长的混凝土构件和 50m 长的黏土砖墙体作一比较，当温度上升 40℃，两者的伸长变化分别如下：

混凝土构件：混凝土的线膨胀系数取 1.0×10^{-5}/℃，则混凝土构件的长度将伸长 $\Delta_1 = 50000 \times 1.0 \times 10^{-5} \times 40 = 20$mm；

黏土砖墙体：黏土砖墙体的线膨胀系数取 0.5×10^{-5}/℃，则黏土砖墙体的长度将伸长 $\Delta_2 = 50000 \times 0.5 \times 10^{-5} \times 40 = 10$mm。

当混凝土构件和黏土砖墙体两者均为自由体，均无约束时，它们的伸长情况如图 2-300 所示，混凝土构件向两端各伸长

10mm，黏土砖墙体向两端各伸长 5mm。

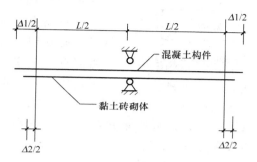

图 2-300　混凝土构件与黏土砖砌体的伸长情况示意

但若这 50m 长的是钢筋混凝土屋面梁，它与黏土砖墙体粘结在一起，成为一个整体时，则情况就发生了变化，相互之间产生了约束力，当混凝土梁温度升高、长度产生变化时，黏土砖墙虽然也受升温变化影响，长度也在产生伸长，但两者的步调不一致，总长产生了 10mm 的差距。每边相差 5mm 的差距，由于黏土砖墙的强度比混凝土梁的强度要低得多，最终结果黏土砖墙体被混凝土拉裂而告终，像本书图 2-240 所示那样的墙体裂缝就是属于此种类型。

图 2-301 所示为某框架结构建筑，由于右端有一间刚度较大的实体墙，使屋面混凝土和砖砌体在温度变化时向右方向的长度伸胀受到阻挡，迫使其向左边伸胀，两者伸胀之差，导致左面墙体裂缝较多，而右面裂缝明显偏少。

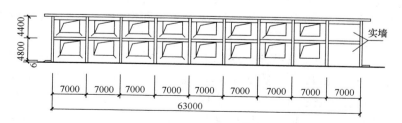

图 2-301　某框架结构建筑物外墙裂缝示意

473

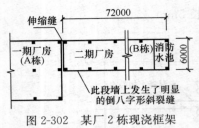

图 2-302　某厂 2 栋现浇框架
结构厂房开裂示意

图 2-302 所示为某厂 2 栋现浇框架结构厂房，均为 2 层，分两期先后施工，伸缩缝处基础共用。由于 B 栋右端端部有 1 个水平刚度很大的钢筋混凝土消防水池，相当于建筑物的一端予以嵌固无法伸胀，故导致 B 栋接近伸缩缝处的纵横填充墙严重开裂，还被误判为伸缩缝处基础下沉所引起。

（3）重视收缩与冷缩的叠加效应

混凝土构件和砌体在正常条件下均会产生明显的收缩，因此在考虑结构构件之间因热胀冷缩引起变形差异的时候，还应十分注重收缩变形这个重要因素的影响。现浇混凝土结构的收缩量，一般为 $(3\sim5)\times10^{-4}$，相当于构件降温 30～50℃ 的变形量。黏土砖砌体的收缩量为 1×10^{-4}，相当于降温 20℃ 的变形量。由于混凝土和黏土砖砌体的收缩值不同，两者之间收缩变形差异产生的应力相当于环境温度变化 10～30℃ 产生的应力。此种收缩变形应力（不论是单种材料收缩变形产生还是两种材料收缩变形不一致产生）与温度变化产生的应力叠加，对于结构的热胀则起抵消减轻作用，对于结构的冷缩则起增强放大作用。工程结构中温度收缩裂缝的数量远远大于膨胀裂缝的数量，就是上述叠加效应所致。换句话说，绝大多数的裂缝都是因为收缩和冷缩相叠加的结果，力争避免和尽量减轻收缩和冷缩的不利叠加，需要从设计和施工两方面共同努力、采取有效的技术措施。

我国城市道路设计规范 GJJ 37—1990 规定不进行计算的缩缝间距为 6m 以内、胀缝间距为 100～200m，就是充分考虑了混凝土自身收缩的叠加影响。美国混凝土结构设计规范中，将收缩缝间距定为 12m（无筋）或 14～18m（配筋），膨胀缝间距定为 45～60m，也是出于同样的道理。

需要指出是，影响混凝土的收缩变形的因素较多，例如构件尺寸、混凝土强度等级、配筋大小、材料性能、水灰比、施工质量、养护条件、使用环境等，若不利因素集中，其收缩值可成倍甚至成十倍地扩大，其时间跨度可长达数年之久。因此，收缩的影响可能远远超出温度变化的影响，成为结构构件裂缝的最主要原因。抵制混凝土收缩变形，施工技术起着某种关键性的作用，特别是水灰比的控制和混凝土的早期养护。因此，对于大体积、大面积、大长度的构件，设计文件上不能仅提出强度要求，还应有针对性地对施工措施提出具体要求，以防患于未然。

（4）主体结构的施工季节对温度裂缝影响巨大

建筑物主体结构的施工季节，特别是封顶时的气温是影响结构开裂的重要因素。一般地说，在低于年平均温度20℃左右施工主体结构较为有利，因为此种气温下施工的结构构件，相当于预估和消除了收缩的不利叠加，使得结构构件未来在温度季节性变化中，其最大收缩值和最大伸胀值接近相等。

在夏季最高气温时封顶的建筑物由于冷缩和收缩的不利叠加，极易产生温度收缩裂缝（特别是现浇屋盖）。实际工程中，许多建筑物并不超长或超过不多，施工质量良好，混凝土强度等级符合甚至超过设计要求，但建成后不仅屋面板严重开裂，而且各层楼板也大量开裂。究其原因，最主要的就是因为夏季施工，致使收缩严重，并与冷缩叠加。因此，凡夏季施工主体结构，设计和施工应特别重视，不仅应采取设置后浇带、添加微膨胀剂、适当加强配筋等技术措施，还应对施工中混凝土构件的水泥用量、水灰比控制、养护等提出具体要求，以求部分或完全消除混凝土收缩变形的影响。对于冬期施工主体结构的建筑物，由于升温的膨胀与混凝土、砌体的收缩相互抵消，一般情况下裂缝情况较轻微，偶见建筑物端部墙体发生因膨胀引起的正八字形裂缝。为避免扩大胀伸效应，混凝土构件在施工中可不加或少加微膨胀剂。

由于楼盖和砌体的相互约束，夏季施工的建筑物，砌体一般处于受压的有利状态，屋面板、楼板处于受拉的不利状态。此时，应重点防止板面开裂；冬期施工的建筑物，一般屋面板、楼板向四周胀伸而使砌体处于受剪受拉的不利状态，因此，要重点防止墙体开裂，特别是建筑物的端部砌体（含承重砌体和填充砌体）。

主要参考文献

[1] 岑欣华主编. 建筑力学与结构基础. 北京：中国建筑工业出版社，2004

[2] 本书编委会. 建设工程重大质量事故警示录. 北京：中国建筑工业出版社，1998

[3] 王赫主编. 建筑工程质量事故百问. 北京：中国建筑工业出版社，2000

[4] 刘嘉福、姜敏、刘诚编. 建筑施工安全生产百问. 北京：中国建筑工业出版社，2001

[5] 刘健行、周德礼、李家宝编译. 建筑师与结构. 北京：中国建筑工业出版社，1983

[6] 王赫、全玉琬、贺玉仙编著. 建筑工程质量事故分析. 北京：中国建筑工业出版社，1992

[7] 同济大学编. 单层厂房设计与施工（下册）. 上海：上海科学技术出版社，1978

[8] 顾建生主编. 建筑施工伤亡事故案例分析及防治. 北京：中国建筑工业出版社，2001

[9] 邹泓荣著. 建筑病害诊治实例与工程质量保证. 北京：中国计划出版社，2006

[10] 邓学才编著. 建筑工程拆除施工人员培训教材. 北京：中国建筑工业出版社，2009

[11] 冯克勤、吴燕军编著. 混凝土工程（第二版）. 北京：中国建筑工业出版社，1997

[12] 王寿华编著. 木作工程（第二版）. 北京：中国建筑工业出版社，1997

[13] 邓学才编著. 地面工程（第二版）. 北京：中国建筑工业出版社，1997

[14] 建筑桩基技术规范 JGJ 94—2008. 北京：中国建筑工业出版社，2008

[15] 混凝土结构工程施工质量验收规范 GB 50204—2002. 北京：中国建筑工业出版社，2002

[16] 顾国平. 实体混凝土后期养护对强度增长影响分析. 南通土木建筑，2008（2）

[17] 肖志强等. 桩基施工中有关静载检测时间的有效控制. 镇江建设科技，2006（2）

[18] 杜荣军. 薄壁低合金钢管杆件对脚手架稳定承载能力的影响. 建筑技术，2001（8）

[19] 王命平等. 考虑施工尺寸偏差的混凝土保护层厚度设计值研究. 建筑技术，2005（10）

[20] 张建中等. 关于建筑施工用扣件式钢管壁厚问题的调查与思考. 常熟建设科技，2010（4）

[21] 卓新，姚光恒. 扫地杆对扣件式钢管脚手架结构承载力的影响. 建筑技术，2004（8）

[22] 王赫等. 关于混凝土施工强度的若干问题. 建筑技术，2004（1）

[23] 姚仲贤. 当前混凝土结构中使用的主打钢筋——HRB400级钢筋. 建筑技术，2004（11）

[24] 勾睿卿等. 砂浆立方体抗压强度与底模的关系. 建筑技术，2004（12）

[25] 刘登攀等. 坑底土体暴露时间对墙体变形影响研究. 建筑技术，2007（12）

[26] 赵彤等. 碳纤维布加固钢筋混凝土板受弯性能的研究. 建筑技术，2001（6）

[27] 朱虹等. 碳纤维布的力学性能检验及施工质量验收. 建筑技术，2004（12）

[28] 胡延汉. 关于温度裂缝控制的若干见解. 建筑技术，2005（10）

[29] 混凝土结构设计规范 GB 50010—2002. 北京：中国建筑工业出版社，2002

[30] 中华人民共和国国家标准. 施工升降机 GB/T 10054—2005. 北京：中国标准出版社，2005

[31] 中华人民共和国国家标准. 施工升降机安全规程 GB 10055—2007. 北京：中国标准出版社，2007

[32] 中华人民共和国国家标准. 重要用途钢丝绳 GB 8918—2006. 北京：中国标准出版社，2007

[33] 中华人民共和国国家标准. 一般用途钢丝绳 GB/T 20118—2006.

北京：中国标准出版社，2007

［34］ 中华人民共和国行业标准. 建筑施工塔式起重机安装、使用、拆卸安全技术规程 JGJ 196—2010. 北京：中国建筑工业出版社，2010

［35］ 严尊湘编著. 塔式起重机基础工程设计施工手册. 北京：中国建筑工业出版社，2011

［36］ 严尊湘，李青萍. 塔机起重力矩限制器与起重量限制器的正确使用. 建筑安全，2001（6）

［37］ 严尊湘，孙苏. JGJ/T 187—2009 标准中抗倾覆稳定性计算方法的商榷. 建筑机械化，2010（9）

［38］ 俞鑫，王振波，孙焱焱. 再生混凝土块体替代率对混凝土立方体抗压强度的影响. 江苏建筑，2012（4）

［39］ 童滋捷，宗兰，张士萍. 既有建筑拆除物再生利用研究综述，江苏建筑，2012（4）

［40］ 张斌，丁建华. 软弱土层基础土钉支护事故分析的处理，江苏建筑，2013（2）

［41］ 刘智勇，岩溶区域钻孔灌注桩施工技术，建筑施工，2013（12）

［42］ 蒋学文. 岩溶地区桩基施工风险分析及应对措施，建筑施工，2012（10）

［43］ 王昆伟，刘江平. 软弱土地基处理实例分析，建筑技术，2013（9）

［44］ 丁军，再生混凝土耐久性能的试验研究，镇江建设科技，2013（4）